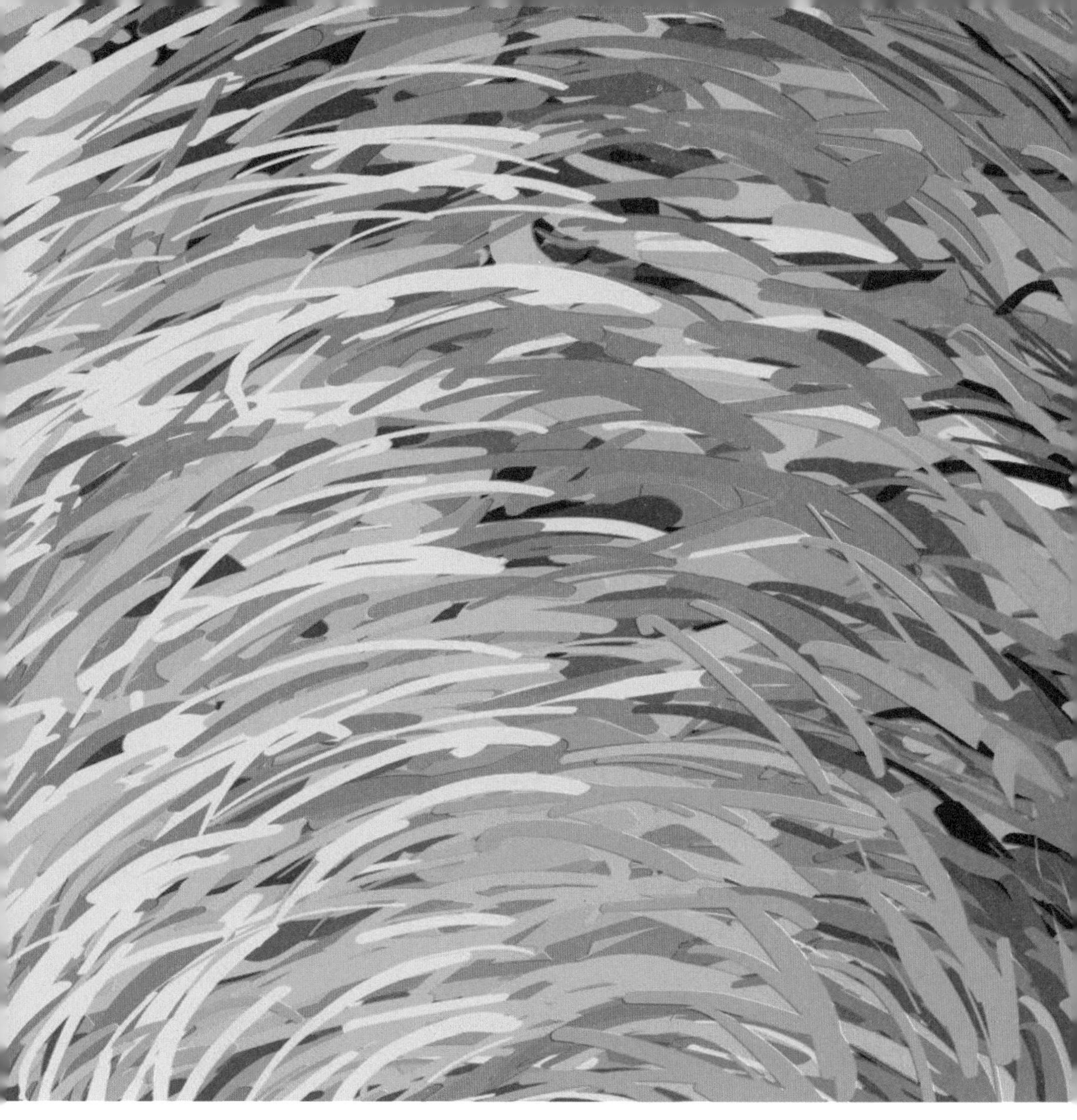

超有用超有趣的美学大全

看完这一本，你看问题做事情就和别人不一样

朱珂苇 编著

图书在版编目（CIP）数据

超有用超有趣的美学大全：看完这一本，你看问题做事情就和别人不一样 / 朱珂苇编著 . —北京：北京联合出版公司，2016.1（2022.8 重印）

ISBN 978-7-5502-6587-5

Ⅰ . ①超… Ⅱ . ①朱… Ⅲ . ①美学 - 通俗读物 Ⅳ . ① B83-49

中国版本图书馆 CIP 数据核字（2015）第 267267 号

超有用超有趣的美学大全：
看完这一本，你看问题做事情就和别人不一样

编　　著：朱珂苇
出 品 人：赵红仕
责任编辑：夏应鹏
封面设计：韩　立
内文排版：盛小云
插图绘制：满　峰

北京联合出版公司出版
（北京市西城区德外大街 83 号楼 9 层　100088）
北京德富泰印务有限公司印刷　新华书店经销
字数 645 千字　720 毫米 ×1020 毫米　1/16　28 印张
2016 年 1 月第 1 版　2022 年 8 月第 2 次印刷
ISBN 978-7-5502-6587-5
定价：78.00 元

Preface
前 言

说起美学，人们都会想到“阳春白雪”，觉得自己既需要它却又触之不及。人们之所以觉得需要美学是因为“爱美之心人皆有之”，每个人都崇尚美的事物，都需要美的生活，都想让自己从内到外都是美的。但是为什么人们又觉得美学是触不可及的呢？因为人们总是觉得美学本身是一门非常高深的学问，它源于哲学范畴，向来都是美术和高校课堂上的一种课程，而与实际的生活美化有很大一段距离。从苏格拉底叹息着说“美是难的”，到美学国度的“哥德巴赫猜想”，再到众多美学家对美的亲身实践和探索，无不给人们一种错觉，那就是美是一种非常玄妙又深奥的学问，是普通大众所不能触及的。难道美学真的就这么遥不可及吗？

不！美学并不是遥不可及的，美学其实很简单！虽然作为一种学术学科，美学是难的；虽然古今中外的美学家一直没有准确地研究出“美是什么”，虽然审美涉及很多高深的学问，但是，我们统统可以不去理会，我们只要学会美化我们的生活，学会欣赏生活中的美，学会提高生活品位就足够了。这些与那些高深的理论无关，与那些美学研究无关！

其实，美学本身就是一门研究美、美感、美的创造及美育规律的科学。学习和探讨审美活动的起源、美感心理、审美活动的构造与形态等，不但可以扩大哲学视野和提升理论素养，而且对我们理解人类生活价值追求和艺术创造，提高审美修养和艺术鉴赏力，提高人生品位大有裨益。

细品我们当下身处的这个世界，真是很奇妙。一方面，在诸多大众媒体无所不在的渗透和影响下，“人”本身似乎从未像现在这样被重视和抬高；而在另一方面，“人”却又实实在在地纠结在狭窄的空间和困窘的思维里，被种种诱惑所驾驭着、驱使着。很多人都戴上了一面面各式各样的面具或是枷锁，不是自得其乐就是心有不甘地在轻歌曼舞。这使得人作为个体生命的人的主体性大大丧失。随着社会物质逐渐丰富，“美”也被肢解为一种“客体”，一种“物质”，一种“不以人的意志为转移的客观存在”，“美”成了部分群体所追求和把玩的东西。这不得不

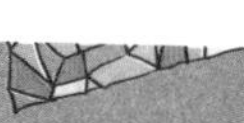

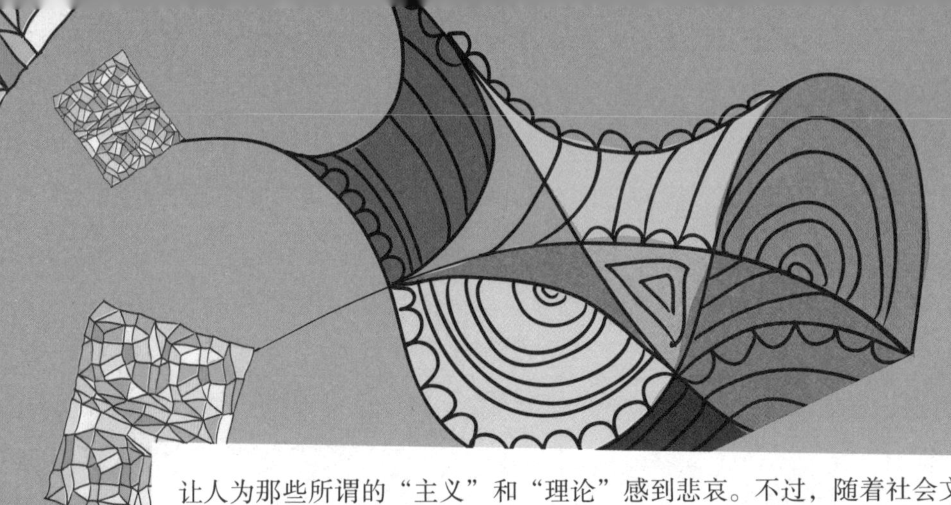

让人为那些所谓的“主义”和“理论”感到悲哀。不过，随着社会文化的转型，人性解放成为当代人所崇尚的潮流。所以近些年，美的观念开始从部分群体转向个体，美学也开始从课堂走向生活，越来越多的普通人在崇拜现代科技创造滚滚财富的同时，也开始意识到去追寻理性与物质之外的永恒。从这可以看出，人的主体性开始回归。有人通过这些现象总结说：美学的本质其实是人学。而只有从“人”的视角去研究美，美学才富有生命力、创造力和无穷的魅力。

本书将大众所触不可及的深奥美学与人们的生活实际相结合，从大众的视角来阐述美学的相关知识，让人们能够轻松地掌握美学知识并能将美学知识运用到生活当中，指导人们去提高自身的美感力并不断美化自己的生活。

本书分为五大部分，第一部分结合人们所熟知的生活案例，用通俗易懂的语言对每一个美学常识进行了深入浅出的解答，让读者在非常轻松的阅读氛围中把握开启美学之门的钥匙。

第二部分是美学基础，展示了美的世界所需要的最基本构成元素——点线、色彩、空间、声音。人们生存的世界基本上都是由这几种元素所组成的，只有掌握了这些基本元素的美学原理，才能更好地体会到生活中的美、创造生活的美。

第三部分是如何吸收美的能量。人们只有通过提升自己的美感力才能不断吸收美的能量，才能更好地美化自己的生活并享受生活中的美。

第四部分是形象美学应用。想要把自己变美很简单，只要你正确了解自己的形体，正视自己的缺陷，通过正确的穿衣化妆术来装扮自己，并不断提升自己的内在修为，你终会塑造出一个完美的自己。

第五部分是生活美学应用，为大家展示如何吃得美、住得美、行得美、玩得美。这里的“行”不是行走和移动，而是人们在生活中的工作、消费等行为。人们只有完善了自己的衣、食、住、行、玩，才能真正地享受生活的美，才能获得无限的美感。

通过这样一番了解，是不是觉得美学并没有那么深奥难懂了呢？现代社会，人们的生活节奏都很快，竞争的激烈使人们的生活美感大大下降，如何提高生活幸福指数、提高生活美感度是现代人迫切渴望的。希望本书能够为大家美好生活的建设提供一条新思路，更希望大家能够通过本书拥有美好的生活。

目 录
Contents

第一篇 开启美学之门

第一章 每天学点美学基本原理

第三章 每天学点审美感觉原理

第四章　每天学点审美感知原理

第二篇　走进美学世界

第一章　每天学点点线知识

第二章　每天学点色彩知识

第三篇　吸收美的能量

第一章　每天提升一点美的欣赏力

第二章 每天提升一点美的发现力

第三章　每天提升一点美的表现力

第四章　每天提升一点美的鉴赏力

第四篇　塑造完美自己

第一章　每天学点形体美知识

第四章 每天学点搭配知识

第五篇　打理美感生活

第一章　每天学点饮食美学

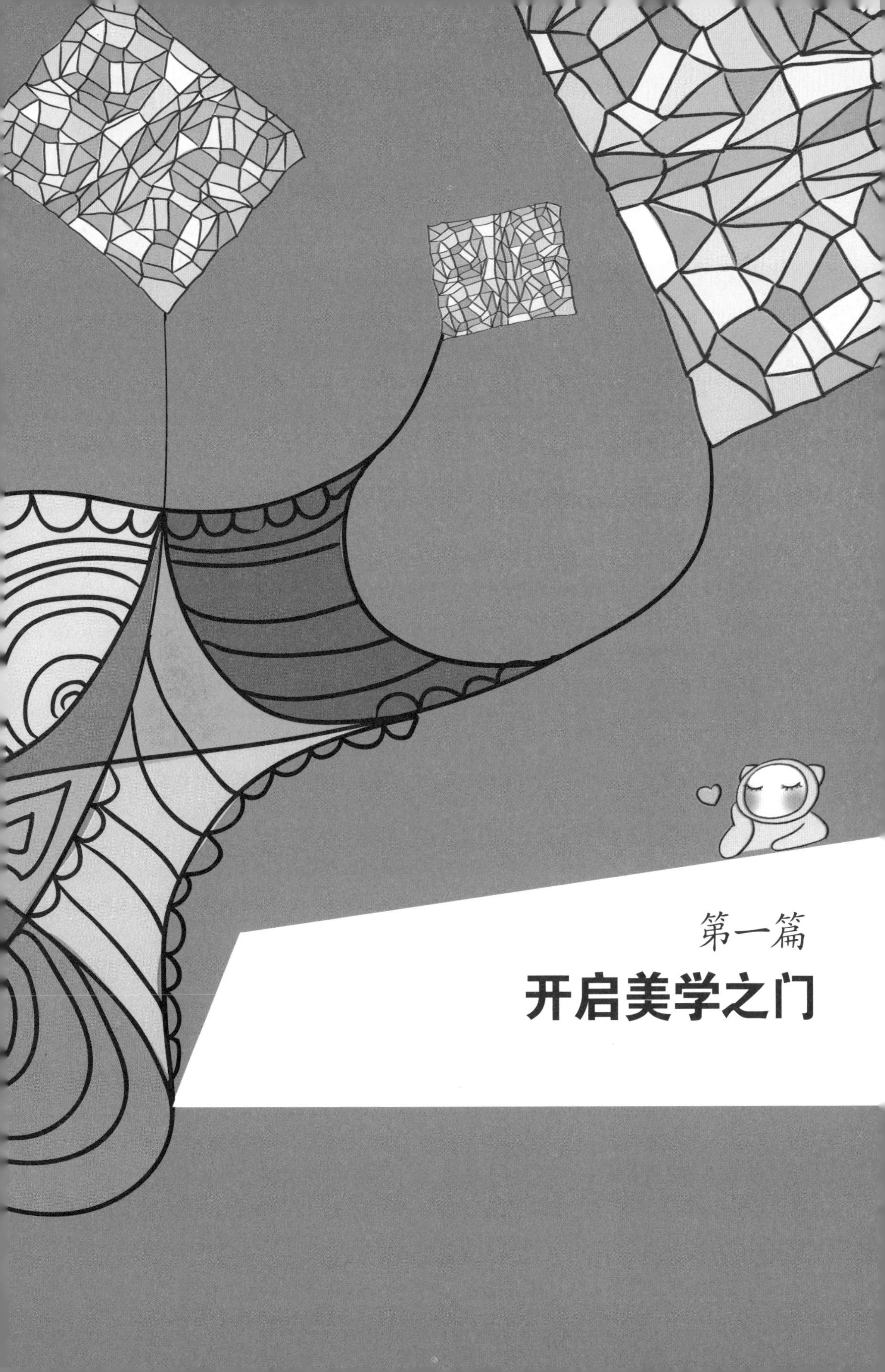

第一篇

开启美学之门

第一章 每天学点美学基本原理

别跟我说你懂美——美之众说纷纭

古希腊美学家柏拉图在《大希庇亚斯篇》中记述了这样一次对话，那是2500年前哲学家苏格拉底同诡辩家希庇亚斯关于美的一次辩论，当时，学识渊博的苏格拉底同以教人诡辩的希庇亚斯对“美是什么”展开了一段争论。希庇亚斯一开始就认为“美就是一位漂亮小姐”，但苏格拉底很快就用女神的美让其无可反驳。但希庇亚斯马上又提出：“美不是别的，就是黄金。凡是东西加上它，得到它的点缀，就显得美了。”这种提法也被苏格拉底有力地否决了。至最后，苏氏只好长叹一声说：“我在同您的讨论中得到益处，那就是更深切地了解了一句谚语‘美是难的’。”

这篇对话记录是柏拉图早期的作品。其中苏格拉底的观点充分地体现了柏拉图对美的看法。而最后苏格拉底关于“美是难的”的感叹，也从一个侧面道出了人类对美的探索漫长而又艰难的道路。

“美”究竟是什么？看似简单的问题一直延续了2000多年，在这个过程中，人们对美下了各种各样的定义，但是都不能准确地表明什么是美。可以说，这是美学国度的哥德巴赫猜想。

☆ 西方视野中的美

西方对于美的本质的探讨，最早的当属毕达哥拉斯学派，该学派的成员大多是数学家、天文学家和音乐家，他们认为数是万物的本原，因此，美就是数的和谐。他们首先发现声音的质的差别是由发音体方面的数量的差别所决定的。比如，琴弦长，声音就长；振动的速度快，声音就高。后来，他们把在音乐中数的和谐的道理推及建筑、雕塑等其他多种艺术形式上，就得出了一些经验性的规范，比如黄金分割。

可以看出，毕达哥拉斯学派偏重于美的形式研究，是从宇宙自然的角度来追寻美的本质。而相比之下，苏格拉底则是从社会的角度来追寻的。苏格拉底不承认有绝对的、永恒的美存在，他认为，美是相对存在的东西，“一个粪筐也可能是美的”，“而一个金盾也可能是丑的”；“一桩东西对饥饿来说是好的，对热病来说就不好；对赛跑来说是美的东西，对摔跤来说往往可能就是丑的。因为一切事物对它们所适合的东西来说，都是既美又好的；而对它们不适合的东西，则是既丑又不好”。简单来说，美就是“合适”。

在对美的本质的追寻上，作为苏格拉底的学生，柏拉图是青出于蓝而胜于蓝的，他可谓是西方美学的开山鼻祖，也正是从他开始，美才真正成为哲学研究的对象。柏拉图划分出了三个世界：理念的世界，即真实；现实的世界，即影子；艺术的世界，即影子的影子。基于此，他得出了一个结论：具体的美是对“美的理念”的一种分享，美就是“美的理念”本身。

在西方，对于美的本质的研究者和大成者可谓比比皆是，比如康德，他是从人的心灵能力出发来进行美的讨论的，认为“美是无目的的和目的性”；黑格尔，他批判地吸收柏拉图、康德等人的有关思想，在他的辩证唯心主义哲学的基础上加以发展得出“美是理念的感性显现”；马克思，虽然他没有写过专门的美学著作，但是在他的思想体系中，包含着丰富的美学思想，他认为，生存是审美的前提，美依赖于人类实践。

☆ 中国学者视野中的美

中国古代的学术研究已经涉及美学，意象和意境便是中国古典美学最基本的审美范畴。但是我国对美的本质问题的探讨却始于 20 世纪 50 年代。大家围绕着美的本质，形成了四种观点：

第一，主观说，即把美等同于美感。这种观点以吕莹和高尔太为代表。他们看到了人的感受、体验、情感等方面的联系，但却完全否定客观事物在美感形成过程中的作用，是有片面性的。

第二，客观说，即认为“美是客观的，不是主观的，美的事物之所以美，是在于这事物本身，不在于我们的意识作用”。这种观点以蔡仪为代表。

第三，主客观统一说，即认为美只是艺术的特征。该学说以朱光潜为代表，他强调“美既离不开物（对象或客体），也离不开人（创造和欣赏的主体）”。

第四，客观性与社会性的统一说，它强调了美的人类实践。该学说以李泽厚为代表。他对美是客观的表示肯定，但这种客观性不等于蔡仪所说的客观性。他强调了这一学说在解释美与社会生活的联系方面是有贡献的，但否定美与主体情感、兴趣等方面的联系及忽视客观事物的自然属性在美的形成中的作用，所以也是片面的。

美是什么？

美就是一位漂亮的小姐！美是黄金

美是“难”的！！！

其实愉快地享受生活中的美就好

美的本质就像阿喀琉斯的脚踵

美是……

☆ 阿喀琉斯的脚踵

阿喀琉斯是古希腊的一位神话英雄。在他出生的时候，脚踵被母亲海洋女神忒提丝倒浸在了冥河的水中，这样，就使他留下了最终致命的弱点，那就是脚踵没有防卫能力，而除了没有浸水的踵部外，任何武器都伤害不了它的身体其他部位。在特洛伊战争中，他英勇无敌，连连获胜，但后来却被特洛伊王子帕里斯用箭射中脚踵而死。

“美是什么”这一美学国度的哥德巴赫猜想，造就了各家学说观点，虽然这些美学家和流派不乏真知灼见，但总会有一些漏洞，没有人能够尽善尽美地指出美的真正本质。所以，美学家们把这种现象比喻成了阿喀琉斯的脚踵。

因此，别说你懂美，也不要强迫自己懂美。只要你能感受到美，能愉快地享受生活中美的事物，并学会美化我们的生活就足够了。

你能从美学中学到什么

在希腊神话中，有一个非常美妙的故事：

珀琉斯和女神特提斯结婚的时候，大设婚宴，邀请凡间不少名士和天上所有的神来参加，但是唯独没有邀请不和女神厄里斯，厄里斯知道了这件事，非常恼怒，便向参加婚宴的神与人报复，在席间扔下一个金苹果，金苹果的上面刻着“赠给最美丽的美人”。

三个女神赫拉、雅典娜和阿佛洛狄忒因为都想得到这个苹果而相互争吵。后来争执不下去就去找宙斯做评判，但是宙斯拒绝了，还告诉他们，帕里斯是审美专家。于是她们就去了人间找特洛伊国王遗弃的儿子帕里斯评判。

三位美丽的女神站在帕里斯面前，分别用权势、荣誉和美丽的妻子来贿赂他。最终他放弃了权势和荣誉，把金苹果判给了阿佛洛狄忒，于是世界上最美丽的女人海伦和他堕入爱河。

这个故事不仅反映出美和审美在西方人眼中的重要地位，也反映了美在人们生活中的重要性。美具有无限的魅力，追求美和审美的境界是人的天性，所以才形成了最奥妙但能使人们更好地追求美的美学。

那么人们到底能在美学中学到什么？美学可以为我们的生活带来什么呢？

☆ 不懂美学，你就不能解释这一切

我们先不去理会那些距离我们现实生活很远的事物，就从我们身边的事情说起。所有人都会承认恰当的比例是美的。人和其他生物的美也往往建立在对称基础之上，眼睛一大一小确实谈不上漂亮，颧骨一高一低的脸肯定有点难看。然而，为什么不成

比例、毫不对称的一些人物雕塑，旁逸斜出的盆景，以及身体各部分比例迥异的天鹅、孔雀，同样给人以美感？

整齐一律也被人们认为是美的，比如阅兵式上士兵们整齐划一的步伐、路边成排的树，等等，但是如果所有的人走路都“整齐一律”，或者树木花草一样的颜色和一样的形状，那还会美吗？中国古典宫殿，特别讲究整齐一律，所有的建筑物都在一条笔直的中轴线上，呈现出一派雄浑肃穆的气势。而江南庭园，林木掩映，虚实相间，一面影壁，一条回廊，一孔石桥，一池春水，一丛假山，一座长亭，“曲径通幽”，“别有洞天”，显得错杂多变，同样令人赏心悦目。若是园林中处处对称，建筑群整齐划一，那还有无尽的韵律、动人的魅力吗？

我们再进一步提升一下问题的级别，来看看艺术美。中国水墨画以“黑”为主，但是黑的荷叶却似乎比绿的更绿，更让人感到青翠欲滴；徐悲鸿擅长画马，其中还有

很多三条腿的，但人们统统不以为假，反称其妙；在中国戏曲舞台上，可以空壶倒酒、空杯畅饮，仰天大笑之中地动山摇，但在影视艺术中，细节的真实却非常重要，常常会因一个细节失真而使观众倒胃口。这些艺术形式在观赏者的审美感受中如此大相径庭的现象又如何解释？

生活中还有许多事情可以触发我们的美学思考，而只有从美学的学习中，才能够解释生活中一些审美现象，才能让人更加深刻地感受到美的真谛。

☆ 学习美学能帮助你成为审美的人

如果你的生活一点美感也没有，那会是什么样？面对这个问题，很多人都会回答很难想象。俄国哲学家车尔尼雪夫斯基认为美是生活，美感能引起人赏心悦目的快感。孔子在听到“韶乐”后，“三月不知肉味”，说明美感能给人带来生理和心理的双重享受。

在现代社会中，生活节奏飞快，各种竞争非常激烈，这使得人们担负了过重的压力并缺乏时间来欣赏美、感受美，所以现代人很容易抑郁。而调节抑郁的治疗方法，其实就是安排出更多的时间去感受美好的事物，一旦能重新感受到美，人的心情就会很快好转，抑郁之情也就烟消云散。当然，如果一个人过于空闲而无所事事，又缺乏美感知识，也无法在空虚无聊中感受到生存的意义，而改变这种现状的方法，就是让他们参与能体验到美的活动，使他们重新找到自我认证，才能活得美起来。

可见，美是保证人们生活得美满的重要元素。增加生活中的美，学会鉴赏生活中的美，能让我们获得更多的幸福感。生活中无处不在的美需要我们去发现、去感受、去体味、去探索。但是不要以为只要用一双眼睛和两只耳朵就可以感受美和体验美了，那只是浅尝辄止的表层感觉，要想真正地让自己身心愉悦，就需要懂一点美学知识，把自己从自然的人提升为审美的人。所以，从美学中，你可以学习到如何成为一个审美的人。

☆ 学习美学能够让人获得自我的提升

人们之所以能获得美感，源自内心对美的事物的感应，这种感应能让人不断肯定自我的内心，并获得自信。即使是纯粹的美感享受，也是自我塑造和自我生成的手段。

从历史到现实，从自然到社会，从生活到艺术，无不在美学这门学科的视野之内。人们只要通过对美学的学习就会提升自己的美感，就会获得一把开启美学圣殿之门的钥匙，就能登堂入室去撷取那美的瑰宝。美不仅仅是美学家和从事与美相关的职业的人才可以拥有的，科学家、工程师、商人等，任何人都可以拥有美和追求美的权

利和能力。而美学就是一门教我们感受美、欣赏美、收获美、创造美的学问，它可以让我们的灵魂变得更善良、更细腻、更雅致，让我们更懂得人、更理解人，更富感情、更具爱心，因而使自己秀外而慧中，更显可爱也更显魅力。归根结底，美学能让人提升美感，最终获得自我的提升。

“我见青山多妩媚，料青山见我应如是”——自然美

从古至今，自然美一直是文人学者经常赞颂推崇的美，既因为自然美无处不在，又因为自然美的本真特性。

“我见青山多妩媚，料青山见我应如是”是南宋词人辛弃疾在晚年时所作的《贺新郎（甚矣吾衰矣）》一词中的句子。它的意思是说：我看见青山姿态美好，可亲可爱，料想青山看见我也应当产生同样的感觉。据说，这两句是辛弃疾平生非常得意的词作，以至于常常在客人面前吟诵。辛弃疾所看到的青山的妩媚就是自然美。而“料青山见我应如是”则赋予这一审美活动更高一层的哲学意味，把词人自身变成青山的审美对象，把自己变成自然美中的一部分。这不仅是审美主体和客体的一种互动，更是自然美最好的诠释。

那么在美学意义上什么才是自然美呢？它的魅力还源自哪里呢？它为我们的生活又带来了什么？

☆ 青山的妩媚就是自然美

自然美是指客观存在于自然界中的万事万物的美，是在审美活动中对人具有特定审美价值的自然物和自然现象的品质特征。山水花鸟、日月星辰、雨露霜雪，乃至晨曦中的一缕清风、夕照中的一抹晚霞，都向人们展示了大自然多姿多彩的美色。在辛弃疾的这两句词中，青山的妩媚就是自然美，它与社会美、艺术美、形式美，都是人的审美对象。其中，自然美与社会美合称为现实美。

自然美的表现是非常丰富的。既包括未经人化的自然美，如一碧如洗的蓝天之美、浩渺无垠的大漠之美、天象之美、地象之美、气象之美，等等，在旅游审美范畴就叫作自然景观；还包括已经人化的自然美，比如我国的万里长城之美、千里运河之美以及亭台楼阁、寺观桥塔之美，等等，在旅游审美范畴就叫作人文景观。

自然美也包括动物和植物的美，而应该特别提出来的是人的天然形体之美。人的形体之美是自然美的高级形态，也可以说是自然美的顶峰。人本身就是大自然的一部分，而人的形体也是大自然的辉煌杰作。莎士比亚曾赞美“人”说：“呵，宇宙的精华，万物的灵长！”也就是说，人经过几十万年岁月的冲刷和劳动的磨炼，集合和承载了万物的精华，使得人类成为万物之灵，加之人类对世界的创造，人本身也逐渐变得美了。

自然景物之所以是美的，就是因为它们作为人的生命存在的必要条件，不仅符合了人的感觉需要和特性，而且还能够满足人在特定情境下的生命追求，启发人们对人生进行独到的领悟，激发人们积极向上的生命力，因而成为人的审美对象。

☆ 自然美的魅力来源于自然物的形式美和人文性格

自然之美是非常醉人的。在文学作品中，人们总是用壮丽、雄伟、秀丽、开阔等华丽的词来形容自然的美。人们身在美丽的自然山水中也总会发出非常愉悦的感叹。随着人们生活水平的逐渐提高，越来越多的人都会选择去各种自然景区旅游来放松自己。可见自然美的魅力有着强大的吸引力。那么自然美的魅力来源于什么呢？

自然美的魅力首先来源于自然物的形式之美。自然物总是以它五彩缤纷的色彩、

我见青山多妩媚，
料青山见我应如是

青山的妩媚就是自然美

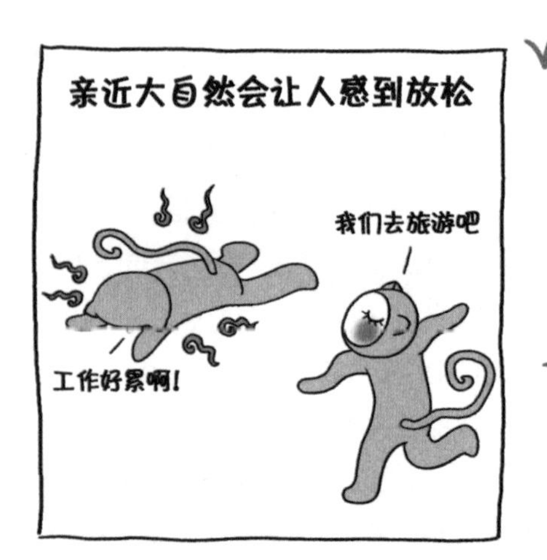
亲近大自然会让人感到放松
我们去旅游吧
工作好累啊！

西湖果然像苏轼诗中写的那样美啊

没有人类的欣赏自然就是自然
我难道不美吗？

对自然美的欣赏可以陶冶人的性情
我要做一个出淤泥而不染的君子

动听悦耳的声音、千姿百态的形体、沁人肺腑的清香等感性形式，直接唤起人的美感；以对称、均衡、匀称、节奏、韵律、和谐等形式规律，打动人的心魄。

自然美的魅力还在于自然美具有多样性、多面性和变易性。自然美千姿百态，有静有动。比如：同样是山，又有峰、岭、峦、岫之不同的美；同样是水，既有涓涓细流、淙淙小溪、汩汩清泉，也有黄河咆哮、长江奔腾。同一自然物，随季节、天气的变化，也会呈现不同形态的美，令人大饱眼福。云彩有春晃、夏苍、秋净、冬暗，湖水有春绿、夏碧、秋青、冬黑。

自然美的魅力还有一个重要的来源，那就是它的人文性格。很多自然景物都积淀着丰富的历史文化的内容，因为一些历史人物而有着更深层面的美。就是因为苏轼的《饮湖上初晴后雨》中“欲把西湖比西子，淡妆浓抹总相宜”这句诗，西湖在后人们的眼中就多具了一份诗意的美。很多自然景物还有神奇的神话传说，使得自然景物“神话连篇更有情”，给人以强烈的审美感受。比如巫山的巫山神女的神话传说，就使巫山的风景变得神奇，成为人们向往的仙境。

当然，自然美与人类的社会实践紧密相关，人类的社会实践是自然美的根源。因为在人类劳动产生之前，自然界的一切都是纯粹自在之物，既无价值可言，也无美丑之分。

☆ 自然美是人类美感最好的源泉

自然美是人类的审美对象，也是人类美感的源泉之一和艺术表现的对象之一。对自然美的欣赏不仅可以成为揭示人的性格、创造意境的手段，还可以使人开阔视野，增长知识，可以陶冶人的性情、净化人的灵魂。

自然美带给我们的不仅仅是感官上的享受，还有精神上的愉悦和修炼。北宋诗人周敦颐就在其《爱莲说》里赞美荷花“出淤泥而不染，濯清涟而不妖”，荷花这种不污不妖、亭亭玉立的形象，便象征了人的高尚品格，也是众多人学习的榜样。而中国人素来称松、竹、梅为“岁寒三友”，梅、兰、竹、菊为“四君子”，或作画或写诗赞美它们，同样是因为这些植物的审美外观象征了人所珍视的品质。

从“将相和”你看到了什么——社会美

在中学的语文课本上，有一篇课文叫《将相和》，讲的是廉颇与蔺相如之间的故事：楚国有个叫和氏的人，得到一块未经雕琢的玉石，后来被文王发现是一块稀世罕见的宝玉，就把它命名为“和氏璧”。后来和氏璧辗转多年，流落到赵国。而秦国昭襄王听说此事之后，便表示愿以十五座城换取和氏璧，于是赵王不得不派蔺相如奉璧出使秦国。临走时，蔺相如说："秦如给城，我便留璧在秦；秦如不给城，我一定完璧归赵。"最后，经过与秦王的斗智斗勇，果然完璧归赵，蔺相如也因此被赵王封为上大夫。后来又因在渑池会上的出色表现，蔺相如又被拜为上卿，地位在大将廉颇之上。廉颇很不服气，扬言说要当面羞辱蔺相如。但蔺相如却不计较，并尽量避免与廉颇起争执，主张"先国家之急而后私仇"。廉颇知道后感到十分惭愧，便前往蔺相如的家里负荆请罪。此后，两个人就成了知心朋友，秦国更不敢来侵犯了。

读完故事之余，你从中看到了什么？

☆ 将相和体现了一种社会美

蔺相如的完璧归赵和对廉颇的避让以及廉颇的负荆请罪所显示出来的精神和行为的美，就是一种社会美。

所谓社会美，就是人类社会生活的美，是社会领域中人物和事件的美，是美的具体表现形态之一。它经常表现为各种积极肯定的生活形象。

社会美根源于社会实践，是社会实践的直接体现，因此它所涉及的内容非常广泛，从人类最基本的生产实践到其他社会实践，再到人类的日常生活，都显现着美的光辉。而所有这些都围绕着一个中心，那就是"人"，也就是说人在社会美中占有中心地位。

正是因为"人"这一中心，社会美与自然美相比具有独特的特征。首先，由于社会美来源于人的实践活动，所以社会美直接体现着人的本质力量，比如中国的万里长城、埃及的金字塔、机器的使用、信息化社会的到来等都体现了人的本质力量。

其次，自然美重在形式，而社会美则重在内容，突出体现为美与善的统一。社会美最初都明显地附丽于与人的实践有用有利的事物，对人的实践无用、有害的事物本质上是不能成为美的。善虽然不是美，但它是美的前提、基础和内容。

最后，社会美因为人类的时间和空间存在以及人类意识的异同而具有时代性、地域性、民族性和阶级性。比如唐朝以女性的丰腴为美，而其他朝代乃至今日却多以纤瘦为美；旧中国以女性"裹小脚"为美，而某国的一个部落则以女性的脖子长为美；所谓的门当户对反映了社会美具有一定的阶级性，比如《红楼梦》中的焦大是不会爱上林黛玉的。

☆ 人是社会美的中心，是美的最高形态

"人是最高级的灵长类动物"一类表示人的高级性的说法，显然已经老掉牙了，这也不是人是社会美中心的理由。因为不会因为人的高级性，就会使得对人的欣赏变得更高级。事实上，无论是哪类生物，它们最为欣赏的还是自己的群类本身。每

将相和
今天我们来讲《将相和》这篇课文

蔺相如的“先国家之急而后私仇”是一种社会美

善是美的前提，对人类实践无利的事情是不美的

人是社会美的中心
社会美

生产劳动也会让人产生美感

社会美对于造就高尚的人具有重要意义
我也要当一个蔺相如那样高尚的人

种生物都会更多地从同类身上获得自我认证，因此欣赏同类之美是不同生物审美的最高形态。

之所以说人是社会美的中心，是因为其不仅具有实体的形象，也能制造抽象的思维、节奏等，它可以从各方面去实现人所需要的美感，是最全面的综合形态的美。而且社会的形成是因为人的存在，所有的社会美都与人的社会实践息息相关。人们歌颂较多的社会美，大部门都是人的行为美、语言美、心灵美、人格美和人情美。将相和的故事中就既有行为美、语言美，也有心灵美、人格美和人情美。所以，从美学的角度来看，这也是语文课本选择这个故事的原因。

☆ 人类生产劳动的美是最重要的社会美

生产劳动的美，也是社会美的重要内容。人类的很多生产劳动都会让人产生美感，产生精神上的愉悦，比如我国的神舟飞船上天给中国人民带来的民族自豪感、秋收过程带给农民的收获喜悦，等等，这些都是很美的。

社会美不同于艺术美，也不同于自然美。它对于造就高尚的人具有重要意义。对社会美的发掘、提炼和艺术地表现，是创造艺术美的重要前提。在《庄子》中有一个“庖丁解牛”的故事：一个名叫丁的厨师给梁惠王宰牛。宰牛时，其手所接触的地方，肩膀所倚靠的地方、脚所踩的地方、膝盖所顶的地方，都哗哗作响，进刀时霍霍地，没有不合音律的：合乎（汤时）《桑林》舞乐的节拍，又合乎（尧时）《经首》乐曲的节奏。当魏惠王问他技术怎么会高超到这种程度时，他回答说那是因为他非常注重事物的规律，这就已经超过技术了，他通过对牛的机理的熟练掌握，而逐渐练出这种高超的宰牛技术。在这个故事中，庖丁宰牛时的节奏以及其对生产规律的领悟和驾驭，无不体现了人类生产劳动的美。而“将相和”中，蔺相如与秦王的智慧周旋最后完璧归赵也体现了人类劳动智慧的美。

《第九交响曲》为什么会引起人们狂热的骚动——艺术美

1824 年 5 月 7 日，贝多芬在维也纳首次演出他的《第九交响曲》，这部充满了关于人类命运思想的作品又名《合唱交响乐》，是贝多芬的一部规模最宏大、形象最丰富的交响乐。在演出中，《第九交响曲》以其美妙的音乐打动了听众，以至于贝多芬出场时，受到群众五次鼓掌欢迎，而这对在那个对皇族的出场也不过只用三次鼓掌礼、严格讲究礼节的国家来说无疑是一种殊荣。交响乐引起狂热的骚动，许多人哭起来。贝多芬也在终场以后感动得晕了过去。为什么人们会有这样强烈的反应呢？

☆《第九交响曲》带给了人们强烈的艺术美感

艺术，是艺术家从艺术角度对生活的认识与反映，是艺术家创造性劳动的结晶。艺术美则是美的艺术的一种特质，它存在于艺术的内容与形式及其统一之中，并表现为艺术所独具的魅力。群众在听完《第九交响曲》之后为之破坏礼节甚至哭起来，这就是音乐艺术的魅力。

所谓艺术美是指各种艺术作品所显现的形象之美，如雕塑美、绘画美、音乐美、舞蹈美、戏剧美、电影美、文学作品的美等。它是艺术家按照一定的审美目标、审美实践要求和审美理想的指引，根据美的规律所创造的一种综合美，是与现实美相对的一种美的形态。

与现实美相比，艺术美是再现与表现、内容与形式、真善美与知情意的统一。因为艺术具有真实性、形象性、典型性、完善性、情感性等特征，它源于生活又高于生活，所以艺术美高于现实美，它是现实美的提炼、概括与升华。也由此，艺术美最集中体现了美，是人的主要审美对象，也是美育的主要手段和美感的主要源泉。著名的美学家黑格尔认为艺术美是在高级发展阶段上的美，是美的高级形式。他曾说："在日常生活中，我们固然常说美的颜色、美的天空、美的河流，以及美的花卉、美的动物，尤其常说美的人……不过，我们可以肯定地说，艺术美高于自然美。因为艺术美是由心灵产生和再生的美。心灵和它的产品比自然和它的现象高多少，艺术美也就比自然美高多少。"

☆ 艺术美对于大众往往具有勾魂摄魄的作用

艺术品能够产生强烈的艺术感染力，使人感到悲伤、喜悦、愤怒、忧愁，并且在种种复杂的情绪体验中，认识人生、净化心灵、陶冶情操，从而使内在的精神世界得到升华，可见艺术美具有巨大的魅力。许多人读小说废寝忘食，观画流连忘返，听音乐如痴如醉，看戏拍案叫绝……都是因为艺术美的勾魂摄魄的魅力。贝多芬的《第九交响曲》就是因为表现出压抑、痛苦、忧郁、希望、挣扎、激奋、斗争、挫折，表现出不屈不挠的意志和最后的欢乐，在人们的头脑中构成了一个美好的音乐形象，触到了人们的内心情感，所以才会使人们为之狂热。

艺术美之所以具有强烈的感染力，一个重要的原因，就在于表现着艺术家的强烈感情，不具情感的艺术，是不可能产生艺术魅力的。此外，艺术美还富有形象性，它将生活再现，并将生活典型化，以美的形象感染人，寓教于乐，动之以情，所以才能使人在灵魂震撼中得到美的享受和教益，激发人改造世界、创造世界。

当然，艺术的美需要会欣赏。艺术是需要人去接受的——音乐需要人去听，舞蹈

艺术美来源于现实又高于现实
地震后的感动摄影展

艺术美对大众具有勾魂摄魄的作用

艺术品中凝集着艺术家的情感
《命运交响曲》表现了贝多芬与命运的抗争

艺术是生活的再现
好像啊

艺术品美但不能复制人们的真正情感
一定要去泰山看看

所以，《第九交响曲》能够带给人强烈的美感

需要人去看，影、视、剧需要人去欣赏。至于绘画、雕刻、建筑、文学等，也都需要人去观察和阅读的。这些都牵扯到如何去看、怎样去看，也就是欣赏问题。

☆《第九交响曲》虽美但不能复制人们的真正情感

《第九交响曲》表现了人们的多种情感，所以才会使人为之感动并狂热，但是并不代表它真的表达出了每个人心中的真正情感，也并不是所有观众都亲身经历了所有这些情感。所以它不是因为还原了人们的情感而使人感动，而是因为它融入了贝多芬的情感，并用一种艺术的手法，将人们的几种情感集中有序地表现了出来。

明代画家董其昌说得好："以丘壑之怪奇言，画不如山水；以笔墨之精妙言，山水不如画。"这说明，虽然艺术来源于现实，艺术美不可能离开现实美并无法穷尽现实美，但艺术美绝不是现实美的复制、模拟，它熔铸了艺术家的心灵，是艺术家对世界独特的生命体验的生动演示。所以人们游了泰山，依然对泰山摄影展看得津津有味，而看了泰山的画展，仍然满怀兴味地要去登临泰山。

美+美=美？——整体美

有太多的人想美，尤其是女人，经常会去一些美容美体中心做皮肤护理和美体塑身。但是很多人做了很长时间的护肤，好像都没什么效果。殊不知再好的皮肤如果天天被不适合的"排斥色"服饰"烘托"着，也会显得不好看。其实，美容院一般都是针对皮肤、身材等进行局部保护或改善，并不能让顾客实现整体形象的美感和协调。而如果一个人没有整体的美感和协调，那么她"很好"的局部美并不容易呈现出来。还有些人特别敢于为自己花钱，凡是觉得好看、漂亮的服装和饰品都往自己的身上穿戴，但却给人特别奇怪和不舒服的感觉。其实，这些都与一个人的整体美感有关。如果找到了自己最适合的服装色彩、化妆色彩，连鞋、包、饰品和袜子的颜色都一一协调对应，这种适合她的色彩群就会让这个人看起来非常漂亮，有品位，容光焕发！

VS

可见，美＋美不一定等于美，而需要从一个整体的角度上去看待美，所以整体美是非常重要的。那么怎样才算是整体美呢？

☆ 一个整体是否单纯决定着它的美感

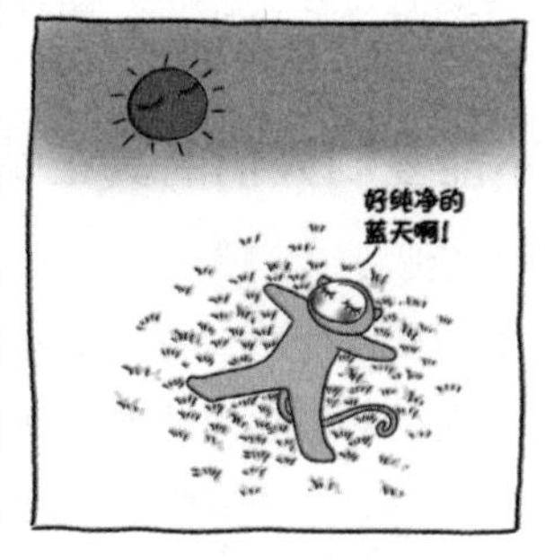

人们都向往单纯超然的人生

在生活中，单纯的事物容易吸引人。无论是人的性格的单纯还是事物本身构造的单纯都是如此。所谓“单纯”，是指简单纯一，不复杂。通过单纯的定义我们可以在这里把单纯再细分出来，可以分为结构的单纯和材质的单纯。圆是一条封闭的曲线，在这条曲线上，每一点的曲率都是相同的，所以它的结构就非常单纯，也因此它是最受欢迎的形状。

材质的单纯则犹如纯净的天空，因为没有杂质，大气对太阳光的折射均匀能形成鲜明的蓝天。但如果天空中云层分布不均匀，有太多的杂质，就会造成不均匀的光折射，让天空变成难看的灰色。所以浑然一体的单纯才是最能吸引我们的。

对于人来说，单纯侧重于想法不多、不繁杂，多用于对问题的理解或看法，也可以指思想纯洁，没有私心杂念，还指单一，表示只考虑事物的一个方面，对其他方面都不重视。人们往往比较喜欢单纯的人，因为单纯不是幼稚，更不是无知，而是一种对生活对世界本质的完全相信，这种相信为人们展现了一种无负担的世界，让人们感受到了一种精神上的愉悦。在漫长的历史时空里，就总是有那么一些人，他们不惧强权，不患得失，不顾影自怜，活得简单而超脱，不会为外物所累，尽管他们表现出来的方式不一，但在简单上是一致的。比如陶渊明，他非常厌恶官场的烦琐屈辱，从而归隐田园，使其在成就了一首首具有简洁、飘逸韵致的田园诗；再如朱耷，他遗世独立，得以在黑白两极的山水、花鸟间挥洒自己的才情；再如万树梅花一布衣的孙冉翁，他从没有获得一官半职，以占卜为生的他却得到了“只赢得几杵疏钟，半江渔火，两行秋雁，一枕清霜”的人生彻悟。而这些人也因为他们单纯超然的人生而流芳百世，为人们所传颂和羡慕。

☆ 一个整体是否和谐决定着它的美感

尽管人们容易被单纯的事物吸引，但是不是所有的事物都是单纯的，在大部分事物中都夹杂着各种各样的形式，所以这些形式之间的差异是否能够并存、统一，就成为这件事物是否和谐的因素。所谓和谐，就是多样的统一。“多样”，是指构成整体的各个部分形式因素的差异性；“统一”，是指这种差异性的协调一致。

整体协调一致的复杂事物才能显示出美感

关于整体的和谐美，有这样一个小故事：

在日本京都有一座非常有名的禅院，待建筑师将这个禅院建造完工后，皇室的人就被邀请前来游览参观。其中有一个人在禅院里走了一圈之后说道：“这里真美，真是全日本最漂亮的庭园。”之后，他还一边赞叹一边指着池塘边的一块石头说：“这块石头，是整个庭园里最美丽的石头。”

建筑师听完，不但没有感到欢喜，反而马上叫人将这块最美丽的石头搬走了。这个人感到非常诧异，便问：“为什么要搬走那块最美的石头呢？”建筑师回答说：“庭院里如果有一样东西特别显眼，就会破坏这里的和谐。所以，我要把它移走，只有这样，这里才算是完美无瑕的。”

可见，这位建筑师真正领悟了和谐。真正的和谐，就是在和谐的状态中，“多样”受到“统一”的制约，不显现出“多样”的各自独立。建筑师之所以搬走美石，就是不想让它显眼的美破坏了禅院整体的美。

为什么有些人五官分开很漂亮，但组合在一起却不美呢——美的秩序

宋玉在《登徒子好色赋》中对东邻之女的美有着一段非常精彩的描写：“天下之佳人莫若楚国，楚国之丽者莫若臣里，臣里之美者莫若臣东家之子。东家之子，增之一分则太长，减之一分则太短；着粉则太白，施朱则太赤；眉如翠羽，肌如白雪；腰如束素，齿如含贝……”这些都赞美了身材、肤色中体现的适度美，也反映了整体美需要整体内部各要素之间有一定的秩序性。

什么是秩序性呢？就是整体内部各要素是否能通过一定的秩序组合在一起，包括整齐一律、匀称、比例、对称、均衡、反复、节奏等，它们都是令事物获得美感的重要元素。一个人的五官分开看都很标致，但组合在一起却并不美就是因为秩序性出了问题。

☆ 整齐一律与错杂变化

整齐一律或称单纯一致、齐一、整一、秩序。这是一种最简单的形式美。无论色彩、形体或声音，于单纯一致中见不到差异和对立的因素，就给人一种秩序感。整齐一律的形式美随处可见：公路两旁的行道树、电线杆、居室铺设的地板、墙布的图案、书架上的书籍、体育场上的团体艺术体操等。诗歌中的韵脚、语言中的排比句式，也都在整齐一律中见出形式美。不过，在事物的外在形式上，如果只有整齐一律，而无错综变化，就会显得单调、板滞，没有生气，使人感到沉闷、厌烦。人的心理追求运动变化，于是就产生与整齐一律相对的另一种形式美，即错杂变化。这也是为什么城市建筑一定要高低起伏、错落有致的原因，我们可以想象一下：如果城市中都是清一色五层、六层的楼房，是不是显得很呆板呢？还有在自然中，如果林木不是高低相间而是整齐划一，群山不是峰峦叠嶂而是形状相同，人们怎么会感受到无尽的变幻中的美色？

☆ 匀称与均衡

匀称体现了是事物的比例关系，拥有比例的事物更容易具有美感。如果事物的部分之间，以及部分与整体之间的比例，合乎一定数理规律的组合关系，或者说比例恰当、优美，就是比例匀称。匀称的比例关系，就会使事物的形象具有严整、和谐的美，即具有匀称美。我们常提到的黄金比例，最早在希腊的神庙中显示出美的形式来，而人体也处处体现着黄金比例的魅力。

匀称还指事物的对称关系。哲学家莱布尼茨有一天对人们说："没有两片树叶是相同的。"果然，人们没有找到两片完全相同的树叶，但却发现，虽然没有两片完全相同的树叶，但每片树叶都是对称的。对称是世界上最常见的现象。人体是对称的，动物是对称的，很多植物是对称的，不少建筑物是对称的。对称是这些物体美丽的原因。自然物的对称，来自自然界的进化。地球上一切事物都受重力影响，最稳定的一种形态就是对称。因为对称给人以稳定、平衡的感觉，所以令人愉悦。

均衡是指视觉重量的相等。它有两种形式，一种是对称均衡，如天平，平衡物体距离平衡点等远；一种是不对称均衡，如杆秤，平衡物体距离平衡点不等远。在均衡美中，后者因显出静中有动、均中有不均，平衡中含变化，更受人青睐。比如工地上的吊车，虽然它的手臂过长，但它的另外一边较大的体积和结实的车体能使重力均衡，从而为我们展示一种不匀称的平衡美。

☆ 节奏与韵律

节奏和韵律属于美的形式因素变化运动的规则。节奏，原为音乐术语，指音响运动合规律的周期性变化，后引申为泛指形式质料（形、色、声等）有规律地重复出

没有秩序性的组合就不会美

没有错杂变化，整齐一律地会显得呆板
太呆板了！
还是那边的好！

匀称的事物最容易给人美感

均衡同样能获得平衡的稳定感

有规律地反复就成了节奏

调和和对比的融合使得荷花更加动人

现，反复变化。在节奏基础上赋予一定的情调色彩，便构成韵律。

节奏之所以能唤起人的美感，是由于它能引起人的生理节奏和心理节奏的有规律的变化，能引起人们精神上心灵上的律动，产生和谐的感觉。人们可以通过优美的节奏感到和谐美。

相比之下，韵律比节奏更富情趣，更能满足人们的审美要求。音乐需要节奏，更要有韵律；绘画、书法、建筑、诗歌等艺术中，疏密有致，浓淡照应，动静交替，虚实映衬，隐现相济，都充满了节奏，也洋溢着韵律，所以更耐人寻味。节奏、韵律并不仅仅存在于音乐等艺术作品之中，在自然界，在劳动和日常生活之中的节奏和韵律正是生命的呈现。比如：冬去春来，四时代序，是时令的节奏；波峰浪谷，层层叠叠，是大海的节奏；山脉蜿蜒，陵谷相间，是地壳的节奏……而所有这一切都可以看作是大自然留下的足迹，也是生命运动的脚印，节奏韵律正是生命的象征。

☆ 调和与对比

调和，就是把两个差异中趋向一致、近似的美的形式并列起来，即把两个相接近的色彩、声音、形体等并列在一起。而对比，就是把两种极不相同的东西并列一起，互相比较，有色彩的对比、声音的对比、线条的对比、形体的对比、性质的对比等。

在王勃的名篇《滕王阁序》中，“落霞与孤鹜齐飞，秋水共长天一色”这两句最受人欣赏，就是因为这两句运用了调和，把滕王阁附近风景的调和美凸现了出来。在色彩中，红与橙、橙与黄、黄与绿等都是邻近的色彩，并列起来就是色彩的调和；在音乐中，用谐音原理使两个以上的乐音同时发响，形成和声，是声音的调和。在建筑上，古典式建筑配上古色古香的古瓶古画，就形成了建筑物内外格调的调和。调和使人感到融洽、协调、安定、自然，在变化中保持一致，产生和谐、朦胧的美感。而对比能够使形象更加凸显，使人感到鲜明、醒目、振奋、活泼，使高大者更高大，渺小者更渺小，给人一种对立统一、相反相成、相得益彰的和谐美感。明暗、冷暖、高低、大小、方圆、清浊、曲直，等等，构成的色彩、声音、线条、质感以及空间形式的对比，无不使人感到醒目鲜明。

在各种形式美中，对比与调和又往往融合、交叉、重叠，使这些形式美更加动人。

第二章 每天学点审美基本原理

植物学家和诗人谁在审美——审美活动

公园里长着一棵树，植物学家走来了，他细细端详着这棵树，然后头也不回地离开了，临走，说了一句话："很一般嘛，没有什么价值。"接着，一位诗人走来了，他驻足凝视，又绕树一周，脸上露出激动的神情，他一会儿靠近它细察，一会儿又远离它眺望，他被这棵树奇特的造型和枝叶绿中带红的怪异色彩惊呆了，久久不愿离去，只听他一遍遍地赞叹："太美了，太美了！"

植物学家和诗人谁进行的是审美活动呢？

☆ 审美是一种不带实用功利目的的情感活动

审美活动简称为审美，是指在欣赏和创造美的过程中，人感受、体验、欣赏、评价、创造美的活动。通俗来讲，审美就是对美好事物的感受和欣赏。审美活动是人的社会实践活动尤其是情感活动的一个重要方面，是美学研究的基本问题之一。审美活动与其他活动不同，它是不带直接实用功利目的、始终伴随着感性形象的活动。康德说："这是一种不凭借任何利害计较，只追求精神性快感的活动，是非物质功利的，也就是说人们欣赏蓝天白云并不是要得到什么好处，再美的音乐绘画也不能够当饭吃，它只是在精神上带给人愉悦的享受。"审美活动不需要通过概念来表达，不需要判断、推理；而是凭借生动的形象进行联想、想象和情感活动，通过形象思维获得审美感悟和审美享受，是非物质功利的或超物质功利的。所以，我们可以知道，植物学家的行为不是什么活动，因为他观察这棵树是为了做科学研究的，没有给他的精神带来任何愉悦。而诗人在经过仔细地观赏之后大加赞美，不带有任何功利性，只是单纯地在精神上得到了愉悦，所以，诗人才是在审美。

如果你依然分不清什么才是审美活动，那么我们再举一个简单的例子：桌上有一盘鲜红娇艳的樱桃作为模型，如果你一眼看到就想："这盘樱桃肯定很甜，如果拿过来吃掉就好了。"这就与审美无关了。如果你没有想把它吃掉，而是被它鲜艳的色彩、娇艳的外表和圆润的线条所打动，想把它画下来，那么你就是在审美了。就是这样简单！

☆ 与外物构成审美关系的活动就是审美

审美活动的内涵十分丰富。除了审美欣赏，审美创造也是审美活动。艺术家创造艺术作品，人们美化环境、美化自然、美化生活，都是审美活动。总之，审美欣赏、审美创造、审美体验、审美评价、审美鉴赏以及贯穿其中的审美心理活动，都是审美活动。从这些活动中我们可以发现，它都必须要求人与外物建立一种关系，没有这种关系就不能成为审美活动。这种关系就是审美关系，是人与外部世界关系中的一种，是人类以一种情感观照的方式来欣赏和体验着现实的美，反过来又按照美的规律来创造美的关系。

人是世界万物之灵，总是与外物发生这样那样的关系，比如认识关系、实践关系、功利关系等，审美关系也是其中的关系之一。如果没有这棵树作为审美对象，那么诗人就不会发出任何赞美的感叹，相反，如果没有诗人作为审美主体来欣赏这棵树，这棵树也不会得到赞美。所以，必须是当审美主体和审美对象同时存在，并建立起一种审美关系才能算是审美活动。

☆ 没有审美态度的审美就不是审美

这棵树的美，诗人一下子就感受到了，而植物学家却感受不到。这是为什么呢？这里涉及审美态度问题。

审美态度是指人们审美地对待事物的态度，即以非功利的态度来对待事物、对象。诗人是以非功利的审美态度来对待、观赏这棵树，自然被惊呆了，并一遍遍赞叹"太美了"；而植物学家并不是以审美态度来对待这棵树，而是以功利的态度看待它，认为这棵树没什么价值。可见，审美态度是审美活动的前提，超功利的审美态度是审美活动的最主要特征。所以，一个人要想成为审美的人，就必须让自己在审美活动中使自己远离功利，以审美的态度对待审美对象。如果不能排除功利或利害方面的干扰，那么主体与对象就不能形成审美关系，不能进行审美活动，更不能对对象做出审美评价。

当然，审美态度是一种主观现象，所以它会受到时间、地点等客观条件的影响，更会受到人的主观的心理因素，如心境、情绪等的影响。在《水浒传》的"智取生辰纲"一回中，白胜挑着一担酒唱道："赤日炎炎似火烧，野田禾稻半枯焦。农夫心内如汤煮，公子王孙把扇摇。"歌词中的农夫在"心内如汤煮"的情绪支配下，对于当

谁在审美！
很一般嘛，没什么价值
太美了！太美了！

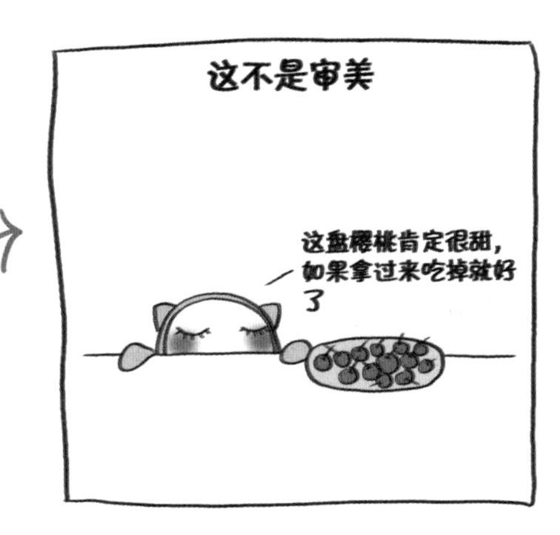
这不是审美
这盘樱桃肯定很甜，如果拿过来吃掉就好了

这才是审美
颜色好美把它画下来吧！

没有审美关系就不是审美
我是美的
我不欣赏

超功利的审美态度是审美活动的最主要特征
功利

只有使自己处于非实用、非功利、静观的审美态度，才能成为审美的人

时的太阳，绝不会视为一个美的形象。

所以，在审美过程中，审美主体必须使自己处于一种非实用的、非功利的、静观的审美态度，才能进入审美状态，才能观赏到美，获得审美的精神上的愉悦，也才能对对象做出正确的审美判断。

人们为什么要审美——审美需要

在北宋元丰年间的杭州发生了这样一件案子：以卖扇子为生计的张二向绸缎商人吴某借了三百贯钱用来买绫绢做扇子，他们约定的还钱时间是三个月后。但是不幸的是，当张二做好扇子之后，恰巧赶上了连月的阴雨，天气凉爽，人们都不需要扇子取凉，所以导致扇子滞销。三个月很快到了，张二根本无钱还债，而吴某几次催讨不成，就把张二告到了知府衙门。官府此时也左右为难：想要处罚张二，又于心不忍。这老天下雨，张二又有什么办法呢？但是不处罚张二，也不妥。自古杀人偿命、欠债还钱是天经地义的事。恰巧这时苏东坡被贬来杭州任通判，于是知府大人连忙将这件棘手的案子交给苏东坡办理。苏东坡了解了事情始末之后，就命张二将积压的扇子全部挑来，他提起笔，在每把扇子上，或描几笔画，或题几句诗。顿时，每一把扇子都变得与众不同了。于是张二挑着这些扇子上街去卖，此时的天气已经转凉了，但是这些扇子却很快被市民一抢而空。最后张二不仅还清了吴某的债务，还获利不少。

天气凉爽，为什么杭州的市民还将扇子抢购一空呢？这是因为经过苏东坡润笔的扇子，已经美化了，老百姓买的不是扇子本身，而是扇子上的“美”。可见，杭州市民是爱美的，且具有强烈的审美需要。

☆ 看山看水实畅神

审美是人类认识世界的一种特殊形式，指人与世界（社会和自然）形成一种无功利的情感的关系状态。审美需要是人类在历史长河中所衍生的一种精神需要。

谢灵运曾经说过：“夫衣食，人生之所资；山水，性分之所适。”意思是说：人不仅有衣食之需，还要有“性分”方面的即审美的满足。美国心理学家马斯洛研究出著名的“需要系统”，他把人的需要分为五个层

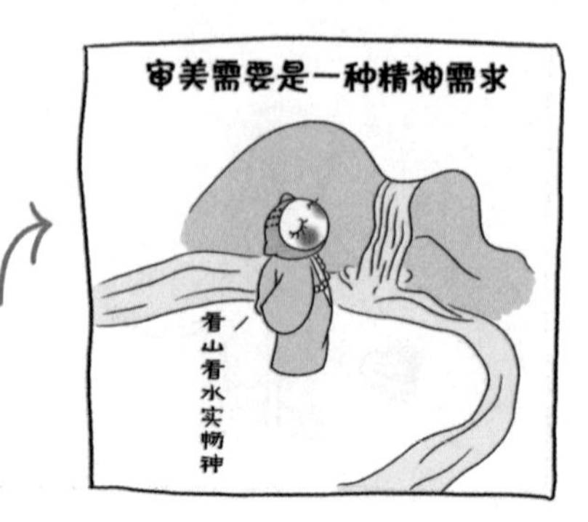

次：生理需要、安全需要、归属和爱的需要、尊重的需要和自我实现的需要。其中，自我实现的需要是最高级的“超越性需要”，其中包括人对审美的需求。我们把这种审美方面的精神需求，称为审美需要。

人之所以需要审美，不仅仅是因为审美能给人带来生理和心理的双重享受，还因为世界上存在着许多东西需要我们去取舍，找到美的事物，可以使人摆脱庸俗、狭隘和自私，并使人择真而求，择善而从，择美而爱，使自己的人生进入诗意栖居的审美世界，超越功利的狭隘生活，获得丰富的精神体验。所以爱因斯坦认为艺术和科学创造的动力，在于“摆脱日常生活，在单调乏味和这个充满着由我们创造的形象的世界中，去寻找避难所的愿望，才是他们最强有力的动力”。连信奉人生四大皆空的佛家也会醉心于山水审美，醉心于艺术创作。在《传灯录》上说，“吃茶吃饭随时过，看山看水实畅神”，意思是：茶饭只是随时过而已，而看山看水却使“万物皆备于我”，让人畅神，得到高级精神享受。可见，出家人把看山看水与吃茶吃饭相提并论，甚至认为看山看水更为重要。

☆ 爱美之心人皆有之

常言道：“爱美之心人皆有之。”人生来就爱美，无论是诗人、艺术家、为官者，还是普通的老百姓，都有审美的需要，都有爱美的心。

诗人、艺术家自然是有着强烈的审美需要的。李白在《秋下荆门》一诗中就表白自己挂帆东下，不是为了到东吴吃当地的鲈鱼脍等名菜佳肴，而是去游览剡中一带的名山大川。在李白看来，欣赏美景要比吃喝更重要，饱眼福胜于饱口福，审美需要高于物质享受。

当官的也有审美需要。陆游的《官衙》中写道：“官身早暮不容闲，尘土堆胸愧满颜。也有向人夸说处，坐衙常对水南山。”这首诗所说的是当官的人在坐衙办公的时候，也会忙里偷闲，抬起眼睛观赏衙门对面的山水景色。

普通的老百姓也爱美。陆龟蒙的《奉和夏初袭美见访题小斋次韵》一诗有这样描写：“啼莺偶坐身藏叶，饷妇归来鬓有花。”意思是：前往田间送饭的农家妇女，尽管要忙于农事，但是在回家的路上还是忍不住对花的喜爱，采了几朵野花插在头上。

可见，人的智慧从客观上决定了我们对美好事物的追求。动物只是本能地适应这个世界，而人则可以通过自己的智慧发现世界上存在的美的东西，丰富自己的物质生活和精神家园，以达到愉悦自己的目的。

☆ 审美需要是社会文明的标志

人有审美需要，除了愉悦自己的目的之外，在很大程度上也是为了完善自己。因为只有通过一代代人对周遭世界的评判，不断进化，才能形成更为完善的对事物的看法，剔除人性中一些丑陋的东西，发扬真、善、美。

在当今社会中，对美好事物的欣赏，尤其是对人性中存在的友情、亲情、爱情的审美，成为生活在钢筋水泥的城市森林中的人们源源不断的心灵慰藉，能够为他们因为物质丰富而带来的空虚心灵提供满足感。如今，我们正走向一个生态文明的时代。在这个时代，诗意栖居与和谐守望是人类应有的追求。人有了审美需要之后，审美能力就能得到提高，就会改变人生的态度，人的生存境界就会提高，人的精神境界就可能上升到更高的层面，人们才能去创造美和设计美。人与人之间就会减少虚伪与欺骗、人与人之间会变得友好、友爱和彼此守护。人的审美能力提高了，就会想方设法去维护我们赖以生存的自然界，我们与自然的关系就会逐渐达到和谐守望的最高境界，营造出一个人类美好的精神家园。人们已经越来越清楚地看到，所谓精神文明时代，如果没有对“美”的强烈追求，就不能很好地把握“美”的规律，也就谈不上社会文化的高度发展。

为什么距离能够产生美——审美距离

常言道：距离产生美。宋代诗人游九功有一首诗：“烟翠松林碧玉湾，卷帘波影动清寒。住山未必知山好，却是行人仔细看。”这首诗说的是：住在山里的人，天天面对翠绿如烟的松林、澄碧如玉的水湾、临水而居的人家以及卷帘摇动的波光云影，往往浑然不觉其美；倒是初来乍到的游人如醉如痴地仔细欣赏，沉迷在如画的山光水色之中。为什么会这样呢？

☆ 审美距离是一种审美的力度

所谓的审美距离是指审美主体与审美客体之间的距离、间隔。它包括时空距离和心理距离。审美距离在审美活动、审美关系中具有重要作用。如果说“审美”是在紧紧抓住“美”的尾巴，不让它飞，那么“审美距离”就是“审美”的力度，太轻，“美”便怅然而去，太重，“美”便郁郁而终。有时候，人只有跳出圈外，俯视其中，才能找到曾经不解的奥妙，而曾经的不解正如同“不识庐山真面目，只缘身在此山中”，“入芝兰之室，久而不闻其香”。

审美距离中最重要的是心理距离。心理距离是指审美主体与客体之间在情感、观念、经验、态度上的距离。最早把“心理距离”作为一种美学原理提出来的是英国美学家、心理学家爱德华·布洛。他所说的“心理距离”的概念，是距离的一种特殊形式，是指我们在观看事物时，在事物与我们自己实际利害关系之间插入一段距离，使我们能够换一种眼光去看世界。他说:“美，最广义的审美价值，没有距离的间隔就不可能成立。”他认为审美要有恰当的心理距离。对象没有被人感知到，或者人们对它太隔膜，心理距离太远，便激不起美感；但对象与人的实际利益、功利态度紧密联系，或者人们对它太熟悉，即心理距离太近，也激不起美感。布洛举过一个“雾海航行”的例子：在航海业尚不发达的时代乘船遇雾，如果不能摆脱现实的利害，抛弃患得患失的心理，由海雾所造成的景象就会成为我们精神上的负担，使我们除了忧虑自身的安危之外，哪还顾得上审美呢。但是如果我们换一种情景，站在海岸上，和那些身处雾中的人的心情就会根本不同了。因为他们不会感到危险、没有忧虑，就会把注意力转向浓雾中的种种风物。这时，海雾就可成为浓郁的趣味与欢乐的源泉，能给人以强烈的美感。

时空距离也是审美距离中不可忽视的一个内容。心理距离能产生美、影响美，时空距离也能产生和影响美。距离的远近也能直接影响审美的内容与感受。就如案例中住山里的人从来不会觉得山有多美，但是游客却觉得山很美，这就是空间距离不同的缘故。因为住山里的人与山的空间距离太近，成年累月生活在那里，朝夕相处，所以感觉不到它的美；而游客因为不经常见，所以才会如痴如醉。可见，空间距离能产生美。与心理距离类似，空间距离太近不能产生美，许多人都有这个体会。比如苏轼游庐山时，感慨“不识庐山真面目，只缘身在此山中”，但是随着距离的变化，就开始“横看成岭侧成峰，远近高低各不同”，可见，空间距离造成了不同景观。

在审美过程中，时空距离与心理距离是互相联系，互相作用的。审美者的心理条件不同，心绪心境不同，主观感受上的空间距离就可能有所不同。有时美在咫尺却令人有远在天涯之感，有时远在天涯却又令人有近在咫尺之感。

住山未必知山好，却是行人仔细看
有什么美的？
好美啊！

“审美”是在紧紧抓住“美”的尾巴，不让它飞

“审美距离”就是“审美”的力度。太轻，“美”便怅然而去

太重，“美”便郁郁而终

“不即不离”才是理想的审美距离

看山要从湖中看，水中看山山更美

☆ 正确把握审美距离才能获得美感

从心理距离和时空距离对美的影响，我们可以得出，保持恰当的审美距离，是获得美感、领悟对象的意蕴的重要前提。但是现实中许多人，由于掌握不好审美距离，所以很多美被人一次次地错过了。比如，在艺术欣赏中，经常会出现由于心理距离太近而混淆艺术世界与现实世界界限的事件。如那些读了歌德的小说《少年维特之烦恼》而自杀的青年和观看歌剧《白毛女》而站起来朝“黄世仁”开枪的战士，等等。那么面对审美对象，我们要怎样来靠近、来把握这个距离呢？

布洛说：“无论是在艺术欣赏的领域，还是在艺术生产中，最受欢迎的境界乃是把距离最大限度地缩小，而又不至于使其消失的境界。”这种“不即不离”的境界之所以是理想的艺术境界，在于它对“距离的内在矛盾”做了妥当的安排，它既不使因距离过远而无法理解，也不使因距离消失而让实用动机压倒审美享受。

☆ 充分利用距离去发现和捕捉美

由于距离能产生美、影响美，所以人们应该充分利用这个规律，去发现美、捕捉美。

首先，在欣赏自然的美时，要保持一定的距离。南宋诗人杨万里在观赏山水美景时提出：看山要从湖中看，水中看山山更美。因为在山中看山或在水上观水，都因为与审美对象的距离太近而只能见到单一的局部的景致；但是如果在山外看山或山上观湖，人与审美对象的距离又会太远，而得不到美感；只有在湖上看山或岸上观湖，人与对象拉开一段距离但又不远不近，才能观赏到山或湖的整体形象，观赏到山和湖之间的巧妙组合，相得益彰，而这时的山和湖就显得更美了。

其次，在欣赏艺术品时也要保持恰当的距离。比如欣赏绘画，特别是油画和水彩画，离得太远了和离得太近都不好，必须要与画面拉开一定的空间距离才行。俗话说：“近看一块疤，远看一朵花。”观画如果不拉开一定的距离，那么映入眼帘的是线条、色块，很难看到它的整体形象和艺术韵味。

为何“人间万象模糊好”——朦胧美

中国传统文化是很看重朦胧含蓄之美的，“犹抱琵琶半遮面”的审美效果一直居于中国传统审美的中心，诗人杜牧的名句“烟笼寒水月笼沙”也一直被人们传唱不朽。

清朝诗人蒋士铨有一首著名的诗《题画》：“不写晴山写雨山，似呵明镜照烟鬟。人间万象模糊好，风马云车便往还。”其中“人间万象模糊好”一句既表现了诗人对朦胧画境的肯定，还道出了诗人乐得糊涂看待世事的人生哲学。

诗人戴安常在《神女峰》一诗中写道："朝霞中，她像从瑶池浴身归来；烟雨里，她像一团云雨梦。呵，不要靠近她，她的美——永远是朦胧……"然而如果我们真的攀上峰顶来看，也许也只能看到堆近似人形的耸立的石块而已，反而会索然无味。这种景色之所以美，是由于"朦胧"。

其实，我国古典诗歌绘画中前人早已有许多论述，如"雾中看花""云滋山巅""烟锁楼台""远水波渺""灯前看月""潇湘水云"等。为什么朦胧会产生美感呢？

☆ 朦胧往往能带给人一种意境之美

美从表现形态上划分，可分为优美、崇高美、悲剧美和喜剧美等，如果从审美对象的特征上来划分，还可以分为朦胧美、含蓄美、缺陷美、富贵美、质朴美、幽默美，等等。朦胧者，不甚分明之谓也，是一种不真切与不确定的美，依稀、恍惚、隐约、空灵、缥缈、模糊、迷离，皆如雪泥鸿爪带给人的一种若有若无、若即若离的不定感。其特征是审美对象的模糊性、抽象性，内容的多义性、不确定性，形式的变幻莫测、扑朔迷离、诡谲离奇。朦胧美可以营造一种特定的意境，诱发人的好奇心，从而激起人的探究心理，人们往往通过揣测、想象、意会等，在似明白又模糊中而获得一种特殊的审美享受。

具有朦胧美的艺术作品之所以更能打动人心，就是因为它能把人带入一种美的意境。在诗歌中，朦胧诗是最具魅力的。李煜的《蝶恋花》中有这么几句："数点雨声风约住，朦胧淡月云来去。"扑朔迷离的风云变化，朦朦胧胧的月色，隐隐约约的雨声，构成了一幅美妙神奇的意境，多么令人神往。"雨巷诗人"戴望舒的成名作《雨巷》，由于感情朦胧、隐蔽，感觉的不可捉摸，内心状态的飘忽不定，形象的模糊朦胧，深受人们的喜爱。

具有朦胧美的美术作品往往更胜一筹。宋代画家任安是画建筑物的高手，然而却画不好山水人物。所以，他常常请著名的山水人物画家贺真同他合作。然而，人们在欣赏两人合作的作品，贺真的山水得到的赞誉很多，而对任安画的楼台亭阁很少提及，任安心中很是不平，所以他想想个办法来压倒贺真。一次，当他们再次合作时，他便在画幅上将建筑物画得满满的，只留下很少空白处让贺真点缀山水。但是贺真似乎并不在意，只在仅有的地方淡淡地勾了几笔，让人若隐若现地感觉到远山近岫和江岸的形状。结果，观赏的人大多赞美其笔少意长，颇有朦胧含蓄之美。这时，任安彻底服气了。贺真的艺术才能就在于他能够利用极小的空间，创造出朦胧的意境，给人一种朦胧之美。

好美啊！
山顶肯定更美！

竟然是这么丑的两块石头啊！

为什么走近看神女峰就不那么美了呢？
因为朦胧往往能带给人一种意境之美

朦胧美来自于人的审美错觉
轻舟泛月寻溪转，
疑是山阴雪后来

多样性
不确定性
丰富性
人类情感的逻辑、心理的法则原本就是朦胧的

所以蒋士铨感叹“人间万象模糊好”啊！

自然界中的朦胧美是最迷人的。沐浴在月光下的稀疏梅影，倒映在湖水里的纤柔柳枝，轻纱般的晨雾，淡烟似的暮霭……这些朦胧的景色，能给人隐约、飘忽、迷离、悠远的感觉。云雾缭绕的巫山，雨雾弥漫的黄山，烟雨迷茫的漓江，让人浮想联翩。月夜、黄昏的朦胧美最令人神往。“疏影横斜水清浅，暗香浮动月黄昏。”朦胧的月色，静谧的意境，缕缕的清香，疏淡的梅影，多么令人陶醉。

自然界中的朦胧美还表现在倒影中。元好问有诗云：“看山水底山更佳，一堆苍烟收不起。”“日落沙明天倒开，波摇石动水萦回。轻舟泛月寻溪转，疑是山阴雪后来。”（李白《东鲁门泛舟》其一）把山水、舟、月的倒影描绘成朦胧的仙境，别有一番情趣。

社会生活中的朦胧美也是诱人的。爱情中的含蓄、羞涩、温情脉脉的朦胧色彩，展现的是朦胧的优美；战场上厮杀的英雄、刀光剑影的搏杀、硝烟滚滚中飘扬的军旗，显示的是朦胧的崇高美；梦境中的恍惚迷离、玄妙变幻，同样令人感叹。

☆ 朦胧美来自人的审美错觉

朦胧为什么会产生美感？这与审美错觉是分不开的。

普通的错觉是由一股感知所造成的错位，是直接单纯的，而审美错觉就是对欣赏对象深入体验后，形成的不符合实际情况的错误知觉。恰恰正是这种弄假成“真”，却创造出一种新颖独特的审美意趣，欣赏者从中可以获得一种意外的快感和满足。从艺术的角度讲，朦胧就是含蓄在某种程度上的深化，它追求的是一种不确定性，这种不确定性正是造成审美错觉的根源。难于捉摸的意象、隐秘的感性色彩、只可意会的弦外之音、象征手法的应用等都是朦胧艺术的特征，这是一种概念不能穷尽、理性认识无法达到的审美境界，正所谓“言有尽而意无穷”。

审美错觉是一种蕴含在我们的想象世界中，若隐若现、形态朦胧、若即若离的不可言状的审美感受。从这个意义上说，它已经虚幻化了。然而审美错觉往往又凭着灵感的延伸，按“美”的形态对审美对象进行重构。虽然审美对象的某些实际在重构中被“歪曲”了，但错觉却由此产生出更为美妙动人的异化的艺术形象，使审美者看到一种特殊的“美”。

朦胧美如此招人喜爱，也难怪蒋士铨感叹：“人间万象模糊好。”

☆ 人类情感的逻辑、心理的法则原本就是朦胧的

朦胧的事物会给人以美感不仅仅是因为一种意境和错觉，其实还在于人类情感的逻辑、心理的法则原本就是朦胧的、模糊的。这种说法正是人脑（主要指右脑）复杂的高级功能的生动展示，更是人类独有的精神现象变幻莫测的多样性、丰富性、不

确定性、深刻性的有力表现。我们知道，艺术表现的就是人类情感的世界、心灵的世界，所以当艺术作品越是表现出它的朦胧性和复杂度，作为一种信息便越会被欣赏者所吸引、接受并激起强烈的回响，其美学的魅力正深藏在艺术作品结构同人的审美心理结构对应、契合之中。所以，对于艺术的创造者和欣赏者来说，强制性地要求无比珍贵的朦胧和模糊变成科学般的清晰和明确，只能使艺术品丧失价值、失去魅力。

“不著一字”如何“尽得风流”——含蓄美

中国的古典文化非常崇尚含蓄美。晚唐诗人司空图著有著名的《二十四诗品》，其中一品为“含蓄”：“不著一字，尽得风流。语不涉己，若不堪忧。是有真宰，与之沉浮。如满绿酒，花时反秋。悠悠空尘，忽忽海沤。浅深聚散，万取一收。”其主要表达的意思是作诗须求含蓄，要用烘托的笔法，通过形象化的语言表现，不须作者直接诠释说明指意，或评论道理，要让读者自去心领神会诗情。这样的诗才韵味盎然。

在文学领域是如此，在绘画上，我国也非常注重含蓄美。宋代为了促进绘画的发展，建立了皇家画院，并以绘画开科取士。有一次出的诗句是“蝴蝶梦中家万里，杜鹃枝上月三更”。我们知道，描写梦境的诗句是很难用图画形象化地表现出来的，所以大多数考生就避开梦境，在画卷上画些明月栖鸟什么的，只画出了“杜鹃枝上月三更”的情景。然而，有个考生却独辟蹊径，他不画鸟，只画人。画的内容是这样的：一个寒冷冬夜，月色朦胧，身陷匈奴的苏武怀抱节旌在冰天雪地里打瞌睡。睡觉一般情况下是要做梦的，而苏武的梦当然是怀念远在万里的故国家园，而且又暗合了杜鹃啼血之意。此画一下被主考官看中，但是一个考生对此不服气，他认为这幅画太晦涩，不通畅明了。他认为应该在苏武头顶上方画出故国家园，并用蝴蝶形状的虚线圈起来，这样才能很好地表达诗句的内容。于是，他就按自己的想法重新画了一幅画，结果却招来了众人的指责，说其是画蛇添足。

那么，含蓄到底美在哪里呢？

☆ 含蓄往往能给人带来意味深长的美

所谓含蓄，就是把情感、意图、意蕴、意境隐藏起来，蕴含起来，让别人去自己体会、琢磨。简言之，就是含有深意，藏而不露，耐人寻味。含而不露的语言和艺术作品，往往能给大家带来意味深长的美。朦胧美的意蕴往往是含蓄的。所以，从这个意义上讲，朦胧美也是含蓄美的一种表现形式。

中国古代诗文中就蕴含有含蓄美，苏轼《水龙吟·次韵章质夫杨花词》中有“似花还似非花，也无人惜从教坠”，杨花，却又全非杨花。花者，美者也，似花又非花的杨花漫天飞落，却无着落也，这恰似美貌的风尘女子。然而诗却句句不提女子，但意思却溢于言表。再如宋人欧阳修的《画眉鸟》写道："百啭千声随意移，山花红紫树高低。始知锁向金笼听，不及人间自在啼。"诗中写画眉在林间自由啼啭，与锁在金笼中的鸟儿形成鲜明的对照。如果仅看到这个层面，则失之肤浅。我们要联系当时的写作背景来理解，诗人在朝中为官，因正直敢言而被贬滁州，诗人心中郁闷，看到山林中画眉鸟的鸣啭和美丽的自然景色，触景生情，托物（画眉）寄意而作此诗，其寓意也就不言自明了。这就是"含蓄"，表面的形象背后隐藏着深层的含义，叫人真正感到触动的地方不在表面，而在背后。

中国画也讲究含蓄，即通过画面上有限的片段情节，来反映那没有出现在画面上的部分，要画外有画。古人云："画令人惊，不如令人喜，令人喜，不如令人思。"所谓"思"，即从含蓄中去联想和思索。

《雪树寒禽图》是宋代李迪画，它描绘了凛冽的寒风摇撼着山野，雪花簌簌有声地飘落下来，一株落尽残叶的棘树挺立风中，树杈疏落有致地直上苍天，一丛秀竹傍树生出片片翠叶，并伴有点点绿色，这却在萧瑟冷寂的氛围中平添了几分勃勃生机。一只白头翁安详地栖于枝头，昂首看着微茫雪色，似乎在寻找伴侣，它虽然显得有点孤寂，但神气丝毫无减。画家似乎想通过画面告诉人们，即使在恶劣的环境中，仍然有活泼的生命在跃动。所以，欣赏这幅画，不会感到悲凉萧瑟，内心所涌动的，是对自然的敬畏和对生命的赞美。

含蓄也被广泛地运用到现实生活中，中国的传统艺术形式无一不包含含蓄。比如中国古代建筑，尤其是园林设计。在中国，园林在进门的地方，几乎都不是可以一眼望到底的，不是一块巨石，就是一座假山，要不就是一片林荫……反正不会让人一眼就看透。还有那蜿蜒回廊、弯曲小径、小桥、流水、亭台、青山古树等，都包含着园林艺术家的良苦用心。含蓄美作为中国美学里的一个重要范畴，它是一种气韵，是一种可意会不可言传的感觉。

☆ 崇尚含蓄和含蓄美，是中国人的民族性格和魅力

崇尚含蓄和含蓄美，是中国人的民族性格和魅力。人们的审美心理，一般喜欢曲，喜欢含蓄；忌直，忌一览无余。古人云："文似看山不喜平""贵直者人也，贵曲者文也。天上有文曲星，无文直星""意贵透彻而语忌直率"。中国的年轻人谈恋爱，不像西方人那样，经常把"我爱你"挂在嘴边，他们表达爱情时往往是很含蓄的。例如云南民歌《小河淌水》的歌词："月亮出来亮汪汪，亮汪汪，想起我的阿哥在深山；哥像月亮天上走，天上走；哥啊，山下小河淌水清悠悠。"用比喻的手法，含蓄深沉地表达了少女的深情，给人以美的联想，带来一种诗情画意般的美感。江苏民歌《茉莉花》也以含蓄的手法借花抒情："我有心采一朵戴，又怕旁人笑话。"把青年男女的

蝴蝶梦中家万里，
杜鹃枝上月三更
妙啊！
不错！

蝴蝶梦中家万里，
杜鹃枝上月三更
真是画蛇添足！
为什么会这样？

含蓄往往能给人带来意味深长的美

绘画也要讲究含蓄
"被牛吃了"
"牛跑了"
"草呢？"
"牛呢？"

所以中国文学讲求"不著一字，尽得风流"的含蓄美
绘画也是如此！

中国人崇尚含蓄的美
月亮出来亮汪汪
亮汪汪
想着我的阿哥在深山

纯真爱情委婉地表达出来。

中国人不仅表达喜事时喜欢含蓄，表达悲情时也讲究含蓄。如现代著名散文家秦牧有一次搭乘公共汽车，看见一个老年妇女和一个中年妇女在小声交谈。那中年妇女头上扎着一朵白花，明显正在戴孝。老年妇女同情地问道：“董嫂，你为什么这么‘素’呢？”中年妇女悲伤地回答道：“董兄不在了。”这一问一答的意思是十分明了的：“董嫂，你为什么戴孝呢？”“董兄死了。”这两位妇女运用含蓄说法，不仅准确表达她们的思想，还体现了她们的文化修养和文明程度。

为什么断臂的维纳斯被认为是美的——缺陷美

1820年，在克里特岛和希腊本土之间的一个称作米洛斯岛的山洞里发现了希腊雕刻家亚历山德罗斯的作品——断臂的维纳斯。她具有椭圆形脸蛋，平额，端正的弧形眉，扁桃形的眼睛，希腊式的直鼻梁，发髻刻成有条理的轻波纹样式，神态平静，面带微笑。半裸的身体，亭亭的立姿优美动人，各部分的起伏变化富有节奏感。内心显得十分宁静，没有半点羞怯或娇艳，只有纯洁和典雅，欣赏者不管从何种角度看，都同样能获得庄重而不失妩媚的感受。尽管它遗失了双臂，却依然被人们尊称为最美的女雕像。这是为什么呢？

☆ 残缺美只是人们心里追求“完美”的一种表现

注意！这里所说的是“完美”而不是“完整”。所谓缺陷美，就是事物的缺陷、残缺，并不影响它整体的美，反而增加其魅力的一种审美特性。我们知道，正常的美，其形式和内容都是美的，实际上这是一种理想的美。但客观情况却是，人和事物总是有这样那样的缺憾，不是完美无缺的。比如鼻梁不够高，嘴唇比较厚，身体的某个部分不对称、不协调，这都是一种缺陷。但是，在某种特定的条件下，缺陷或残缺也可以显出美。人类的审美已经经过千百年的进化与完善，维纳斯断臂的美，在于其不但没有给人们留下什么缺憾，反而却给人们留下了想象空间，诱使人们展开想象的翅膀，去获得美感。所以，归根结底缺陷美是因为这种残缺的美丽给人无尽的遐想空间，艺术家和欣赏者可以驰骋自己想象的翅膀，可以构筑自己心中的完美。而太完美则限制和制约了创造者与欣赏者的想象空间。

☆ 缺陷、残缺给人真实感、亲切感

其实，在艺术作品中，有很多美人都是“不完美”的。《红楼梦》中有个个性刚烈的女子叫鸳鸯，是贾母跟前的丫鬟，由于聪明伶俐，长得漂亮，很得贾母欢心。

然而却被老色鬼贾赦看中，强迫她做小妾，但鸳鸯蔑视封建权贵，誓死不从。对于这样一个该歌颂的人物，书中是这样描写她的肖像的：

只见她穿着半新的藕色绫袄，青缎掐牙坎肩儿，下面水绿裙子；蜂腰削背，鸭蛋脸，乌油头发，高高的鼻子，两边腮上微微的几点雀斑。

在一般人看来，美丽少女脸上有雀斑，真是有失大雅。然而，这些雀斑非但不影响鸳鸯的美，反而显得她真实、亲切、可爱。脂砚斋在评点这一段描写时，指出："可笑近之野史中，满纸'羞花闭月''莺啼燕语'，殊不知真正美人方有一陋处。"鸳鸯就是这样一个活生生的真正美人。

美人如此，英雄也不例外。在历史小说《斯巴达克思》中，奴隶起义军领袖斯巴达克思骁勇善战，不计名利，顾全大局，视死如归，是一位叱咤风云的传奇式英雄。但是他也有缺憾：在残酷的战争环境中，他私自带领三百名骑兵闯入独裁者苏拉的别墅后，去会见自己的情人。在当时严酷的战斗中，这显然是一个严重错误。但是人们还是被感动了——不是被缠绵悱恻的爱情描写所感动，而是被他那为了奴隶解放事业而且抛弃一切的伟大精神和高贵品质所感动。斯巴达克思的形象不仅没有因这个缺憾而失去光辉，反而更加丰满高大，更像一个有血有肉的英雄了。

☆ 缺陷美的存在是一种对人生存在的见证

每个人都在追求完美，但也应该珍惜我们的缺陷。有句话说，有缺陷的人体是被上帝咬过的苹果；当上帝关上一扇门时，就会为你打开另一扇门，缺陷未尝不是一种美。残缺的景观、文物等，是历史文化的积淀，不仅能给人以自然的美感，又能引发人们对历史文化的体验。"当年鏖战急，弹洞前村壁。装点此关山，今朝更好看。"（《菩萨蛮·大柏地》毛泽东）词人看着弹痕累累的墙壁，回忆起当年的战斗，感到这些残迹旧址特别的美。北京圆明园遗址上残留的石门石柱体现了中国近代史上苦难屈辱的内容，唤起人们深沉的痛定思痛、振兴中华的感慨……可以说正是因为缺陷的存在才见证了人生的丰硕与完满。

缺陷美、残缺美，以特殊的美的形式给我们带来了无穷乐趣。但是，现在很多人追求完美无缺，拒绝缺陷美。有这么一个故事：一个书画收藏者邀他的一个古董商朋友到家里做客，拿出自己最喜欢的一幅古画让他欣赏。谁知这位朋友看后却这样说："这幅画虽然是名家手笔，可惜右边破损了一块，如果你把它修补一下仍然能看得出来，倒不如将右侧整个切除，价钱要比补了之后还高得多。"

"怎么会有这种道理呢？"收藏者很不服气，"这幅画我可是花了不少钱才买来的。"

断臂的维纳斯

维纳斯断臂的美，在于给人们留下了想象空间

瑕不掩瑜，美人也有陋处

英雄为爱犯错也动人

有缺陷的人体是被上帝咬过的苹果
为什么我生下来，要长这颗痣
你这叫美人痣，很漂亮哦！

圆明园的残缺是对历史的见证

"你想想看，当买主看到这幅画的右边破损了，还会买吗？可是如果你将右侧整个切除，买主就会把它当作一幅完美无缺的画，那他就会出高价钱的。"

于是收藏者听了朋友的话，殊不知恰恰是因为那一点破损才使得这幅画显得珍贵，如今被他切除了整个右侧，这幅画就不值钱了。

从这个故事我们不难看出，现实生活中有些人往往只注意那小小的疵缺，而忽略整体的美好，更没有欣赏缺陷美的能力，所以，他们宁可被骗，也不愿接受缺陷美。殊不知，缺陷也是一种独特的美。

俞伯牙为什么摔琴不奏——审美主客体的互动

俞伯牙和钟子期的故事是众所周知的。一年，俞伯牙出使楚国。八月十五晚上，他在渡船上弹琴，正沉醉时，却看到一个人在岸边一动不动地站着。俞伯牙很是吃惊，那人大声地说："先生，不要惊慌，我是个打柴的，听到您绝妙的琴声，就不由得站在这里听了起来。"俞伯牙心想：一个打柴的，怎么会懂得音律？他想考验一下这个樵夫。他接连弹奏了几曲，当琴声雄壮高亢的时候，打柴人说："这琴声，表达了高山的雄伟气势。"当琴声变得舒缓时，打柴人说："这后面弹的琴声，表达的是潺潺的流水。"俞伯牙知道自己觅到了知音，就和打柴人结拜为兄弟，约定来年的中秋再到这里相会。这个打柴人就是钟子期。可第二年钟子期就病逝了，俞伯牙就在钟子期的墓边弹奏了一曲《高山流水》，然后把琴摔了个粉碎，发誓以后不再弹琴。

俞伯牙因为钟子期能够听懂自己的琴音而把钟子期视为知己。但是得知钟子期去世之后，便在钟子期的坟前扯断琴弦、将琴摔得粉碎，并立誓不再弹琴，还说："我唯一的知音已不在人世了，这琴还弹给谁听呢？"

为什么俞伯牙要摔琴而不奏？

☆ 美不自美，因人而彰

大自然之所以美，主要是自然物具有它独特的自然属性，即色彩、声音、线条等形式美的因素，但是这只是一个方面，尽管是极其重要的一个方面。自然之美的美在于人对自然物的欣赏，正如古人所言："美不自美，因人而彰。"

法国哲学家萨特曾说过这样一句话："一片风景，如果没有人去观照，它就失去了'见证'，因而将不可避免地停滞在'永恒的默默无闻状态之中'。"可见，没有人的观照和欣赏，风景便也只是自然存在的一种现象罢了。在钟子期和俞伯牙的琴声之间，形成了一种关系，即审美关系。其中钟子期是审美主体，而伯牙弹出的琴声则是审美客体。

美不自美，因人而彰
钟子期之墓

谁是审美主体
好美啊！

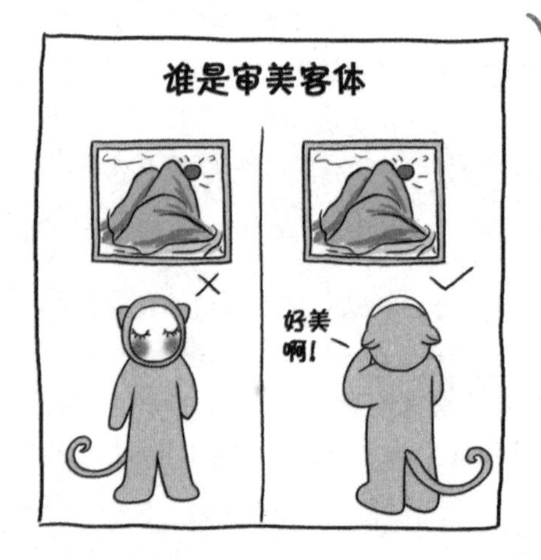
谁是审美客体
好美啊！

审美客体因审美主体的欣赏而具有价值
30万成交

美是审美主客体互动的产物
美

审美客体也会主动召唤人去欣赏它

所谓审美主体，就是审美的人，即在社会实践特别是审美实践中形成的具有一定审美能力的人；审美客体又称审美对象，它与审美主体对应，指能引起人的美感的客观对象。离开审美客体就无所谓审美主体，同样，没有审美主体也就不存在审美客体。也就是说，一个人并不一定就是审美主体，只有他以审美的态度去观赏艺术品或自然景色，他才能成为审美主体。而自然景色或是艺术品也并不直接等同于一个审美客体，它们只有在遭遇了欣赏者那渴望而流连的目光，或被欣赏者收入耳中后，才成为审美客体。

因此，如果俞伯牙的琴声没有人去欣赏，它只能默默地随时空流逝。而钟子期的出现以及对俞伯牙琴声的欣赏则使得俞伯牙的琴声有了存在的意义。所以基于这一点，我们就可以理解为什么伯牙在钟子期死后要扯断琴弦、摔碎琴体，从此再也不弹琴了。

☆ 美是审美主客体互动的产物

审美主体与审美客体谁也离不开谁，二者缺一不可。在审美关系中，一般来说，审美主体是主动的，因为审美客体（艺术品或自然等）要靠主体来发现和欣赏。如果没有人去发现并欣赏它，它就不会成为人们的审美对象。但是，从审美客体的角度来讲，审美对象并不是完全被动的，有时也会主动招引、诱使主体。审美对象本身具有一种吸引力或“召唤结构”，它不断地向人发出邀请，吸引人们注意，吁请欣赏者进入它的世界。王阳明与友人游深山时，桃花仿佛瞬间向人敞开，变得明亮鲜艳起来，就体现了审美客体这一特点。

其实，美是在审美活动中产生的，是审美主客体互动的产物。首先，人具有主动性，一旦人发现并开始欣赏审美对象时，立即与之形成了审美关系。其中，人就变成审美主体，被发现被欣赏的审美对象就成为审美客体，美也由此产生了。其次，审美对象招引、诱使主体，当主体开始注意、欣赏审美对象时，被主体欣赏的审美对象就成为审美客体，主体就成为审美的主体，审美关系立即形成，审美活动由此而展开。所以当俞伯牙得知知音人钟子期去世时，就知道自己琴声的美不再有人欣赏了，即使琴声再具备“召唤结构”，但是没有人听懂、与之互动也是枉然，所以俞伯牙摔琴而不奏。

第三章 每天学点审美感觉原理

为什么有人无法感受蒙娜丽莎的美

在《蒙娜丽莎》图画前站着两个人，一个是法国人，一个是意大利人。意大利人对着这幅画不断地点头，并且嘴里不停地啧啧称奇。看那神情，似乎已经被这幅画深深地折服了。正在这个意大利人自我陶醉时，法国人开口了："不就是一张普通的画吗，现在怎么搞得如此神秘？看不懂！这幅画的神奇肯定是被人吹出来的。"意大利人看了法国人一眼，笑着说："你给我吹一个埃菲尔铁塔看看。"

这只是一个笑话，它却深深说明了一个问题，那就是不同人对相同事物的感觉是不相同的。在看毕加索的画时，有的人会大加赞赏话中蕴含的趣味，有的人则嗤之以鼻，轻蔑地说："毕加索也不过如此，连画都画不清晰，瞧那一团糟。"在听《二泉映月》时，有的人会感动得流下泪水，有的人则认为那是对耳朵的折磨，绝对赶不上自己爱听的流行歌曲。

由此，我们可以发现，不同的人对同一事物的看法是不同的，也就是说这些人欣赏美的能力是不相同的。那么，是什么导致了欣赏力的优劣之分呢？人对同一事物的看法为什么会有这么大的不同呢？

☆ 向美心理始于物竞天择

物竞天择是达尔文进化论的核心。它是指生物互相竞争，能适应生活者被选择存留下来。在生物进化论中的意思是每种生物在繁殖下一代时，都会出现基因的变异。若这种变异是有利于这种生物更好地生活的，那么这种有利变异就会通过环境的筛选，以"适者生存"的方式保留下来。达尔文的"物竞天择"理论是动物向美心理的最好解释。在整个自然界，"物竞天择，适者生存"已成为永恒的法则。任何动物，包括人类要想更好地生存下去，都要能够有足以应付自然的资本。对动物来说，就是要有强健的体魄。为了能让下一代有强健的体魄，所以雌性动物一般会选择那些体格健壮、外表优美的雄性来进行交配，这样生育出的后代才能拥有健康的体魄，拥有了健康的体魄才能应对大自然中的一切危机。

对于人来说，同样如此。体格健壮的人的后代大多体格健壮，外表英俊的人的后代大多相貌堂堂，这一切都是遗传使然。拥有了健康的体魄和英俊的外表，就拥有了强于他人的立世资本。现代人的择偶标准始于远古时期，在那个对大自然充满敬畏的时代。要对抗大自然，在大自然中更好地生存，就只有强壮自身，所以体格健壮的男子就成了当时女性的择偶标准。

由此可以看出，审美倾向是在物竞天择的促使下形成的，人对美的欣赏也是在人类的初始状态就露出端倪的。

☆ 人与人之间有着美感力差异

美感力是人所独具的一种特殊的能力，就是人识别美、欣赏美、评价美、创造美的能力。其基本条件是审美感知，没有审美感知就没有美感力，没有美感力便没有审美活动。但是，由于人们的先天条件和后天环境的不同，人们的美感力是千差万别的。

当然完全没有审美感知的人是没有的，哪怕是完全没有文化，没有经过专门审美教育的人也有自己的审美对象和对某种美的敏锐感知力。审美感知并不是天生就有的，而是在有意或无意的审美活动中发展起来的。通常来说，人在婴幼儿时期是不具备审美感知的，但是两三岁的孩子，有的能够从众多的歌曲中听出他所熟悉的那首摇篮曲，并着迷地听上好多遍。这说明这时的孩子已经具备了低级的审美感知。所以，如果经过严格的系统的培养训练，人的美感知能够达到很高的程度。据说一个训练有素的音乐指挥，能从上百名演员演奏中很敏感地听出一个不和谐音符；一位成熟的画家，能把常人看到的每一种颜色分出若干个等级。

☆ 美感认知是可以遗传的

美感认知是可以遗传的，中国历史上出现过很多的神童，他们对美的感知有先天能力，这种先天能力就得益于遗传。蔡文姬自小就能诗善文，尤好琴瑟之音。六岁那年，文姬非要和父亲学弹琴，父亲蔡邕经不住蔡文姬的纠缠，只好答应，蔡邕于是先弹一曲。但是由于弹奏时用力过猛，不小心把第一根弦弹断了。但是他自己并没有察觉，照弹不误。可蔡文姬马上听了出说，并且告诉父亲说：“您把第一根弦弹断了！”蔡邕很是吃惊，心想：女儿从来都未学过弹琴，甚至连琴都未摸过，怎么就听得出他弹断了第一根弦呢？蔡邕有心要考验一下女儿，他故意把第四根弦弹断。不承想，蔡

人的审美能力是不同的
好美啊！
很普通啊，
一点也没
觉得美。

审美心理始于物竞天择
人类也喜欢
长相俊美的异性做配偶

美感倾向使人类进化得越来
越美

美感力是可以遗传的

蔡文姬在音乐上的造诣与其
音乐天赋密不可分

审美倾向离不开后天的培养
小时候
长大后

文姬立刻指出父亲弹断了第四根弦。蔡邕很是高兴，他认为女儿具有学习音律的天赋。蔡邕有意培养蔡文姬的弹琴技能，最终，蔡文姬在音律上有了很深的造诣。

无独有偶，唐代诗人李贺在六七岁的时候，就能吟诗作对。当时著名的文学家韩愈为了考验李贺，就让他以自己来访为题，写诗一首。李贺略加思索，挥笔立就，一篇古体诗《高轩过》横空出世。韩愈看后，大加赞赏，称其流畅自然，文采飞扬。在韩愈的指点下，李贺最终成长为一代杰出的大诗人。

蔡文姬和李贺就是先天具有对美的感知能力，这种感知能力来自遗传，他们遗传的是父辈对美的感知能力。由此可以看出，人类对美的感知能力，甚至感知倾向都是可以遗传的。

☆ 审美倾向离不开后天培养

先天具有审美能力的人可以称得上是天赋异禀，但天赋只是天赋，如果沉浸在天赋的圈子里不能自拔，就会迟早变为第二个方仲永。天赋异禀的人不一定能够取得成功，最终的决定因素还是后天培养。如果蔡邕停止对蔡文姬的教导，那么她很有可能一无所成；如果韩愈不对李贺进行悉心地指导，那么他很有可能变成没有作为的书呆子。所以，在美感上有天赋的人一定要注重自己的后天学习，不能因为自恃天赋高就放弃了学习。否则，真有可能在艺术的道路上迷失方向。

“柳暗花明又一村”缘何成为千古佳句
——审美心理和美感

南宋著名的爱国诗人陆游，曾积极支持张浚北伐。后来北伐军兵败符离，主和派给陆游加上了“鼓唱是非，力说张浚用兵”的罪名，结果陆游在乾道二年（1166 年）被罢免了官职。陆游怀着满腔的悲愤，回到自己的故乡山阴（今浙江绍兴）。陆游的家乡是一个山清水秀、树木成荫的地方。陆游到家后，郁郁寡欢，经常在村头田野走走。乡间秀美的景色给了诗人些许的安慰。

1167 年 2 月的一天，风和日丽，气候宜人。陆游兴致勃勃地要到大山的西面去游览。他沿着镜湖边，踏上了登山的路。山路渐渐盘曲起来，并且人烟越来越少。他登上一处斜坡，放眼望去，只见前面山重水复，路断人绝，似乎已经无法再前进了。但是兴致正浓的诗人不肯就此返回，他顺着山坡继续向前走，突然发现前面不远的地方，有一片空旷的谷地，一个几十户人家的村庄在绿柳红花掩映之下。村中农民见来了客人，连忙端出自家酿制的腊酒，宰鸡杀猪，盛情款待陆游。纯朴的山中村民给诗人留下了很深印象，回到家中，他抑制不住心中的激动，挥笔写就了七言律诗《游山西村》：

莫笑农家腊酒浑，丰年留客足鸡豚。山重水复疑无路，柳暗花明又一村。

箫鼓追随春社近，衣冠简朴古风存。从今若许闲乘月，拄杖无时夜叩门。

其中颔联“山重水复疑无路，柳暗花明又一村”成了千古传诵的佳句，就是因为它真实地记载了陆游这次难忘的经历和深切的感受，并将这种感受传递给每一个读这首诗的人。陆游的这种感受是一种什么心理状态呢？它是基于什么才产生的呢？

☆ “柳暗花明又一村”是一种审美心理的表达

在层层重叠的群峦里，陆游疑心找不到去路了；然而再走几十步，山回路转，却发现了一个柳树成荫、山花烂漫的村庄。多么迷人的景色啊！这就是一位在迷惘中发现新境界的诗人的审美心理。

所谓审美心理，就是人在欣赏美、创造美的过程中的心理活动。在审美活动中，审美主体与审美客体相互作用，在这个相互作用的过程中，审美主体的多种心理要素发挥了极大的作用，它促使审美主体审美能力的进一步形成。这些心理要素大体上包括以下几个方面：审美无意识、审美感知、审美直觉、审美情感、审美想象和审美理性。

审美心理的生成过程是指审美主体在审美活动中产生的愉悦性美感，从而对审美主体的审美观念，审美理想的形成和审美能力的提高产生一定的推动作用，这一心理的生成过程很复杂，通常包括以下几个阶段：

第一，准备阶段。审美心理的准备阶段，也叫作初始阶段，是审美经验发生前的预备阶段。在这一阶段中，审美主体开始与审美客体接触，结果给审美主体的感官带来刺激并引起审美主体预期的审美愿望。这时，审美主体的审美需要、期望、欲求、意向等成为审美心理活动的内在动力，它一旦与对象的审美性质发生碰撞，产生一种超然于对象的实际存在和功利欲求的态度，并引起对对象的形式结构等方面的注意、选择，这是一切审美心理活动的准备时期。

第二，实现阶段。这一阶段性是审美主体审美能力的形成时期。此时，审美客体的美感便在审美主体的心中产生并不断地丰富、发展，主体在充满活力审美愉悦的心情中，不仅可以借助情感与想象力，在心中构成对客体的一种意象，而且可以凭借审美理性这一心理认识功能，对客体所包蕴的社会内容有充满感性和理性的认识。

第三，效果阶段。审美主体在这一阶段逐渐形成了自己独特的审美经验。由于审美经验不断丰富、强化，促使主体对美的渴望进一步提升。这时，审美成为主体的一种自由自觉的活动，并且进而形成审美主体正确的、科学的审美观念与审美理想，按照美的规律来欣赏美，创造美。

游山西村
陆游
"柳暗花明又一村"是千古名句
为什么？

柳暗花明反映了诗人在疑无路之后的审美心理

柳暗花明=喜悦
诗人的喜悦就是一种美感，这句诗是不是很精辟？
原来如此！
原来如此！

美感是怎么形成的呢？

物华撩我有新诗
美感是由美的事物撩发的

南浦东冈二月时，
物华撩我有新诗。
含风鸭绿粼粼起，
弄日鹅黄袅袅垂。

☆ 美感是由美的事物引发的一种精神上的愉悦

美感，又称审美感受，是指主体对美的主观感受、体验、理解、评价从而所获得的精神愉悦。人们在审美欣赏和审美创造中，都能获得美感。如陆游游山西村，路上美丽的景色，使他在迷惘中发现新境界，山中村民淳朴的情感，都给诗人带来了愉悦。诗人这种愉悦之情就是美感。然而当我们细细体味陆游的感受，心中也会产生一种喜悦之情，这种感受也是美感。

“南浦东冈二月时，物华撩我有新诗。含风鸭绿粼粼起，弄日鹅黄袅袅垂。”（王安石《南浦》）这首诗写得十分生动，“物华撩我有新诗”，从这句话中我们不难看出这样一个道理：美感是由美的事物撩发的。美撩发人的美感，很多诗人有深切的体验。例如宋朝衡山僧人文政的《题胜业寺》：“山鸟无凡音，山云无俗状。引得白头僧，时时倚藜杖。”是什么吸引白头僧人时时倚杖出寺呢？是大自然的美：山鸟不一般的啼鸣声，山云奇特的形状……不仅看美景、诵诗、听唱歌能获得美感，看小说、电影、电视，欣赏舞蹈、雕塑等，都能得到美的享受，获得美感。

美感物质基础是美的事物，生理基础是人审美感官的感受力和大脑的效应机能，其心理条件是人已有的审美意识、能力、经验和特定的心境、审美需要、审美态度。美感产生的过程是：由对象的具体形象产生感性直观，产生快适感、愉悦感；接着在审美心理结构和审美经验基础上，展开联想、想象、判断和情感等形象思维活动；然后把握对象特性及其相互联系，使感性认识上升到理性认识，获得更高层次的精神愉悦。

在审美活动中，美感是非常重要的。它可以调节人的心理状态，净化人的心灵，使人获得精神的满足，促成人的意志行为，激励人按照美的规律去改造现实、改造自己、创造美。

孔子缘何三月不知肉味——美感愉悦性

孔子听说周天子的大夫苌弘，知天文，识气象，通历法，尤其精通音律，于是借着代表鲁君朝觐天子之机，专门来苌弘家拜访请教韶乐和武乐的区别。苌弘回答说：“从内容上看，韶乐侧重于安泰祥和、礼仪教化；武乐侧重于大乱大治、述功正名，这就是二者内容上的根本区别。”孔子恍然大悟地说：“如此看来，武乐，尽美而不尽善；韶乐则尽善尽美啊！”苌弘称赞道：“孔大夫的结论也是尽善尽美啊！”孔子再三拜谢，辞行回国去了。第二年，孔子出使齐国，齐国是姜太公开建的，是韶乐和武乐的正统流传之地。正逢齐王举行盛大的宗庙祭祀，孔子亲临大典，痛快淋漓地聆听了三天韶乐和武乐的演奏，进一步印证了苌弘的见解。而孔子出于儒家礼仪教化的信念，对韶乐情有独钟，终日弹琴演唱，如痴如醉，常常忘形地手舞足蹈。一连三个月，睡梦中也反复吟唱；吃饭时也在揣摩韶乐的音韵，以至于连他吃的肉的味道也品尝不出来了。

这就是“三月不知肉味”的典故。那么为什么孔子会出现这样的状态呢？

☆ 美感能使身心愉悦

美感的愉悦性，是指在审美过程中，审美主体所获得的精神上的享受和情感上的满足，即人在感知、理解了美之后所获得的精神享受。它包括心理的喜悦、同情、信服、惊叹、爱慕、共鸣，乃至物我两忘。车尔尼雪夫斯基在《生活与美学》中，曾这样形象地比喻美感的愉悦性：“美的事物在人心中所唤起的感觉，是类似我们当着亲爱的人面前时，洋溢于我们心中的那种愉悦。我们无私地爱美。我们欣赏它，喜欢它，如同喜欢我们亲爱的人一样。”

美有各种各样的形态。有自然美、艺术美，社会美，有阳刚之美、阴柔之美，有含蓄美、朦胧美、幽默美、滑稽美……但人们无论欣赏哪一种美，审美感受总带有情感的愉悦。凝视波涛汹涌、汪洋浩瀚的大海，也会产生情感的愉悦；欣赏一朵香气四溢、姿态婀娜的花儿，有一种情感的愉悦。前者是崇高的愉悦，后者是优美的愉悦。喜剧使人产生愉悦，悲剧也同样能使人产生情感的愉悦。那是因为，剧中人物的遭遇往往带有某种普遍性，这种遭遇会引到观众的共鸣，使心中怨愤得以发泄，心情得以陶冶，这也是一种情感的愉悦。

然而，美感的愉悦性与欣赏者的审美能力成正比。审美能力越强，美感的愉悦性越强烈。孔子在齐国听到古代歌颂虞舜功德的著名乐曲《韶乐》时，竟满嘴生香，“三月不知肉味”。而味觉，在生活中是一种最强的、最不容易失掉的感觉。这种余音绕梁的效果，是由于音乐调动了生理和心理一起去感受乐音之美，是极度美感带给人的享受，可以使人沉浸其中而忽略其他的感官享受。可见美感不仅能给人带来生理上的享受，还能给人带来心理上的享受。

☆ 美感的愉悦性可以冲淡愁情、减轻病痛

车尔尼雪夫斯基提出“美是生活”，他认为美在生活中起着非常重要的作用，美感能引起人的快感。这种快感来自人们对美的事物的感应，当外界的美好的事物将人的情感引导调整到相应的状态和水平时，人就会感到内心受到了激发，心理的愉悦会带动身体发出愉悦的信号。

美感的愉悦性能开阔人的襟怀，冲淡愁情。杜甫有首《后游》诗：“寺忆曾游处，桥怜再渡时。江山如有待，花柳更无私。野润烟光薄，沙暄日色迟。客愁全为减，舍

孔子很喜欢吃红烧肉

后来孔子爱上了听韶乐

一连三个月在睡梦中反复吟唱

揣摩韶乐的时候连红烧肉都品之无味
韶乐

韶乐的美感使人忽略了味觉的享受

好音乐让人神清气爽，拂去烦劳，多幸福啊

此复何之。”由此可见，审美引起的美感愉悦，使游客的忧愁逐渐耗散、减少。我国近代诗人、南社创始人之一的高旭登上石钟山观音阁，远眺庐山，欣赏美景，“登临顿觉襟怀阔，消尽人间万斛愁”（《登石钟山观音阁》），美感的愉悦性使他胸襟开阔、愁情消尽。苏辙登“豁然亭”，遥望城南城北的景致，心中大快，顿觉心意豁然开朗：“南看城市北看山，每到令人意豁然。碧瓦千家新过雨，青松万壑正生烟。”（《豁然亭》）。唐代诗人方泽的《武昌阻风》云：“江上春风留客舟，无穷归思满东流。与君尽日闲临水，贪看飞花忘却愁。”观水看花引起的愉悦，使人忘却愁情。

美感的愉悦性还能调整人的情绪，减轻病痛。白居易曾经深有体会地说，欣赏音乐使他心情舒畅，消除了病痛：“本性好丝桐，尘机闻即空。一声来耳里，万事离心中。情畅堪销疾，恬和好养蒙。尤宜听三乐，安慰白头翁。”（《好听琴》）许多诗人都认为审美能治病，杜甫说：“眼前无俗物，多病也身轻。”陆游云：“九陌莺花娱病眼。”“治疾不用药，听雨体自轻。”“体中颇觉不能佳，急就梅花一散怀。”疏山说得更好：“一见云山病眼清。”

由此可见，美是我们生活中不可缺少的，它是保证我们生活得美满的重要元素。学会发现生活中的美，学会鉴赏生活中的美，才能让我们获得更多的幸福感。

如何区分“杨柳岸晓风残月”和“大江东去”——优美感和崇高感

宋人俞文豹在其所著的《吹剑录》中记载了一个故事：东坡在玉堂，有幕士善讴。因问：“我词比柳词何如？”对曰：“柳郎中词，只好十七八女孩儿，执红牙拍板，唱‘杨柳岸晓风残月’；学士词，须关西大汉，执铁板，唱‘大江东去’。”公为之绝倒。

“大江东去”，是一代文豪苏轼的《念奴娇·赤壁怀古》中的首句。苏轼的诗词属豪放一派。在《念奴娇·赤壁怀古》这首词中，作者以铿锵有力的诗句描绘了汹涌奔腾的长江壮景，使著名的赤壁之战得以再现，并塑造了年轻将领周瑜雄姿英发的形象。整首词豪壮激越，给人一种崇高和壮烈之感。正因为如此，那个“幕士”认为，苏轼的作品只有由英豪的壮士来歌唱，才能把豪迈之气表现出来。而“杨柳岸晓风残月”，是北宋著名词人柳永《雨霖铃》中的诗句。柳永是婉约派最具代表的人物，他的诗词均以婉约柔美著称。在他的这首词中，作者描绘出了一幅冷落凄清的秋景，并以此来衬托情人之间难分难舍的依依别情，风格幽婉纤柔。所以，那个“幕士”认为这样的诗词也只有由娇柔的少女来浅唱低吟，才能把这其中的男女离别之情尽善尽美地表现出来。如果说苏东坡的《念奴娇·赤壁怀古》给人的是壮美、崇高美感，那么柳永的《雨霖铃》则给人的是一种优美感。

那么，从美学意义上来讲，这两种美感该如何区分呢？

☆ 优美感是一种温柔的喜悦

优美是自然、社会、艺术中广泛存在的一种审美现象，这种审美现象以其独特的方式表现着美的本质。和其他类型的审美现象相比，优美在形式和内容等方面都独具特点。

从形式上看，优美对象在结构方式和运动状态上有如下特征。

在结构方式上：优美的结构特点一方面表现于构成方式上，另一方面表现于空间规模上。优美对象在构成方式上有两个特点，其一，物体各部分要不露棱角，表面光滑，柔软；在线条上，“美必须避开直线条，然而又必须缓慢地偏离直线。”这样形成曲线才具有优美感。其二，各部分之间比例协调，富有整体和谐感。杜甫有一首《无题》就表现出这种整体和谐的优美意境：“两个黄鹂鸣翠柳，一行白鹭上青天，窗含西岭千秋雪，门泊东吴万里船。”诗中表现出整体与部分、动与静、远与近、大与小等多方面的和谐，达到了优美的意境。

在空间规模上，一般来说，优美对象的体积应该较小。盆景中的假山为什么能给人以秀雅之感？原因就在于盆景比现实中的真景体积小，重量轻，给人的感觉是小巧玲珑。

在运动状态方面，优美对象一般速度较慢，动作舒缓，不同运动形式之间的转换平缓而无痕迹，起伏幅度适中且富有连续性，多表现为可感的机械运动形式，如《丝路花雨》《仿唐乐舞》等舞蹈中的翩翩舞姿，潺潺流动的溪水，以及舒缓流畅的乐曲等都具有上述运动的特点。另外，静止状态的审美对象也可以是优美的，如清幽淡远的山水画，亭亭玉立的少女，以及相对静止的自然风光等，都是静的优美。

在内容方面，优美也并非毫无内容，优美对象的内容，主要表现在实践主体与客体的和谐统一。这种统一，是真与善、现实与实践、合规律性与合目的性和谐交融的统一。此外，优美对象自身中一般不包含丑的因素。因此，我们在欣赏优美的事物时，往往无须经过反复思考，便可通过感官直接感受到美。

总之，无论是形式还是内容，优美对象都具有和谐的特征。车尔尼雪夫斯基也指出：“美感（即优美感）的一个主要特征，是一种温柔的喜悦。”这种“温柔的喜悦”感一方面来自优美对象和谐统一的、合规律的形式，另一方面也因为优美感能使人心情舒畅、精神愉悦、合于人们的生活目的，是人们生活中不可缺少的内容。

☆ 崇高是一种艰难的美

壮美也可以说是崇高，是与优美相区别又相联系的美学范畴。如果说，形式上的秀丽、明媚、小巧、玲珑，如暗香疏影、小桥流水等景致是优美，那么，雄伟、

优美感是一种温柔的喜悦
杨柳岸晓风残月

所以优美的对象应该是有曲线、和谐的
两个黄鹂鸣翠柳
一行白鹭上青天

优美的对象也应该是小的
还是这个好看！

优美的对象还应该是舒缓的、安静的
真是清幽淡远，好美！

崇高感常常表现为雄伟、粗犷、苍劲

所以崇高是艰难的
董存瑞为民族大义牺牲是难得的，所以崇尚！

苍劲，如万马奔腾、崇山峻岭等场面便是崇高了。崇高是一种艰难的美，与优美相比，它在形式上有三个显著的特征。

首先，优美在形式上一般表现为光亮，平滑，线多弯曲、和谐等特点，自身不包括丑，并在与丑的对比中显示美，而崇高在形式上却表现为不规则、不和谐，往往包含着丑。在自然界中，许多事物是以奇特、怪异引起人们的审美注意的，而这里审美对象的奇特、怪异、峥嵘的形式中，透出一种神秘的威力，具有一种惊人的力量，这种独具特色的美，常常成为艺术家和鉴赏家的审美对象。例如：怪石有着特殊的审美价值，在山水画中常常扮演重要的角色，其原因就在于“怪”“丑”之中隐含着崇高之美。

其次，优美与崇高在运动形态上表现形式不同。优美和崇高都具有动与静两种运动状态，优美侧重于表现静态的美，优美的事物一般现为舒缓、平稳、柔和的运动态势。而崇高往往侧重于表现动态的美。崇高对象的运动，往往表现出一种剧烈的、不可遏止的、一泻千里的态势，他的粗糙、巨大的外在形式上，留有艰苦斗争与剧烈冲突的痕迹。

再者，在量上的区别。一般来说，崇高对象则是体积巨大、力量雄健、气势磅礴的。如真实的山峰，往往给人以宏伟、峭拔、壮美之感。优美对象则是形体小巧圆润、姿态轻盈柔和、风格清丽秀雅，如盆景中的假山不管其构造本身如何险峻、陡峭，但其审美特征仍然是小巧、秀丽、精致的。在艺术中，赵伯驹的《江山秋色图》、施特劳斯的《蓝色多瑙河》等属于优美，而岳飞的《满江红》、贝多芬的《第五交响曲》则属于崇高；在社会生活中，进步阶级推翻反动阶级的暴力斗争，为真理而英勇献身的壮举是崇高；而情人的“美目盼兮”“巧笑倩兮”、体操运动员的矫健体态则是优美。总之，崇高往往不仅具有巨大的体形，而且具有雄伟的力量，从而显出激荡磅礴之势。优美的事物则往往有娇小轻盈的形体和修长的韵味，因而显出玲珑之态。

为什么人们既喜欢看喜剧又喜欢看悲剧
——悲剧感和喜剧感

《俄狄浦斯王》和《伪君子》这两部小说，可以说分别是悲剧和喜剧的两个代表性作品。

《俄狄浦斯王》讲的是这样一个故事：忒拜城国王拉伊俄斯的妻子生下一个儿子，但是他害怕这个儿子会弑父娶母的预言成真，就把儿子交给仆人命令将其杀死。然而，仆人把这个婴儿交给了科任托斯国王波吕玻斯的仆人，后者把婴儿送给了国王，于是这个婴儿成了科任托斯国的王子。长大后，为了躲避弑父娶母的预言，他离开了科任托斯。在流浪的途中，因与人争执，他杀死了出行在外的拉伊俄斯和他的三个侍从。后来，他在忒拜城猜出狮身人面妖的谜语，拯救了忒拜城，遂娶了许诺嫁给除掉狮身人面妖的英雄的王后，成了忒拜城的新王。最后当得知自己杀父娶母的真相后，自刺双眼，自我放逐，永远承受肉体与精神的双重折磨。

莫里哀的喜剧《伪君子》，描写了伪装圣洁的教会骗子答尔丢夫混进商人奥尔贡家，意欲勾引其妻子并夺取其家财，最后真相败露、锒铛入狱的故事。剧中人物性格和矛盾冲突鲜明突出，手法夸张滑稽，语言机智生动，风格泼辣尖利，引人发笑。

从这两部作品中，人们会得到两种完全不同的感觉，而这两种感觉都使人们得到美的享受。很多人在看到俄狄浦斯王的悲惨结局时，都会从心底里产生一种悲悯的感觉，这种感觉就是一种悲剧感。《伪君子》那种引人发笑的感觉就是喜剧感。令人发笑的感觉基本上人人都喜欢，毕竟快乐的感觉是人人都喜欢的，所以我们不难理解人们为何爱看喜剧的原因。但是为什么悲剧即使让人感到悲伤还会有人爱看呢？

☆ 悲剧能带给人们心灵的震撼

人们欣赏悲剧艺术不是为了寻开心，而是要去感受悲剧带来的心灵震撼。亚里士多德在解释怎样“唤起悲剧与悲悯之情”时说：悲剧与怜悯是由一个人遭受不应遭受的厄运而唤起的，畏惧是由一个与我们相似的人遭到失败而唤起的。俄狄浦斯的悲剧性在于：他企图同“神示”抗争，却又不能逃脱“神示”的结局；他坚持同命运做斗争，却不能掌握自己的命运。

悲剧为什么是美的？鲁迅说：“悲剧就是将有价值的东西毁灭给人看。”悲剧的美，不在于毁灭本身，而在于被毁灭的价值。悲剧式的结局，使奋斗的过程更让人慨叹，使曾经鲜活、现在却被毁灭的东西更显得宝贵。

痛感是悲剧审美活动过程中的重要特征，悲剧事件和行为在冲击人们的审美感官的时候，同时也会在生理上给人们造成的一种不适、难受和疼痛感。悲剧的审美是从恐惧、悲哀、痛苦和怜悯等情绪开始的。

众所周知，最容易获得美感的形式就是内心能与欣赏对象产生共鸣，这种共鸣使人的情绪在外界找到了共同点。当共鸣的力量足够大时，情绪就会获得释放的出口，从而获得最佳的美感体验。

在人类对艺术的追求过程中，人们发现，美感的产生与艺术品本身形象的美或丑是没有必然联系的。美感产生的重点是艺术品有经典、深刻的表现，其精彩度关系到美感是否能够产生。所以艺术家在创造艺术品时，往往会将重点放在如何对人类及其周围的一切进行经典、深刻的表现。因此人类的不同情绪，甚至带有负面的情绪，都成为艺术表现的形式。

我们欣赏悲剧时，虽然暂时会受到负面情绪的影响，但是在短暂的情绪压抑之后，产生令人鼓舞、钦佩和赞叹的感情，而我们的情绪、灵魂和思想也在这些快感中得到宣泄、洗涤和提升，最终实现了悲剧审美中的美感。所以，虽然正面的情绪获得释放能令人有"心有戚戚"的满足，但是负面情绪的释放却能让人获得解脱。负面情绪被释放的快感，毫不逊于快乐情绪所带来的快感。尤其是当负面情绪被长久压抑得不到释放时，欣赏负面艺术就是非常有效的减压方式。

☆ 喜剧是以令人发笑的形式给人以美感

关于喜剧，亚里士多德在《诗学》里是这样说的："喜剧所模仿的是比一般人较差的人物。'较差'并不是通常所说的'坏'（或'恶'），而是丑的一种形式。"可笑的对象是一种不至于引起痛感的丑陋或乖讹。这里把"丑"或"可笑性"作为一种审美范畴提出，其要义就是"谑而不虐"。不过它并没有说明"丑陋或乖讹"为什么会令人发笑，感到可喜。近代英国经验派哲学家霍布斯提出"突然荣耀感"来解释这种现象。他认为："笑的情感只是在见到旁人的弱点或自己过去的弱点时突然想起自己的优点所引起的'突然荣耀感'，觉得自己比别人强，现在比过去强。"之所以说它"突然"，是因为可笑的东西必定是新奇的，出人意料的。所以，喜剧作为一种审美范畴，是以令人喜悦或者发笑的形式来否定丑的东西，它的美感特征是"笑"。它往往通过自我揭丑、自我贬抑来揭示丑的本质，从而揭示生活的底蕴，使观众在笑声中获得审美的愉悦。

但是"笑"并不是廉价的。"在一切引起活泼的、撼动人的大笑里，必须有某种荒谬悖理的东西存在着"，康德的话很形象地概括了喜剧笑的本质。小品《主角与配角》之人为换位，《卖拐》之正常人到残疾人的无理转化，《新杨白劳》之债权人与负债人的角色颠倒，都洇透着这种荒谬与悖理。人们往往有这种心理体验：当事情的结局还未爆出时，常常自认为比别人先见性地识破了笑话或悖理情节的结果，有了这种心理积累，及至"真相大白"时或正中所料，或大出所料，即足获快感，进而获得美的享受。

☆ 悲剧比喜剧更深刻

悲剧具有值得肯定的审美价值。它对陶冶人的情操、升华精神境界，对鼓舞人们的斗志、增强人们为美好生活而斗争的信心和勇气，对提高人们对历史必然性的认识，坚定地追求真善美，都有特殊的作用。美学家普遍认为，悲剧比喜剧更深刻。叔本华甚至认为悲剧是艺术的高峰。不过，我们要把这里的悲剧和生活的悲剧区分开来，这里的悲剧是指悲剧的艺术，生活中的悲剧是不幸，它可能是偶然因素造成的，

悲剧比喜剧更能带给人心灵的震撼

为什么女生都爱看悲剧?
?

我来看看脆弱的女生在看些什么?

55555……
??

原来悲剧比喜剧更深刻啊,555~
多哭伤感,换部喜剧看看吧

而悲剧的艺术则有更深的性格原因和社会原因，它们大多具有无法摆脱的必然性。俄狄浦斯弑父娶母的悲剧，就是典型的悲剧艺术。比起制造快乐的喜剧，悲剧的无法摆脱感，是引起人们心理震撼的原因。人们对悲剧的认识，也从最开始无法摆脱的命运悲剧，发展到个体性格必然导致的结果，之后又发展为个人无法改变的社会所导致的必然结果。而这一发现过程使人们发现悲剧并非不能改变，个人可以改变自己的性格缺点，群体可以改革社会弊端，这样都可以避免悲剧的发生。因此悲剧也具有令人深思并寻求改变的力量。

金黄锃亮的宝剑与铜锈斑斑的宝剑到底谁美——美感与快感

从前，有个封建遗老，不学无术，却爱附庸风雅。一天，他用重金买来一把从古代墓穴中挖出来的宝剑，非常高兴。但觉得它铜锈斑斑，太不好看了。于是使使劲儿擦去铜锈。宝剑顿时变得金黄锃亮，分外耀目。他邀了一些亲朋好友来观赏，众人看了，大都称赞不已。但是座中有位审美行家，看了后直叹息："可惜啊真可惜！"主人不解，就问他可惜什么。这位行家说："宝剑擦得金光闪闪固然漂亮，看上去舒服；但却丧失了古拙的美，像是刚打造出来的。怎能给人以古典的美的享受？"主人一听，后悔不已。

这位行家说得很对。金黄锃亮的宝剑虽然金光闪闪，却只能给人以感官快适，引起生理快感；失去了文化历史的精髓，也失去了美的内容，当然引不起人们的美感。如果不擦去铜锈，那把铜锈斑斑的宝剑，会让观者发挥无限的想象。看到宝剑，仿佛已经跨越时空，回到古老的朝代，去感受当时的情景，脑海中就会浮现出一幅幅生动的画面，会在"悦目"的同时，诱发审美美感，产生精神上的愉悦。金黄锃亮的宝剑和铜锈斑斑的宝剑给人带来不同感受的原因在于：一个只能给人带来快感，另一个则给人带来美感。

☆ 快感始终仅仅满足人们感官上的愉悦需要

所谓快感，是指审美活动中所引起的生理上和心理上的愉悦和满足的感觉。其特点是一方面情感体验贯穿其间，另一方面又始终仅仅以满足耳目视听的愉悦需要为限。

它追求的是一种快乐原则、享受原则，跟理想、信念、价值和理性等没有什么关系。诚然，不能简单地说快感不好，它能给欣赏者以耳目视听上的享受，这也是艺术作品共同追求的目标，因为只有使读者或观众得到耳目视听上的愉悦，艺术欣赏活动才能够进行，深层次的审美接受才可能形成。实际上，在大众的艺术欣赏活动中，个体的感性成分占有突出的地位。可以想象，不喜欢舞蹈的人观看舞蹈时多半不会产生愉悦之感，更有甚者会生出抵触情绪，那么他的审美活动就很难进行。总之，任何审美活动都离不开感官性审美，并且感官性审美并不一定和精神性审美相冲突，相反，它可以成为通往精神性审美的有效途径，因此，我们要肯定感官性审美的基础性作用。

然而，我们知道，快感主要满足感官上的审美享受，给人的自由度是非常有限的，如果止步于此，就可能面临消解意义的危险。在经济快速发展、物质生活不断丰富的现代社会，人们的审美要求越来越高，而肤浅的视听艺术也越来越多地充斥着文化娱乐市场，这种过眼云烟般的娱乐并不能给人们留下多少值得回味的东西。如果让感官性的东西过多地充斥于人类的日常的审美活动，就容易产生审美疲劳，甚至于产生无聊、空虚、浮躁之感，甚至会产生生活轻飘飘的、没有多少意思的感觉，这就离我们所要追求的自由、丰富、自足、愉悦的理想的生活境界相去甚远了。因此，在审美的过程中，我们不要仅仅满足于感官上的娱乐。

☆ 美感主要表现为情感上的愉悦和精神上的净化

美感是人对现实的审美心理形式，是一种独特的心理活动，主要表现为情感上的愉悦和精神上的净化。

显然，审美不能只停留在感官层面，而要从感官的层面上升到精神的层面。拿绘画来说，对画的欣赏需要经过一个由浅入深、由感官到精神的发展和提升的过程，这样才可能充分地感悟作品的精神内涵。所以，必要的审美心理准备和鉴赏的知识储备是不可或缺的。首先，要对作品产生的时代背景有比较全面的了解。如欣赏法国的油画《自由引导着人民》，就应该对这幅画产生的社会背景有一个了解；欣赏张择端的《清明上河图》，我们要明白北宋时的繁荣情况，这样才能更好地理解画的内容。其次，要掌握基本绘画的基本知识，比如，流派、着色、画法，等等，以便分析、把握作品的基本特点。再者，要反复观赏作品，以更好地进入和体悟作品所传达的精神性境界。就绘画来说，感官层面上的欣赏只可以感觉到画面给人带来的很好的视觉感受，而精神层面上的欣赏才可以让人真正感受到作品的内涵，领悟到其思想精神与文化内涵。

☆ 美感 VS 快感

金黄锃亮的宝剑只能使人眼前一亮，心里喜悦，就是快感。美感是审美主体对审美对象具体的主观感受、体验、理解、评价以及所获得的精神愉悦。铜锈斑斑的宝剑不仅能给人带来喜悦，而且还能让人因它而产生丰富的联想和想象，这是快感。

朱光潜先生曾经用“清宫大月饼”这个通俗例子形容快感与美感的区别：看见清

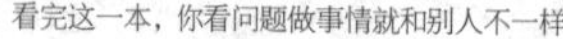

铜锈斑斑的，太不好看了

这样铿亮，多美观啊

好剑啊！

可惜啊，可惜啊！
？
？

快感不等于美感
宝剑擦得金光闪闪只是看上去舒服，但却丧失了古拙的美！

宫大月饼色、香、味俱全，口水直流，食欲大增，这是快感，不是美感；看见清宫大月饼上面美丽的图案，仔细欣赏起来，意境深远，不断称赞图案画得好，并根据图案各自发挥联想、想象，这时所获得的审美享受，就是美感。

由此可见，美感不等于快感。快感与感官刺激联系在一起，是一种单纯的感觉经验，完全是感性的。而美感则渗透着理性，是感性和理性的统一；快感是欲望的满足，有强烈的功利性；美感却是一种精神上的超越，不具有直接的功利性。快感是短暂的，引起生理快感的活动一旦停止，快感也就随之消失；而美感所具有的快感更具持久性，不会随着审美的结束而结束，甚至可以凭借记忆重温美感体验。

美感虽然不等于快感，但二者又有着紧密的联系。快感是美感的前提和基础；美感则是快感的超越和升华。快感所引起的生理上的舒畅、愉悦，是产生和构成美感的必要条件。在审美活动中，我们不能仅仅满足于感官的刺激，而应该超越快感，达到高级的精神享受。

为何“以林泉之心临之则价高，以骄侈之目临之则价低”——美感的功利性与非功利性

宋玉的《风赋》里讲了这样一个故事：楚襄王游于兰台之宫，宋玉、景差侍。有风飒然而至，王乃披襟而当之，曰：“快哉此风！寡人所与庶人共者也？”宋玉对曰：“此独大王之风也，庶人安得而共之？”在这个故事里，楚襄王对风，可以说是有着一种审美的心胸，即非功利的态度，而宋玉则是一个很善于逢迎的人，他把风这种自然现象与王者气象联系起来，显得极其矫情、令人作呕。那么什么才是审美的心胸呢？

宋代画家郭熙在谈到绘画的体会时说：“看山水亦有体，以林泉之心临之则价高，以骄侈之目临之则价低。”简单来说即欣赏山水时，如果能“以林泉之心临之”，才能发现美的最高价值。这里所说的林泉之心就是审美的心胸，是超越世俗尘杂的真我的体现。

☆ 真正的美感不具功利

郭熙所提的“林泉之心”对于审美活动是至关重要的。它反映了美感是应该不具功利性的。

古人云：“一切境界，无不为诗人所设，若无诗人，即无此种境界。”山清水秀，水活石润，一草一木，一丘一壑，于天地之外，别构一种灵奇，皆灵想之所独辟，总非人间所有。这些美丽的山水审美思想都说明，自然景物要成为审美对象，必须要有人的意识去“发现”它，去“唤醒”它，去“照亮”它，这样才能使它由一个个实物变为意象，成为一个完整的有意蕴的感性世界。然而，现在许多人心灵浮躁于功利的世界，当然就不可能进入“会心”和“畅神”的高层次的审美了。

审美是一种精神性活动，它的目的是满足人的精神性需求，并不带来物质上的好处。所以，要真正进入审美活动，首先必须在心态和意识上调整好自己，把现实生活中的物质利益得失暂时置之脑后，静下心来欣赏这个赏心悦目的世界。假如周日你已经买票去看画展，可是你一会儿心疼这票真贵啊，一会儿又想着接下来怎么把这门票的钱给省下来，一会儿又思考着一会儿怎么回去，等等，以这样的心态来欣赏，就不可能真正地入戏。因为如果不能忘掉现实生活中的烦恼，就不可能得到真正的心灵上审美的愉悦。

佛家的“境由心生”就是这个道理：审美环境是由自己的心态来营造的，如果功利心不放下，就与美无缘。所以古人在弹琴作诗时十分讲究：要焚香沐浴，静居燕坐，明窗净几，一炷炉香，万虑消沉，静候那一缕清音……讲究的也正是一种审美的心胸。

☆ 独乐乐，不如与人乐乐

美感的非功利性，不仅表现为审美过程排除功利、超越名利，还表现在美感的分享性上。蔡元培先生曾经说过：“一瓢之水，一人饮之，他人就没有分润；容足之地，一人占了，他人就没得并立。这种物质上不相入的成例，是助长人我的区别、自私自利的计较的。转而观美的对象，就大不相同。”（《美育与人生》）可见，美感不是自私的情感，它具有众人分享的性质。

古人早就意识到美感的分享性，“与少乐乐，不若与众乐乐”，“独乐乐，不如与人乐乐”。感情丰富的一般人也不会把美感藏起来，独自享受，他希望别人分享自己的美感。“邻翁走相报，隔窗呼我起；数目不见山，今朝翠如洗。”（刘因《村居杂诗》）讲的是元代一位老翁早晨起来看到雨后初晴，山色青翠如洗，非常漂亮。忍不住要把自己的审美感受传达给别人，于是隔窗叫醒诗人刘因，让诗人同他一起分享审美喜悦的事情。

唐穆宗长庆三年（823 年）初春，细雨洒落在长安城，万物复苏，小草悄悄地从地下冒出来。诗人韩愈呼吸着初春的气息，眺望空地上浮起的浅浅绿意，一时兴起，两首绝句从心底涌动，急忙用纸笔录下：“莫道官忙身老大，即无年少逐春心。凭君先到江头看，柳色如今深未深？”“天街小雨润如酥，草色遥看近却无。最是一年春好处，绝胜烟柳满皇都。”题为《早春呈水部张十八员外二首》，因为他要老朋友张籍分享他寻春的喜悦。

☆ 美感一方面排斥功利，另一方面又联系着功利

鲁迅先生说过：“享受着美的时候，虽然几乎并不想到功用，但可由科学的分析

看山水亦有体，以林泉之心临之则价高，以骄侈之目临之则价低。

售票处
这票真贵啊！
票

一会儿怎么回去呢？得把票钱省出来！

功利心不放下就与美无缘
画展
画展中某某画怎么样？

所以古人在弹琴作诗时十分讲究

讲究的也正是一种审美的心胸

而被发现。所以美的享乐的特殊性，即在那直接性，然而美的愉快的根底，倘不伏着功用，那事物也就不见得美了。”可见，非功利性只是美感性质的一个方面，美感同时又具有社会功利性。

美感的功利性，是指美感能满足人们某些有益的需求，包含着对人类社会生活有益的内容。比如美感能调节人的心理状态，使人们获得精神上的满足，净化人们的灵魂，等等。也即美感的娱乐功能、道德功能和认识功能等。

美感一方面排斥功利，另一方面又联系着功利，这不是矛盾吗？不矛盾，因为前者是从个人审美角度讲的，是从获得美感、保持美感角度而言；而后者是从美感的功能角度讲的，讲的是美感的作用。两者非但不矛盾，而且还紧密联系。可以这样说，个人审美感受的非功利性中，潜藏着社会功利性。因为没有个人审美的非功利性，就不能产生美感并且保持美感；没有美感，当然也就没有美的功能，没有美感的社会功利性。

焦大会爱上林妹妹吗——美感的共同性与差异性

我国古代有很多美丽的爱情传说，但是总结一下却发现，农夫、放牛郎们偏爱天上的织女、七仙女，或者是勤劳善良的田螺姑娘；然而书生们却爱的是王宝钏、崔莺莺、杜丽娘这样的千金大小姐，再不然也是大财主家有学识的祝英台，村姑或丫鬟从来就没有进入过他们的爱情视线。村姑那么勤劳，丫鬟那么机灵，怎么从来不被农夫和书生们喜爱呢？鲁迅也说：“贾府里的焦大是不会爱上林妹妹的。”看到这句话，也许很多人会觉得奇怪，难道貌若天仙的林妹妹在焦大这里就变丑了吗？其实不是这样的，原因在于对于同一对象，不同的欣赏者有不同的看法，即审美的差异性。

☆ 佳人不同体，美人不同面，而皆悦于目

美感共同性是指不同或同一时代、民族的人们，对于同一审美对象所产生的某些相似、相同、相通的审美感受、审美评价。由于美是人类共同发现、共同创造的，人类的社会实践、审美实践使人具有共同的心理结构，所以人们具有一种普遍的审美尺度，在美感中显示出基本的一致性。不论是东方民族还是西方民族，不论古代人还是现代人，也不论富翁、贵族还是穷人、平民，如果游览凤凰古城，看到美丽的湘西风景，都会产生相同的优美感；如果站在喜马拉雅山前，获得的又是相同的崇高感；观看喜剧《伪君子》，会产生相似的喜剧感；欣赏悲剧《俄狄浦斯王》，获得的是相似的悲剧感。

我国古代就有说明美感有共同性的例子，如《淮南子·修务训》：“故秦楚燕魏之歌也，异转而皆乐。”《淮南子·说林训》：“佳人不同体，美人不同面，而皆悦于目。”

美感具有共同性
好美啊！
好美啊！
好美啊！

美感具有差异性
好丑！
好丑！

???
??
???

车尔尼雪夫斯基指出，不同阶级、不同教养的人对美有全然不同的审美要求、审美感受。

所以焦大不会爱上林妹妹
林妹妹很美，但村姑更美！

只有正确认识美感的共同性和差异性，才能提高我们的审美能力

世界各国人民、各阶层人士在观赏我国的万里长城、希腊的巴特农神庙、巴比伦的空中花园、埃及的金字塔等古老而雄伟的建筑时，也能产生大致相近的共同美感。之所以有这种共同的美感，首先在于我们有着欣赏美的相同的审美器官，还有我们有着长久以来形成的共同的心理基础以及共同的社会文化。

☆ 一千个读者有一千个哈姆雷特

美感不仅具有相同性，而且还具有差异性。美感的差异性是指同一或不同时代、民族、阶层的人以及同一个人，面对同一审美对象，会产生不同或对立的审美感受、审美评价。人类之所以具有审美差异性，是由于人们具有不同的社会实践和审美实践，以及由此产生的不同的审美意识、需要和能力。比如欣赏同一出悲剧《梁山伯与祝英台》，不同的人审美感受不同：有的人伤心不已、潸然泪下；有的人疾恶如仇、义愤填膺；有的人满怀同情、为其惋惜……车尔尼雪夫斯基指出，不同阶级、不同教养的人如商人、贵族、农民对美有全然不同的审美要求、审美感受。在有阶级存在的社会中，不同阶级利益、生活方式、社会需要，形成不同的思想、情感、心理、习惯，形成不同的审美意识、标准、理想，对审美对象的美感、审美评价便具有了阶级的内容。美感的阶级性，制约着人的审美选择、感受和评价，影响人对美的创造。因为人们在审美活动中，往往接受欣赏本阶级认同的审美对象，排斥与本阶级利益相对立的审美对象，从而在美感中渗透了阶级的意识。承认美感的阶级性，并不排斥美感的共同性。

总之，美感既具有共同性又具有差异性。如果我们能够正确认识美感的共同性和差异性，不仅有利于我们把握美感的性质，创造既具有普遍审美价值又具有多样性的美和艺术，还有利于我们正确对待各个时代、民族、阶级的人所创造的美，更有利于提高我们的审美能力。

第四章 每天学点审美感知原理

白居易为何“渐恐耳聋兼眼暗”——审美感官

唐代诗人白居易十分喜爱泉、石，晚年的时候尤甚。曾著有一首诗来表达自己爱泉、石的心，这首诗名为《题石泉》：

殷勤傍石绕泉行，不说何人知我情。

渐恐耳聋兼眼暗，听泉看石不分明。

这首诗的意思是：诗人热切地沿着石刻绕泉而行，这其中的感情是别人无法知晓的。只怕是随着年龄的增长耳朵会逐渐变聋，眼睛也会逐渐看得不清晰，以致不能那么清晰地听到泉水的声音和欣赏石头的美。

一句“渐恐耳聋兼眼暗”不仅道出了诗人对石、泉的钟爱，也反映出一个美学命题，那就是人必须通过一些审美感官才能欣赏到事物的美，也必须通过审美感官才能完成审美的过程。

那么何为审美感官呢？人类最重要的审美感官是什么呢？除了视觉和听觉之外，其他的审美感官是否可有可无呢？

☆ 没有审美感官，再美的东西也无法进入人的大脑

审美感觉是审美的基础，审美活动是从审美感觉开始的。而审美感觉依赖于审美感官，所以人们欣赏美、鉴别美、创造美，都离不开审美感官。没有审美感官，再美的东西也无法进入人的大脑。

审美的感官包含两层含义，一是指正常的良好的生理感官，包括眼睛、耳朵、鼻子，等等。眼盲是看不到美好的事物的，耳聋是听不到声音听不到美妙动听的音乐的。二是指这些感官要懂美，并且还要会审美。如果视力佳却找不到事物美的方面，听力好但听不懂音律，这样的感官也称不上审美感官。

☆ 人类 85% 以上的审美感觉是依靠视听感官得到的

眼睛和耳朵是人的最重要的审美感官，有人统计，人类 85% 以上的审美感觉是依靠视听感官得到的；而嗅、味、触这样的感官仅占 15%。因此，有人就把视听感官称为高级感官，而把嗅觉器官、味觉器官和触觉器官称为低级感官。的确，美主要是通过视觉和听觉被人感受的。大家熟知的毛泽东的词“看万山红遍，层林尽染；漫江碧透，百舸争流。鹰击长空，鱼翔浅底，万类霜天竞自由”（《沁园春·长沙》），这些美丽的景色，是通过眼睛看到的。马克思曾在《1844 年经济学——哲学手稿》中指出“对于不辨音律的耳朵说来，最美的音乐也毫无意义，音乐对他说来不是对象”。

中国古代有这么一个故事：公明仪是战国时期著名的音乐家，他能作曲也能演奏，弹的曲子优美动听，很多人都喜欢听他弹琴，人们很敬重他。

公明仪不但在室内弹琴，如果遇上好天气，还喜欢带琴到郊外弹奏。一天，他来到郊外，春风徐徐地吹着，垂柳轻轻地摇摆着，一头黄牛正在草地上低头吃草。见此情景，公明仪一时兴致来了，摆上琴，拨动琴弦，给这头牛弹起了最高雅的乐曲《清角之操》来。但是老黄牛却仍然一个劲地低头吃草。

看到老黄牛没有一点儿反应，公明仪想，这支曲子可能太高雅了，换个曲调可能会好一些。于是，他弹了一支比较通俗的曲子，老黄牛仍然毫无反应，继续悠闲地吃草。

公明仪很是纳闷，就拿出自己的全部本领，弹奏最拿手的曲子。但是老黄牛除了偶尔甩甩尾巴，赶着牛虻，仍然低头闷不吱声地吃草。

过一段时间，老黄牛竟慢悠悠地走了，换个地方去吃草了。

公明仪见老黄牛这样，很是失望。路人看到这个情景，对公明仪说：“你不要生气了！不是你弹的曲子不好听，是你弹的曲子不对牛的耳朵啊！”

公明仪连连摇头，自言自语地说：“唉，太扫兴了，这个人是个音盲啊！”他背起琴，离开了田野。

牛虽然有正常感官，但它的耳朵没有经过审美训练，缺乏审美能力，所以它也无法分辨音律，不懂得各种声音的美学意味。所以，即使公明仪的琴声再美妙，牛也是无法感觉到的。这个故事告诉我们，客观现实世界尽管有着许许多多可供欣赏的美好事物，但是人们发现美、感受美的前提是必须有审美感官，没有审美感官，那么就会“有眼不识泰山”——视而不见、听而不闻、食而不知其味，犹如“对牛弹琴”。

而大自然的声音和音乐的美妙也都是通过耳朵听出来的。

☆ 人们还有一双感受美的“内在眼睛”

几百年前，英国伦理学家、美学家夏夫兹博里提出一个观点说人天生就有审辨

渐恐耳聋兼眼暗，
听泉看石不分明

没有审美感官，再美的东西也无法进入人的大脑

视力佳却找不到事物的美，听力好但听不懂音律，这样的感官称不上审美感官

人类85%以上的审美感觉是依靠视听感官得到的

只有调动一切感官机能去感受客观对象，才能获得对它的完整生动的印象
前方有梅林，青梅又酸又甜，可以止渴！
曹

人们还有一双感受美的“内在眼睛”

美丑的能力。他替这种天生的能力取了多种不同的称号：“内在的感官”“内在的眼睛”“内在的节拍感”，等等，后来有人把这种感官称为“第六感官”。夏夫兹博里的意思是说，当人们在感受到大自然的美景、美丽的图画、精妙的工艺品时经常会有的一种不假思索的、内在的愉悦，就是由于人们的内在眼睛。在他的观点中，人们需要注意两个问题：第一，在视、听、嗅、味、触五种外在的感官之外，设立另一种在心里面的“内在的感官”作为审辨善恶美丑的感官，这说明审辨善恶美丑也不能完全靠通常的五官。因为通常的五官只能让我们看到色彩、听到声音，但是却不能让我们分辨色彩的美丽与声音的悦耳。第二，“内在的眼睛”在性质上不是理性的思辨能力，而是一种感官的能力。也就是说，当人的内在的眼睛起作用时，与目辨形色、耳辨声音具有相同的直接性而不是思考和推理的结果，这主要表现为，人类的感动和情欲一接触观察对象，人的“内在的眼睛”就能直接分辨出什么是美好端正、可爱可赏的，什么是丑陋恶劣、可恶可鄙的。

所以，人们也不能忽视自己的“内在眼睛”。

☆ 其他的审美感官是否可有可无呢

重视视觉、听觉感官，并不是说就可以忽视嗅、味和触觉器官。人们除了运用眼睛、耳朵外，还可以通过舌头、鼻子和身体来接受美的信息。如果人们在看和听的同时，还可以从嗅觉、味觉和触觉等方面来感受美，那么对景物的美感就会更加强烈。如宋代诗人王安石的咏梅的诗句：“墙角数枝梅，凌寒独自开。遥知不是雪，为有暗香来。”黄庭坚登临南楼观湖光山色时，感觉秋风凉爽宜人，闻到十里荷花的清香，更加心旷神怡：“四顾山光接水光，凭栏十里芰荷香。清风明月无人管，并作南楼一味凉。”（《鄂州南楼书事》）以上这些，都说明鼻子、身体、舌头对审美的作用。

望梅止渴的故事更说明了光凭视听感受，没有嗅、味、触感官的辅助，就不能全面、强烈地感受对象的美的道理。

曹操率领部队去讨伐张绣，骄阳似火，异常炎热，士兵们口干舌燥，但一时找不到水喝。为激励士气，曹操灵机一动，说：“前头有一片梅林，结了许多青梅，又酸又甜，可以解渴。”士兵们一听，眼前仿佛浮现梅子的形象，嘴里流出了口水，就不感到口渴了。

如果我们把这个故事当作审美对象来欣赏，就可以说明这样一个道理：审美者除了具备视听方面的审美经验外，还必须具备品尝青梅的味觉经验，才能对“望梅止渴”产生审美感受。对于那些没有亲口尝过青梅的人来说，“望梅”就不能“止渴”，就难以对这个故事产生逼真的美感了。总之，在审美直觉中，只有调动一切感官机能去感受客观对象，才能获得对它的完整生动的印象。

为何“蛙声十里出山泉”——审美直觉

“蛙声十里出山泉”是清初诗人查慎行诗里的一句话，这句话是这样得来的：一个雨过天晴的夏日夜晚，诗人漫步于溪边。他放眼望去，天空中繁星点点，远处青山与天浑然一色，近处的树木渐渐隐没在夜色中，萤火虫沿着溪边草丛飞来飞去。四周一片寂静，耳边从山涧传来蛙声。这些清新感觉在诗人头脑中汇织成一幅美丽的图画，查慎行感到十分愉悦，于是诗意从心中涌出：

雨过园林暑气偏，繁星多上晚来天。渐沉远翠峰峰澹，初长整阴树树园。萤火一星沿岸草，蛙声十里出山泉。新诗未必能谐俗，解事人稀莫浪传。

其中一句“蛙声十里出山泉”至今传唱不绝。其意思是说，有青蛙叫的地方方圆十里内一定有山泉出现。查慎行为什么会产生这样的认知呢？这是因为诗人在对雨后夜晚的审美过程中不自觉地形成一种认知，这种不自觉便是一种审美直觉。那么审美直觉有什么特点？

☆ 人能感受事物的美首先来源于直觉

查慎行之所以能将雨后夜晚的感受吟成诗，是因为他运用了审美直觉的方式。所谓审美直觉，即人们在感受美的时候，不经过加工而直接获得审美感觉、审美知觉、审美表象以及审美愉悦的心理特征。用科学语言来表述，即审美直觉是人对事物外在审美特质的感觉、知觉、表象以及在预先掌握的理智、情感作用下的审美感受。

审美直觉往往具有偶然性的特点。生活中的美，往往是不期而遇的。所以诗人在表达审美直觉性这一特点时，喜欢用“偶”字。如吕从庆的《山中作》中有这么一句：“偶因送客出前溪，便过溪桥拾诗句”。

那么，审美感受为什么具有直觉性呢？原因很简单，即由于审美对象具备了直觉所能把握的具体可感形象的特性，而人类又具有直接感受美的审美器官。所以人可以根据直觉捕捉到生活中的美。雨后夜晚山溪风景之美，在于繁星、园林、树荫、萤火虫和蛙鸣、水声组成的美丽图画。人通过自己的审美器官就可以直接感受这些美。

☆ 审美直觉是非理性的，也是一见钟情的

审美直觉的第一个特点是“非理性”。正如康德说的那样：“美是那不凭借概念而普遍令人愉快的”，美的事物“总是对我们的直观能力发生作用，而不是对我们的逻辑能力发生作用”。我们感受美，并不需要经过理性思索，不需要运用概念、判断、推理的形式，而是运用审美感官，接触美，捕捉美。正是由于这种非理性，我们才能

人能感受事物的美首先来源于直觉
萤火一星沿岸草，
蛙声十里出山泉

生活中的美往往是不期而遇的，所以审美直觉具有偶然性
好漂亮的石头！

石头具备了可直接感受的心形特征，而人又具有直接感受美的眼睛，所以……

审美直觉是非理性的
竹外桃花三两枝，
春江水暖鸭先知

用理性的态度去欣赏事物，那么审美直觉就会离他而去
春江水暖鸭先知
竹外桃花三两枝
鹅也先知，怎只说鸭？

审美直觉常常是一触即觉、一见倾心的

进入审美世界，体会到其中的无穷奥妙。如果我们用纯理性的眼光看待审美对象，那么就感受不到诗意的美。

有这么一段逸闻：苏轼有一佳句“竹外桃花三两枝，春江水暖鸭先知”，把初春的景色生动形象地呈现在我们面前，真是妙不可言。但是清人毛奇龄读苏轼这句诗时，却指责说：“鹅也先知，怎只说鸭？”毛奇龄是用理性的、科学的态度读诗，所以体会不到其中的乐趣。

如果用理性的态度去欣赏事物，那么审美直觉就会离他而去，那么美感也就不复存在了。英国诗人华兹华斯在《劝友诗》中说得好：大自然给人的知识何等清新，我们混乱的理性，却扭曲事物优美的原形——剖析无异于杀害生命。

审美直觉的另一个特点是“一触即觉，一见倾心”。人们面对美的事物，只要眼睛一瞥，耳朵一听，不用思索，就能立即感受到美，愉悦的情感顿时充盈心间。如春天在野外踏春，看到充满生机的大自然，听着泉水叮咚的声音，享受着春风的吹拂，心中会顿时升起一种美的愉悦感。再如人们听着美妙的音乐，或者欣赏着逼真的雕塑，都会情不自禁地称赞它给我们带来了美的享受……

为何情人眼中出西施——审美错觉

莎士比亚有一首十四行诗是这样写的：“我情妇的眼睛一点不像太阳 / 珊瑚比她的嘴唇还要红得多 / 雪若算白，她的胸就暗褐无光 / 发若是铁丝，她头上铁丝婆娑 / 我见过红白的玫瑰，轻纱一般 / 她颊上却找不到这样的玫瑰 / 有许多芳香非常逗引人喜欢 / 我情妇的呼吸并没有这香味 / 我爱听她谈话 / 可是我很清楚，音乐的悦耳远胜于她的嗓子 / 我从没有见过女神走路 / 我情妇走路时候却脚踏实地 / 可是，我敢指天发誓 / 我的爱侣胜似任何被捧作天仙的美女。”

显然，诗人的情侣并无特别美丽的外貌，但她肯定有某种东西吸引了诗人，有一种使诗人动心的美，以至诗人（审美主体）在自己的心中塑造出了一个各方面都比客观形态更加美妙动人的意象，使他感到他的爱侣比任何天仙美女都更动人。

正所谓“情人眼里出西施”，即是如此了。可是为什么情人眼里出西施？在审美活动中，这种感觉有什么作用？

☆ 言有尽而意无穷

情人眼里之所以出西施，其实是因为情人之间的感情超越了功利，也蒙蔽了人的眼睛，是审美错觉在起作用。审美错觉是审美中出现的不符合事物客观情况的错误知觉，有听错觉、视错觉和空间定位错觉等。产生审美错觉的原因是多种多样的。如人的相貌作为一种物质形态是客观存在的，但如果作为一种审美形态，却是可以随着人们主观感情的变化而变化的。此时情人眼里的“西施”在强烈的情感活动中是经过改造和变异了的，是涂抹上了审美主体色彩的客体。这种似真似幻亦真亦幻的错觉，正可以带来深刻的情感体验和巨大的审美愉悦。

在人面前可以如此，那么在自然美面前或艺术美面前，也恰如在情人面前一样，审美主体通过富有个性特征的想象，丰富着、充实着、改造着充满情感色彩的客体，并创造着自己头脑中美的对象。所以，大诗人才会出现羽化登仙的感觉。

生活中有很多让人产生审美错觉的例子，比如两个相同的事物，一个放在大背景中，就显得比较小，一个放在小背景中，就会显得比较大；坐火车时，看窗外景物，仿佛在向后退；雨后天晴时的高山，比云雾弥漫时显得近。在一定心理状态影响下，人们也能引起错觉。如“草木皆兵”“杯弓蛇影”“风声鹤唳”，就是由于紧张、惊疑、害怕所引起的错觉。

我们在朦胧美那一节中提到过，普通的错觉是直接单纯的，是由一般感知所造成的错位。而在审美活动中，所谓的审美错觉就是对审美对象深入体验后，形成的不符合实际情况的错误知觉。然后通过错觉完成对审美意象的再加工，恰恰正是这种弄假成“真”，创造出一种新颖独特的审美意趣，人们从中获得意外的快感和满足。

☆ 没有审美错觉，审美就会失去一道优美的风景线

在科学认识、科学实验中，必须要避免错觉，但是在审美活动中，审美错觉却有着非常特殊、十分奇妙的作用，一些审美对象就是依靠错觉才产生特殊的审美意义的。建筑物多开窗，可使室内宽敞；风景画不加框，可使山水显得更深远。再比如，我们经常会在一些杂志上看到这样的穿衣技巧：上身过长的人穿横线条衣服，身材矮小的人穿长条裤，身材肥胖的人要穿深色的衣……这可使人在错觉中产生均匀感。总之，审美错觉可以弥补对象的缺陷，增强美感，可使形象逼真。电影、魔术等更因错觉产生特殊的魅力。一些脍炙人口的名句，就是由于及时捕捉审美错觉而成的，如“山重水复疑无路，柳暗花明又一村”（陆游）、“飞流直下三千尺，疑是银河落九天”（李白）、“月来满地水，云起一天山”（郑燮），“开户满庭雪，徐看知月明。微风入丛竹，复作雪来声”（陆游）。这些名句，把眼前景物的错觉捕捉下来，就成了很美的诗句。这些诗句之所以千古流传，依赖的就是人的审美错觉。如果没有这些错觉，审美就会失去一道优美的风景线。

情人之间的感情蒙蔽了人的双眼，所以情人眼里出西施
你比西施还美！

审美错觉常常是审美主体通过富有个性特征的想象改变和创造审美对象而产生的
好像仙境啊！

生活中有很多让人产生审美错觉的例子
这个球大一点！

一些审美对象就是依靠错觉才产生特殊的审美意义
这幅画更深远一些！

审美错觉可以弥补对象的缺陷，增强美感
穿上长条纹的裤子就行啦！
怎样穿衣才能显得高一些呢？

没有审美错觉，审美就会失去一道优美的风景线
飞流直下三千尺
疑是银河落九天
诗句里描绘的景色是不是很美啊？
不就是瀑布嘛，有什么美的？

“明月松间照，清泉石上流”的过人之处是什么——审美知觉

“空山新雨后，天气晚来秋。明月松间照，清泉石上流。竹喧归浣女，莲动下渔舟。随意春芳歇，王孙自可留。”这首《山居秋暝》是王维的山水诗的代表作之一，全诗描绘了秋雨初晴后傍晚时分山村的美丽风光和山居村民的淳朴风情，表现了诗人寄情山水田园，对隐居生活怡然自得的满足心情。它唱出了隐居者的恋歌，至今仍传唱不朽。特别是其中的两句“明月松间照，清泉石上流”，被苏轼誉为“诗中有画，画中有诗”的典范。这首诗之所以得到如此高的评价，其过人之处在于什么呢？

☆ 诗人对自然景物的描述是一种审美知觉

从审美的角度看，《山居秋暝》这首诗描绘的，已经不是某一种审美感觉，也不是几种感觉的简单相加，而是各种审美感觉的复合、综合和有机地整合。这里既有空山、明月、清泉、石、浣女、渔夫等的视觉实体，并融合着形体觉、色泽觉，又有归来的浣女的银铃般的笑声的听觉和事物位移的动势觉，以及变化着的时间。

作者对各种感觉进行综合、整理，并进行排列、组合，使它们融为一体，绘成一幅完整的画面。这种整体性的感觉，为读者提供了想象、创造的坚实基础。

我们把这种经过整合后呈现出来的整体性感觉，称为审美知觉。如果用一句简单的话来概括审美知觉，那就是所谓审美知觉就是各种感觉的整合。它是对事物外在多种审美特性的综合性、整体性的反映。

在古代诗词、小说、书画中运用审美知觉描绘事物的例子数不胜数。如杜甫的《江畔独步寻花七绝句》之一：“黄四娘家花满蹊，千朵万朵压枝低。流连戏蝶时时舞，自在娇莺恰恰啼。”即是对各种审美特性、各种审美感觉材料进行了综合、整理和组织，并将这些审美感觉联系起来，最终形成一个整体的“场”，使人对江畔美丽春景获得了整体性的审美感受。

☆ 审美知觉让人进一步加深对美的印象

可以毫不夸张地说，审美知觉在审美活动中非常重要。因为个别的、零散的感觉不足以形成对客观对象完整的映象，不能长久地留在人的大脑中，也不能作为审美心理活动的基础。然而审美知觉不仅综合了各种感觉形成整体性的映像，并且把这种映像固定在人的大脑中，甚至留下永久的记忆。

更为重要的是，审美知觉还可以根据审美者的审美目的、审美能力、审美趣味、

诗人对自然景物的描述是一种审美知觉
果然是诗中有画画中有诗啊！

审美知觉就是各种感觉的整合
色泽觉
形体觉
美
听觉
视觉实体
动势觉

审美知觉可以将客观对象固定在人脑中留下永久记忆
看这色泽还有这香味就知道和小时候妈妈做的一样好吃了

审美知觉还可以帮助审美者选择符合目的的审美对象
月落乌啼霜满天，
江枫渔火对愁眠

审美知觉还是艺术创作的起点
司徒乔就是因为有了对三个老华工的深刻知觉，才画出了这幅著名的画作

总之，审美知觉让人进一步加深对美的印象

审美习惯和特定的情绪状态去选择对象，去感知那些符合目的、需要、趣味的对象，以求得心理上的满足，如："月落乌啼霜满天，江枫渔火对愁眠。姑苏城外寒山寺，夜半钟声到客船。"（张继《枫桥夜泊》）张继写这首诗时，当时的夜景很多，但他选择了符合自己审美目的的落月、江枫、银霜、渔火、城郭、船舶、寺庙、乌啼、钟声，而没有选择秋风、流水等。这样，就能驾轻就熟地知觉它们，并进一步加深知觉印象。

审美知觉还是艺术创作的起点。王维、杜甫、张继、捕捉知觉，写下了不朽诗篇，许多艺术家也是凭知觉创作自己的作品的，擅长油画、素描的画家司徒乔就是其中之一。他创作《三个老华工》，也是得益于知觉，这是画家1950年在美国治病回国途中，偶然遇到同乡回国的三个老华工，看到他们疲惫和满是沧桑的面容，感叹于他们所经历的苦难，用土红和墨色炭笔配合作出的一幅素描画。

画家若是没有这次知觉活动，就很难构思出这样深刻的作品来。由此可见，在审美活动中，审美知觉的作用是非常重要的。

四面楚歌为何能乱军心——审美表象

"四面楚歌"的故事大家并不陌生，讲的是公元前202年，汉将韩信把项羽的楚军重重包围在垓下（今安徽灵璧东南）。楚军被围困了好多天，粮食已经吃光。项羽虽然勇敢善战，但始终冲不出去。

一天夜里，在垓下楚军宿地的四面，突然有众多士兵唱起了楚歌《鸡鸣歌》。歌声如怨如慕，如泣如诉。项羽在帐中听到楚歌，大惊失色："难道刘邦已经完全占领了楚地吗？"

楚军士兵听到四面楚歌，也以为自己的家乡都被汉军占领了，于是军心动摇。项羽听着歌声，心烦意乱。他知道军心一散，再也不可收拾。于是他跨上乌骓马，带着剩下的800多人，向营外冲去。然而到了乌江（今安徽和县）边上，只剩下28骑。项羽知道大势已去，最后在乌江边抽剑自刎。这个曾经叱咤风云、不可一世的西楚霸王，却在四面楚歌的局面下结束了自己短暂而辉煌的一生。一夜的四面楚歌竟使楚军分崩离析，四面楚歌为什么有这样大的威力？

☆ 四面楚歌引起了士兵对亲人的联想

"四面楚歌"之所以具有如此大的威力，主要是因为楚兵生于楚地，听惯了楚歌，特别是听熟了《鸡鸣歌》。《鸡鸣歌》可以说是他们家乡的民谣，所以当士兵听到歌声时，这些声音刺激楚兵的听觉感受器并在大脑听觉区形成了综合映象，也就是所说的审美表象。这些综合映象又与他们以前的审美表象发生联系，产生共鸣，从而引起思

曾经叱咤风云的西楚霸王在四面楚歌的局面下结束了自己的一生

四面的楚歌竟然使楚军大败！
这首楚歌为什么有这样大的威力呢？

楚兵生于楚地，听惯了楚歌
楚国

四面楚歌引起了士兵对亲人的联想，扰乱了军心

审美表象是情感共鸣的基本条件
楚歌
审美表象
象表美审

韩信就是捕捉了“楚歌”这一审美表象才大败项羽

乡思亲人的联想，最终导致楚军军心动摇的现象。由此可见，四面楚歌之所以具有如此大的威力，是由于它与楚兵的审美表象发生联系而产生了作用。

那么，什么是审美表象呢？所谓审美表象，即审美中事物的外部整体性特征直接作用于人的感官，从而在头脑中形成并巩固下来的具体而完整的映象。它是在审美感觉、知觉的基础上，产生和发展起来的。人们在审美过程中，各种美的信息在大脑皮层留下痕迹；当人们再次受到相关对象刺激时，大脑就会对新、旧信息进行比较、分析，使原有痕迹又重新复苏，最终形成了比感觉、知觉更丰富完整的审美表象。

☆ 审美表象是艺术家审美创造的基础之一

审美表象是情感共鸣的基本条件，也是审美欣赏和审美创造的基础。许多艺术家的成功，其中一个很重要的原因，就是由于他们具有捕捉丰富多彩审美表象的能力。

俄国大文豪托尔斯泰也是这方面的典型。他经常能迅速地捕捉形象，并能把它长久地储存在头脑中，创作时可以把它们调出来。他的名著《安娜·卡列尼娜》的主人公安娜，是以普希金的女儿玛丽亚·普希金娜为原型的。但他与普希金娜只见过一次。那是一个偶然的机会，当托尔斯泰在舞会上见到一个年轻的貌美女子，他立刻被她的美貌所倾倒。当被告知漂亮的女子是诗人普希金的女儿时。“哦——哦”托尔斯泰拖长声音说，“现在我知道了。你瞧她脑后那阿拉伯式的卷发，真是漂亮极了。”事隔十几年后，托尔斯泰创作《安娜·卡列尼娜》时，就把玛丽亚·普希金娜给调了出来。留在托尔斯泰脑中的审美表象竟能如此长久，不得不让人佩服。

画圣吴道子也就是这方面的高手。唐玄宗非常喜欢蜀地山水，他派吴道子去蜀地写生。吴道子回到长安后，唐玄宗命他把画好的画拿出来，吴道子却回答说：“臣的画陛下看不见，全画在臣的记忆中。”唐玄宗不相信，说：“那就把你记忆中的画出来吧！”吴道子说这很容易，于是唐玄宗让他在大同殿作画。吴道子只用一天时间，就将三百里嘉陵山水画于殿壁上，栩栩如生，唐玄宗和满朝大臣无不为之感到吃惊。吴道子之所以能挥笔而就，凭的就是头脑中所储存的丰富多彩的审美表象。

“风摇翠竹”缘何“疑是故人来”——审美幻觉

碧水惊秋，黄云凝暮，败叶零乱空阶。洞房人静，斜月照徘徊。
又是重阳近也，几处处、砧杵声催。西窗下，风摇翠竹，疑是故人来。
伤怀！增怅望，新欢易失，往事难猜。问篱边黄菊，知为谁开？
谩道愁须殢酒，酒未醒、愁已先回。凭栏久，金波渐转，白露点苍苔。

这首词是北宋词人秦观所著的《满庭芳》，此词融情入景，以景语始，以景语终，层层铺叙、描写中表达了伤离怀旧的心绪。明董其昌《评注便读草堂诗余》谓此词："因观景物而思故人，伤往事且词调洒落，托意高远，佳制也。""西窗下，风摇翠竹，疑是故人来。"写景中透露出怀人的情思，是全词的主旨所在，这几句是从唐人李益诗句"开门风动竹，疑是故人来"化出，易"动"为"摇"，写出了竹影扶疏的风神，同时也反映出对故人的情意。

"风摇翠竹"为何"疑是故人来"？

☆ 炽热专注的情感状态容易产生审美幻觉

"疑是故人来"其实是诗人在进行审美创作时的一种幻觉，即审美幻觉。一般说来，产生审美幻觉往往有两种情况：

一是情感处在炽热状态，并为某种情绪支配时产生的。如郑愁予《错误》中写的"我达达的马蹄是美丽的错误，我不是归人，是个过客"，其中的幻觉是由炽热的情感带来的。日夜盼望着与自己的心上人见面，以至于听到外面传来马蹄声就误以为是他归来了。

二是澄心凝思、专注于审美对象时产生的。当人们对某一对象非常专注、心无旁骛时，就会进入幻觉。如祭奠亡人时，凝视亡人肖像或遗物时，想起亡人的点点滴滴，就会产生似乎亡人还活着，就站在自己的面前的感觉，"祭君疑君在，天涯哭此时"。再如苏轼和朋友在白茫茫的江面上驾一叶扁舟，饮酒诵诗时，突然产生了"浩浩乎如冯虚御风，而不知其所止；飘飘乎如遗世独立，羽化而登仙"的幻觉。

☆ 审美幻觉是一种不真实的审美知觉

审美幻觉和审美错觉一样，都不是真实的知觉。但两者还是有差别的：错觉是对存在事物的错误知觉，然而幻觉却是对不存在事物的虚幻知觉。幻觉中除知觉活动外，还常与联想、幻想联系在一起。人们一般认为，幻觉会破坏感知的真实性、准确性，但在审美和创造美的过程中，审美幻觉却经常起特殊的作用。因为幻觉能让人超越现实，将客体主观化，让人进入想象世界，引导人们进入审美境界。也即我们经常所说的，万物皆着我之色彩。朱自清先生在《荷塘月色》中是这样来形容荷花的：正如一粒粒的明珠，又如碧天里的星星，又如刚出浴的美人。再如，当我们心情高兴时，花儿对我笑，小鸟对我唱的情形，这都是将审美客体主观化的一种现象。

☆ 审美幻觉往往能引发人们的审美统觉

审美幻觉往往能将人带入一个幻化的整体境界，这种整体境界的形成就是人们的审美统觉的作用了。统觉，现代心理学定义为，由当前的事物引起的心理活动（知觉）同已有知识经验相融合，从而理解事物意义的心理现象。美国心理学家默里建立

“疑是故人来”是诗人的一种审美幻觉
西窗下，风摇翠竹，
疑是故人来

祭君疑君在，天涯哭此时

炽热专注的情感状态容易产生审美幻觉

审美幻觉是对不存在事物的虚幻知觉

审美幻觉是一种不真实的审美知觉

审美幻觉往往能引发人们的审美统觉
你们认为这是什么？
是高山
是一个硝烟弥漫的战场

的“主题统觉测验”和瑞士心理学家罗夏建立的“墨迹统觉测验”都是让被测试者观赏墨迹或墨彩卡片。结果在这些模糊意象的模糊启示下，他们看到了云、山、战场等各种模糊的形象，甚至编出了完整的故事。统觉就是这样的一种心理过程。先是在审美欣赏活动中产生幻想，进入美感状态，然后它使人幻化出奇妙的、游动的、虚拟的形象，能将朦胧的对象所提供的朦胧信息，与主体经验融合，从而产生纯粹的知觉印象，从而理解对象的意蕴。把卡片上的模糊意象看成云、山、战场，对卡片中的意象有了整体知觉，并把它们连成整体，通过观察和分析，调动起人们已有的经验，对这幅画形成完整的、立体的、动态的形象感知，这时也就进入审美统觉了。

审美统觉是审美知觉的高级形态。在审美时，人人都会产生审美统觉，但审美统觉的能力并不相同，艺术家的审美统觉往往比常人更敏锐、更丰富。当然，经过审美训练和审美熏陶，每个人都是可以提高自己的审美统觉能力的。

为何罗丹要砍去巴尔扎克雕像的双手——审美注意

法国伟大的雕塑家罗丹于1891年接受当时法国文学家协会的委托——塑造伟大文学家巴尔扎克像。但是巴尔扎克长得又矮又胖，腿短肚圆，其体貌简直是一只活木桶。所以要想塑造好这位一代文豪的形象，还是有一定的难度的。罗丹费尽脑筋，苦苦思索之后，决定着力刻画这位作家的精神特质的美。他先后设计了17个巴尔扎克塑像，还做了7个裸体像，分别给它们披上巴尔扎克深夜写作时常穿的睡衣进行比较。

经过7年的努力，一天深夜，罗丹终于完成了《巴尔扎克》雕像。然而当3位学生应邀来观赏时，学生们却都被雕像的双手所吸引，并赞叹不已。罗丹看到此情景后，毫不犹豫地举起斧子砍掉了巴尔扎克雕像的双手。面对一脸疑惑的学生，罗丹说:“尽管雕像的双手很美丽，然而我想让你们看的是他的脸，我不想因为双手的美而分散了你们的注意力。”

如何理解罗丹的解释呢?

☆ 巴尔扎克雕像的手分散了审美主体的审美注意

砍去手的巴尔扎克雕像之所以能起到如此震撼人心的效果，主要是罗丹懂得审美注意的重要性。罗丹的这一斧子，实际上是自觉运用了审美注意的规律，把人们的审美注意“砍回”到雕像的主旨上。

所谓的审美注意，是指在审美过程中，把相应的审美感官集中在特定的对象上。它是审美欣赏、审美理解的重要环节。审美注意的一个明显特征是它的精神集中性。主体一旦被某一对象所吸引，就会集中全部感官关注对象，凝神注目，凝神谛听。如果精神不集中，注意力分散，就表明还没有很好地进入审美状态。总之，在审美中，必须集中注意力，这样才能充分调动各种感官去感觉和体悟美。

由此可见，没有手的巴尔扎克雕像，会诱使人们把审美注意力集中在最能揭示人物精神特质的面部表情——一副充满智慧和富有创作力的面部表情。假如留着那双奇妙无比的手，就会吸引观赏者的视线，分散人们的审美注意力，就凸显不了巴尔扎克的面部所展现出来的精神美。

☆ 审美注意常常在于反常、新奇、对比性的事物

审美注意的第一条规律是：反常的、不合常态的事物或行为，也能引起人们的审美注意。如在一个音乐演奏大厅里，人们都在侧耳倾听舞台上音乐家的演奏，这时，突然一个人站起来，大声喧哗，那么人们的注意肯定会一下集中到他身上。一代儒将，三国时吴国的周瑜精通音乐，每次听人奏曲，如果发现其中有误，即使喝得半醉，也会转过头去看看演奏者。所以时谣说："曲有误，周郎顾。"以至于当时不少艺人为了博得人们青睐，就故意在表演时出错。王仲修在《宫词》里有这样一句话："钗头故插宜男草，图得君王带笑看。"讲的是一个宫女为了争宠，想出很多手段来接近皇上，但是都不能如愿，一天，她见别的宫女都把自己打扮得规规整整，于是她突发奇想，就反其道而行之，故意把钗头插得又偏又乱的。结果她反常的装扮却引起了君王的注意，由此可见，这个宫女就是运用审美注意的规律而达到目的的。

审美注意的第二条规律是：具有对比性的对象更能引起人们的审美注意。所以诗人描写对比的诗句很多，如王籍的"蝉噪林愈静，鸟鸣山更幽"（《入若耶溪》）、杜甫的名句"野径云俱黑，江船火独明""朱门酒肉臭，路有冻死骨"；即使在现代诗文里面，也经常出现这样的语句，如朱自清的"这时候最热闹的，要数树上的蝉声和水里的蛙声；但热闹是它们的，我什么也没有"（《荷塘月色》）。音乐中的节奏快慢、音响大小的对比，也运用了审美注意的对比规律。画家作画时十分注意颜色的明暗对比，以引起人们注意。

审美注意的另一条规律是：新鲜的、奇异的对象会引起人们的注意。"飞流直下三千尺，疑是银河落九天"（李白），一般的山上都会有瀑布，而为什么唯独庐山的瀑布却给作者留下了如此深刻的印象？那是因为庐山的瀑布气势雄伟，不同寻常。"竹外一枝斜更好"（苏轼），在青翠的竹林里，一枝梅花斜伸出来，显得特别新异，一下子就勾走诗人的视野。艺术领域的标新立异之作、生活中的奇装异服、自然界中的奇山怪石都能引人注意。

当然，所谓新鲜的、奇异的东西，是相对的、有条件的。不管再新鲜、再奇异的事物，如果反复观赏，时间久了，就会使感觉钝化或疲劳，从而变得不新鲜，不能引起人们的注意了。"入芝兰之室，久而不闻其香"讲的就是这个道理。

绘画如何能表现“香”——审美通感

北宋宋徽宗年间，一日皇帝赵佶踏春而归，雅兴正浓，便以“踏花归来马蹄香”为题，在御花园举行了一次别开生面的绘画考试。

这个考题，一下子就难住了很多考生。因为在这幅画里，“花”“归来”“马蹄”都好表现，但是“香”是无形的东西，很难用画表现出来，

许多画师虽有丹青妙手之誉，却面面相觑，无从下笔。有的画手画了马在花丛中飞驰；有的画是骑马人踏春归来，手里捏一枝花；有的画骑在马上的人用鼻子闻花香；有的还在马蹄上面沾着几片花瓣；有的画了蝴蝶、蜜蜂在花丛中飞舞……但都表现不出“香”字来。唯有一青年画匠奇思杰构：几只蝴蝶飞舞在奔走的马蹄周围，这就形象地表现了踏花归来，马蹄还留有浓郁的馨香。

宋徽宗一看，大加称赞，其他画师看后也莫不惊服，皆自愧不如。那么，青年画匠运用了什么样的手法而获得了宋徽如此高的评价？

☆ 青年画匠运用了通感的手法

青年画匠之所以获得如此高的评价，是因为他运用了通感的手法。通感，就是在人们的审美活动中使各种审美感官，如人的视觉、听觉、触觉、嗅觉等多种感觉互相沟通，互相转化，将本来表示甲感觉的词语移用来表示乙感觉，从而使意象更为活泼、新奇的一种手法。钱锺书先生说过：“在日常经验里，视觉、听觉、触觉、嗅觉、味觉往往可以彼此打通或交通，眼、耳、舌、鼻、身各个官能的领域，可以不分界线……”

在审美活动中，一种感觉引起另几种感觉的通感很多。如林黛玉听《牡丹亭》时，“细嚼‘如花美眷，似水流年’的滋味”，这是由听觉转为味觉体验。“微风过处，送来缕缕清香，仿佛远处高楼上渺茫的歌声似的”（朱自清《荷塘月色》）清香乃是嗅觉，歌声乃是听觉，这里将嗅觉转化为听觉；再比如，“你笑得很甜”，“甜”是用来形容味道的，这里却用形容味觉的词来形容视觉，这里将味觉转化为视觉。

总之，通感广泛地存在于人们的日常生活感受之中，就像你看着满园的春色，就会情不自禁地哼起“春之歌”一样。

☆ 审美通感使人产生更加丰富和强烈的美感

通感的使用，可以使人各种感官共同参与对审美对象的感悟，克服审美对象知觉感官的局限，从而使美感更加丰富和强烈。

比如在听音乐时，如果能由听觉连通其他视觉或触觉等感觉，就会更好地体会

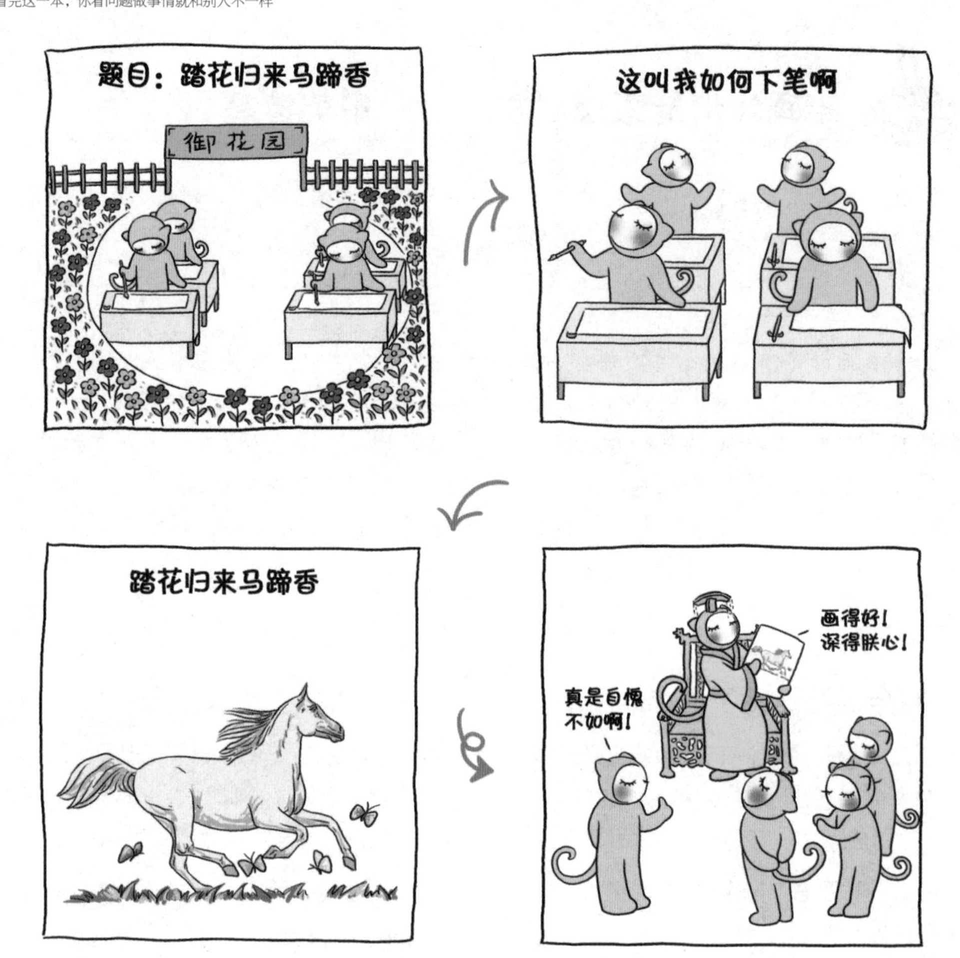

音乐的意蕴，“泠泠七弦上，静听松风寒”（刘长卿）。在欣赏绘画时，如果能把视觉与听觉、嗅觉沟通起来，那么就会沉浸在画的境界中，“山气花香无着处，今朝来向画中听”。著名音乐家德彪西说过，对于一个音乐家来说，去看日出时候的优美景色，要比去听《田园交响乐》更为有益。法国著名画家德拉克洛瓦曾说：“音乐常常赋予我一些伟大的思想。当我听音乐的时候，我非常想画画。”

由此可见，面对美的事物，如果各种感觉能连通起来，就会物我感应，享受无穷的乐趣。此外，审美通感还能够帮助艺术家克服各类艺术在物质手段上的局限性，提高艺术的表现力。比如可用听觉材料表现视觉形象，如冼星海的《黄河大合唱》、贝多芬的《英雄交响曲》那样。可用视觉材料表现听觉、嗅觉、触觉、味觉形象，如曹雪芹写的《红楼梦》、白石老人画的《蛙声十里出山泉》那样。

总之，审美通感可以使人产生新鲜隽永的意象，丰富人们的欣赏，产生多层次的审美感受。

第二篇

走进美学世界

第一章 每天学点点线知识

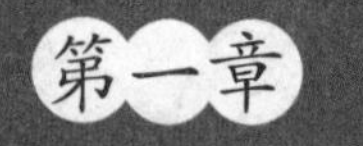

点线是人类最简单的叙述方式吗

文字发明以前，原始人为了增加记忆，就在一条绳子上打结，用以记事。其结绳方法，据古书记载为："事大，大结其绳；事小，小结其绳，之多少，随物众寡。"(《易九家言》) 即根据事件的性质、规模或所涉数量的不同结系出不同的绳结，当人们看到这个结就会记起曾经的重大往事。民族学资料表明，近现代有些少数民族仍在采用结绳的方式来记录客观活动，比如鄂伦春族，到今天还能在鄂伦春人的家里看到这样的绳子。这种绳子主要是用来记载世系，记录家族内成员的情况的，也就是所谓的结绳家谱。这种绳子又俗称"子孙绳"或"长命绳"，绳上系有代表家族成员的小物件如五彩布条、小弓箭等。子孙绳平时不打开，而是装在"子孙娘娘"的布袋里供着。等妇女生小孩时，将布袋打开扯出子孙绳，悬挂在屋里。如果生的是男孩，则在子孙绳上系一个小弓箭、小筐、小篓什么的，意思是男孩长大成人之后，不忘祖上的武功；如果生女孩，则在子孙绳上系上一条红布条，意思是表示吉祥如意，女孩子长大贤淑温柔。直到小孩满月之后，才能将子孙绳收起，重新装进布袋里，放回原处供奉起来，让其继续享受人间烟火。

所以人类最早就是用点与线来记事的，我们今天在绘制历史事件的线形图时，也会采用这种点线结合的方式。那么，可以说点线是人类最简单的叙述方式吗？为什么？

☆ 点线是形式美最基本的要素

在几何学中，点、线、面、体是主要研究对象。我们把点、线、面、体称为形状。其中点是一个最基础的单位，当点发生移动就会成为线，线的平面组合能构成面，在三维空间中则能构成立体形状。可见，在点、线、面、体四要素之中，点和线是最基本的，面和体是点和线的展开。

形状是重要的形式因素。形状美是形式美的重要内容。形状中最基本的是三角形、方形和圆。其中，三角形稳定于大地，并指向天空，能显示出稳定、庄重、崇高的美；正方形是大地的象征，显示出淳朴、威严之美；圆具有圆滑、运动、周而复始等美学意味，而圆顶是天的象征。所有这些基本的形状全部都来源于点线的组合，所以，点线的组合其实就是构成这个世界最基本的方式。我们自然也就学会了利用点线来进行表述，所以说点线是人类最简单的叙述方式。

☆ 点线是艺术美的主要构成基础

线条在绘画、雕塑、建筑、摄影都中具有主要作用，能够表现作者的精神和情志。

首先，以点线描绘形状是书法绘画的基础。

我国的国画是线条为主的艺术。南宋画家马远的一幅名作《水图》长卷，就是用流畅的线条勾勒出从溪流到湖海的十二种水波。画中的线条圆转，或放或收，把《寒塘清浅》《洞庭风细》《长江万顷》《黄河逆流》等景观栩栩如生地展现在人们面前。我国的书法艺术也是线条的艺术。在书法中，线条的运动能够表示人的情志：喜则气和而字舒，怒则气粗而字险，哀则气郁而字敛，乐则气平而字丽。

此外，我国有一种绘画形式叫作白描，就是在一张白纸上用线条描绘出形状来。早期制作壁画的工匠为了让画面更加精美，所以要先用浅色的线条勾勒出一个形象然后再填上颜色。虽然这些用线条勾勒的形状只是绘画的底稿，但也是绘画成功与否的关键因素。事实上，我们眼中的世界，无论大小方圆，都能将其外部轮廓视为线条。因此在图形艺术中除了少数的绘画形式不用线条预先勾勒，大部分都要借助线条来确定形象。在西方所使用的素描方式在描绘基础形状的同时，还要注意物体表面的明暗变化，所以就要利用线条来表现阴暗的部分，以使形象更具立体感。而素描也是西方绘画的基础，可见线条是图形艺术最基础的表现形式。

其次，非图形艺术也以点线运用为基础。点线的运用不仅仅限于在图形艺术上，更重要的是，点与线能进行结构布局，无论是现实的空间布局还是抽象的文学布局。在空间布局上，几乎所有的事物都可以看作点，小到一个苹果、一个人，大到一个城市和一个国家，就连我们住的星球也可以看作点。当然，在点线布局中，线能确定点是否具有意义。尤其是同一空间代表不同事物的点线，只有当点与线相连时，才有实用性。比如，在一间办公室里，办公桌、电脑、座椅、柜子等都可以看作点，这些点如果连起来就是线，而办公室中空余的地方则可以看作人行动的路线。由办公家具组合起来的点线布局，是否会影响到行动路线的流畅性，是办公室布局的关键。只有当行动路线能流畅地与各办公家具点相接触，才可能使办公室发挥最大的功能。这个点

古时候人们结绳以记事

点线能够表现艺术作者的精神和情志

点线是形状的构成基础
点线艺术展

点线也是布局结构的基础

生活中有很多点线结构

点线太多会影响布局的美感

线规则在城市中也同样有用。

人们在对点与线的现实应用中发现点与线具有高度的概括作用。所以人们将点线的概念抽象了出来，创造了很多词，如兴趣点、工作站点、流水线、路线等。而在文学艺术中更将点线作为作品是否成功的重要标准之一。比如，文学中的“点”指众多人物和事件中的一个，这个点越典型越能代表整个群体，这就是文学作品中所谓的“以点带面”。文学中的“线”则是指线索、主题，线索、主题越少，就越容易被读者理解，过多线索则会使作品变得杂乱无章，很容易导致失败。

总之，点线不论是在形式上还是在艺术上，都是人们用来叙述内涵的基础，所以可以说点线就是人类最简单的叙述方式。

为什么“嫩绿枝头红一点”能给人美感

北宋皇帝宋徽宗酷爱艺术，在位时将画家的地位提到中国历史上最高的位置，成立翰林书画院，即当时的宫廷画院。以画作为科举升官的一种考试方法，每年以诗词做题目，曾刺激出许多新的创意佳话。有一次，宋徽宗以“嫩绿枝头红一点，恼人春色不须多”的诗句做画题。许多前来应试的画者都以绿叶红花装点春色来表意，其中有的画绿草地上开一朵红花，有的画一片松林，树顶立一只丹顶鹤，但是宋徽宗看到这些画却很不满意，认为:“这些全无诗意，毫无令人深思之处。”但是，这里面有两幅画被宋徽宗选中了。一幅画的是在高高翠楼上，一位少女凭栏而立，略有所思的样子。这幅画的美妙之处在于画者使得少女那鲜红的唇脂在丛丛绿树的交映中显得特别鲜亮魅人，含蓄地表现出了动人的春色，表现出了“嫩绿枝头红一点，恼人春色不须多”的诗意。另一幅画的是万顷碧波中涌出一轮红日，构思新颖，气魄宏大，境界辽阔，独树一帜。这里的红点，给了人一种悠悠无尽的情思，成了艺术美的焦点，起着点睛破题的重要作用。

☆ 点具有鲜明的形式美特征

美学上“点”的含义是相对的、不确定的，区别于数学、几何或者音乐上的附点。这里所说的“点”并不一定小，也并不一定是圆形的，只是从审美的角度去看一些具有美的价值的装点之物，比如说繁星点点、帆影点点、伞花点点、灯光点点，包括落花、秋雨、柳絮，等等，这些点实际上并不小，也不一定是圆形。“点”是造型艺术中最小的单位，比起面积和线来说是微不足道的，但是却不可小看，它具备丰富的美的个性，它所处的位置及色彩的对比有着独特要求，受到形式美的规律的限制。比如姑娘脸上的雀斑并不美，但是唇角的美人痣却很美，因为它长在恰当的位置，有

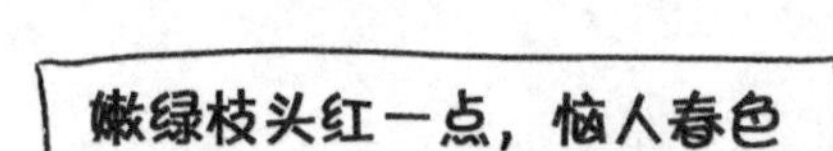
嫩绿枝头红一点，恼人春色不须多

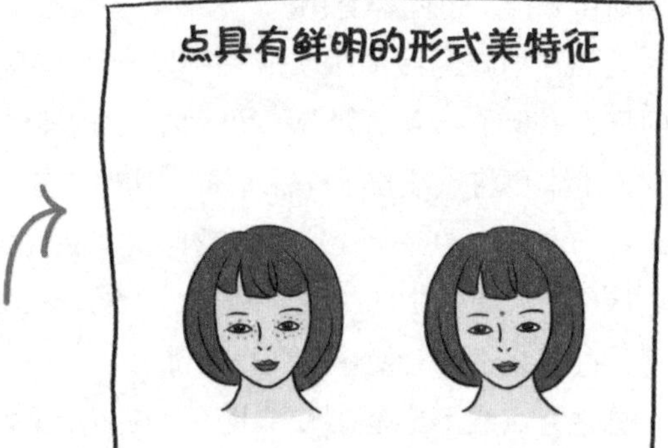
点具有鲜明的形式美特征

点缀不能喧宾夺主

好丑！

点具有装饰美的作用
新娘
新郎

文学中的“繁星点点”总能给人一种画面感
这就是诗中所描绘的星空，真美啊！

人们逢年过节也会给年糕点上红点

装点的作用。小女孩眉心的胭脂点、染红的指甲等都展示了人们对美的追求。女士的胸针、男士的领带都是作为点缀而存在的，作为点缀就不能喧宾夺主，主次不分和过于突兀都是禁忌。没有人认为满脸的胭脂点会很美，也没有人认为把整个手涂上红色很美，在这里“点”具有鲜明的形式美特征。

☆ 点具有装饰美的作用

点是美的，点可以装点或显示人的美，装饰或美化环境美。比如：结婚时新郎和新娘都要在胸前佩戴红花，这不仅是强调主体的问题，更能装点出一对新人的可爱；解放军战士军帽上的帽徽，不仅是一种身份的象征，更加点染了战士们的英武气概；我国人民逢年过节蒸的花糕等点心上也会点上红点，并不是为了味道更美，而是显示了喜庆、美观；小女孩总喜欢在指甲上涂漂亮的指甲油等都展示了人们对美的追求。

点不仅在那些具体形象上有美的装饰作用，在很多抽象的文学作品中，点也同样具有较高的审美价值。比如，夜幕中的流萤、星星、月亮、灯光、火把经常受到人们的赞美，使我们感受到“一点”之美。“银烛秋光冷画屏，轻罗小扇扑流萤”，这里的流萤是流动的点的轨迹；“夜深不知身何在，一灯引我到黄山”，刘白羽在此也按捺不住夜行中灯光一点带来的欣喜。文学艺术上的“点”常常是对美的聚焦，比如李清照的《声声慢》中描写秋雨的“梧桐更兼细雨，到黄昏，点点滴滴”；刘长卿的《湘中纪行十首·斑竹岩》中描写斑竹的“点点留残泪，枝枝寄此心”，这些都是描绘“点点”之景，创造出情景交融的意境，显示了“点”的美。国画中也讲究“苔点之法”，凡是山水画基本都少不了这一手法。微小的苔点对整幅画来说只是一种点缀，但是却能使画作充满气韵，也就是传统所说的“山水眼目”。苔点的多少浓淡都十分讲究，“浓墨巨点，元气淋漓，如经滇黔山麓间，觉雨气山岚，扑人眉宇”，苔点的美学价值由此可见一斑。

千万不要小觑了小小的“一点”之美，遵从形式美的规律，从审美的角度用“点”来装饰我们的生活，提高我们的艺术修养，体味自然的细微之处，寻找千差万别的“点”的美妙，兴许通灵之境的玄机就在这“一点”之中。

拍照时摄影师为什么总要人们尽量靠近

生活中，人们都会有拍纪念照的经历，也会有这样的经验，那就是在拍纪念照时，拍照的人一定要靠得近才会好看。尤其是人数比较多的集体照，在拍集体照的时候，人们都会自觉地坐得紧密一点，也会经常听摄影师在拍照时叫：“大家靠近点！”有的人认为，这是因为摄影师要让相机镜头照下足够多的人，所以一定要让大家靠得近一点才行。

还有很多人认为，摄影师要让大家靠得近一点是要拍照的人们显得更亲密一点，因为人们之所以要拍纪念照，是拍照的人之间有比普通人更近的关系，而人与人越近，表示两者之间越亲密，其实这并不是拍照时摄影师不断让人们相互靠近的真正理由。

在摄影师看来，如果拍照的人按照平时站立的距离拍照，最后在照片中的距离会看起来比实际距离远。人们在看照片时也会发现，如果一张照片中的两个人不是肩并肩站或坐在一起，而是隔了一点距离，人们就会觉得两人离得太远了，很疏离，这跟人们在平时的感觉是完全不同的。那么，为什么会出现这样的感觉呢?

☆ 点在不同范围内的距离感不同

摄影师给我们做这些善意的提醒是因为点在不同范围内的远近效果不同。我们在看两个以上的点时，它们之间的距离，跟我们视野的范围有很大的关系。如果眼睛离它们的距离远，我们就会觉得它们之间的距离近；而如果眼睛离它们的距离近，我们就会觉得它们之间的距离远。根据这个原理，我们可以做一个这样的实验，在两张同样的白纸上，画两组同样距离的两个圆点，在其中一组圆点外画大框，在另外一组圆点外画小框。然后我们再来看一下，是不是画大框那组的两个圆点的距离看起来比画小框那组的两个圆点的距离近？由此可见，小的视野范围，往往会拉大两点间的距离。

相片的视野是相机的镜头所捕捉到的图像范围，跟人眼的视觉范围有很大的不同。人的单眼水平视角可以达到135°，而标准镜头的视角只有45°~55°。可见，相片的视野通常只有人眼的1/3左右，所以，我们看相片时，自然会有距离被拉大的错觉。现在我们就不难理解，为什么拍照时摄影师让我们尽量靠近的原因了吧。

另外，点在不同范围内的距离感，会影响它们之间的关系。当点与点的距离小于整张纸宽度的1/3时，会给我们留下两个点在向中间靠拢的错觉；而当点与点的距离大于整张纸宽度的1/2时，会给我们留下两个点在向两旁分散的错觉。这样的错觉，让人感觉点仿佛有磁性，近的点互相吸引，而远的点则互相排斥。

而这种错觉成为人们对事物进行布局归类的重要依据。当我们感觉两个事物相互相吸，我们就会把它们归为一类；当感觉两个事物相互排斥，就会把它们分成两类。

根据这个原则，有经验的摄影师，会在游客比较多的景点尽量靠近被拍的人。这样不仅拉远了被拍者和其他人的距离，还可以让看照片的人产生两者相斥的感觉，这样就可以很巧妙地点明他们的关系。

拍照时人们应该尽量靠近
再靠近一点

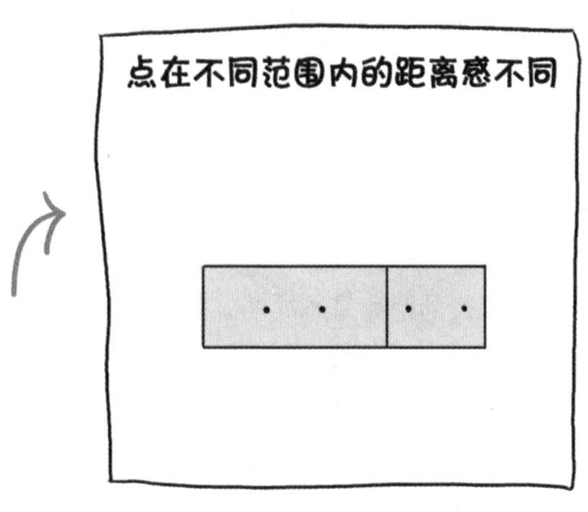
点在不同范围内的距离感不同

通过距离可以判断两个人之间的关系

拉美人在交谈时几乎贴在一起

意大利人喜欢靠近，但是英国人喜欢保持一定距离

☆ 人与人之间的交际距离可以看出他们的关系

我们也可以利用点与点之间的距离所造成的相吸或相斥感觉，判断人与人之间的关系。在人际交往的过程中，我们会发现，如果人与人之间的关系不同，那么他们交往的距离也是不同的。

一般情况下，交际分为：友情交际、同事交际、业务交际和公共交际四种。这四种交际保持的距离是不同的。

友情交际属于亲密型交际，包括夫妻、情人、至亲、好友之间的交际。其空间距离可在15~100厘米以内。夫妻、情人、至亲交际，正常情况下，其距离在15~145厘米，这种距离很容易接触到对方身体，以显示出亲昵感，有利于表达心声、交流情感、彼此爱抚。

友人交际，正常情况下距离应该保持在45~100厘米以内，以双方可以握到对方手为宜。特殊情况下，友人交际的距离也可以小于45厘米，如：双方见面或告别时握手、拥抱等，亦属这种距离。

同事之间的交际距离应保持在100~150厘米。如果与同事进行思想沟通，其距离可适当近些，一般以80~100厘米为宜，以便交流顺畅。如果这种沟通距离太开，就会使沟通者加大音量，容易激怒情绪。

因业务接洽、产品推销、合作谈判等进行的业务交际的距离，通常情况下在初期不宜距离太近，一般在200~300厘米为佳。但随着交际程度的加深，交际双方的空间距离应适当缩短，可保持在100厘米左右。

公共交际十分忌讳近距离接触，那样会让对方顿生疑窦，甚至会反目为仇。一般情况下，公共交际距离多在300厘米以外；如果发生语言交往，也不应该低于200厘米。

线条为什么可以用来表达情绪

线条是可以用来表达情绪的，中国的书法就是一种能够通过线条表达情志的艺术。唐代大书法家颜真卿《祭侄文稿》和《刘中使帖》，就寄托了他的思想情感。《祭侄文稿》帖，是颜真卿追祭从侄季明的文章草稿。唐玄宗天宝十四载（755年）爆发安史之乱，当时任平原太守的颜真卿和他的从兄常山太守颜杲卿毅然起兵讨伐叛军。不久，常山被叛军攻陷，太原节度使拥兵不救，以致城破，杲卿父子被俘，先后遇害。唐肃宗乾元元年（758年），颜真卿到河北寻访杲卿一家的下落，得知他们全家死于战乱，仅得杲卿一足、季明头骨。颜真卿义愤填膺，乃作祭文，国恨家仇全倾注在笔端，一气呵成，满腔悲愤之情跃然纸上。

而《刘中使帖》，作于唐代宗大历十年（775年），又名《瀛洲帖》。当时颜真卿身在湖州，得知唐军在军事上获得胜利，非常高兴，于是欣然命笔。全帖共四十一字，字迹比他过去的行书要大得多，重笔浓墨，大幅写意；笔画苍迈矫健，纵横奔放，有龙腾虎跃之势；前段最后一个“耳”字独占一行，末画的一竖以渴笔皴擦，纵贯天地，洋溢着欣喜雀跃之情。

☆ 线条本身也有情绪

线条是组成形象的最为敏感的视觉符号，是人类表达情感和认知的最基本语言之一。而线条本身，在它没有表现具体对象的时候也有其抽象的情绪。如直线使人产生坚硬、力量、坚毅、刚劲的感觉。而水平线，是大地之线，当物体处于与大地相连的水平状，就会给人一种宁静、平稳、坚实的感觉。所以，绘画中，表现“静”的境界，往往近景有一长长的水平线；中国宫殿、希腊神庙等坚实的建筑，都以水平线为主。垂直线则指向天空，表示升腾、挺拔和庄严。所以，凡是表示静穆严肃的画、建筑（如纪念碑），都以垂直线为主线。金字塔、宣礼塔、哥特式建筑以垂直线为主，体现了对天空的渴望。曲线表示优美、柔和，给人一种变化的动感，起伏回荡，对人的视觉有一种奇妙的魅力，最能悦人眼目，使人感到一种节奏美和旋律美。斜线是一种不安静的线，使人产生恐慌。奔跑中的人、风浪里的船、狂风中的树，主要用斜线表达。

☆ 人们往往会对流畅有规律的线条产生好感

线条的研究有一定的历史，早在20世纪初期，有实验美学心理学家利用41种线条和形状采用选择法和配对法做过一个偏爱选择的实验，想通过人们对不同线条的喜好，来了解什么才是人们最感兴趣的线条和形状。在关于线条类别的喜好上，实验发现，人们最喜欢的形状为圆形，第二是直线，第三是波浪形，第四是椭圆形，最后是圆弧形。通过这个结果我们可以看出，流畅的、有规律的线条往往能引起人们的好感。

美学大师宗白华先生称，中国的艺术就是线的艺术。我们确实能在中国画中看到更多的线条，其中能引起愉快情绪的线条，无论用笔的浓淡、燥湿，往往都是非常流畅的，就连转角也没有过多的棱角。而那些有过多停顿的线条则给人焦灼、忧郁的感觉。

由此可见，线条有表现能力，能唤起人们的美感。虽然线条本身会给人带来不同的体验，但是人的心理也会让人对同一线条产生不同的看法。如同样一根斜线，如果把它看成一条垂直线时，人们就会感到肃穆；当把这条斜线看作一条向上的坡路时，则会产生欣喜之情。

线条本身也有情绪
平稳的线条
紧张急促的线条
流畅的线条
有弹性的线条
劲利的线条
疏松的线条

流畅有规律的线条能给人以美感

人们对不同的线条有偏好

线条的改变往往能影响到人们的喜欢

人们往往凭借经验对线条做出情绪反应
富士山

好喜欢！！

☆ 人们往往凭借经验对线条做出情绪反应

虽然人们对线条表现出一定的偏好，但是这种喜好的选择并非固定的，因为个体之间是有差异的，有时候这种差异之大甚至让很多专家都很难解释。比如有不少人对直线的喜好超过了圆形，而有的人根本就不喜欢圆形，其理由是看圆形会让他们的眼睛一圈一圈地运动，这让他们感到不舒服。

有资料显示，人们对线条的喜好其实也很容易发生变化，尤其是对线条本身发生的变化非常敏感。比如：一根短的横线可能很难给人喜好的感觉，但当它被加粗后，可能就会引起关注。而当它被加粗到让人感觉它有高度时，它既可以被看作线，也可以被看作长方形，这容易让人对其感兴趣，甚至产生好感。如果继续将其加粗，它可能变成矮胖的矩形，而使人厌恶。但当它被加粗成正方形时，又会引起人的好感。当它再次加粗，又会显得过于臃肿。直到它被加粗成细长的垂直长方形，它可能被看成一条足够粗的线条，此时人们会重新对其发生好感。而除了直线的粗细外，圆的大小变化、弧线的曲度变化、线的倾斜角度、波浪形的紧凑度、线的长短等，都会给人不同的感觉。

这种线条变化使人们产生不同感觉，其实是人们在对线条下定义。因为在人类社会发展的进程中，人们对线条的情绪定义已经约定俗成，比如人们早已经将垂直线定义为向上的力量，将曲线定义为流水般的柔顺，将立着的长方形定义为屹立不动的挺拔力量，将横着的长方形定义为伸展的自由，而粗线条则被定义为严肃、沉重，所以当人们看到它们时，首先会根据经验判断其定义，而做出情绪的反应。而当它们发生各种变化时，人们又会产生相应的不同的反应。所以，很多产品设计人员也因此非常注重各种线条、色块的运用，致力于通过它们来影响观看者的情绪。

人们为何更喜欢有曲线感的女性

永泰公主墓是20世纪60年代初被发掘的，是中华人民共和国成立后发掘的最大的一座唐墓。其墓室中的壁画一经亮相，就引起轰动。此图共绘九女，分两行排列，群美毕集，个个丰颊秀眉，身着时髦的低胸唐装，梳着当时最为时尚的发髻。尤其是位于画面中央的一位侍女。她手捧烛台，头部微微前倾，身体呈现出前行时特有的曲线，加上其衣服柔和的线条，把少女的柔美展露无遗。她瑰丽的风姿、优雅的遗韵已让人迷醉倾倒，海外宾客将其誉为“东方的维纳斯”“中国古代第一美女”。

1962年秋天，国画大师叶浅予先生带着中央美院学生来观摩写生。据说，当他面对着这《宫女图》中的持烛台侍女时，肃立五小时，赞叹此女为“天下绝色”“唐代美女的典范”。并赋诗一首：“公主长眠宫女在，壁上着意塑粉黛。口角眉尖似有情，是喜是忧费疑猜。妙得容颜刻芳华，曲尽风姿写仪态。寂寂廊下婷婷立，楚楚神态激人爱。”叶先生这首诗写得生动传神，意趣不凡。其中的“曲尽风姿写仪态”一句写了少女那无数人着迷的曲线美。

在现实生活中，人们对于女性身材美的评价也多倾向于曲线感，这几乎已经成为全社会的审美共识，这是为什么呢？

☆ 曲线具有变化和运动之美

曲线作为女性的特征是深入男性骨髓的，西方艺术大师们对女性的人体美推崇备至，甚至认为女性就是最完美的人体。那么为什么几乎所有的男性都喜欢曲线玲珑的女性呢？主要有两个原因。

首先，曲线是善于变化的线条。生物由于繁殖的需要，大多拥有与异性不同的生理特征，这些生理特征越突出，越能吸引异性。而从美学的角度来看，女性的曲线正是外观上跟男性之间最大的差别。男性的身材比校平，缺少变化，从线条的角度看，肌肉组织的突起使其身体线条缺乏流畅感。所以当拥有柔和线条的女性出现时，男性会立即被其所吸引。高高隆起的胸部和丰满的臀部，这是女性重要的外部曲线特征，所以当它们越突出时，就越能激起男性的兴趣。

其次，曲线是具有动感的线条。曲线具有不稳定的特征，这一特征使曲线具有动感。如我们用曲线来绘制波浪时，很容易产生波浪在流动的错觉；在观看曲线时，会有视线随着曲线波动的感觉。所以，绘画中常常大量使用曲线，就是为了制造更强烈的动感。唐代画圣吴道子的画，就是因为其拥有流畅的曲线从而使画中的人物动感十足，世人赞其为“吴带当风”。

现在，人们为了打破家具陈设的呆板，开始制造具有曲线感的家具，一个曲线条的搁板，或一张富于曲线的桌子，能让室内风格活跃起来。

☆ 曲线具有阴柔之美

人体的曲线美是一种美的极致，女性的身体和面部线条充满了柔软起伏的动感，所以有“男美在双肩，女美在曲线”的说法。大自然中“曲径通幽处，禅房花木深”“江作青罗带，山如碧玉簪”；艺术上舞蹈的旋转舒展；书法上的飘若游云，矫若惊龙；敦煌壁画的天衣飞扬，满壁风动等也是曲线的美。作为形式美的一种形态，线条美体现了柔的本质，是一种阴柔之美，相对于直线硬朗的阳刚之美而言，更受人们的欢迎。所以我们就不难理解旗袍为什么如此受中国女人欢迎了。

因为中国年轻女性的身材较之西方年轻女性，一般更显纤细、秀丽美，而线条简洁流畅、风格单纯又雍容华贵的旗袍，其最大优点就在于它能恰如其分地把中国女性

曲线是有动感的线条

男女的外形有差异，所以异性相吸
猫为什么都长一个样？

人们喜欢有曲线感的女性

女性的身体和面部线条充满了柔软起伏的动感

艺术家非常喜欢描绘女性的躯体

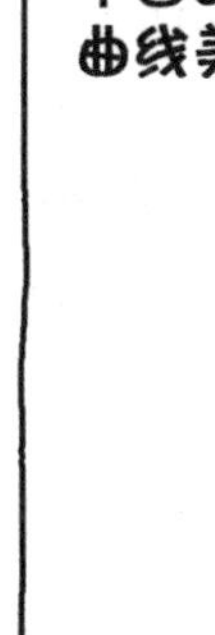

中国的旗袍更能体现女人的曲线美

胴体的这种曲线美给呈现出来，这很符合中国年轻女性的审美需求。

另外，曲线美还与中国的文化有关。西方文明建立在古希腊的传统之上，在思维方式上是以理性的逻辑思维为特征的，整体文化是立体的、外放的。西方文化可以说是以“求真”为核心的。而以中国为代表的东方文化则是建立在深受儒家思想和道教影响的东方传统之上的，儒家的含蓄与中庸，道家的超越与写意，经过数千年的历史积淀，已经内化成了中国人的性格特征。这种含蓄、中庸、超越与写意，在旗袍中体现得淋漓尽致。

旗袍适度的曲线恰好吻合国人心目中的淑女形象，不夸张地强调胸、臀和细腰，给人一种典雅、淑秀、端庄之感。旗袍因其不过度夸张而落落大方，因为廓形线条的简洁流畅而婉约含蓄，因其在“露”的同时讲究“遮”而更富魅力。

圆形为何备受人们欢迎

生活中，我们可以发现圆形无处不在。如在马路上奔跑着的汽车的轮胎是圆的，汽车上的方向盘是圆的，还有马路上的交通灯也是圆的。另外，我们使用的好多东西也是圆的，比如，吃饭用的桌子、碗、盘子；洗脸用的盆、化妆用的镜子……这一切都源于人们对于圆的喜爱。虽然圆形缺乏方形的稳定性，加上其所占面积过大，使其无法成为主要家具的形状，但几乎所有的装饰品上，都有圆形的影子。

的确，据研究发现，无论老幼，绝大部分人对于圆形有一种特殊的爱。尤其是婴幼儿，如幼儿在学画形状时，也最先学会画圆形；在一大群玩具中，他们大多会选择圆形玩具。实验美学家发现，综合所有的形状，最受欢迎的是圆形，只有一小部分人对直线的喜爱超过了对圆形的喜爱，但在对其他形状的喜欢程度上，他们也是更倾向于圆形。那么，圆形为什么如此受人们的青睐呢？

☆ 圆形的物体可以运动

圆形的物体可以运动。虽然很多形状都可以给人动感，但唯有圆形才可以进行平稳地运动。能够平稳运行的圆，可以帮我们把物体安全地送到目的地。

所以，现实生活中的好多事物都是根据圆的这个特性来设计的，如汽车、火车、自行车等的车轮。汽车、火车、自行车的发明，极大地丰富了我们的生活，一段需要两小时才能走完的路程，如果开汽车，15 分钟也许就能让你到达，就是骑自行车，也要比步行要快上好几倍。

另外，轮状物的发明，能够帮助我们运输东西，这极大地解放了人力。一个需要好几个人才能搬得动的物体，只要把它放在轮状物体上，就能够十分容易地帮我们完成任务。另外，街上的井盖就是个很好的例子，圆形的井盖只需一个人就能将其滚走，而方形的井盖则至少需要两个人来共同搬运。由此可见，轮状物体的发明，将我们的生活变得轻松起来。今天令我们感到不可思议的古代工程，大多有轮状物的参与。

☆ 圆象征着平等

在所有的图形中，圆是唯一可以无限对称的形状，可以画出无数条对角线，而等边三角形只能画出三条对角线，正方形能画出两条对角线。这使得圆形不像别的图形有尖锐的角，或者有一定的重点，圆形上的每一点都是平等的，所以圆形成为一种很平和的形状，在心理上，给人平等的感觉。

在中世纪的亚瑟王传说中，就有象征平等的“圆桌骑士”的故事。传说亚瑟王拥有一支精锐的骑士队伍，这些骑士忠心耿耿，陪着亚瑟王南征北战。他们来自不同的国家，有着不同的信仰。亚瑟王为了促进合作，给人们心理上的平等，就跟他们一起围着一个圆桌开会。

事实证明，当人群围观一个事物时，会很容易自发地围成一个圆。因为如果自己过于靠前，会变得很显眼，容易遭到危险，而过于靠后却又不能得到别人可以得到的信息，因此没有人愿意站在跟别人不一样的位置。人们都有希望获得与别人等同距离的心理，这也是为什么在现代协商或交流性质的会议或活动中人们喜欢围成圆形的根本原因。

☆ 圆是简单而又坚固的形状

圆是很简单的，它的绘制就能很好地说明这一点，只要手中有一根绳子，确定下一个点就可以画出一个圆。圆形的这个特点，使它成为器皿的最主要形式。无论东方还是西方，无论古代还是现代，人们都喜欢制作圆形的器皿。将器皿制作成圆形还有工艺方面的原因，最早的陶器制作是由于将泥土捏成圆形比捏成其他形状更容易，到了后来，人们发明了可以旋转的制陶器，这让制作圆形器皿比制作其他形状的器皿更为方便。玻璃的制作则跟材质有关，玻璃原本就很容易凝结成圆形，用吹制的方式制作玻璃瓶，自然更容易得到圆形或圆柱形。

就实用的原则来看，古人热衷于圆形器皿还有另外一个原因，那就是圆形的器皿比其他形状的器皿更加坚固。比如，我们用相同的力度去挤压一个方形的器皿和一个圆形的器皿，那么，变形的肯定是方形的器皿，因为圆形的弧线具有将力量分散的作用。

每个人都喜欢圆形

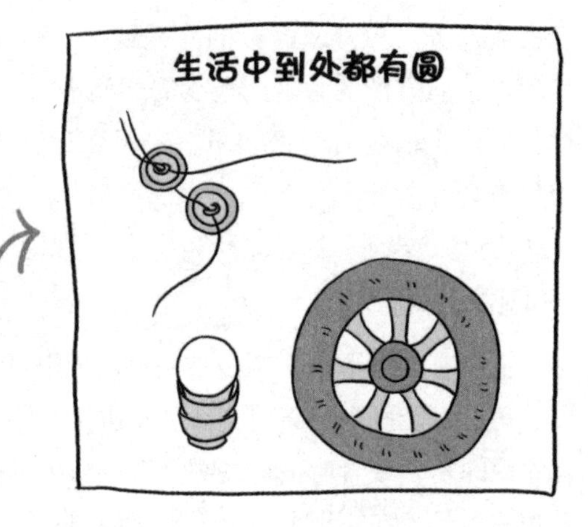
生活中到处都有圆

圆形物体可以运动，有助于运输

圆象征着平等
联合国大会
china

圆形的器皿制作起来更容易

圆是一个非常坚固的形状
好结实～

古罗马人很早就认识到了这一点，所以，他们制作圆弧形的拱门和圆形的屋顶，这不仅可以使建筑显得很美观，而且还很坚固。著名的罗马万神殿就是圆顶建筑的一个典范，它的内部虽然没有柱子支撑，却是世界上最大的圆顶建筑之一。

倾斜的物体为什么不能给人安全感

因为重力的原因，人们往往不喜欢倾斜的事物，所以如果客厅里放着的一幅画倾斜了，人们往往会赶紧把它扶正。重力让垂直于地面的方形结构物体呈现最稳定的状态。当物体倾斜时，重力作用就会使物体翻转，这种倾斜的状态很难一直保持下去。由此可见，倾斜的物体是极不稳定的。而人们居住在一定的环境里，最想要的一点就是安全。如果居住在一所不稳定的房屋中，就会产生恐惧感。所以，人们发现自己居住的屋里有倾斜的事物，会很快将其扶正。

但是，有人会讲到，为什么在很多艺术表演和艺术作品中会看到倾斜的存在呢？比如迈克尔·杰克逊就发明了一种舞蹈动作——45度倾斜。迈克尔·杰克逊是一名在世界各地极具影响力的歌手、作曲家、作词家、舞蹈家、演员、导演、唱片制作人、慈善家、时尚引领者，被誉为流行音乐之王。他也是世界上舞蹈能力最强的歌手。45度倾斜这个动作是用抓钩抓住鞋后跟，从而达到前倾45度的视觉效果。同时，舞台的“抓勾”系统通过精密仪器的控制，可以准确伸缩而不被发现。当然，成功的关键还主要在于迈克尔和演员刻苦的锻炼、磨合，以及强健的背部肌肉与身体平衡控制力！做这个动作时单腿承重146公斤，至今没有几人能够模仿。

倾斜既然不能给人安全感，那为什么这些倾斜反而被人们所欢迎和赞叹呢？这是因为那些所谓的倾斜只是一种相对状态，它本身还是存在一种平衡的。如果不依靠那些平衡系统，相信迈克尔·杰克逊也是无法做到45度的倾斜而不倒的。人们赞叹的是他所做出的倾斜动作所形成的一种张力，给人们带来了一种动感的美。

☆ 人类的视知觉是判断事物倾斜与否的主要依据

人类判断事物是否倾斜主要依靠视觉，如果看到倾斜的物体就会不自觉地纠正自己的姿势或者纠正倾斜物体的姿势。当然，因为我们生活在重力的世界里，在判断事物是否倾斜时总是会需要有一定的参照物。房屋中的事物倾斜，容易被发现，因为房屋有非常明显的垂直线条。但是在室外，如果缺乏垂直事物，一些轻微的倾斜是很难被发现的。如果在完全没有参照物的黑暗空间，我们会很容易将倾斜的物体看作是垂直的。不过如果倾斜角度过大时，人体的动觉系统也会告诉我们物体出现了倾斜。

有趣的是，孩子们对于垂直的概念和成人不同，他们不是以地面为参照物的。比如他们在画房屋时，常将烟囱直接垂直于房屋的倾斜线条，而并非垂直于地面。因为他们是以房顶为参照物的，而不是地面。

☆ 倾斜能够通过形成破坏重力平衡的张力制造动感

在艺术效果上，倾斜的事物还能够制造强烈的动感。因为倾斜被人们的眼睛自觉地知觉为从垂直和水平等基本空间定向上的偏离，这种偏离会在一种正常位置和一种偏离了基本空间定向的位置之间造成一种张力，那偏离了正常位置的物体，看上去似乎是要努力回到正常位置上的静止状态，它或是被符合基本空间定向的构架所吸引，或是被它排斥，抑或是干脆脱离了它。就这样，倾斜就形成一种运动的感觉。所以，这种动感常被艺术家们用到艺术创作中。

奥克斯特·罗丹说过，为了在一尊半身雕塑中暗示出运动，他风景画中的风车，如果它的手臂是呈水平—垂直定向的，那它看上去就是一动也不动的，如果它的两只手臂呈现出互相对称的对角线姿势，观赏者便只能看见到极微小的动感；如果两只手臂处于一种很不对称和极为不平衡的位置上，就会产生强烈的运动效果，即使在观赏者预先认识到这三种位置是同一种实际运动过程的三个不同阶段时，情况也是如此。

☆ 现代技术可以让倾斜的建筑具有稳定的平衡感

现代的建筑师已经可以制造出倾斜度非常大的稳固建筑来。我们知道，比萨斜塔以它的倾斜闻名遐迩，但它时刻存在着倾覆的危险，它之所以至今仍能安然挺立，主要是因为有现代技术对其进行维护和加固。

1996年，西班牙为迎接在马德里召开的欧盟会议，特修建比比萨斜塔还要倾斜的欧洲门。它充满了前所未有的勇敢无畏，两座塔形建筑向中间15°倾斜，比比萨斜塔的12°倾斜度还要大，形成了对称又具有挑战性的美感。现在正在建造的阿联酋首都阿布扎比的“首都之门”，它高160米，从12层开始向西倾斜，角度达到18°，将是全世界倾斜度最大的人工建筑。

倾斜的比萨斜塔和欧洲门之所以能傲然挺立，主要是因为利用了重力的原理。现代建筑的钢筋混凝土结构可以将建筑融为一个坚固的整体，只要这个整体的重心能维持它的稳定性，那么就不会倾倒。现在所建成的好多不规则的建筑也是容易倾斜的，但是如果给它修建一座副楼来平衡它的重量，那它就能很好地挺立。比如央视的新大楼就是运用这个原理建成的，这也是为什么副楼被烧却不能拆除的原因。

人们生活在一个重力的世界里，倾斜让人感觉不安

人们看到倾斜的物体时总会不自觉地调整自己的姿势

小孩因为没有经验所以常常会画歪斜的图形

倾斜的不对称的事物能够制造强烈的动感
哪一个最具有动感？
a
b
c

比萨斜塔是目前最有名的倾斜建筑

现代技术可以利用重力原理让倾斜的建筑具有稳定的平衡感

第二章 每天学点色彩知识

没有色彩的世界会是什么样

西太平洋上有一座神秘的小岛平格拉普，这是一个形似人耳的古老火山岛，像所有的热带岛屿一样，它温暖、湿润、神秘、艳丽动人。然而就像我们所知道的那样，海岛的魅力很大一部分来源于蓝色的碧海和白云交相辉映，远处的绿树和近处洁白的沙滩在阳光下发出灿灿光芒。但是这个小岛上的居民却感受不到这些色彩交相辉映的美丽画面，因为他们从出生开始看到的就是一幅单调的景象。

两百多年前的一场灾难——1775 年，飓风袭击了这个小岛，岛上上千名岛民死亡了 90%。因为飓风毁坏了植被，活下来的居民也陷入了饥荒。最后，整个小岛只有二十个人存活了下来。而这二十个人里，正有一个人携带了全色盲的基因，而他也正是这个小岛的国王。于是渐渐地一代一代的繁衍，这个岛上的居民都成了全色盲，整个世界在他们眼里，只是不同程度、不同质地的灰色。当然，如果从一出生就是全色盲，也许他根本不会觉得色彩存在的价值。如果换作一个没有色盲的人，但是让他生活在一个黑白的世界里，那他会有什么样的感觉呢？其实，用一个很简单的方法就能验证，当你亲眼见证这些美丽的景色之后，你再用黑白相机拍下这幅美丽的景致，拍出来的照片一定会让你觉得风景仿佛丧失了灵性，不再那么美丽了。

那么，色彩之于世界有什么意义？

☆ 色彩给世界带来生机

红橙黄绿蓝靛紫，红色的是花朵、太阳，橙色的是橘子、胡萝卜，黄色的是月亮、香蕉，绿色的是树叶、湖水……生活中处处都被色彩填满。难以想象，如果缺少了色彩，我们的生活将多么乏味无聊。

色彩是我们对世界的第一认识，也是事物最明显的区别信号。很多时候，第一眼吸引住我们的并不是物体的形态，而是它本身的颜色对我们眼球的刺激，使我们在万千事物中把它择选出来。黑白的世界，除了单调就是冷漠。正是色彩的存在，让世界变得更加的美丽多姿，更加富有生机和活力，例如下面几种常见色调：

红色，是富有激情和魅力的代表，喜欢这一颜色的人大多是有活力、有冲劲，情绪上容易起波澜，风风火火的！而适当地加入一些较为平淡的色彩，可以调节心境。

绿色，是环保的色彩，也是健康的代表色，因为大部分的植物都呈现出绿色，所以人类将它视为生命的颜色。

粉色，是温柔、可爱的代表，也因此而成为女生的偏爱。

蓝色，是一种较冷的色调，给人感官上的刺激没有那么强，中和之气较多，也因为和蓝天大海等自然元素的色调相近，非常受人们喜爱。希腊的建筑就以蓝白为主色调，非常浪漫。

橙色，代表激情、乐观、自信、有韧性；它是对代表生命力的红色和代表轻松明快和目标坚定的黄色的中和。橙色将身体的能量和思想的力量结合在一起，为成就大智和功业提供了无限可能。橙色能使人们产生新奇的想法，以及看待事物的新视角，它是一种充满智慧和精力的颜色。橙色代表温暖、扩张、繁荣、丰收、容忍和对所有生命的爱。

黄色，让人感觉没有拘束、无忧无虑、生活充满欢乐；这是一种温暖、明亮、欢快的颜色。黄色激发智慧，孕育希望，帮助人们找到生活的方向。黄色唯一的不足是太过重视逻辑和理性而忽视了情感的需要。不过，黄色还代表博学以及对知识和智慧的追求，在中国，它一度是皇帝的专用色调。

☆ 色彩通过心理暗示改变了我们的生活

大多数情况下，我们并没有真正注意到围绕在我们周围的各种颜色。经过缓慢的散步后回到家中，我们会感到神清气爽，但怎么也不会想到这是途中所见的不同颜色对我们的影响。如果我们选择在一个鲜花盛放的花园中散步，结果可能不同。不管怎样，我们喜欢眼前这缤纷的色彩，但却对此浑然不觉。每种颜色都会对你产生一种影响：红色可以激发能量和热情，绿色可以帮助治疗，黄色可以开发智力，橙色可以维系平衡，蓝色有益增进交流，紫色帮助我们倾听对方的心灵。

不同的颜色会给人不同的感官刺激，从而改变人的情绪或心境，引起其内心心理的变化，产生错觉。

蓝色汽车容易追尾？

说到色彩的魔力，为什么看到蓝色的汽车要特别小心？因为不同的颜色即使处在同一位置，带给人的视觉感受也是不同的。像蓝色这种冷色调，总会给人相对较远的感觉，如果跟着一辆蓝色的车就更容易追尾，而像红色这样明亮的颜色，会时刻引起

色盲眼中的世界

色彩的存在让世界变得多姿多彩

蓝色汽车容易追尾

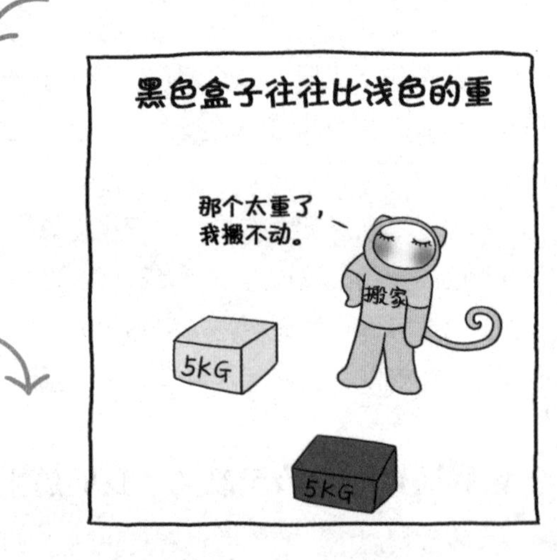
黑色盒子往往比浅色的重
那个太重了，我搬不动。
搬家
5KG
5KG

在装修明亮的饭店里会觉得“度秒如年”
时间过得真慢啊！

轻快明亮的颜色会减轻疲劳感
连续工作了2个小时，你竟然不觉得累！

人们的注意，好像近在眼前。

黑色盒子好像比较重？

其实色彩也是有重量的，相同的两个箱子，会使人感觉黑色的那个格外重，而浅色的就稍微轻一些。有人通过实验对物体的颜色和重量进行了比较，发现相同的黑色箱子，要比白色箱子看上去重1.8倍。这就不难解释，浅色的纸箱搬家会让工人们觉得不那么重，黑色的保险柜则会让小偷第一眼感觉“太沉了，我搬不动”。

在装修明亮的饭店里会觉得“度秒如年”？

日本色彩学家原田玲仁做过这样一个试验，将两个人分别放入蓝色系和红色系墙壁的房间，然后他们凭自己的感觉在里面待上一个小时后再出来，结果发现红房间的人40分钟就出来了，而蓝房间的人70分钟后还没出来。人的时间感会被周围的色彩所扰乱，在红色等鲜艳的颜色充斥下，人会感觉时间过得特别慢，这也能解释，为什么在装修明亮的快餐店等人会觉得“度秒如年”。

轻快明亮的颜色会减轻疲劳感？

美国著名的福特汽车公司也曾借助颜色来帮助提高生产效率，他们把车间原来带黑线条的深绿色，重新油漆成浅蓝色和乳黄色，结果，工人劳动效率大大提高，因为他们的疲劳感减轻了。

我们生活的地球原本就是丰富多彩的，由各种各样纷呈的色彩构成，那些美好的色彩对于我们而言是生命中不可或缺的一部分，它们让我们的生命更美好。

色彩仅仅是太阳的彩衣那么简单吗

有一个童话故事叫《太阳的彩衣》。故事说，有一回，太阳想做一件美丽的新衣。他的七个孝顺女儿都献上了最美的布，其颜色各不相同。从大姐到七妹，其色分别为赤、橙、黄、绿、青、蓝、紫。太阳高兴地用这些布缝缀成了一件七彩新衣。从此，太阳就穿上这件七彩衣，每天在天空中巡游。因为太阳身穿七色彩衣，所以，当它发光普照时，就放射出了赤、橙、黄、绿、青、蓝、紫这七色彩光。这就是传说中色彩的来源。

那么，色彩的真实来源是什么？它仅仅只是太阳的彩衣那么简单吗？

☆ 色彩的真实来源

童话故事虽然美好，但毕竟不是真实的，人们看到的色彩其实是因为光才会出现的。光与色有着密切的联系，可以说，因为有光，才有了颜色。白天光线充足，我们能看到色彩艳丽的物体，譬如打开一罐巧克力豆，立刻能看到缤纷多彩的豆子，让人食指大动。可是在夜里，没有光，漆黑一片，只能闻到巧克力豆的诱人香气，却无法窥其色彩。打开灯，光照之处，巧克力豆的美丽色彩会立即显现。

最早发现光与色之间关系的是英国科学家牛顿。1666 年，牛顿做了一个实验。他首先布置了一个漆黑的房间，只在窗户上开一条窄缝，射进一束阳光，并让这束阳光穿过一个三角形的棱镜。结果，在对面的墙上出现了让人吃惊的图像：投射到白墙上的并不是一束白光，而是按红、橙、黄、绿、蓝、靛、紫的顺序排列的光带。这条七色光带就是太阳光谱，这个试验就是著名的色散实验。

牛顿的实验说明，当各种色光按一定的比例均匀混合，就会变成没有颜色的白光。由此我们可以知道，人的眼睛之所以能感觉到色彩，是由于物体对光线的某些波长会有选择地吸收而造成的。由于不同颜色的物体会吸收不同波长的光，所以我们眼中的世界是五颜六色的，一如不同的音符会组成激动人心的协奏曲。至于色彩中的两个极端——黑与白，黑色是物体完全吸收了各波长的光的缘故，而白色与之相反，是因为物体完全反射了各波长的光。也就是说，借助于光，我们才能看到物体各种不同的色彩。色彩是光的产物，没有光就没有色彩。

☆ 色彩的分类

从我们所看到的物体呈现出的各种颜色来说，最多见的是反射的色，即表面色。如果把这些表面色进行大的分类，可分为红、黄、蓝彩色系和黑、白、灰无彩系。

彩色系全部具备着色的三要素。无彩系则没有色相和纯度，而只有明度。由于红、黄、蓝周围的色彩，在色相、明度、纯度方面都各具不同的特征，便形成了千百种不同的色彩。

原色，是指固有的色，用其他任何色都调不出来的色，即红、黄、蓝，称三原色，但千万种色彩都可由三原色调配出来。

间色，由两个原色混合，产生出来的颜色，即红 + 黄 = 橙，红 + 蓝 = 紫，黄 + 蓝 = 绿，这橙、紫、绿为三间色。

复色，由两个间色或三个原色混合而成的色。如橙 + 绿 = 黄灰，橙 + 紫 = 红灰，紫 + 绿 = 暗绿。

补色，在色环上任何直径两端相对的色。如红与绿，橙与蓝，黄与紫。在色环上这三对补色是最强的补色对比。

☆ 色彩的冷暖感

色性是指自然界各种颜色在人们心理上所产生的感觉和联想。色彩的冷暖感与我

太阳的彩衣

光是一切色彩的来源
光
红
大脑
我们的眼睛看到的色彩，不是物体本身的固有色，而是光源或物体反射光反映到我们视网膜的结果

红黄蓝是三原色，千万种颜色都可由三原色调配出来

色彩有冷暖
冷
暖

人的皮肤也有冷暖色
冷
暖

色彩的冷暖是相对而言的
我是暖色的
我怎么又变成冷色的了？

们日常生活经验有着密切联系，如阳光与火光，感觉是暖的，因为阳光和火光能产生热量。所以，当我们看到红、橙、黄的颜色时便联想到太阳和火光。凡是偏向于红、橙、黄的色称为暖色。反之，当我们看到青、蓝、紫的颜色时便联想到冰天雪地、大海，给人以寒冷或凉爽的感觉。凡是偏向于青、蓝、紫的颜色称为冷色。

蓝与橙是冷暖的两个极色，介于二者之间的色称为中性色（中性微暖色、中性微冷色）。色彩中的冷暖只是相对而言的，是相比较而言的。如绿色和红色相比较，绿色是冷色，那么，绿色与蓝色相比较，绿色则是暖色。再以朱红和深红相比较，朱红偏暖些，深红则偏冷些。

色彩的冷暖，在绘画中应用非常广泛。在静物画中，表现物象的体积、空间、层次，不仅要注意色彩的明暗变化表现，而且应运用色彩的冷暖变化因素来表现塑造。风景画更是如此，深远的景物看上去色彩总是冷些，而近处物象的色彩显得暖些。由于大气的影响，这种冷暖关系的变化便显得特别明显、突出。

在色彩表现中，颜色的冷暖关系无处不在，有的冷暖对比关系明显，有的反应微妙，这种反应只是冷暖对比关系程度不同而已。物象色彩的冷暖，除了本身的色性，还受到外部色彩的影响，如光源色和环境色，它可以部分甚至整个地改变物象原来的色性。

☆ 色彩能唤起人们不同的情感

在生活中，人们总是将每种色彩与多种多样的经验联系起来。当人们注意某种颜色时的情境会回想起这些经验来。比如：红色与太阳、鲜血、火相联系，它的基本意味是热烈，引申为严重、危险、崇高、严肃；绿色与植物相联系，基本意味是安静，引申为和平、朝气、青春、温柔、凄凉、孤独、安全；蓝色与天空、海洋相联系，基本意味是深沉，引申为悲哀、绝望、空虚、抑郁、秀丽、安静；黄色与土地相联系，在我国基本意味是尊贵，引申为卑鄙、羞耻、屈辱、明朗、温和、快乐；白色与白昼相联系，基本意味是明朗，又有纯洁、肃穆、叛逆、神圣、清爽等意义；黑色与黑夜相联系，基本意味是严肃、恐怖，又有罪恶、神秘、悲哀、静寂、不幸、死亡、高雅、渊博、超俗、威严、庄严等意义。

色彩能够唤起人们自然的、无意识的反应的联想，这是一种心理效果，它源于经验，这些经验我们经常体验，以至于成为我们内心世界的一部分。而很多颜色能够被赋予真实色彩所不具备的概念是因为色彩具有一种象征效果。颜色的象征效果也源于经验，只是这类经验极少是个人的，大多是流传了几百年的传统。象征效果产生于将一些经验普遍化，将色彩的心理效果抽象化，因此心理效果与象征效果存在紧密的联系。

此外，色彩之所以能唤起人们不同的情感还在于其他几种效果，比如文化效果，即存在于不同文化中的不同生活方式决定了色彩效果的不同；政治效果，即在政治领域里色彩具有特殊的象征意义，等等。

为什么人们冬天爱穿深色的衣服

冬季给人的感觉总是非常萧条和沉重的。这不仅仅是因为在冬季树木凋零，天寒地冻，还因为冬季的世界没有了绚丽的色彩。在北方冬季的大街上，每个人都会裹紧了大衣和棉服，大部分衣服都是深色的，连商场里的衣服大部分也都以深色为主。而在夏天却是相反的景象，到了夏天，人们的服装往往都会以浅色为主。这是为什么呢?

其实，这是我们通过色彩的接触感官由此而生的直觉性体验。那么穿浅色的衣服更凉快，穿深色的衣服更暖和就是我们对色彩的直觉性反应。我们在前面讨论过颜色有冷暖之分，冷色和暖色是指不同的色系，而非指同种颜色的深浅。其实从感官上我们就体会到了，不同的衣服给我们带来了不同的感受。冬天之所以是深色衣服的天下，很大程度上是因为深色更容易带给我们温暖的感觉。

☆ 浅色的物体不容易吸收热能

我们感觉到的温暖多半是天上的太阳散发出的光芒。所以我们在没有太阳的黑夜会感觉寒冷，在有太阳的白天会感觉温暖。这种感受在温度最高的夏天和寒冷的冬季最为明显。

之前我们分析过了色彩的产生是因为太阳为我们提供热能的光芒，也就是让我们看到颜色的光线。

我们知道太阳光是由很多不同波长的光波组成的，物体在被光线照射后，会吸收某些波长的光，不能吸收的光则被反射出来，当这些不能吸收的光射入人眼，就成了我们看到的颜色。

在宇宙中有一种天体，它能吸收所有的物质，包括光线，这就让我们无法看见它的真实形体，只能感觉它所在的区域为一片黑色，天文学上将这种天体称为黑洞。所以我们看到的黑色，是物体吸收了大部分光波，只将少量的光反射出来而形成的颜色。而白色的物体只能吸收很少的光，它能将大部分的光波反射出来。根据这个原理，我们可知深色的物体通常能吸收更多的光波，而浅色的物体则吸收较少的光波。

光波被吸收，意味着能量也被吸收，颜色越深能聚集越多的热能。我们在夏天如果穿黑色的衣服，一定会汗如雨下，但如果我们穿上浅色的衣服，就会立即觉得凉快了许多。而冬天，如果我们还穿着浅色的衣服，则容易感觉到寒冷。

这也就意味着，深色的衣服真的比浅色衣服更加保暖。

太阳的光带有很多热能

浅色衣服吸收的光很少

深色衣服吸收的光很多

所以浅色凉快，深色暖和

冬天是深色衣服的天下

反射率高的颜色更完全
停

☆ 反射率高的颜色具有安全性

我们在街上随处可以看到，道路交警和清洁人员在车水马龙的大街上不停穿梭，他们往往都会穿着彩色的制服。

如果你认为这些制服只是为了整齐划一或者方便管理之类的，那就大错特错了，其实这些一直在危险地带工作的人身着的制服都是为了安全特别设计的。

最近他们所穿的安全背心，已经由过去的红白相间，逐渐改为了黄白相间。这一改变，打破了人们对红色警示作用的惯有思维。很多人因此不解，觉得不是红色是最醒目的颜色吗？难道还不安全吗？

虽然红色是非常醒目的颜色，但它对光的反射率远远小于白色和黄色，这就让白色和黄色成为最安全的颜色。现在就连安全帽也开始从原来的红色改变为白色和黄色。这样的安全帽不仅更安全，还能防止烈日下安全帽内温度过高，减少高温对人判断力的影响。

如果你在夜间出行，最好能穿一件白色外套，这更容易让夜晚驾驶车辆的司机注意到你。

深颜色比浅颜色更重吗

相信很多人都能观察到这个细节，就是我们在装修时，很少将天花板设计为深色。如果使用浅色地板和深色天花板，就会给我们带来很大的压力感。人们穿衣服也有这样的原则，如果谁上身的颜色深，下身的颜色浅，通常会给人头重脚轻的感觉。这是为什么呢？难道颜色有重量吗？

☆ 深色会更重缘于它的色彩量

其实人们看颜色，是有重量感的，越深的颜色，给人的感觉会越重。

所以很多人相信色彩是有重量的。其实颜色自身是没有重量的，只是有的颜色使人感觉物体重，有的颜色使人感觉物体轻。例如，同等重量的白色箱子与黄色箱子相比，哪个感觉更重一点？答案是黄色箱子。此外，与黄色箱子相比，蓝色箱子看上去更重；与蓝色箱子相比，黑色箱子看上去更重。

如果你不信，不妨做一下这样的试验：将同样重量的两份东西分装于两个盒子，再将一个盒子用白纸包封，另一个用红纸包封，用手掂量掂量，你一定会觉得用红纸包封的盒子要重一些。

☆ 最重的颜色是黑色

戴尔教授经过多种复杂的试验后得出结论，各种颜色在人的大脑中都代表一定的“重量”。他还将颜色按“重量”从大到小排列成如下顺序：黑、红、蓝、绿、橙、黄、白。

不同的颜色使人感觉到的重量差到底有多大呢？有人通过实验对颜色与重量感进行了研究。结果表明黑色的箱子与白色的箱子相比，前者看上去要重 1.8 倍。此外，即使是相同的颜色，明度（色彩的明亮程度）低的颜色比明度高的颜色感觉重。例如，红色物体比粉红色物体看上去更重。彩度（色彩的鲜艳程度）低的颜色也比彩度高的颜色感觉更重。例如，同是红色系，但栗色就要比大红色感觉重。

我们冬天穿着西装时，会感觉比其他季节重。除了穿得比较多之外，也是因为冬天西装的颜色比较深，而较深的颜色会让我们感觉重。重是一种主观感觉，因而会随着周围环境以及自身状态的不同而产生差异。例如，傍晚下班时，我们虽然背着和早晨一样的皮包，却感觉格外沉重。这就是工作一天后感觉疲惫的后果。如果早晨去上班就感觉皮包很沉重的话，那你可要注意休息了。为了让自己感觉更轻松，可以换颜色浅一些、鲜艳一些的皮包，比如白色皮包。

☆ 颜色重量的实际运用

在实际生活中，人们会发现，我们通常所见到的包装纸箱都是浅褐色的，而保险柜则是黑色的，这是为什么呢？其实这些就是颜色重量的实际运用。

首先，包装纸箱之所以多设计成浅褐色，不仅仅是因为它是利用再生纸制造而成的，是对纸浆原色的保持，还因为这与人的心理重量也有着紧密联系。近些年，除了浅褐色的包装纸箱之外，白色包装纸箱也逐渐多了起来。一些物流公司甚至已经把自己的包装纸箱统一换成了白色。虽然浅褐色可以使人感觉包装纸箱的重量比较轻，而相比之下，白色的就更显轻了。使用白色纸箱包装货物，可以减轻搬运人员的心理负担。此外，白色的纸箱看起来也比较整洁，当然也很容易脏。包装纸箱可以循环再利用，从而减少环境破坏，减轻环境的负担。不仅如此，浅色的包装纸箱还可以减轻人们的心理负担。

其次，同包装纸箱的颜色设计原理一样，保险柜之所以多用黑色，也是因为人们的心理重量原因。人们为了防止被盗，把保险柜都设计成无法轻易破坏的构造，加重它的重量使之无法轻易搬动也是设计中的一环。但是，人们不能无限地为保险柜增加物理重量，所以就想到给它涂上了让人心理上感觉沉重的深色，使人产生无法搬动的感觉。白色和黑色在心理上可以产生接近两倍的重量差，因而使用黑色可以大大增加保险柜的心理重量，从而有效防止被盗的发生。

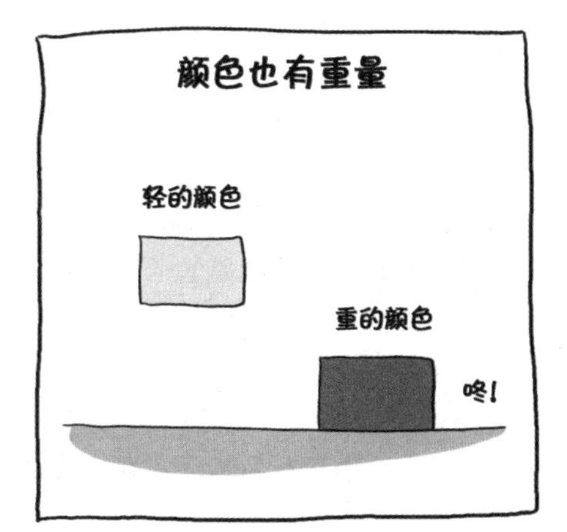
颜色也有重量
轻的颜色
重的颜色
咚！

所以，如果把建筑材料涂成黑色的话……
嘿咻！
建筑工人还真是辛苦啊！

心理重量与实际重量相等
如果是白色的话，轻松！

白色的包装纸箱感觉更轻

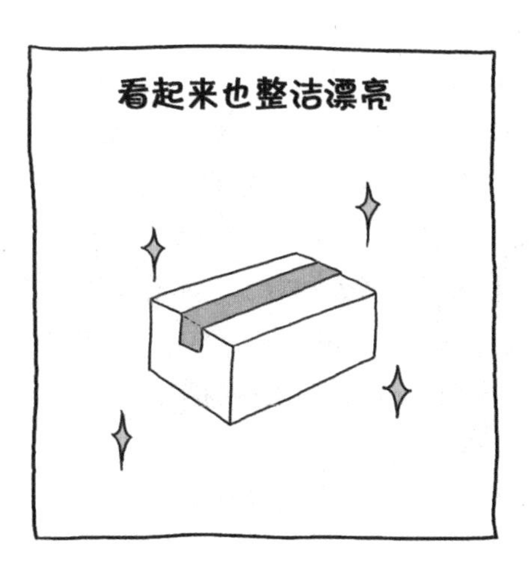
看起来也整洁漂亮

但是，也容易脏

色彩可以用来减肥吗

爱美是人的天性，尤其是女人。而身材的保养对于女性来说更是美中之重，正因为如此，减肥成为很多女性生活中的一部分。运动和调配饮食是减肥的两大有效途径，但也是非常难以坚持的两种方法。有时候人们可能会感到奇怪，为什么食品公司会选择那种颜色的包装？为什么人们会认为某些食物看起来更诱人？研究显示，不同的色彩会对我们的食欲产生不同的影响。所以，近些年，出现了一种新的减肥方法，那就是“色彩减肥”。很多女性，往往只是上半身或者下半身有点儿肥胖，有的可能仅仅只是有一点点“小肚子”，但是，还是需要辛苦地运动和节食。其实这样的女性不必辛苦地做健身运动和节食运动，只需搭配好你的食物颜色及服装颜色，就可以让你显得苗条，让你更加出众。一位色彩搭配达人说：“通过调整饮食颜色就可以达到减肥的目的。”那么，色彩是如何影响人们的食欲并帮助人们减肥的呢？

☆ 单一的颜色能破坏食欲

很多营养学家研究得出，如果一顿饭的颜色在三种以上，就能极大促进人们的食欲。由此我们可以得知，既然丰富的颜色能刺激食欲，那就表示单一的颜色很难引起人的兴趣。

我们可以来观察一下周围的人，你会发现，大部分人在看到满桌青菜时，就会眉头紧皱，这不仅仅是因为没有肉的缘故，只是因为单一的绿色很难让人有胃口。如果将菜肴换成番茄浓汤、红烧排骨，再来一道胡萝卜炒肉，虽然有了肉菜，也采用了能促进食欲的暖色，但是单一的红色也会让人兴趣全无，而且从经验上来说，过多的红色食物会让人有一种吃饱的错觉。如果我们全部用淡黄色和白色的食物做菜，估计更没有人喜欢了。

最能吸引人的食物，其色彩都是明亮的，所以做颜色暗淡的菜肴，能有效降低进食者的食欲。放了酱油的菜肴，大多颜色暗淡。炒茄子、炒胡豆、炒豆干、凉拌木耳等菜的颜色也相对较暗，但需要注意的是，如果一顿饭中出现了浅色的或颜色明亮的菜肴，则会起到突出同桌深色菜肴的作用，反而不会起到抑制食欲的作用了。

橙色、橘色、红色、金黄色等亮丽色彩的食物可以刺激人的食欲，如果你的餐桌上有这类颜色的食物，你就会不知不觉地多吃几口，这样就很容易为肥胖埋下隐患。但是，这些颜色的水果多吃点却没有关系，不会增肥的。可是如果你的菜肴中放了红色的辣椒，一则由于辣椒颜色鲜艳，二则辣椒有开胃的作用，这样就让人更想多吃点了。就拿吃水煮鱼来说吧，只看一看就非常有食欲了，虽然吃鱼不会增肥，但是吃了辣椒就会开胃，胃口好了，别的食物一样会多吃的，这样也同样会长肉。

要想减肥，就把你的食物换成乳白色、白色的，例如豆腐、鱼类等，此外，还可以选择绿色的，如嫩笋，这些食物本身都不是高脂肪的，而且又有丰富的营养元素。

☆ 餐具的色彩也很重要

如果你想抑制食欲，可以把你家中的桌布、餐具统统换成清淡、素静的颜色，或者是繁杂、浓郁的颜色，例如多种颜色交织在一起的桌布。清淡的色彩有利于减轻食欲，让你没有吃饭的心情，从而达到抑制食欲的作用。有些餐馆的装修用的就是白色、蓝色等浅淡颜色，这样人们在吃饭时就没有食欲了。相反，麦当劳、肯德基等装修选择的颜色大多是红色的，让人进餐时能够有很强的食欲。

☆ 紫色能控制食量

冷色有降低食欲的作用，不过食物中缺乏蓝色，所以我们可以选用紫色的食物来控制食欲。比如在汤中加入紫菜，或者是做一道炒洋葱。

紫菜和洋葱的紫色并不明显，有着明艳紫色的茄子也会在食物加热的过程中损失紫色，所以我们可以挑选紫色甘蓝来做减肥菜。紫色甘蓝是西餐中制作沙拉的重要材料。在地中海地区，有在正餐前吃蔬菜沙拉的习惯。蔬菜沙拉可以在饭前填充大部分胃部，使人们很容易就感到饱足。其中紫色甘蓝厚实的叶片，能让人获得更充实的饱足感。所以现在西方非常提倡地中海式的饮食方式，将其作为减肥餐。我们在制作减肥沙拉时，要减少里面的红色材料，这会让沙拉看起来更冷。

☆ 衣着的色彩可用来进行视觉减肥

人的身体是有颜色的。同是黄皮肤、黑头发、黑眼睛的亚洲人，仔细观察便会发现，因人而异肤色的调子是不同的。这是因为每个人的 DNA（遗传基因）不同，构成 DNA 的三个重要元素分别是：黑色素、血红素和胡萝卜素。血液中这三种物质的比例决定一个人的肤色，黑色素决定皮肤的黑与白、深与浅，血红素和胡萝卜素决定皮肤的“冷”与“暖”。

暖色调的人身体色特征以黄调子为主，冷色调的人身体色特征以蓝调子为主，她们的皮肤色彩倾向就决定了穿衣用色要按色彩的“冷”“暖”来划分。根据基调不同，“四季色彩理论”把颜色分为春、夏、秋、冬四季，春、秋为暖色调，夏、冬为冷色调。

黑色属于后退色，很多人觉得穿着黑色的衣服能够让自己显瘦。其实不然，如果

不能控制食欲是减肥的最大障碍
好饿
好饿
好饿
咕
咕

单一的色彩能破坏食欲

鲜艳的暖色能促进人的食欲

紫色有助于抑制人的食量

用餐环境的颜色也能影响人的食欲
斯文

衣着的色彩可以用来进行视觉减肥
你瘦了啊！

你本身的皮肤季型是春季，你选择黑色的衣服就必须在妆容上做很大的改变，才能适应这种颜色。只有具有黑色身体特征的人才能够驾驭黑色。人们往往很容易回忆起一个穿“自己颜色”衣服的人。其实一个春季型的人她也可以选择穿一些春季色里的深颜色，这样人们就会把目光集中在她的脸上，而忽略了她的身材，这样能给人一种亲切、舒服的感觉。如果穿错了颜色，就会给人一种发闷的感觉，有一种拒绝别人的意思。同时，一个人如果穿对了颜色，即使是胖人穿了浅颜色的衣服，也能给人一种轻盈的感觉。

为什么商店里的衣服要比拿回家的衣服色彩鲜艳

色彩是千变万化的，经常会使人们的眼睛犯错。下面就有一个发生在我们身边的非常常见的实例：

一个人在商店里看中了一件草绿色的衣服，当时喜欢得不得了，可是回家打开包装一看，却发现，明明是草绿色的衣服竟然变成墨绿色的了。于是就要回商店找店家理论。但是回到商店，却依然看见衣服是草绿色的，于是就疑惑了，为什么会这样呢？

这个人的经历其实也是很多人都会有的经历，买回来的衣服色彩和在服装店时往往不太一样。其实这并不是衣服本身的颜色发生了变化，而是因为不同的环境影响了衣服的颜色，所以才使人们产生了色彩错觉。都有哪些因素能影响颜色的变化呢？

☆ 颜色的变化受光线的影响

我们知道，光是一切色彩的来源。因此，颜色的变化大部分都是因为光线的影响。首先，光线的明暗会影响颜色的深浅。自然光源受气候条件的影响，时刻发生亮度的变化，很不稳定，如晴天和阴天的太阳光强度相差很大。人造光源比自然光源稳定，但也有亮度的变化。例如白炽灯，亮度增大时，颜色趋向于白；亮度减弱时，颜色趋向于红。光源的亮度变化对物体颜色有直接的影响，物体的固有色在入射光亮度适中的时候表现最充分。太亮的强光会使固有色变浅，太暗则会使固有色灰暗乃至消失。

其实，买衣服的人之所以会看错衣服的颜色，就是因为大家所光顾的商店，有的光线强烈，有的光线暗淡，这些光线的明暗会直接影响到颜色的深浅。通常较亮的光线能让颜色变得更亮一些；而光线较暗时，颜色会显得深一些。例如当把绿色放在光线下，并用一块板子遮住一些光线时，虽然我们仍能看出板子下的颜色是绿色，但跟光线下的绿色相比，板子下的绿色变成了墨绿色，很多商店会用这样的手法来巧妙地改变衣服的颜色。所以，为了让衣服显示出真实的效果，建议在购买衣服时应在自然光下试穿。

其次，光线的颜色会影响颜色的变化。我们知道，颜色来自物体对光的反射，因此，我们也不难理解有颜色的光会对物体的颜色有所改变。比如，人们现在普遍使用的灯为节能灯和白炽灯，节能灯因为光线偏蓝色，人在灯光下会有脸色发青的感觉，而正是由于这种偏蓝色的光总给人一种冷冷的感觉，所以节能灯的光被称为冷光源；而白炽灯的灯光呈黄色是众所周知的，由于白炽灯的光总能给人温暖的感觉，所以被称为热光源。

可见，有颜色的灯光会使其照射的物体发生颜色上的改变。所以，无论是在舞台上还是影视剧中，灯光师都是不可或缺的一个职位。因为，舞台和影视剧常常需要利用灯光的颜色来改变环境。比如，舞台想要表现四季时，就会使用白色的背景，分别打上绿色、橘红色、黄色和蓝色来表现春、夏、秋、冬。当然，我们的生活中基本上不会出现如此极端的情况，但是如果在买衣服时，商店的灯光总会影响到大家的视觉效果。如果灯光颜色偏蓝，服装的颜色也会略微偏蓝；而灯光的颜色偏黄，服装的颜色也会略微偏黄。所以要确认衣服的颜色，最好能在自然光下或是最亮的光源下。

最后，光源的距离变化也会影响颜色的变化。光源与观察者距离的变化，会使光源色发生改变。如白炽灯光，随着距离的推远，其颜色由黄逐渐向橙、橙红、红色变化。光源色对物体色的影响主要表现在物体的光亮部位。不同的光源色对物体色彩变化的影响程度各不相同，大致以红光最强，白光次之，再次为绿、蓝、青、紫等。所以，当人们在购买服装时，如果离光源较远，服装的颜色就会变得较深，离光源较近，服装的颜色就会变得较浅。

☆ 颜色的变化也会受环境的影响

环境对颜色的影响主要表现在环境颜色对颜色的影响。环境色对物体的颜色的影响取决于环境色的强弱、邻近物体与被观视物体的距离、被观视物体表面粗糙程度和颜色等性质。

物体的基本颜色特征是固有色，但由于光源色与环境色的影响使物体表面的色彩丰富多变。在特定的光源与环境下物体呈现的颜色称为条件色。每一物体的颜色都是物体的固有色与条件色的综合体现。一般说来，物体的固有色很容易确认，而条件色却很复杂。比如，黄颜色在绿色的环境中，很容易变得偏绿；在红色的环境中，却会变得偏橘色。而服装店的衣服往往颜色复杂，所以服装在这些复杂的环境色下总会呈现不一样的颜色。所以，有些服装店为了制造别具一格的效果，可能会在店面装修上偏向某种颜色，比如，卖小女生服饰的店铺可能是粉红色，卖性感服饰的店铺可能会

这件衣服明明是草绿色的啊

光线的明暗会影响颜色的变化

光线越强颜色也会变得越鲜亮

商店里灯光的颜色会改变衣服的颜色

环境的颜色也能改变衣服的颜色

外部的颜色越深衣服的颜色越浅

有很多红色和黑色，卖男士服饰的店铺可能会有更多蓝色。而这些环境色会让店铺中的货品颜色发生变化。所以，要想在有颜色偏向的店铺挑选服装时不会弄错颜色，你可以找一块白色的空间来看货品颜色，或者找白色的纸衬在货品下面，就能看出最接近真实的颜色了。

此外，如果环境色比货品的颜色深，则货品的颜色会显得较浅；如果环境色比货品的颜色浅，则货品的颜色反而会变深。这种颜色的对比，容易让人产生错觉，无形中将两者的差距拉大。所以大家在选衣服时，也应该考虑你的衣服是要在什么场合穿。如果是在灯光明亮的环境或者白天穿，可以用白色背景来确定其颜色；但如果你的衣服是要穿到灯光昏暗的地方比如夜店，不妨拿到黑色的背景下观察颜色，这样才能让衣服在夜店中更为出彩。

最后，邻近物体与被观视物体靠得越近，被观视物体表面越光滑，反射光线越强，则环境对被观视物体的颜色所施加的影响也越大。反之，与邻近物体距离越远，表面越粗糙，颜色越浅，物体受环境色的影响越小。

生活中怎样搭配色彩才好看

在小说《安娜·卡列尼娜》里，托尔斯泰生动描写了一次舞会上两个女子的美。一个是公爵夫人的女儿吉蒂。她年轻貌美，为了参加舞会，做了精心打扮，穿了一身讲究的衣裳，在淡红衬裙外面，罩上网纱，头梳得高高的，头上戴着一朵有两片叶子的玫瑰花，脚上穿着粉红色高跟鞋，金色的假髻浓密地覆在她的头上，黑丝绒带子缠着她的颈项。她自以为这身打扮是最完美的，加上自己的美貌，一定会成为舞会的皇后。另一个是青年妇女安娜。她穿一身黑天鹅绒敞胸连衫裙，露出丰满的肩膀和胸脯，连衣裙上镶了威尼斯花边。她那天然的乌黑头发中间插着一束小小的紫罗兰。一圈圈倔强的鬈发散露在后颈和鬓边，增添了她的妩媚。当安娜出现在舞会大门口时，竟把所有在场人的视线吸引到她的身上，对她的美丽惊叹不已。吉蒂看到安娜的装扮后，立即泄了气，强烈地感受到安娜比自己美。

为什么会如此呢？其实就是因为安娜的衣着“一身黑天鹅绒连衣裙”衬着雪白的肌肤，乌黑的头发中插着紫罗兰，这样的色彩搭配，和谐而美丽。色彩的搭配是一门学问，生活中，只有色彩搭配和谐，才能给人以美感。那么什么样的色彩搭配才是和谐而富有美感的呢？

☆ 最为简单的明度搭配法

明度是颜色的亮度，同一种颜色从浅色向深色过渡。我们将不同亮度的颜色搭配在一起，就能在变化中获得强烈的统一感。比如，白色与白色或者浅米色的搭配，黄色与米黄色的搭配，浅蓝色与深蓝色的搭配，粉红色与红色的搭配。我们能在每一种颜色的明度搭配中，感受到鲜明的色彩主题。明度的变化又能避免同一种色彩搭配的僵化、呆板，是亮眼又稳妥的搭配方法。

☆ 两种颜色的搭配法

如果我们要将两种颜色搭配在一起，一定要注意无论这两种颜色的位置如何，都切忌一半对一半的比例。两种颜色最好能保持比较大的比例，如 2 ∶ 8 或者 3 ∶ 7，让颜色有主次之分，才能让颜色相处协调。

最保守的搭配法是选择色彩环中 60° 以内的色彩，如橙、黄、黄绿，它们在颜色上有很强的相似性，能够轻易融合在一起。超过这个范围选择的两种颜色，对比会越来越强烈，虽然它们能制造活泼的效果，但不容易调和。这时除了在颜色比例上进行调整外，还应该采取一种颜色明亮，另一种颜色暗淡的方法，才能降低它们过于强烈的对比效果，让它们融洽相处。

☆ 三种颜色搭配法

一般来说，颜色搭配要遵从一个定律，那就是搭配的色彩不能超过三种。因为同一物体的颜色如果过多，就会使色彩没有重点，显得杂乱无章。但是这并不等于就不能有三种颜色的搭配，如果要搭配三种颜色就要选择三种主色而不只是三种单色的搭配。这三种主色也可以是指三种色系，比如黑、白、灰的搭配中，灰色就可以有很多变化；红、蓝、白三色的搭配中，红色与蓝色也可以有颜色深浅的变化。

搭配的时候三种颜色也可以按照 1 ∶ 1 ∶ 1 的比例进行搭配，这样能达到活泼而均衡的效果。但是这样的搭配要少用，一个环境中只能使用一次，才能起到亮眼的效果。所以三种颜色的搭配最好能有比例的差别，三种颜色要在整体环境中占最大的比例，当然其中也可以出现一些其他的颜色，不过它们的比例必须很小。在颜色的亮度上，应该突出其中一种或者两种颜色，减弱另外一种或两种颜色的突出程度。或者可以让两种颜色作为主色，另外一种颜色作为镶嵌在两种颜色之中的衔接色，为两种颜色制造联系感。

☆ 多种颜色的搭配法

多种颜色搭配的方法主要按照如下几种原则：

第一，对比色搭配。对比色搭配的特点是色彩比较强烈、视觉的冲击力比较大。服装上下装的对比色搭配、服装和背景的对比色搭配都适用。

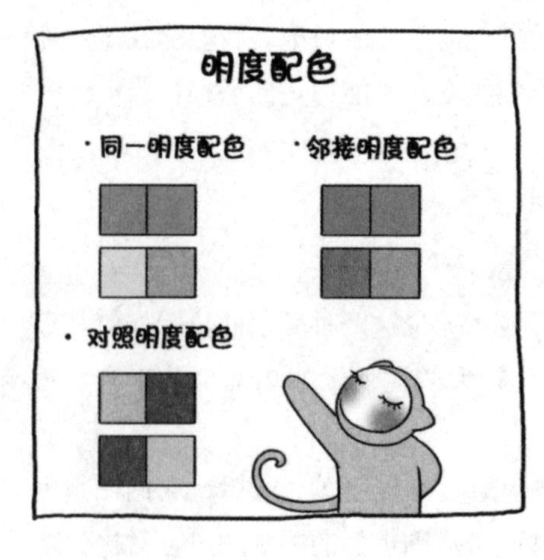
明度配色
·同一明度配色
·邻接明度配色
·对照明度配色

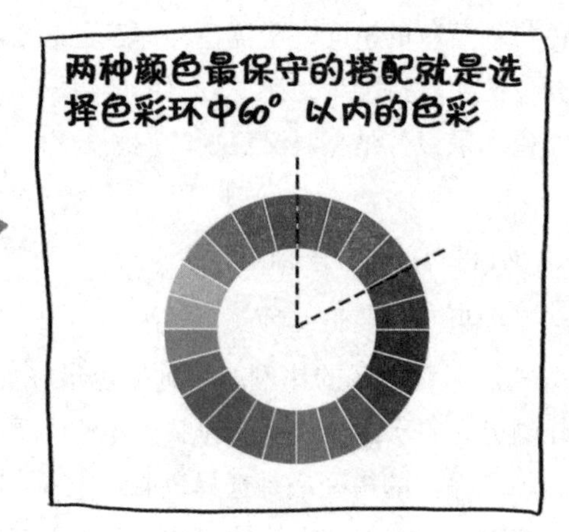
两种颜色最保守的搭配就是选择色彩环中60°以内的色彩

三种颜色的搭配要讲究主色的比例
腾讯企鹅就是三种颜色搭配的典范

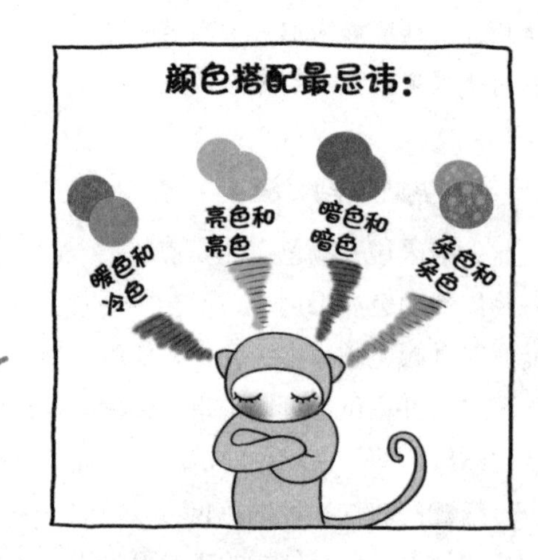
颜色搭配最忌讳：
暖色和冷色
亮色和亮色
暗色和暗色
杂色和杂色

最好能这样搭配：
冷色和冷色
暖色和暖色
纯色和纯色
纯色和杂色

颜色搭配出现难题时，可以求助中间色

第二，类似色搭配。类似色搭配有一种柔和、秩序的感觉。类似色的搭配也分为服装上下装的类似色搭配、服装和背景的类似色搭配。

第三，主色、辅助色、点缀色的搭配。主色是占据全身色彩面积最多的颜色，占全身面积的60%以上，通常是作为套装、风衣、大衣、裤子、裙子等。辅助色是与主色搭配的颜色，占全身面积的40%左右，它们通常是单件的上衣、外套、衬衫、背心等。点缀色一般只占全身面积的5%~15%，它们通常是丝巾、鞋、包、饰品等，会起到画龙点睛的作用。点缀色的运用是日本、韩国、法国女人最擅长的展现自己的技巧。

第四，自然色系搭配。暖色系除了黄色、橙色、橘红色以外，所有以黄色为底色的颜色都是暖色系。暖色系一般会给人华丽、成熟、朝气蓬勃的印象，而适合与这些暖色基调的有彩色相搭配的无彩色系，除了白、黑，最好使用驼色、棕色、咖啡色。冷色系以蓝色为底的七彩色都是冷色。与冷色基调搭配和谐的无彩色，最好选用黑、灰、彩色，避免与驼色、咖啡色系搭配。

第五，有层次的渐变色搭配。第一种方法是只选用一种颜色、利用不同的明暗搭配，给人和谐、有层次的韵律感。第二种方法是不同颜色、相同色调的搭配，同样给人和谐的美感。

颜色也有个性吗

过去英国伦敦的菲里埃大桥的桥身是黑色的，常常有人从桥上跳水自杀。由于每年从桥上跳水自尽的人数太惊人，伦敦市议会敦促皇家科学院的科研人员追查原因。开始，皇家科学院的医学专家普里森博士提出这与桥身是黑色有关时，不少人还将他的提议当作笑料来议论。在连续三年都没找出好办法的无奈情况下，英国政府试着将黑色的桥身换掉，这下奇迹竟发生了：桥身自从改为蓝色后，跳桥自杀的人数当年减少了56.4%，普里森为此而声誉大增。

诗人歌德说："在纯红中看到一种高度的庄严和肃穆。"通过一块红玻璃观察明亮的风景，令人想到"最后的审判"那一天弥漫天地的那种求助，不禁产生敬畏之心。红色由于其庄严安全的特性而被当作象征王权的颜色。纯黄是欢乐而柔和可爱的。蓝色"毫不可爱"，空虚、阴冷，表达的是一种兴奋和安全的矛盾。

画家康定斯基认为：每一个颜色都是可以既暖又冷的。红色是一种冷酷地燃烧着的激情，存在于自身中的一种结实的力量。黄色从来不代表什么意义，因此它接近一片荒芜，很亮的黄像刺耳的喇叭，令人难以忍受。暗蓝浸沉在没有涯际的、包罗万象的深沉严肃中。

☆ 色彩和个性相关

众所周知，颜色对人的心理和生理影响很大，就好像我们选择的食物会对身体健康产生不容忽视的影响一样。颜色对精神和生命活力起到非常重要的作用，同时也会刺激人的心理。在古代，许多人相信颜色具有某种魔力，在今天，科学家也认为颜色与人的大脑有着某种联系，不同颜色对人的身体、情绪、思想和行为有着深刻影响。由于人们的生活经验、传统习惯及年龄性格等不同，对色彩所产生的心理反应也自然不同。“色彩是感情的语言”，根据不同色彩可以诱发不同情感。

☆ 不同颜色和性格

红色：外向的乐观者，对于琐碎的事情不会想不开，也会将自己的情感直接抒发出来。如果有什么高兴的事，会明显地表达于外。如果有什么想法，会立刻去行动，不但喜爱运动，而且爱出风头。喜欢热情奔放、活泼开朗的红色系，表示这种人是属于积极主动的类型，非常擅长处理人际关系，对于工作可说是圆滑而熟稔，就像外交官一般的干练。

绿色：是大自然的颜色，对绿色的喜爱会使人们向往大自然的淳朴。所以喜欢绿色的人属于现实型的人，对于爱情相当细腻，社交也超于凡人，但对于上下的关系或人情世故，会保持谨慎的态度。喜欢绿色系的人，绝对是个理想主义者，个性挑剔、爱批评别人，而且很爱发牢骚。

蓝色：是天空的颜色，是属于较富幻想力的色彩，因此喜欢蓝色的人通常拥有宽广的胸怀，常给人犹豫不决的感觉，喜欢蓝色的人，表示对于事物或金钱的要求，并不比内心的满足来得重要。喜欢蓝色的人有时会显得比较软弱，他们不善于表达内心的想法，容易委曲求全，以换取生活的平静。过于忍耐会使他们的内心压抑，所以当他们强势时，也会显出固执的一面。另外，喜欢蓝色系的人，表示好奇心强烈，对新奇的事物很感兴趣，学习能力不错。

黄色：是婴儿最喜欢的颜色，喜欢黄色的人容易像孩子一样富有好奇心。这种人比较具有行动力及冒险心，是不容易满足于现状的积极派，如果心里坚决想达成的事，就算遇到困难也会对抗到底而完成任务。但由于拥有许多欲望，所以当欲求无法达成时，很容易与周遭的人发生意见冲突。喜欢黄色系的人，大部分都有活泼的天性，却又保有强烈的主观意识。

紫色：是由红色和蓝色调配出的颜色，喜欢紫色的人，比较追求艺术或个性的品位，讨厌平凡无奇的事物，有强烈引起他人注意的欲望。但是由于容易满足，因此对同样一件事无法持久。通常纵情的人比较容易喜欢紫色，所以这种人容易放纵自己，

红色代表热情和乐观

绿色代表理想与和平

黄色代表好奇和行动力
?

蓝色代表忧郁和固执

紫色代表神秘和艺术

粉红色代表温柔和细腻

在生活上容易倾向颓靡，对于物质的要求很高。

黑色：可以用来表示“死亡”“黑暗”或“绝望”，另一方面也可隐藏自己的个性而使自己看起来和别人一样，有这样心态的人多穿黑色衣服。其实黑色是非常有个性的颜色，而喜欢黑色系的人，性格经常处于矛盾中，总是在尝试表现自己的同时，又显得非常害羞，抱着不太想让人了解的心态。

白色：象征纯洁，喜欢白色的人多半向往纯净的生活，所以喜欢白色的人属于不将内心的想法表现于外的那一型人，会对自己宽大，而对别人严谨。这种人表面上虽然会顺从他人，内心却存着反叛的因子，表里不一。由于一般白色给人的感觉是纯洁、善良的象征，因此喜欢白色系的人，在本质上同时也具有这些性格，通常不太喜欢花脑筋去想复杂的事情，心中只想过着无忧无虑的生活。

灰色：原本就是一种给人印象较弱的颜色，也可以说是一种无感动、无感激的象征。但是由于灰色和其他任何一种颜色都能调和的缘故，比较用心思、慎重、追求和平、安定，压抑自己热情的人较喜欢这个颜色。喜欢灰色系的人，比较常为他人考虑，也会压抑自己。

粉红色：色调比较柔和，是感情细腻、个性温柔的人喜欢的颜色，因此这种人富于同情心能为他人着想，当别人有困难时，就会立刻伸出援手。喜欢粉红色系的人，通常容易显得浮躁。

橘色：是红色和黄色调配出的颜色，因此这个颜色比红色稍微不那么抢眼，但跟红色一样热情奔放，大方活泼。偏好橘色系的人，对各方面的物质要求比较挑剔，尤其喜欢具有品味的东西，有较高的生活格调。

第三章 每天学点空间知识

为什么人和很多动物都长两只眼睛

通过观察，人们会发现，几乎所有动物包括人类都长有两只眼睛，为什么不跟鼻子一样只长一只呢？这是因为我们生活在一个由高度、宽度和深度组成的空间中，这样的空间被称为三维空间。三维空间是可以通过视觉和触觉感受到的，我们的双眼让我们天生就拥有良好的立体感。这种立体感，能让我们估计事物的体积，判断空间的大小，了解物体的速度。当然，这也是生存竞争的需要，这是因为用两只眼睛观察周围比用一只眼睛来得准确和精细。做过针线活的人可能会发现，当闭上一只眼睛去做穿针引线的细活，往往看上去好像线已经穿过针孔了，其实是从边上过去的，并没有穿进去。这就很好地说明，两只眼睛要比一只眼睛看得更清晰。

☆ 双眼能带来立体感

看过立体电影的人都知道，立体电影之所以好看，就是因为它比普通电影多了一个深度感觉，也就是立体感觉。它不但可显示平面的画面，同时可辨别出前后和远近，使你有一种身临其境的感觉。

人的立体感是怎样形成的呢？这是一个比较复杂的问题。成年人的双眼大约相隔 6.5 厘米，观察物体（如一本竖立着的书）时，两只眼睛从不同的位置和角度注视着物体，左眼看到书的封底，右眼看到封面。这本书的封面和封底同时在视网膜上成像，左右两面的印象合起来人就可以得到对这本书的立体感觉了。引起这种立体感觉的效应叫作“视觉位移”。

大家知道，当你两眼注视前方一个物体时，物体在双眼视网膜相对应的部位各自形成清晰的物像，然后传导到大脑皮质，由大脑皮质中枢将它们融合成一个物像，称为融合功能。另外，当你用两只眼睛同时观察一个物体时，物体上每一点对两只眼睛都有一个张角。物体离双眼越近，其上每一点对双眼的张角越大，视差位移也越大。

如果只长一只眼睛
怎么碰不着呢?

两只眼睛才能给人立体感

我们生活在一个由长、宽、高组成的三维世界

科学家认为我们生活的空间可能有更多维度

人们总是幻想穿越的四维空间

所谓的四维空间理论目前只是一种虚空

正是这种视差位移，使我们能区别物体的远近，并获得有深度的立体感，形成人的立体知觉。人的立体知觉是有限度的，一般超过 500 米距离的物体，在视网膜上形成的物像十分接近，两眼的视线几乎是平行的，视差位移接近于零，所以我们很难判断这个物体的距离，更不会对它产生立体感觉了，夜望星空，你会感觉到天上所有的星星似乎都在同一球面上，分不清远近，这就是视差位移为零造成的结果。

当然，只有一只眼的话，也就无所谓视差位移了，其结果也是无法产生立体感。所以立体感是人的双眼视觉功能，单眼是没有立体感的。立体感对人们的生活、工作都十分重要，没有立体感就辨不出远近、深浅，这给人们的生活带来诸多不便，使许多人失去了做精细工作的能力。

☆ 双眼让我们更好地感知维度空间

我们之所以认为身处的世界是个三维空间，是因为我们接受大部分信息的视觉和触觉所感受到的是长、宽、高三个维度。这一点是和我们的双眼立体成像相关的。然而科学家认为，在我们身处的宇宙之外不能仅仅用三维空间来定义，它应该有十一个维度空间，甚至更多，但这些并不是我们的器官能够感知的。

但是如果我们没有双眼的话，我们还能感知三维吗?

双眼视觉是人类最高级的视觉功能，正是因为形成了双眼视觉，人类才能更准确地获得外界物体形状、方位、距离等概念，才能正确判断并适应自身与客观环境间的位置关系。这种视觉认知方面的完善，对人类进行创造性的劳动和进化，起了极重要的作用。如现代社会中的汽车、航空驾驶；科技中各种仪器的灵活使用；显微外科的精细操作以及球类运动中的接、打、扑、扣等，都离不开完善的双眼视觉。双眼立体视觉是人类视觉系统的最佳三维成像，如同工程技术上根据视觉原理研究出目前最好的三维成像—激光全息术一样，双眼视觉（特别是立体视觉）的研究，随着近 20 年对脑科学研究的重视和深入，已超越了眼科界的范畴，成了国内外高科技研究的热门话题，这对人类社会现代化的发展进程将有巨大的促进作用。

也就是说，我们一旦失去了一只眼睛，我们的世界就会是二维的，只能看到点和面，我们就再也感受不到高度的存在，感受不到距离的空间感了，我们的生活就像是被拍在一张白纸上一样狭隘逼仄。

虽然科幻小说喜欢拿维度空间来当话题，比如时空穿梭，就是典型的四维空间理论。按照我们目前的科技和生理构造来说这只能是一种幻想，我们无法感知或者穿梭改变时间轴，不只是人类不能，地球上的所有生物都不能。

相比于生活在一维空间的植物和某些二维世界的动物，我们的双眼给我们带来了立体的三维感受，这是它最与众不同的地方。

如何让二维的画表现出三维的效果

众所周知，绘画作品是一种二维的空间形式，它只存在长和宽。但是，人们生活在一个三维的空间世界里，所以人们并不满足于绘画只是一种二维的存在。那么二维的世界是如何的呢？我们可以以蚂蚁为参考对象。蚂蚁是典型的适应二维空间的生命形式。它们的认知能力只对前后（长）、左右（宽）所确立的面性空间有感应，不知有上下（高）。尽管它们的身体具有一定的高度，那也只是对三维空间的横截面式的关联。蚂蚁上树也并不知有高，因为循着身体留下的气味而去，它们在树上只会感知到前后和左右。我们都做过这样的游戏：一群蚂蚁搬运一块食物向巢里爬去。我们用针把食物挑起，放在它们头上很近的地方，所有蚂蚁只会前后左右在一个面上寻找，绝不会向上搜索。对于蚂蚁来说，眼前的食物突然消失实在是个谜。当它们依据自己的认知能力在被长、宽确立的面上遍寻不着时，这块食物对它们来说就是神秘失踪了，因为这块食物已由二维空间进入三维空间里。只有我们把这块食物再放在它们能感知到的面上，蚂蚁才可能重新发现它。这对于蚂蚁来说，却又是神秘出现了。

从蚂蚁的世界我们可以看到，二维的世界是狭隘的。人们不可能像蚂蚁一样满足于二维世界，所以很多绘画作品即使在存在形式上是二维的，但是其表现的内容，给人的视觉效果却是三维的，立体的。那么这种效果是怎样产生的呢？

☆ 空气透视使得画面立体

空气不仅能改变颜色，还能通过折射度等来改变物体的清晰度。这是奇才达·芬奇发现的，我们生活中的空气并不是理想状态的毫无杂质，例如雾、烟、灰尘等杂质都会使远处的物体变得淡而模糊，所以在作画时，只要善于利用色彩饱和度就可以更好地展现出主体感；近处的物体颜色鲜艳，而远处的物体颜色暗淡；在绘制图案时，也只用将近处的物体描绘清晰，而远处的物体只要有一个轮廓就可以了。这样的透视法可以让人更鲜明地感受到空间的立体感。其实这也说明了色彩的运用也能产生立体感。

另外一个善于用这种透视法来表现作品立体感的著名画家是印象派的塞尚，他的画大部分进行了团状处理，这种处理是指近处的景物是由细小的团状颜色组成，而远处的景物则是由大块的团状颜色来代表。这种新颖的理论迅速被印象派的画家所接受，从而开创了西方现代美学的全新时代。这种团状处理方法其实是空气透视法的一个延伸。

有趣的是，在现代摄影技术中，这种方法也被采用，摄影师在摄影时只要通过增加光量，就能将背景模糊成印象派的团状颜色，从而使得画面呈现立体的效果。虽然

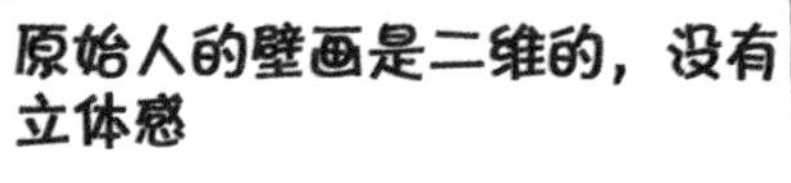

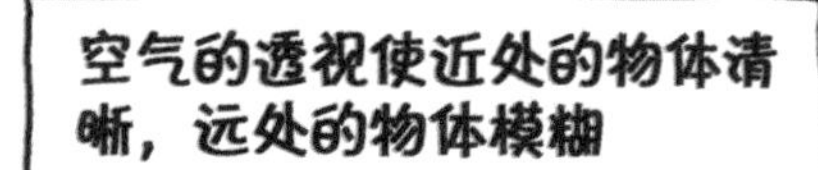

原始人的壁画是二维的，没有立体感

巧用色彩也能让画面更立体
暖色具有前进的效果，冷色具有退后的效果

运用光影技术能突出画面的立体感

吼吼~看看我是谁？

空气的透视使近处的物体清晰，远处的物体模糊

画家在处理两个重叠的人物时，总是将前面的人画得大于后面的人

焦点透视让绘画构图更具科学性

完美的典范杰作

这是缩短景深的做法，但是通过突出主体、模糊背景的方法，让画面变得更加立体起来，这种方法我们可以在很多著名的摄影作品中见到。

☆ 光影让画面立体

一个规则的物体是很容易利用焦点透视法来表现立体感的，但一个圆润的或者不规则的物体，却很难利用这一技法来表现立体。

把圆球体画出立体的感觉是比较不容易的。圆球体没有一个平面，明暗的变化往往呈现出圆环形状。掌握了这个特点，我们观察和作画就并不难了。打好轮廓后，先要在受光部分轻轻画出光环；然后找出最浓最黑的圆环，那就是明暗交界线。亮部要分出若干环形层次。画暗部时要特别注意画出反光。反光有从桌面反射上来的，也有从墙上或别的地方反射形成的。反光在暗中透亮，显得特别耀眼，但它的亮度无论如何不能超过受光部分，这是我们要特别注意的。

画明暗前必须首先把物体的轮廓打准确。还没有打好轮廓就忙着去涂明暗，是画不好的。黑与白、明与暗都是通过比较而存在的。所以，画明暗时，必须牢牢记住并切实做到从整体出发，反复比较。一个六面体，通常可以看见三个面：受光的亮面，背光的暗面，半明半暗灰调子的中间面。在同一个面上，明暗也往往会有些变化，特别是在明暗交界的地方。一般是靠近暗面的地方要亮一点，靠近亮面的地方要暗一点。我们必须仔细观察，把它一一如实表现出来。画好三个面，再加投影。投影往往离物体越近越深，边线也越清清楚楚；渐远渐淡，边线也就渐渐模糊了。

☆ 透视也是一种方法

透视是我们今天学绘画都必须学的重要内容，在上基础素描课的时候，老师就会多次向我们强调透视的重要性。所谓透视就是指我们的视觉会将近的物体看得较大，而将远的物体看得较小。这样的技法在古亚述王宫中已经出现了，当时的画家在处理两个重叠的人物时，总是将前面的人画得大于后面的人，但当时这种透视方法起初还只是一种原始的对看到的具体景物的忠实描摹。

让透视得到真正发展的，还是文艺复兴时期的建筑师布鲁内莱斯基。他借助镜子发现，人眼看到的画面都存在一个焦点，物体距离人的远近，会根据物体与焦点的连接线，等比例地放大或缩小。于是他创造了这种利用焦点来改善立体感的方法，也就是我们现在都知道的感性的“近大远小”透视法，通过他的实验，透视有了理性的参照。到了16世纪，西方绘画都会利用焦点透视来增加绘画的立体感，透视已经蔚然成风。

为什么有人说孩子天生就是立体派画家

在美术馆参观“立体主义时代——西班牙艺术珍藏展”时，发现了这样一个有趣的小团队，一群5至8岁的儿童，坐在一幅幅具有代表性的立体主义时代的绘画作品前认真地对临。有的孩子的作品能够尽可能与原画作的结构、造型、用色相合，有的则是天马行空，如果问他们：“小朋友，你知道你画的是什么吗？”年纪稍大一点的孩子会从画作的具体形态中寻找他所能辨识的形象来回答，桌子、茶杯、女人等，年纪小一点的孩子就会发挥自己的想象力，将自己的想法：“飞的盒子、砸坏的提琴……”

比起大人，孩子似乎更能够表现出立体的画面感来，甚至有人说，孩子天生就是立体派画家，这是为什么呢？

☆ 追求世界本真的立体主义画派

在西方现代艺术中，立体主义是一个具有重大影响的运动和画派，其艺术追求与塞尚的艺术观有着直接的关联。立体派画家受到塞尚“用圆柱体、球体和圆锥体来处理自然”的思想启示，试图在画中创造结构美。他们努力地消减其作品的描述性和表现性的成分，力求组织起一种几何化倾向的画面结构。虽然其作品仍然保持着一定的具象性，但是从根本上看，他们的目标却与客观再现大相径庭。他们从塞尚那里发展出一种所谓“同时性视像”的绘画语言，将物体多个角度的不同视像，结合在画中同一形象之上。例如在毕加索的《亚维农的少女》一画上，正面的脸上却画着侧面的鼻子，而侧面的脸上倒画着正面的眼睛。这种画法使得我们在看立体画派的画时，就仿佛看到世界被缩减在了立方体中一般。

☆ 孩子的画与立体画派的画异曲同工

如果仔细分析孩子的画，你会发现这些画大多是由各种几何图形组成。各种线条、圆形、椭圆形、方形、梯形，充斥着画面，孩子无法把握精准的形状，所以将他眼中的世界简化成了几何图形。最初，孩子只会画线条，一根线条就可能代表了一个事物。后来孩子学会了画圆，事物无论形状，都可以用大大的圆来表示。人可以用大小圆组成，火车也可以用一连串的圆连接。等到学会了画方形，人的身体可以被画成方的，裙子也可以被画成方的。

孩子的画是很难有刻意为之的，例如渲染、透视等特殊手段塑造立体感，但孩子天生有表现他所看到的事物的欲望，他就会把立体的部分画出来。如果他想要告

每一个孩子都是天生的画家

西方立体画派追求世界的本真

孩子的画与立体画派的异曲同工

立体画派主张表现事物的更多方位，而不是一个面

乐谱应该是对着演奏者自己的，但立体画派要画成对着观众
对着观众的乐谱

孩子总是用稚嫩的笔去解构和重建他们心目中的世界

诉别人房子的侧面有什么，他就会将房子的两个侧面都画出来，造成近小远大的奇特效果。

正是因为他们尊重原始感受，所以他们的画才会有那样强力的立体效果，而这正与立体画派绘画方式相似。立体画派就是力求将世界缩减成立方体，努力用几何图形来返璞归真，表达事物最原始的结构，表现最为本质的生命力量。

☆ 孩子的画法是最为真实的空间表现法

看孩子的画，人们往往以一种包容的心态去理解。其实深入体会一下，孩子的画法往往是对空间最真实的表现。

人们往往对立体画派的将事物简化成几何图形的做法比较容易理解和接受，但令大多数人无法理解的是，立体画派有着独特的空间表现手法。其实立体画派的画并不是要表现强烈的立体感，他们只是认为，普通的绘画模式无法向人们传达正确的事物概念，看到了事物的一个面，就很难看到事物的另一个面，这是绘画非常大的弊端。比如，我们看人的侧面时只能看到一只眼睛，所以我们就只画一只眼睛，但其实人有两只眼睛，这就是绘画无法表现到的真实。为了获得理性中的真实效果，立体画派会将人的侧面画上两只眼睛。

所以，当我们无法理解立体画派的画作时，我们只要想想孩子的画，就知道这一切不过是想最简化地表现他眼中的真实世界。这样的空间布局方式，其实在西班牙、波斯、中国的古代绘画作品中，都曾经出现过。比如在埃及，人们最钟情的画法，就是孩子常用的最大限度还原真实的方法。比如，画一个方形的池塘，埃及人会画出一个方形来表示池塘的真实形状。池塘边的树，会被画成如同倒在池塘的周围，因为他们认为这样才能表现最真实的树的形状。虽然这样的画是缺乏立体感的，却能表现最真实的空间布局。所以，不要小看孩子的画，他们是在用稚嫩的笔去解构和重建他们心目中的世界。

为什么城市建设需要雕塑

雕塑是雕、刻、塑三种制作方法的统称，是设计师运用形体与材料来表达设计意图与思想的一种方法。城市雕塑在西方具有悠久的历史，且并不因时代和社会及国家的更迭而中断。从古希腊时期开始，人们就在重要的公共场所摆放雕像。当时的雕像大多为人体，如神灵、勇士、健将，这些美而神圣的人体矗立在古希腊人的周围，仿佛能令他们时刻获得关照，使他们获得精神的支柱和熏陶。这样的雕塑方式一直从古罗马持续到中世纪，再到文艺复兴。到了 20 世纪，西方各国的大小城市，都将城市雕塑作为城市建设和其文化的重要组成部分。20世纪末，我国曾经出现了大规模的雕塑潮，全国大大小小的公园、单位、市政设施里，都会见缝插针地出现各种题材的雕塑。如今，雕塑更是已经成为城市建设规划不可缺少的一部分。这是为什么呢？为什么我们的城市需要雕像呢？它能给我们带来什么呢？

☆ 雕塑最富空间感

众所周知，平面绘画很难表现事物的整体视觉概念，它只能显示出事物的一个面来，这是画作的局限性，但雕塑却不同，它是运用物质材料为视觉及触觉提供实体造型为主的艺术。它除了具有一般造型艺术所共有的形象和直观性以外，还具有其他造型艺术门类所难以类比的特殊性。雕塑是三维空间艺术最典型的样式，因为它可以使用具有长、宽、高三个维度的材料来进行创作，所得到的艺术品可以用来表现更接近真实的事物。这样的真实可以让我们更精确地感受到艺术家创作中所渴望表达的情绪。当我们来到洛杉矶好莱坞的蜡像馆，馆里面的明星们就像真人一般站立在我们面前。我们可以任意观看他们的正面、侧面、背面，这种欣赏方式，是其他艺术形式很难达到的，对于观赏者而言，这样的艺术形式更加有亲和力，也有巨大的视觉冲击力。

在绘画中那些很难解决的角度问题，在雕塑中完全不是困扰，因为只要创作者愿意，三百六十度地呈现雕像的各个精微的感受都可以。在关于人的雕塑可以使我们看到凹凸的身材，也可以使我们看到完整的面容。牛的雕塑可以让我们看到它完整的健硕身形，也可以使我们看到它漂亮而工整的牛角。这就是雕塑能给我们全方位的视觉享受，不会忽略掉每一个细节的美感，这是最具立体感的艺术。

☆ 雕像富于变化的美感

成功的雕塑作品不仅在人为环境中有强大的感染力，而且是组成环境设计的重要因素，用它本身的形与色装饰着环境。

对于城市本身的审美来说，形式的变化美感是非常重要的。我们身处城市的建筑大多具有相同的结构，四四方方，缺乏变化。但雕塑富于生命力的变化性，作为立于城市公共场所中的雕塑作品，它能在高楼林立、道路纵横的城市中，起到缓解因建筑物集中而带来的拥挤、迫塞和呆板、单一的现象，有时也可在空旷的场地上起到增加平衡的作用。所以雕塑成为城市建设中不可忽视的一部分，是美化城市的重要方式。

☆ 城市雕塑是城市文化的名片

雕塑从文化的角度上是具有精神意义的，作为城市文化的构成部分，雕塑艺术代

雕塑是最具空间感的立体艺术

古希腊人就善于利用雕塑来美化自己的生活空间

雕塑艺术在文艺复兴时期发展到了巅峰

我国古代的大型雕塑主要是佛像和君王的陪葬品

雕塑富于变化，能使城市更有动感

城市雕塑成为城市建设和文化的重要组成部分
好有艺术感啊！

表了这个城市、这个地区的文化水准和精神风貌。一些城市中的优秀城市雕塑作品以永久性的可视形象使每个进入所在环境的人都沉浸在浓重的文化氛围之中，感受到城市艺术气息和城市的脉搏。这就不得不让我们想起美国纽约的“自由女神”、丹麦哥本哈根的“美人鱼”、比利时布鲁塞尔的“撒尿小孩”、俄罗斯圣彼得堡的青铜骑士雕像等，这些城市雕塑之所以能让我们轻易地记住和想起，之所以真正成为一座城市的标志性建筑，就是因为它们与城市传统文化有着密切的关系，与历史文化交相辉映，在题材等方面往往以该城市闻名的历史传说、历史事件、人物或悠久的传统文化为依托，才同时成就了这些雕塑和这些城市的名声。

所以，一座好的雕塑就是一座城市精神的象征，应该成为这个城市文化的名片。很多时候，城市雕塑更是作为一种纪念存在着，它们也总会让发生的一些重要事件对人们产生持续的影响，比如，北京天安门广场的人民英雄纪念碑就象征了我们国家不屈不挠的反抗精神，这不仅对北京市民产生着影响，对我们整个民族乃至全世界都产生着持续影响。

现代建筑为什么被称为城市的雕塑

为了迎接2008年北京奥运会，北京建造了诸多建筑，如像鸟巢一般的国家体育场和方形冰块的水立方国家游泳中心，这已经使人们大开眼界了。而2010年的上海世博会再次为人们带来惊喜，在上海世博园中各种形态的建筑尽显魅力，向人们展示现代建筑的美。于此还不够，在人们的身边依然不断出现各种惊人的奇异的建筑。有人说，这是雕塑时代的到来，他们把现代建筑称为城市的雕塑，把那些奇异的现代建筑当作城市文明的标志，甚至当成城市炫耀的资本。为什么会出现这些现象？现代建筑为什么被称为城市的雕塑？

☆ 现代建筑的变革使其更具形式美

近代工业革命对西方社会生活的各个方面都产生了巨大的影响，社会生活的许多领域都产生了新的技术。建筑也不例外，在近代工业革命的冲击下，建筑业也因为社会对建筑的需求有了重大的变化而开始了全面的革新。

当时，古典建筑基本上是为教会和皇室贵族服务的，故其主要类型都是一些宗教建筑、宫殿、别墅以及其他的纪念性建筑。新兴的资产阶级的兴起，资本主义生产的发展，无疑对封建势力和教会都是沉重的打击。同时，工业生产的进一步发展，商业的繁荣，需要大量的工业性建筑和商业性建筑，如厂房、火车站、银行、市场、商店、旅馆，等等。于是，建筑也就很自然地由以宗教性和政治性建筑为主转向了以工业性和商业性建筑为主，以适应新的社会生活的需要。新的类型的建筑无论是在内部空间还是在外观形式上，都有着不同于古典建筑的新的要求，因此，建筑必须创新，古典建筑已不适应新的社会生活的需要。

为了获得更经济实用的房屋，当时的建筑大刀阔斧地去掉了古代建筑的装饰性，修建了大量以一间间层叠的小房子累积而成的楼房。此后，摩天大楼一栋接一栋地拔地而起，这些含有大量房屋的高楼，大都形式简洁，能最大限度满足功能的需要。在现代主义看来，“朴实无华的材料和外表要比缺乏有机结构的、不恰当的装饰优越得多”。于是，创造出清晰简洁的外观造型成为现代主义建筑追求的艺术效果。但是这种过于简单的形式容易复制，也容易丧失个性。于是，随着经济的发展和技术的发达，使越来越多的建筑师怀念起传统建筑的形式美，开始认为简洁的建筑也应该有所修饰。这一思潮，使建筑师们开始将传统建筑中的雕塑放大为整体建筑，用建筑的外形去打造一个具有象征意义的形体，用这一形体来表达建筑的个性。其后各种以抽象为元素的建筑形式不断出现，建筑在符合其功能性的同时，变得更具形式美。

☆ 现代建筑材料为建筑的形式美提供支持

以往几千年，世界各地区建筑所用的主要材料不外是土、木、砖、瓦、灰、砂、石等天然的或手工制备的材料。由沙、石子、水泥混合水而成的三合土能承受强大的压力，但拉力的承受能力很弱。产业革命以后，建筑业的第一个变化是铁用于房屋结构上。先是用铁做房屋内柱，接着做梁和屋架，还用铁制作穹顶。19 世纪后期，钢产量大增，性能更为优异的钢材代替了铁材，与此同时，水泥也渐渐用于房屋建筑。由于建筑除了有向下的压力外，还要受到风传来的扭力和弯曲力，又有梁传来的压力，所以为了使建筑获得更为坚固的效果，19 世纪时，工程师们在水泥里添加了能同时承受压力和拉力的钢筋，出现了钢筋混凝土结构。钢和水泥的应用使房屋建筑出现飞跃的变化。钢材和混凝土混合的建筑材料，具有超高的可塑性、易建造性、坚固性，给予了现代建筑在造型上更多的支持，让现代建筑变得更为坚固而轻盈。同时，高科技的发展又产生了诸多高级建筑材料，加上科学的建筑技术，使现代建筑工艺几乎可以建造任何的设计形式。

☆ 现代建筑奇迹成为城市炫耀的资本

人们从各种媒体可以发现，很多国家和城市在进行建筑规划时都会力求建筑的标志性和超越性。就以楼的高度来说，许多国家和城市都竞相建造摩天大楼。世界上首

雕塑时代到来了

简单的建筑形式容易被复制，
没有个性

简洁的建筑，也应该有所修饰

过去的建筑大多用石头

钢材和混凝土让现代建筑变
得坚固而轻盈
抗压力强
钢筋：钢筋水泥柱
中暴露的钢
抗压力和
拉力强
玻璃：钢架上的玻璃

数学和力学的发展
为未来的建筑提供
无限可能性
828米

座摩天大楼诞生于19世纪80年代的美国芝加哥，54.9米高、共10层楼的“芝加哥家庭保险大厦”被公认为世界第一座摩天大楼。2010年1月落成启用的世界第一高楼“迪拜塔”，建筑高度达到让人瞠目的828米。其启用典礼的整个过程由当地媒体做全球高清直播，全球20亿观众收看，可见人们对建筑奇迹的关注与好奇，这也使得这些建筑奇迹成为城市炫耀的资本。当然，随着数学和力学的发展，未来的建筑似乎还将会有无限发展的高度。

为什么《天鹅湖》的舞蹈演员要在独特的灯光下表演

一场成功的舞剧需要多个方面，包括服饰、演员、音乐、灯光等的完美配合。相信很多人都看过芭蕾舞，尤其是著名的《天鹅湖》舞剧，无不给人美的享受，尤其是那些美轮美奂的灯光。随着舞台上灯光的明暗强弱变化，故事的形势及人物的情绪都起着不同的微妙变化。如王子与佳丽们邀舞时，灯光柔和地逐一抚过佳丽的脸，被王子邀舞的一刻，她们的脸庞明亮了，她们的心也在发光；当王后为王子举办挑选新娘的舞会时，魔法师引领着黑天鹅出现在舞会上，此时整个舞台的灯光都暗淡下来，唯有三束灯光打向了王子、魔法师、黑天鹅。当王子接受黑天鹅与之共舞时，魔法师也消失在了黑暗之中，整个舞台上只能看见王子与黑天鹅在舞蹈。选秀过后，天鹅湖边被绝望所笼罩，幽幽的光打在面上，为天鹅湖蒙上一层哀怨的面纱；取得最后胜利时，整个舞台霎时亮了起来，两盏强光照射在王子和公主的脸上，他们的笑比任何人都灿烂……

可见，神奇的灯光在此起的远远不止照明的作用。除了芭蕾舞剧，很多舞剧的舞台上都会充分运用灯光的作用，那么灯光到底都起了哪些作用呢？

☆ 光能制造空间感并美化空间

光的运用在生活中是非常常见的，但是唯有现代舞台是将光线运用到极致的一个环境。尤其是室内舞台，由于本身光线暗淡，就更需要用灯光来突出舞台上的演员，与此同时，光还创造了一个良好的美的展示空间与欣赏空间，让观众置身于暗处利于欣赏，演员在明处，以利于专注演出。这样的效果后来也被运用到室内的空间美化上。如很多饭店喜欢用光线来分割座位，一张桌子使用一组灯光，让顾客在开放的环境中能感觉拥有一个相对独立的空间。很多居室建筑设计，为了扩大小户型的视觉面积，户型的样板间也常用顶灯、射灯等来照亮顶部，明亮的光线能制造空间扩大的错觉。还有在悬挂着中式门窗的墙上设置暗灯的方法，可以在突出中式装饰的同时，制造门窗外还有空间的感觉，也能增加室内的空间感。

☆ 光能制造出时空感

舞台灯光还可以表现非常复杂的内容：从观众方向投向舞台的灯光能起到突出舞台的作用，侧光则能加强人物和景物的立体感，单束灯光可以起到突出的作用，背景光可以加强空间感，多层的背景加逆光可以制造出更多层次的景物；蓝色的光线可以表现寒冬，绿色的光线可以表现春天，橘红的光线可以表现夏天，黄色的光线可以表现秋天；一些流动的光还可以制造下雪、落叶、起风等效果……光线不仅可以让舞台瞬间表现出时空的变换，还能起到刻画人物心理、烘托剧情的作用。

所以优秀的舞台剧，必然需要一流的舞台灯光来衬托。百老汇作为最经典的舞台剧场，其舞台剧都拥有一流的舞台灯光设计。尤其值得一提的是《光影马戏 LUMA》，与传统的百老汇舞台剧相比，它利用了最新最前沿的电光影技术，制造了最美最震撼的光影效果，让人置身于光的颜色和运动的奇幻之中。光的舞台，本身就是一件很美的艺术品。

☆ 光能细化事物的空间感并美化事物的形象

光对于摄影来说非常重要，可以说是摄影的第一法则。很多摄影者总是为了捕捉完美的光线而花费很多时间和精力。在外景人像摄影中，反光板多是作为补充光源，对于人物的暗部进行补光。如：侧逆光，逆光条件拍摄人像，人物的明暗反差较大，通过反光板补光使明暗反差降低，提高暗部的亮度，丰富暗部层次，加强了对人物的表现力，对刻画人物个性都起到了重要的作用。

最重要的是利用反光板反射出不同的光部，以塑造出不同人物形象。假如被拍摄者为女性，需要把她的面部缺点消除，展现出女性皮肤的细腻、有光泽，而且把脸形修饰得非常漂亮，就需要在人物的鼻子下面出现一个蝶形的光影（三角光），使人物的脸看起来瘦小，并且有立体感，因为是逆光拍摄，使整个人物的轮廓都非常分明，脱离了背景，人物的发丝都能展现得非常清楚，使整个画面层次分明，动感十足。

如果想塑造出男性的棱角感和立体感，突出男人的深沉与稳重，多采用侧面补光，要想达到这种效果，首先要让人物的面部有很强的明暗对比，这样才能突出人物个性，那么怎么样才能补出这种光效呢？因为人的面部从侧面看会有很明显的棱角感，所以在侧面补光时，光不是很均匀地分布在面上，有明显的明暗对比。当反光板从人物的前侧方（大约 45° 角）反射到人物面部时，在人的脸上会出现一个较亮的光形来，俗称伦勃朗光，这两种光效能体现出男人的深沉与沧桑，多用在男性拍摄与肖像摄影中，所以严肃的表情很能体现人物的性格。

光对读书的人很重要
“凿壁偷光”的故事

现在舞台上，经常用一束光来为演员创造情境

光能更好地吸引人的注意力

《光影马戏LUMA》利用了最新最前沿的电光影技术

很多摄影者总是为了捕捉到最好的光影效果而花费更多精力

在外景人像的摄影中，摄影师总是用反光板对人物的暗部进行补光

为什么陌生人太过接近会令人产生不安

几乎所有的孩子到了十个月左右，都会多多少少表现出怕生。这是婴儿心理发展的规律，说明此时的小宝宝，情感已经有了较强的选择性，已能准确地辨认出家人和陌生人，对家人越发依恋，而对陌生人却持警觉的态度。

不仅是婴儿和孩子，即使是成年人，当在某些环境下，陌生人与自己靠得太近就会有种不安，总会不由自主地与之保持距离。这是为什么呢？

☆ 人类是一种非接触性动物

人们之所以在陌生人接近时会感到不安，就是因为人类是一种非接触性动物。除非在异常或偶发情况下，他们通常不会触摸同类的其他成员。但年幼动物相对于成年动物来说更加容易被触摸或接近。

人类通常只在数量有限的几种情况下允许身体接触：首先，最明显的是在性伙伴之间，无论是异性还是同性之间。其次，是在关系密切的亲属之间，尤其是在父母和他们的孩子之间。第三种发生在还不懂得社会中关于接触的忌讳的孩子之间。第四，当人们彼此问候时也会有这种接触，比如握手、亲吻或碰鼻子时，这依文化背景而定。第五，安慰一个极度痛苦的人时。最后，在极特殊的一些情况下，如医生或牙医等为你进行治疗时，这种接触也在所难免。然而，在绝大多数时候，几乎在所有的人际关系中，我们还是会对身体接触感到不安，所以如果碰巧撞到别人，我们通常会道歉。

但是有一些动物却对此不在乎，所以被描述为接触性动物。它们不仅允许甚至看上去可以无视同类动物的身体接触。猪和犀牛就都属于接触类动物。在公众场合，一旦人们不小心撞到陌生人，人们往往会向对方道歉，但在犀牛的种群中没有类似如此的礼节。与对动物的研究相比，人类的各种行为都更加多变、更加复杂。文化背景的不同，则对距离的使用也迥然不同。比如，当一个人穿过地中海地区，朝着中东沿东南方向旅游时，他会发现被人们接受的距离好像一直在缩小。尽管如此，总体来说，人类依然被认为是一种非接触类动物。

☆ 人类也有动物一样的领地性

抢占领地和领土的行为在我们周围的动物世界中随处可见。鸟儿会在筑巢后，唱着歌儿宣告它的领地的存在。这是所有物类普遍拥有的本能。猴子部落，常常团结起来与其他毗邻的猴子争斗，以确定出它们领地的范围；南极的企鹅簇拥在一起以增加

婴儿总是很怕生
孩子有点怕生！

人类是一种非接触性动物

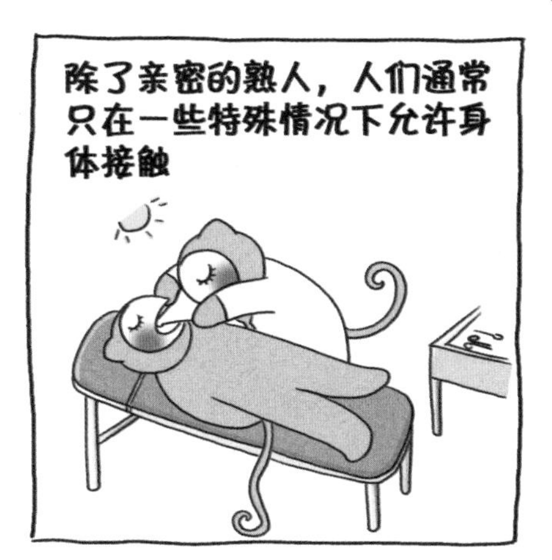
除了亲密的熟人，人们通常只在一些特殊情况下允许身体接触

抢占领地和领土的行为在动物世界中随处可见
这是我的领地

人类也会有一些相应的抢占领地的行为
这是我的位置请你让开！

有趣的空间选择规律
6
7
8
9
10

体温给他们产下的蛋创造一个良好的孵化机会，这些与它们内在的领地占有愿望相一致。这些仅仅是动物世界中抢占领地的几个例子而已。所有这样的行为有两个重要的组成部分，那就是：领地对于生命的存活，无论是从物质生活舒适的角度来讲，还是从良好的社会存在形式来说，都有着最为根本的意义。而这一点则要通过提供组织和营造空间来实现。

人类同动物一样，也会有一些相应的抢占领地的行为。比如我们对某些特殊地方的依恋和保护这些地方的愿望与热情都是毋庸置疑的。而在模糊边界的领地因为不易被保护，会带给一些人极大的痛苦，也会给其他人的生活带来很多烦恼。比如，当一张一直属于自己的椅子不小心被新来的人占有时，那种被冒犯的感觉是真真切切的。小孩子们玩的时候喜欢建造洞穴和秘密通道的天性也是众所周知的。

孩子们在很小的时候就表现出非常明显的领域性行为，据说这种行为在孩子七岁时就完全发展成熟了。太小的时候，他们还不会区分和辨别空间的位置，在这个时期，他们心目中的领地就限于能触及父母（通常是母亲）的地方，这个范围使他们感到安全。因此，人对于与自己有亲密关系的人之外的人总会抱有一种不安全感，所以其领地占有性就会发作，当陌生人靠近时会因为领地被侵犯而感到不安。

☆ 有趣的空间选择规律

会场中有一排 10 个依次排列的座位，在 6 号和 10 号位子上已经分别坐上了两个人，这时，你走进了会场，你与他们互不相识，你最有可能选择的是哪个位子呢？

心理学家通过实验发现，第三位进会场者一般选择第 8 号位子，第四位进会场者一般择 3 号或 4 号位子，这里，所有参加实验的人都是互不相识的。为什么会有这样的选择呢？心理学家研究发现，陌生人之间自由选择座位时一般遵循这样的法则：既不会紧紧地挨着一个陌生人坐下；但同时，也不会坐得离陌生人太远。如果你真的紧挨着一个陌生人坐下，那么这个人就会急促地把身子移向另一边，有的甚至会移到另一个空位子上去，你这时会感到很尴尬。为什么相互间会有这么别扭的感觉呢？这就是因为我们每个人都需要一定的个人空间。但是，假如你坐得离那个陌生人太远也不行，因为这可能会无声地伤害那个人，他可能会感觉到你是在嫌恶地躲避他。因此，挑选两者之间的位子，一方面可尊重别人的个人区域，另一方面又可以与他人保持一种和谐，避免别扭。这就是旨在维护个人空间的适当疏远原则。当然，当人数增多时，个人区域就会变得很小，这样，即使每个人都紧紧地挨着陌生人坐下，也谈不上相互间的伤害，而且谁也不会有别扭的感觉，这就是一种可以预测的、无声的空间选择规律。

第四章 每天学点声音知识

为什么说声音是女人的第二张脸

伊莉莎是一个卖花女，她虽然聪明伶俐，颇有姿色，但因为出身贫寒，所以言谈举止都难登大雅之堂。希金斯是一位学识渊博的语言学家，他在和朋友散步时注意到伊莉莎，并扬言只要经过他的调教，即使是粗俗如伊莉莎，也能成为一个贵妇人。伊莉莎听后怦然心动，上门求助。

为在打赌中战胜朋友，希金斯倾力调教伊莉莎。时光流逝，伊莉莎果然脱胎换骨，多次出席上流社会的社交活动都从容过关并艳惊全场。但教授虽然尽心尽力教导伊莉莎，却粗心地忽视了她的感情，态度简单粗暴。伊莉莎日益苦闷，感觉自己只是教授的工具，毫无尊严。终于在一次盛大社交活动结束后，身心俱疲的伊莉莎和教授针锋相对，愤然出走。失去了伊莉莎之后，教授才发现自己对她已经有了师生之外的情感。

这是好莱坞著名影星奥黛丽·赫本主演的电影《窈窕淑女》的情节，相信很多人都看过，其中有一个细节，就是教授训练她的第一个步骤就是——学会优雅地说话、优雅地唱歌、优雅地展现声音美。

视觉只会令人清醒，听觉却能叫人心醉。真正让人感觉舒服的女人，姿色未必出众，但声音一定迷人。所以有人说，声音是女人的第二张脸。声音真有那么大的魅力吗？

☆ 声音里的情感能动人

人与人之间最重要的沟通是语言，而语言传递的最基本方式是声音。

常常听别人夸赞某个女孩子，会特别提到她的声音有多好听。而通常我们刚结识一个新朋友，就算对方长相一般，但声音好听的话，也会打出一个不错的印象分数。

因为一个人说话时的情绪、表情和态度，都能够直接从声音里面切实地传递给对方。像接电话之前先用几秒钟的时间稍微调整一下心情，让自己微笑着去接听电话。这样的声音传达给对方，对方也能够立刻感受到你的微笑和愉悦，就会留下好印象。再有就是听音辨人，每个人的声音都是不一样的，各有各的特点，所以我们常常能一接到电话，在对方自报家门之前就能准确地说出对方名字，于是总能得到惊喜的回应："哇，你怎么知道是我呀？"这也是让别人喜欢你的一个好方法，因为对方会觉得你很重视他。

☆ 声音中的技巧能吸引人

有一次，意大利著名的表演艺术大师哥兰特到巴黎演出。公演前，法国上层社会名流为哥兰特举行盛大招待会。

招待会上，有人提出请哥兰特为大家朗诵诗歌，得到所有人的一致赞同。哥兰特推脱不了，只好应允，随即朗诵了一首《无题》诗。由于他不会讲法语，只好用意大利语朗诵。他朗诵时，时而悲愤，时而泣不成声。他那抑扬顿挫的音调，好像在向听众倾诉一腔难以叙完的悲惨遭遇，一时感动得四座的名流与贵妇怆然而涕下，他的朗诵完全征服了巴黎上层社会的名流。哥兰特讲的是意大利语，而听众都是法国人，他们根本听不懂意大利话。而且哥兰特朗诵时，手里拿着一张纸，没有任何动作，不可能靠面部和形体动作来征服听众。一位好事者，通过翻译，非要知道哥兰特朗诵的内容。最后，哥兰特向朋友公开了这首《无题》诗的秘密。令人惊奇的是，朗诵的内容竟是一张意大利式豪华型的宴会菜谱。大家听了，气氛异常热烈，掌声再次响起，无不为哥兰特高超的语言表达技巧所折服。

☆ 音乐是声音美的典范

音乐属于听觉艺术，音乐的物质媒介是声音，所以也可以说，音乐是关于声音的艺术。在音乐美中，声音美的地位极其重要。音乐同其他艺术相比，其长处在于表情性。声音的表情性在音乐中得到充分运用。音乐最能展现声音美。

为什么人们会喜欢"听歌"？而且又为什么，大部分人看某个电影，看完一次后就不想看第二次，然而对于"音乐"，他们却会"一遍又一遍"地听"很久很久"？这里面包含了什么秘密吗？这是因为客观世界中"物体"可以发出各种"声音"，而这些物体又与我们的"切身利益"和"安全"紧密相关；于是那些"物体"的各种"声音"与"危害与利益"等联系到了一起，而我们的"喜怒哀乐"又是与事物对我们的"危害与利益"相关联的，那么当我们听到类似的"声音"时，就会产生"情绪"上的变化（相当于条件反射 / 链化反应）；同理，各种"声音"也可

买朵花吧！
经过我的调教，她也可以成为一个贵妇人

别墅
我想让您帮我成为贵妇人！
OK，从此我将让你改头换面！

声音是女人的第二张脸
你首先要学会优雅地说话和唱歌

好听的声音往往能给人留下美好的印象
她的声音真优雅！

声音中的技巧也能吸引人
他竟然能把菜谱朗诵得这么好！

音乐最能展现声音美
先生的朗诵声情并茂呢！
小姐的歌声更让人倾倒！

以引发各种“思考”。所以，既然“音乐”可以帮助我们“加强情绪”和“思考”各种事物，那么我们自然会喜欢它。对于“电影”来讲，人们更多的是看“情节”，并吸取里面的“经验”，但一旦看完了，也就一般不会有兴趣看第二遍了；而对于“音乐”来讲，人们是要通过“音乐”来感受各种“情绪”或“思考”各种“问题”，所以自然就会“反复”地“倾听”了。

声音可以用来表达情绪吗

在生活中，你会发现，当你与人讨论时，如果你大声说话，那么对方也会提高嗓门，这样双方就会越来越激动，最终会导致谈话偏离主题，甚至是争吵。而如果你声音和顺柔婉，那么对方也会用和顺柔婉的声音和你说话。还有，如果别人用非常急切的语气和你说话，你的也会不由自主地随之变得急切起来。

如果别人用非常悲伤的声音和你说话，那么你也会不由自主地感到悲伤。为什么会产生这些变化呢？声音可以用来表达情绪吗？

☆ 每个人都会通过声音表达自己的情感并去感染他人

声响和气味的分歧形态可以传达丰厚的情绪，它是我们常常用到的语音修辞方法。白话是人们生涯中最主要的情绪信息的载体，这些情绪信息比拟多表现于语气上；白话修辞就是传达情绪信息的编码技巧。

不同的声音，代表发音者不同的表情；不同的表情，会给听者不同的心情。声音表情里透出的个人气息，一般人难以掩藏。如歌手许巍的声音，不刻意表现忧郁，也不歇斯底里地煽情，麦克风前，他从来都是漫不经心地哼着曲子，声音真实却又赤裸裸地袒露着，传入听者耳朵里。跟着他的声音，你会不由自主就哭了。

一般来说，节奏缓慢的音乐一般带给人平静、安宁的感受，而节奏较快的音乐则带给人激情。有人做过这样一个实验，把贝多芬的名作《欢乐颂》放慢节拍，不可思议的是这样一曲人类大同的颂歌竟然变成了“哀乐”。缓慢的节奏给人忧郁悲愤的感受，柴可夫斯基的《悲怆交响曲》亦如是；轻快的节奏给人欢快热烈的感受，贝多芬的《黎明》亦如是。

英国的鲍威尔曾对音乐的表情性做过研究，发现不同的乐调对人产生不同的影响。C 大调：纯洁、果断、沉毅；G 大调：真挚的信仰、平静的爱情、田园风味、带有若干谐趣，为少年最爱听；G 小调：有时忧伤，有时欣喜；A 大调：自信、希望、和悦，最能表现真挚的情感；A 小调：女子的柔情，北欧民族的伤感和虔敬心；B 大调：用时甚少，极其嘹亮，表现勇敢、豪爽、骄傲；B 小调：十分悲伤，表现悟静的

每个人都会通过声音表达自己的情感并去感染他人

不同的声音，代表发音者不同的表情
蓝莲花……

节奏较快的音乐则带给人激情
欢乐颂
《欢乐颂》果然欢快无比！不知放慢节拍会如何？

缓慢的节奏给人忧郁悲愤的感受
竟变成了“哀乐”！

声音对情绪的表达，往往能超出语言内容本身
2 3 4 5-...
好！

我们要学会通过声音表现自己的正面

期望；升F大调：嘹亮、柔和、丰富；升F小调：阴沉、神秘、热情；降A大调：梦境的情感；F大调：和悦、微带悔悼，宜于表现宗教的情感；F小调：悲愁。

意大利有位演员，在一次上演前要求演出朗读天然数1~100的“节目”。观众对朗读单调的数字不感兴致，有的竟喝起了倒彩。然则，当那位演员在台上将一个个单调的数字说得有条有理、充溢感情时，全场的观众被降服了。人们听到的已不再是索然无味的数量字了，似乎听到一小我在诉说本人苦楚的反悔。有的观众被深深感动了，甚至涌出了热泪。

你看，这些故事都说明了声音对情绪的表达，而超出了语言内容本身。

☆ 学会通过声音表现你的正面

一个温和、友好、坦诚的声音能使听者放松，增加信任感，降低心理屏障。

热情的展现通常和笑容连在一起，如果你还没有形成自然的微笑习惯，试着自我练习，这里介绍两种方法：第一，将电话铃声作为开始信号，只要铃声一响，微笑就开始；第二，照着镜子，让你每次微笑时能露出至少八颗牙齿。如果你的微笑能一直伴随着你与听者的对话，你的声音会显得热情、自信。

太快和太慢的语速都会给听者各种负面的感觉空间。说话太快，听者会认为你是一个关注自我的急性子；说话太慢，听者会对你不耐烦，恨不得早早地跟你说再见。所以，用不快不慢的语速与听者交流是我们每个人的必修内容。另外，还有两个方面值得注意：第一，语速因听者而异，也就是说，对快语速的听者或慢语速的听者都试图接近他们的语速；第二，语速因内容而异，也就是说，在谈到一些听者可能不很清楚或对其中特别重要的内容可适当放慢语速，以给听者时间思考理解。

声音可以画出美丽的画吗

俞伯牙和钟子期的故事大家都已经很熟悉了，但是有一点却很值得回味。俞伯牙年轻的时候聪颖好学，曾拜高人为师，琴技达到很高水平，但他总觉得自己还不能出神入化地表现对各种事物的感受。伯牙的老师知道他的想法后，就带他乘船到东海的蓬莱岛上，让他欣赏大自然的景色，倾听大海的波涛声。伯牙举目眺望，只见波浪汹涌，浪花激溅；海鸟翻飞，鸣声入耳；山林树木，郁郁葱葱，如入仙境一般。一种奇妙的感觉油然而生，耳边仿佛响起了大自然那和谐动听的音乐。他情不自禁地取琴弹奏，音随意转，把大自然的美妙融进了琴声，伯牙体验到一种前所未有的境界。老师告诉他：“你已经学成了。”

☆ 声音的直接模仿

声音美运用于艺术创作，就会构成艺术美的重要因素。例如文学作品，有了对声音的生动描写，会增添作品的魅力。朱自清的散文《绿》中，对瀑布声音是这样描写的：

梅雨潭是一个瀑布潭。仙岩有三个瀑布，梅雨瀑布最低。走到山边，便听见“花花花花”的声音；抬起头，镶在两条湿湿的黑边儿里的，一带白而发亮的水便呈现于眼前了。而瀑布也似乎分外响。那瀑布从上面冲下，仿佛已被扯成大小的几绺，不复是一幅整齐而平滑的布。岩上有许多棱角，瀑流经过时，作急剧的撞击，便飞花碎玉般乱溅着了。那溅着的水花，晶莹而多芒；远望去，像一朵朵小小的白梅，微雨似的纷纷落着。

通过对瀑布声音的描绘，把瀑布的欢乐和生命刻画了出来。充满情感的瀑布形象就凸现在我们面前，使人久久不能忘却。

在音乐中，描写景物常常用直接的方式来描摹。

例如《杜鹃圆舞曲》，它是挪威作曲家约翰·埃曼努埃尔·约纳森（1886–1956）为一部影片而写的配乐。原为钢琴独奏曲，后来被改编为管弦乐作品。

乐曲的由弱拍进行到强拍。大三度的下行音程与杜鹃鸣叫的音程完全一样，直接模仿了杜鹃的鸣叫声。这个动机将杜鹃鸟鸣模仿得惟妙惟肖，使听众有置身于春天的丛林之感。

圣－桑的《动物狂欢节》的第九首，只用了单簧管和钢琴两种乐器。钢琴表现恬静安详的晨曦，单簧管用大三度下行直接模仿杜鹃的鸣叫声，使人心旷神怡，身临其境。

在西方，猎人狩猎时为了驱赶猎物，用猎号吹出铿锵有力的节奏，惊动猎物使其暴露，以便猎杀。捷克作曲家斯美塔那的代表作《我的祖国》，作于 1874 至 1879 年间。作品讴歌和描绘了祖国光荣的历史、美丽的河山。其第二乐章《沃尔塔瓦河》中的副部主题，由圆号和小号奏出，直接模仿猎人狩猎时吹奏猎号的音调，象征着沃尔塔瓦河流过一片茂密的森林。

☆ 声音具有暗示和象征的作用

云彩、山峦、日出、游水的天鹅等，都是用眼睛才能看到的客观世界，它们是无声的，耳朵是感受不到的。由于作曲家借助解释性的标题，暗示或象征了作曲家想要表现的客观世界，使我们比较清晰地理解了作曲家的创作意图，不至于产生模棱两可的模糊理解。

挪威作曲家格里格的《培尔·金特》第一组曲中，有一段描写摩洛哥海岸晨景的音乐“朝景”。

音乐一开始，先由长笛轻轻吹奏出田园式的清晨的主题，犹如一股清泉在一片静谧的田园气氛中衬托着太阳破云而出，表现了幽静的晨曦景色。在标题中，如果没有“朝”字的限制，我们也可以将这样的音乐理解为晚霞，而标题的限制使我们必须理解为朝景，因为作者通过标题已经给了我们足够的暗示或象征。这种暗示或象征通过解释性的标题，引导了听者的意识取向。

《动物狂欢节》中的“天鹅”，乐曲开始，钢琴以轻盈剔透的和弦，清晰而简洁地奏出水波荡漾的引子，在此背景下大提琴奏出舒展而优美的旋律，描绘了天鹅以高贵优雅的神情，安详地浮游的情景。标题所具有的暗示或象征的规定性功能，使我们用耳朵“听到了”天鹅轻盈的游动。

音乐描述客观世界的三种方法常常结合在同一部作品里综合使用。例如贝多芬第六交响曲“田园”：第二乐章中尾声用三种木管乐器分别模仿莺、鹌鹑和杜鹃的鸣叫，这是直接模仿；第四乐章用不协和和弦、半音进行和强烈的音响来描写“暴风雨”，这是第二种模仿，对无固定音高的物质对象进行近似模仿；第五乐章“暴风雨以后的愉快和兴奋情绪”，描绘了彩虹、水珠，这是第三种模仿，对由视觉器官感受的物质对象，用标题来暗示或象征。

☆ 声音有颜色

声音之所以能画出美丽的画还在于声音是有颜色的，这主要表现在音乐艺术的表现上。就像绘画离不开颜色一样，音乐艺术也离不开音色，而音色与颜色之间存在着自然的联系。从物理科学的角度上说，音色和颜色都是一种波动，只是它们的性质和频率范围不同而已。人们耳朵能听到的声波在每秒十六周到每秒二万周之间，人们眼睛能看到的光波（电磁波）在每秒四百五十一万亿周到每秒七百八十万亿周之间。由此我们可以知道，音乐也可以是五彩斑斓的。

其实，艺术家在音乐作品中运用不同的音色与在美术作品中运用不同颜色的效果是极为相似的。音色和颜色一样，也能给人以明朗、鲜明、温暖、暗淡等感觉。有许多音乐家把音乐与颜色相比拟，即通过“相似联想”或“关系联想”把它们分别联系起来。例如，在欣赏贝多芬第六交响曲第二乐章时，我们可以想象一下：明朗的长笛声部吹出了蓝色的天空，而单簧管的独奏乐句，从它那单纯而优美的音色中，似乎呈现出玫瑰花一样的色彩。

很多人还把乐器的声音与颜色联系起来。作曲家柏辽兹的乐器法中也说：要给旋律、和声、节奏配上各种颜色，使它们色彩化。而他的作品也确实被认为是丰富多彩的。他和瓦格纳、德彪西等人被认为是色彩感强的作曲家。1876 年，当时著名

声音可以画出美丽的画
巍巍乎高山!

艺术中的声音往往是对自然的直接模仿

在音乐中，描写景物常常用直接的方式来描摹

在西方，猎人狩猎用猎号吹出铿锵有力的节奏猎杀猎物

声音也是有颜色的

声音具有暗示和象征的作用
我仿佛听到了太阳升起的声音。

音乐家波萨科特提出了一个音乐家们可以接受的比拟：弦乐、人声——黑色；铜管、鼓——红色；木管——蓝色。

其实，所谓的音乐颜色就是情感颜色，这些往往与人们自身的感受相联系。音乐家亚瑟·埃尔森曾提出了下列的对应：小提琴——明亮欢快，是粉红色的；中提琴——表现浓郁的愁思，是蓝色的；大提琴——表现所有的情感，但比小提琴所表现的更加强烈，是深蓝色的；短笛——清新，是绿色的；双簧管——表现质朴的欢乐和悲怆，是紫色的；小号——表现大胆、勇武和骑兵渐近的声音，是金黄色的；竖琴——表现流畅和温柔，是透明的。这种音乐与颜色的联想是人们在艺术欣赏中逐渐获得的，但要注意不是唯一的，也不是绝对的。

为什么有人能听懂音乐有人却不能

宋代有一个叫作义海的和尚，很会鉴赏诗歌和音乐。有一天，欧阳修问苏轼说：“描写弹琴的诗歌谁写得最好？”苏轼说：“那要数唐代韩愈的《听颖师弹琴》了。”欧阳修说：“不对，这首诗只不过是描写听人家弹琵琶，不是弹琴。”因为欧阳修是苏轼的老师，所以苏轼也就不好说什么。

那么是不是苏轼错了呢？有人就去问和尚义海，义海说：“不对，欧阳修是一代英才，想不到在这个问题上出了错。韩愈的《听颖师弹琴》诗中写得很明白，其中句子如‘昵昵儿女语，恩怨相尔汝’，是写琴声的轻柔细屑，从中可以见出真正的感情；‘划然变轩昂，勇士赴敌场’，描写琴声表现了一种精神余溢的气势，这很能动人视听；‘浮云柳絮无根蒂，天地阔远随飞扬’写琴声的纵横变化，但仍不失于自然；‘喧啾百鸟群，忽见孤凤凰’是写琴声的脱颖孤峙，不同于流俗；而‘跻攀分寸不可上，失势一落千丈强’则又是写琴声的抑扬起伏，不拘泥于老俗套的表现形式。这些都是描写弹琴的指法技巧，写琴声的妙处，而且也只有琴才能这样，琵琶就不行。韩愈的《听颖师弹琴》的描写，说明韩愈深得鉴赏琴声的奥妙，而欧阳修的随便批评则是错误的。”义海的话真是切中肯綮。

大概是受了欧阳修批评韩愈的影响，或者是苏轼在听琴时未加留意，或者是鉴赏音乐的修养不够，苏轼也写了一首《听贤师琴诗》。其诗为：

大弦春温和且平，小弦廉折亮以清。平生未识宫与角，但闻牛鸣盎中雉登木。门前剥啄谁叩门，山僧未闲君勿嗔。归家且觅千斛水，净洗从来筝笛耳。

为什么欧阳修会理解错呢？

☆ 有人具备非音乐的耳朵

在审美当中，不管是对音乐、文学还是画面的欣赏中，美感是由客观对象的美所引起的，没有美的对象，便不能唤起美感。然而，仅仅有了美的对象，而没有与此对象相适应的主观条件，对象不能为主体所欣赏，也仍然不能产生美感。在实际生活中我们经常看到面对同一部优美的艺术作品，有的人能感到它的美，有的人却不能感到它的美；有的人能欣赏它，有的人却不能欣赏它，这就有一个进行关的欣赏的主观条件问题，也就是审美能力问题。所谓审美能力，是指欣赏者在进行审美活动时所具有的与之相关的各种心理能力。人对艺术的欣赏是以视、听两种感官为主的，与审美对象相适应的听觉和视觉的感受能力，是人的审美能力的重要方面。审美感觉与想象、情感、理解密切联系着，一个人审美感觉能力如何，只与美感的形成起着重要作用。

针对这点，马克思在《1844 年经济学哲学手稿》中曾经提出了这样一个著名论断，他说："对于没有音乐感的耳朵说来，最美的音乐也毫无意义。"马克思提出的是一个艺术鉴赏力的问题，即要具备一定的艺术鉴赏力，必须要具备一定的艺术修养。

所以所谓非音乐的耳朵，是指没有一定的鉴赏力和艺术修养，听不懂音乐的人。

☆ 有人具备音乐的耳朵

从音乐鉴赏的角度看，对一首音乐作品的把握首先要依赖听觉，没有听觉体验就没有音乐鉴赏。音乐创作和表演归根结底是以广大音乐鉴赏者为对象的，音乐鉴赏者是音乐创作和表演的接受者和消费者。"赏心悦'耳'是音乐艺术的直接目的。也是人们进行音乐活动的第一需要。无论是作曲家的创作还是演奏家的表演，这些活动的价值只有通过鉴赏者的聆听才能得以最终的实现。"音乐的美首先为人的听觉所拥有，音响感知是鉴赏音乐的基础。这里所说的音响感知，也就是指通过听觉达到的对音乐音响及其结构形式的相对完整印象和总体知觉。值得强调的是，音乐是时间艺术，乐音随时间的运动转瞬即逝，因此，音乐欣赏者的注意力和记忆力是十分重要的。

平时我们所说的音乐情感，实际上是音乐音响和欣赏者心理相互作用的结果。音乐的意义既不存在于刺激物（音乐音响）中，也不存在于它所指向的事物或欣赏者的头脑中，而是在作曲者、表演者和欣赏者的交流关系中。我们知道，作曲家的创作冲动和音乐主题可能来源于他对现实生活的深刻领悟，也可能是对某一现象的有感而发；它们可能是长期思索和积累所爆发的灵感，也可能是对瞬间的印象和感受的象征性表现；一部音乐作品也许是源发于特定自然景象，也许是以其他艺术作品，如文学故事、绘画等作为参照物。无论一部音乐作品产生的初衷和背景如何，作曲家在社会实践中获得的感受、意念、观念和作曲时的激情或情感已经物化为音乐（大多数情况是乐谱），再经由表演者的再创造，将其物化为音乐音响。

音响感知是音乐鉴赏的基础，包含两层含义。其一，音乐鉴赏中的音响感知首先

描写弹琴的诗歌谁写得最好？

那要数唐代韩愈的《听颖师弹琴》了！

不对，这首诗只不过是描写听人家弹琵琶，不是弹琴

欧阳修的随便批评则是错误的。

人有非音乐的耳朵
和音乐的耳朵。

构成对音乐形式的美感，或对音乐感性存在形式外在意蕴的把握。音乐的形式美表现在悦耳动听的音乐音响和巧妙精制的音乐结构形式，以及由此而产生的听觉上的快感和精神上的愉悦。其二，音乐鉴赏中的一切情感体验和想象都要以音响感知为基础，如果脱离对音乐音响及其结构形式的感知，音乐鉴赏也就无从谈起。有些音乐欣赏者，从表面上看他们在听音乐，但实际上并没有注意倾听音乐本身，而是猜想音乐在说什么，描述了什么具体形象。由于他们的想象没有建立在音响感知的基础上，当然总是感到不能真正地体验和理解音乐。

为什么一听声音就能知道电话那头的人是谁

人们都会有这样的经历，那就是当与一个人非常熟悉之后，只闻其声就能辨其人。尤其是在与人打电话时，即使对方并未表明自己的身份，人们也会很轻易地通过声音的识别就能知道对方是谁。

此外，人们也会通过歌声来分辨歌手，因为有的歌手声音非常有特点，绝对不会和别人的声音相混淆，但是有的歌手的声音却“面目不清”。这是为什么呢？

☆ 声音具有辨识度

声音辨识度可以分成音色本身的辨识度和歌曲处理方式的辨识度。关于音色的辨识度，是靠寻找一个特殊的发音位置来获得一个特殊的音色。

至于音色本身带来的天然辨识度，值得珍视。特色通常就意味着奇怪，有个奇怪的声音不难，声音的奇怪能够变现成声音的美，很难。不仅需要人的后天能力，更需要一个天然指标，需要声音“奇怪”程度的一个合适的度。如果这份奇怪影响到事关美感的重要指标，恐怕就过犹不及。美的标准不是绝对真理，但是，它是一份得到普遍尊重的约定俗成。

究竟何谓声音的辨识度？很多人走入了误区，认为有别于传统的、主流的声音就是声音的辨识度，其实这只是其中之一，很多歌手，比如维嘉、侃侃等，明显具备女中音的气质，但却没有走得更远；空灵的王菲菲，却终究没能大红大紫；万里挑一的绵羊音曾轶可，却只能含恨止步于快乐女生七强；等等，不一而足。显然，具备过耳不忘的声音就想驰骋歌坛，无异于痴人说梦！

声音的辨识度是一个综合的概念，与众不同的声音只是其要素之一。很多歌手想要靠自己独特的声音来取胜还不够，因为声音的辨识度还应该与唱功、唱腔等因素唇齿相依，当然唱功应该包含音域、吐字、音准、情感表达、歌手二度创作的本领等；唱腔应该是歌手不同音乐曲风的运用和驾驭能力。

你怎么知道是我啊！
喂？是小丽啊？
声音具有辨识度

声音的辨识度成就了李谷一

超级歌喉大赛
这声音可真够奇怪的！
具备过耳不忘的声音就想驰骋歌坛，无异于痴人说梦！

与众不同的声音只是声音辨识度的一个要素
请评委对选手进行点评！
声音很有特点，但是唱功还需要一点功夫！

声音辨识度与好听与否并不代表有好的音乐天赋
这个声音很纯净！
但是感觉还是缺少了点灵魂

理解力是唱歌成败的关键
超级歌喉大赛
他抓到了歌曲的灵魂！
这才是音乐天才啊！

20世纪八九十年代，家喻户晓的李谷一可谓风光无限，作为民族歌手，影响力出其右者，至今仍是凤毛麟角。花腔女高音的李谷一，声音的辨识度毋庸置疑，花鼓戏出身的她唱功也是可圈可点，而在唱腔上，也是最早将气声唱法即通俗唱法融入民族唱法的歌唱家，致使她的歌曲真正做到了雅俗共赏，传唱至今仍经久不衰！可以说，声音的辨识度成就了李谷一。

☆ 辨识度和好听与否

声音辨识度实际上是指音色的独特性。声线的特点体现在音质和辨识度两个方面。辨识度主要决定于声带特点，声带狭长且很薄的，音色就会很清亮，反之，声带宽厚的，音色就会很低沉。

但准确地说，声音辨识度决定于声线特点，声音辨识度实际上是一个人的声音区别于他人的特征。蔡琴、田震等女歌手的辨识度也很高，相对而言，张靓颖欠缺一些辨识度，但是先天的音色弥补了这点不足。

乐感好，音质优美，同时声音辨识度又非常高，音域也相当宽泛，但并不说明有非常好的音乐天赋，在这里，人的理解力是决定因素。理解力和歌唱技巧是结合在一起的，就是常说的一个唱歌的人能否“入歌”。可以说理解力是唱歌成败的关键，天赋再高，不能理解歌曲的内涵，终究无法和听众达到互动，或者说知觉上的共振，那样就是一个败笔。有时候，“好听”不代表是一首好歌。克里斯·布朗就是一个例子，他的音质不算优美，高音乏力，但辨识度很好，虽然选择的歌曲并非主流，但是从他对歌曲的处理上可以听出理解力和自我发挥的空间，能被听出故事或者情景的歌曲大多可以动人，当然这要双方都有类似的理解力，否则也只能是南辕北辙、对牛弹琴、贻笑大方而已。

为什么有的音乐让人喜悦有的音乐让人感伤

五十多年前，音乐史上曾发生过一桩著名的“国际音乐奇案”：人们为听一首乐曲而自杀的事件接连不断地发生。

当时某天，在比利时的某酒吧，人们正在一边品着美酒，一边听音乐。当乐队刚刚演奏完法国作曲家鲁兰斯·查理斯创作的《黑色的星期天》这首管弦乐曲时，就听到一声歇斯底里的大喊：“我实在受不了啦！”只见一名匈牙利青年一仰脖子喝光了杯中酒，掏出手枪朝自己太阳穴扣动扳机，“砰”的一声就倒在血泊里。

一名女警察对此案进行调查，但费尽九牛二虎之力，也查不出这青年为什么要自杀。最后，她抱着侥幸心理买来一张那天乐队演奏过的《黑色的星期天》的唱片，心想，也许从这里可以找到一点破案的蛛丝马迹。她把唱片放了一遍后，结果也自杀了。人们在她的办公桌上发现她留给警察局局长的遗言：“局长阁下：我受理的案件不用继续侦查了，其凶手就是乐曲《黑色的星期天》。我在听这首曲子时，也忍受不了它那悲伤旋律的刺激，只好谢绝人世了。”

无独有偶。在意大利米兰，一个音乐家听说了这些奇闻之后感到困惑不解，他不相信《黑色的星期天》会造成如此严重的后果，便试着在自己客厅里用钢琴弹奏了一遍，竟也死在钢琴旁，并在《黑色的星期天》的乐谱上写下这样的遗言：“这乐曲的旋律太残酷了，这不是人类所能忍受的曲子，毁掉它吧，不然会有更多的人因受刺激而丧命。”

这首杀人的乐曲终于被销毁了，作者也因为内疚而在临终前忏悔道：“没想到，这首乐曲给人类带来了如此多的灾难，让上帝在另一个世界来惩罚我的灵魂吧！”

这是一个非常离奇的故事，但是其中揭示了一点奥秘，即音乐可以左右人的情绪，有的音乐可以让人悲伤，有的音乐则让人开心。

☆ 音乐对人的情绪有很大影响

音乐，它本身作为一种艺术、一种社会意识形态，反映的是人类社会生活和人类思想感情。它是世界上最抽象的艺术，无形无味不可触摸，但是却又是离人心最近的艺术。它让人们能够在第一时间与无遮拦的情感亲密接触，拥抱激情、感受悲喜。通过节奏、旋律、和声、音色完美的组合，感染欣赏者。人们常说，音乐可以陶冶情操，净化灵魂，这当然和音乐的特性以及人们对音乐的心理感知是分不开的。音乐是一种有一定节奏组织的、通过时间而展开的艺术，而且更重要的是，音乐是纯粹情感、不涉他物的艺术。把音乐的各种音响、音调要素在时间上加以组织，这就是音乐节奏的功能。音乐的节奏感不仅有生理的基础，还有心理的感情作用在内。表情丰富的音乐之所以能感动人，其原因也在于此。

因为音乐是一种善于表现和激发感情的艺术，那么音乐欣赏的过程也就是感情体验的过程。音乐欣赏是极富幻想的，它可以使人超越一切。人在现实世界里有种种烦恼、忧虑，人会感到自己的渺小与无助，而音乐却能让人超然物外，调剂客观与主观的矛盾，恢复人的心理平衡，使人在乐声中融入浩渺的宇宙中去，与大自然浑然一体。音乐还能表现激烈的冲突，表现人与命运的搏斗，寄托和排遣人心底的痛苦和忧伤。在欣赏这一层次上，音乐不仅能帮助人解除苦恼，而且能够冲破习惯思维的束缚，使人的想象插上翅膀，激发出巨大的创造力和潜能。

音乐能影响人的情绪，也体现在人生理的反应上。轻松欢快的音乐使大脑及整个神经功能得到改善。节奏明快能使人精神焕发，消除疲劳；旋律优美能安定情绪，集中注意力，增强人们生活情趣，有利于身心健康的恢复。显而易见，音乐对精神、情绪具有极大的影响。研究表明，良好的音乐既能消除人的不良体验，又能扩大其感受、感觉和体验的领域，还能使听音乐过程中出现的思维结构得以提高。

《黑色的星期天》的魔咒
五十多年前，音乐史上曾发生过一桩著名的"国际音乐奇案"：人们为听一首乐曲而自杀的事件接连不断地发生。

第一件自杀案
我再也受不了啦！

也许从这里可以找到一点破案的蛛丝马迹。
黑色的星期天

第二件自杀案
凶手就是乐曲《黑色的星期天》

我才不信《黑色的星期天》会造成如此严重的后果。
黑色的星期天

第三件自杀案
这乐曲的旋律太残酷了，毁掉它吧

☆ 爱听音乐的人往往容易受音乐影响

用音乐来调节情绪，必须要参加音乐活动，参加音乐活动指的是唱歌，聆听乐曲演奏乐器等。无论从事什么样的音乐活动，都会体验到音乐的强大魅力，受到音乐的感染。唱歌可以使人精神振奋，即使是浅唱低吟也能使人心头的郁闷一扫而空。演奏乐器需要接受较长时间的训练，恐怕大多数人都办不到。而听音乐是只要具备了正常听力的人都可以进行的。听得越多，欣赏能力就越高；欣赏能力越高，就越能够体会音乐的优美精妙，就越容易受到音乐的感染。一个心理健康的、成熟的人都不会拒绝音乐给他带来的好处，不管是在“只可意会，不可言传”的状态中感知，还是与音乐的感情内涵相互交融，发生共鸣，我们都会在不断品味中使精神得到升华。像一首首感动我们心灵的曲子，如凯利金的萨克斯曲《归家》、贝多芬的《月光奏鸣曲》、舒伯特的《小夜曲》、门德尔松的《春之歌》、格什文的《蓝色狂想曲》等一些意境深远的曲子，让人从感伤中解脱出来，变得心情畅然、兴奋，且充满自信，特别对那些有心理困扰的人大有益处。听音乐，无论现代的还是古典的，只要溶于音乐的海洋中。我们就可以调心、调息、入静、放松、联想，调养身心的同时便可去病强身、平肝潜阳、健胸益智。

为什么有人能够拥有甜美的嗓音，而有人则五音不全

很多人都会有去歌厅唱歌的经历，相信在这个过程中，大家会发现，有的人唱的歌非常动听，简直与明星唱得一样好，而有的人却唱得非常难听，即使非常简单易唱的歌曲也总是唱不在调上。而生活中，往往也会有人在歌厅唱歌时会以自己五音不全而拒绝唱歌。

同样是人，生理构造相同，但是为什么有人嗓音美好，有些人则唱歌五音不全难以入耳呢？

☆ 原来五音不全是种病

“失歌症”的新名词一出现，不少网友“欣喜若狂”，“终于找到我五音不全的问题在哪里了，原来是失歌症。”不少在 KTV“死不开口”的网友非常开心，“我终于找到堂皇拒绝 KTV 的理由了，原来我是这 4% 中的一分子。”“终于给五音不全找了个权威的学名了，居然叫失歌症。”

在一些社区网站上可以看到，类似于“跑调也要唱歌”一类的小组层出不穷。穿梭于这些网络小组的网友都是些热爱唱歌但总是五音不全的“跑调专业户”。有网友

说：“这个太贴切了。我的死党就是一开口就跑调的典型，但我绝对没有想到他这毛病居然是天生的。”

早在 1878 年，英国科普作家格兰特·艾伦描述了第一例失歌症者。而在澳大利亚新南威尔士大学召开的国际音乐交流科学大会上，澳大利亚麦考瑞大学的比尔·汤普森教授对失歌症进行的一项新研究表明，他指出唱歌找不着调也是一种病，被称为“失歌症”。“失歌症”又称歌乐不能，是失语症的症状之一，由大脑左半球（右利手者）颞叶前部病变造成，患者部分或全部丧失本来具有的认知音符和歌唱演奏欣赏乐曲等能力，也就是无法感知音乐。

☆ 好的嗓音一靠天生二靠培养

西方声乐认为嗓音的好坏跟音色和共鸣有关。但是这里的音色是指一个人天生的嗓音，即声带自然发出的声音，所以一个人嗓音的甜美与否是和先天声带的条件相关的。

通常女性的声带较窄，所发出的声音比较高亢；而男性的声带较宽，所发出的声音比较低沉。

无论我们喜欢的声音类型有多少种，有一点不会变，就是我们更喜欢说话清晰的嗓音，这一点是可以通过后天锻炼出来的。所以天生拥有好嗓子，不等于发出的声音一定很美，还需要后天训练，同样的先天没有好嗓子，不代表不会拥有甜美的嗓音。

共鸣能让声音变得更丰富，听起来更有弹性，使声音有明显的由强转弱的过程。所以能不能让声音在体内产生共鸣，是能否发出好声音的关键。有共鸣效果的声音比自然声音传得更远，持续时间更长，也能更吸引人。每个人大概都有自己喜欢的声音，但是在中国戏剧中将好的嗓音称为“水、亮、响、膛、宽、净、脆”。这个概念大体的意思是要传得远，要响亮，最好有金属质，这样嗓音是一种特别亮的嗓音。要洪亮，一开腔便能如洪钟一般震人耳朵；膛，是低音的共鸣时有磁性，还要浑厚有力度，男性的声音尤其如此；并且还要没有杂音，在高音时短促明亮。

想要拥有这些嗓音条件，除了天生的好嗓子之外，后天的学习也可以改变。中国戏曲界认为，好的嗓音是练出来的。现代声乐也发现，后天的练习还可以对声带进行改变，将原本不佳的音色变得更为悦耳。

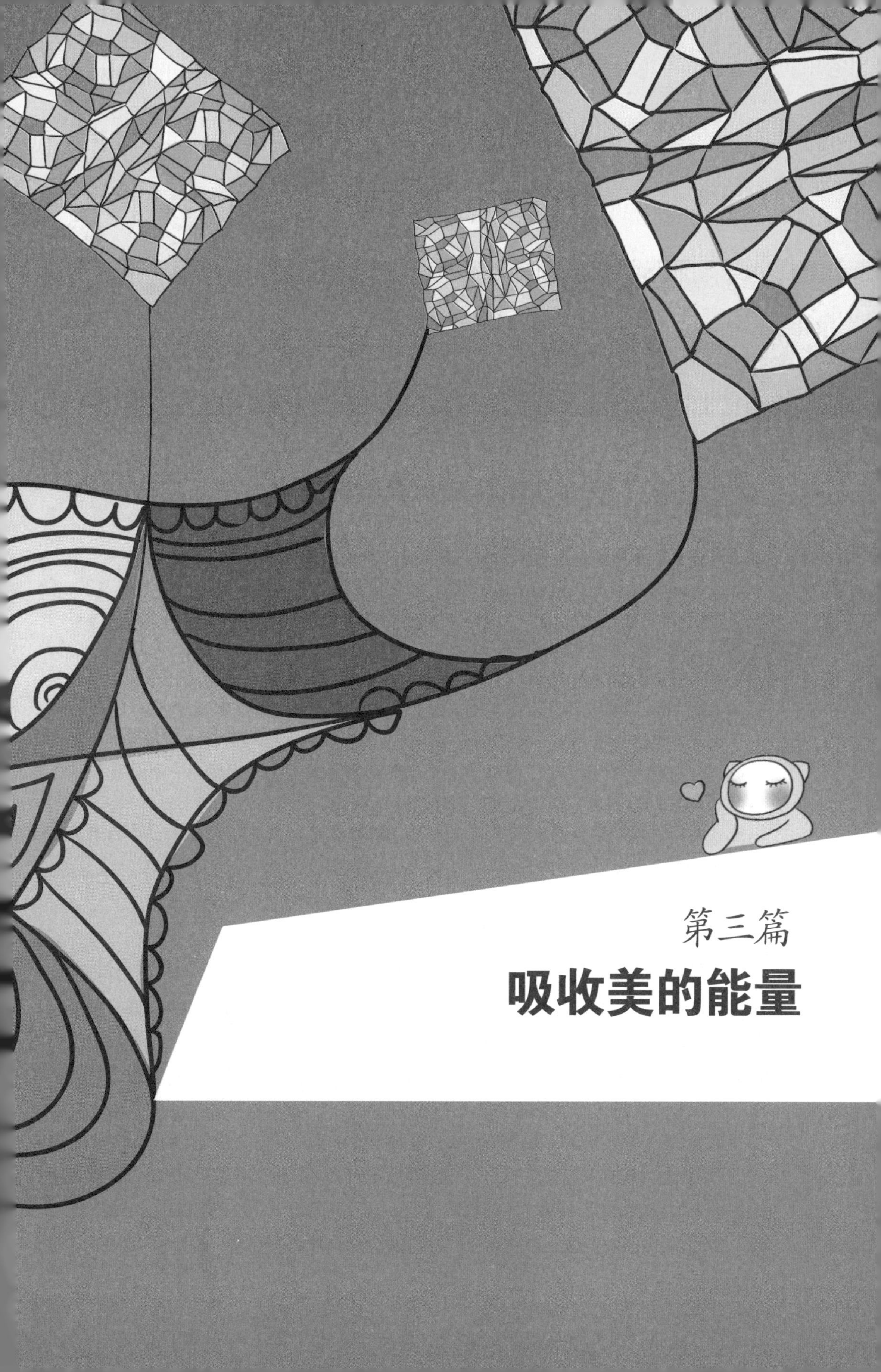

第三篇

吸收美的能量

第一章 每天提升一点美的欣赏力

不了解大众审美就不要提美感力提升

现代人的审美倾向遗传于先祖，在欣赏美女这一关键问题上可以得到证实。古代人认为真正的美女要“手如柔荑，肤如凝脂，领如蝤蛴，齿如瓠犀，螓首蛾眉”，要“巧笑倩兮，美目盼兮，吐气如兰”。现代人对美女的定义也无外乎这些。林黛玉娇弱多病：“两弯似蹙非蹙罥烟眉，一双似泣非泣含情目。态生两靥之愁，娇袭一身之病。泪光点点，娇喘微微。闲静时如娇花照水，行动处似弱柳扶风。心较比干多一窍，病如西子胜三分。”可大部分人还是认为她美，并且将她定义为泪美人。

由此可见，在审美上，大家还是有一定的共同性的，这种共同性即是我们通常所说的“大众审美”。所谓的“大众审美”指的是人在审美上的趋同性，也就是说很多人对丑与美的认知是基本相同的。这种“大众审美”能够体现人类对美的统一认知，以此来判断自己的审美力是否具有客观性。根据“大众审美”来改正自己的审美方向，有利于提高自己的审美能力。

☆ 依靠大众审美提升自我审美力

如果感觉自己的审美力有待于提高，就要依靠大众的审美来提高自己的审美力。平常要多和大家接触，看看大家都在看什么书，听什么音乐，看看大家都在穿什么衣服。另外还可以看一些关于生活的时尚周刊，要多读杂志，看广告，看电影。因为书籍或者广告、电影里的东西都是大众审美的反映。通过对大众审美进行研究、学习，就一定能够提升自我的审美能力。

但是，在学习大众审美的同时，不要忽视个性审美。只有在大众化的基础上添加自己的小创新，才能真正地提高自己的审美能力。之所以要这样，是因为没有人能够离开主流的趋势，主流趋势是大众的审美趋势。但是，在主流趋势下，要善于保持自己的“非主流”意识。这样，才能使自我审美力不脱离大众审美的轨道，但又不流俗于大众审美。

大众审美是指人们在审美上的趋同性
唱得真好听
我喜欢她

大众审美是大众对美的筛选过程
选美大赛

大众审美最注重实用
又不能吃有什么用？

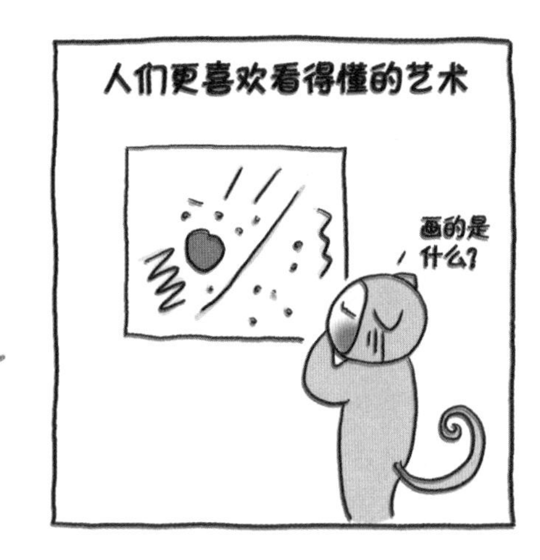
人们更喜欢看得懂的艺术
画的是什么？

人们都喜欢新奇的事物
快来买啊新品种的各式水果！

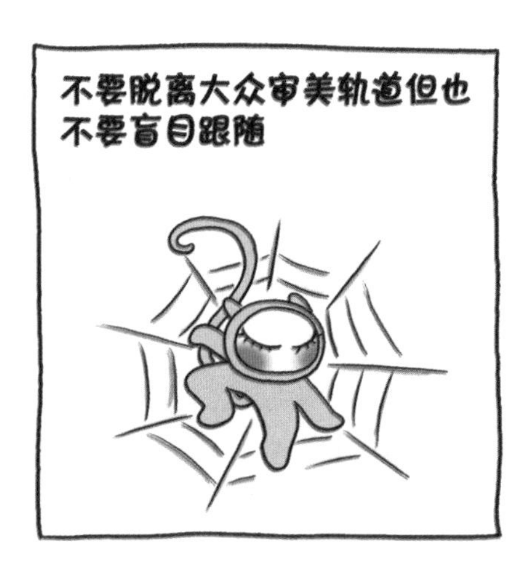
不要脱离大众审美轨道但也不要盲目跟随

☆ 大众审美观注重实用

在绝大多数人的眼里，最美的东西应该是那种最实用的东西，只有给生活带来方便的东西才是最好的东西。因为，在现实生活中，大多数人还是平凡人，他们没有追求高调生活的能力，那么这就形成了大众“实用美”的审美倾向。所以，大众的审美在“实用”和“精美”之间不断地游走，他们最想得到的是那种既精美又实用的东西。在大众看来，用几十万元来购买一套精美的沙发就是浪费，他们宁愿要那些几千块，并且相当耐用的东西。他们常常会选择那些物美价廉的餐具，而不是动辄上万的锅碗瓢盆。他们常常会选择那些没有精美包装的商品，而丢弃那些包装精美却华而不实的商品，等等。这些就是典型的大众审美。

但是，在中国人的“大众审美”观中，也有不注重实用的东西，那就是表达祝福一类的东西。有的人喜欢去庙里烧香还愿，在这时，他们花多少钱都心甘情愿。有的人喜欢在家里摆上元宝一类的东西，预示着可以发财。有的商家在店里摆上关公像或者玉质的白菜，以此来祈求顺顺利利，财源滚滚。这些东西似乎都和实用沾不上边，但是它们表达的是一种心愿，也可以说是一种习俗，是千百年来养成的固定习惯，演化至今，就成了一种大众审美意识。

☆ 大众审美的滞后性

大众审美可以促使人正确认识事物，但是它也具有一定的滞后性。首先是大众审美具有喜新厌旧性，也就是说，很多人可能一时喜欢这样的事物，可在另一个时间却弃之如敝屣。比如，在这个夏季大家可能喜欢绿色的衣服，可到了下个夏季，红色的衣服就取而代之。再比如，曾经喇叭裤在相当长的一段时间内风行，可过了那个时期，它就销声匿迹了。这就是大众审美的喜新厌旧性。人类在一定的时间内认为某个东西美，是因为心里充满了好奇，一旦好奇心一过，大家就抛开它，去寻找另外的东西。大众审美的另一个缺点是具有攀比性。喜欢攀比是人类的天性，人类比吃、比喝、比穿、比住。人类的这种攀比心理也是大众审美使然，大部分认为，大家喜欢的东西就是真正的好东西，别人有的东西我也必须拥有，这就使得攀比风越来越严重。

站在大众审美的肩膀上进行超越

在现代社会，人们经常会发现某位明星迅速蹿红，成为人们瞩目的焦点，但是慢慢地，当别的明星蹿红时，或是随着时间的流逝，这位明星就会被人们所淡忘。

在现实生活中，很多人都陷入相互攀比的泥淖不能自拔。在网上，我们常常可以看到媒体爆料，某某明星花费巨额资金购买豪宅或者名贵的汽车；在大街小巷，我们常常可以听到有人拿着包包说“这是LV的”，有的人拍着自己的西装说“这是阿玛尼的”，有的人晃着手腕说“这是欧米伽的”，为什么大家都沉浸在自我炫耀之中？

不论是明星迅速蹿红后的平淡还是大街小巷的炫耀，都源于大众审美的滞后性。大众审美的滞后性表现在好奇心之后的喜新厌旧，无休无止地攀比炫富。这一切是不利于个人审美力的提高的，要提高个人的审美力，就要摒弃这些做法，要在不偏离大众审美轨道的基础上进行超越。

☆ 抛弃喜新厌旧的天性

Wittmann 和她的同事们与 20 名志愿者在玩一种“赚钱游戏”，Wittmann 扫描了志愿者的大脑。在游戏中，她向志愿者展示了 4 张图片，这些图片从 20 张银行明信片中随机抽出，都是不同的风景图。Wittmann 让他们从中挑出一张，并根据挑出的图片给予不同的现金奖励。在游戏进行中，志愿者们知道了哪些图片价值更高。

Wittmann 通过游戏发现有趣的现象是在游戏进行一段时间以后，研究者在图片中插入新的风景画片。她发现，志愿者大多选择新的画片，而不是那些价值高的画片。

这个游戏告诉我们，喜新厌旧是人类的天性，事实也是如此，人从幼童时代就充分表现出这种本性：儿童总是喜欢新的玩具，而把玩腻了的东西抛在一边，跑去玩一些新买的玩具，有的时候尽管旧有的玩具比新玩具贵重、漂亮得多，他还是会扔掉旧的，去抓取新出现的。

他们是把新奇与否当作衡量事物的价值标准。人就是这样，总是对那些新奇的东西充满好奇。商店里新上架的衣服、化妆品总能吸引一大批的顾客。科学家通过研究发现，新奇物品能激活大脑的奖励机制，指示人去探索新的东西，所以很多商家只是把商品重新包装一下，就取得了很好的销售效果。在其他方面，人们也有喜新厌旧的表现。歌听久了会厌；食物吃多了就烦；书看一遍就不想再看第二遍。喜新厌旧还体现在人与人之间，常在一起的夫妻会产生视觉疲劳，很多人就会选择寻找刺激，好莱坞明星伊丽莎白·泰勒，一生就结了八次婚。

这一切都归结于大众审美，很多人总是对新奇的事物充满好感，总是想尽办法去尝试，可一旦尝试过后，他们会觉得乏味，于是就去寻找新的东西。要想提高自己的审美能力，就要避免喜新厌旧。在选择商品时，我们要进行理性的思考，看它们是否真的符合自己的要求。在进行文艺欣赏时，要以客观的心态去对待它，从中去寻找旧事物的美。在感情问题上，不要盲目地追求刺激，要用道德观和责任感、

聆听世界音乐颁奖会
啊 哦 啊 哦 诶 啊 嘶 嗚 啊 嘶 嗚

喜新厌旧是人的天性
还是看点新节目吧！
啊 哦 啊 哦 诶 啊 嘶 嗚 嘶 啊 嗚

提升美感力就要避免喜新厌旧
啊 嘶 嗚 啊 嗚 嘶 诶 哦 啊 啊 哦

攀比也是大众审美的一个特性
我的是LV的
LV

人们总认为越贵的东西就是越好的
我这个包包是世界上最贵的

平凡的事物也能找到美
我的包包只花了几十块钱，但它很漂亮不是吗？
LV

传统信条来约束自己。这样才不至于使自己迷失了个性，才能最大限度地提高自己的审美力。

☆ 不要盲目攀比

攀比也是大众审美的滞后性的一个重要方面。我们一直都生活在攀比中。在孩子没出生之前，家长们在攀比谁为孩子制造的生育环境好；在孩子很小的时候，家长们会比谁家的孩子漂亮，谁家的孩子乖。在生活中，攀比的例子比比皆是。特别是在消费这一方面，中国人在消费中更看重别人的看法和意见，更关注个人消费给周围人带来的影响。中国人不论富穷，不论贵贱，都有面子情结，也就是说自己购买的东西要体现自己的面子。这就形成了消费市场上的盲目攀比，怀有这种情结的大众想法是：别人有的东西我也要有，而且我的要比他的好；别人没有的我要有，而且越贵越好。这种攀比心理导致了畸形的消费现象，大众审美也出现了扭曲。这就导致了许多奢侈品大量出现，很多名贵的东西，甚至是高雅的艺术品大量出现，又被大量抛弃掉。

要消除攀比心理，就要看看自己所处的环境条件，是否允许自己做这样的事，是否可以很好地做这样的事。当发现自己的条件不吻合去完成攀比效果，就要自动放弃。要提高自己的审美能力，就要抛弃这种错误的做法，养成正确的审美观。时常提醒自己最贵的东西不一定是最美的，要在平凡的事物上寻找美。

是艺术品，还是垃圾

1969年，德国著名的概念艺术家波伊斯展出了一件标题为《浴缸》的装置作品，这件作品是一个儿童浴缸，它周身涂满润滑机油，并且贴满了一块一块的医疗用的胶布。在这件作品展出期间，德国社会党党部刚好在展览会场内举办地方党员大会。来布置会场的人员看到这个脏兮兮、并且贴满胶布的儿童浴缸，感觉十分不舒服，所以他们叫清洁工把这个浴缸清洗干净，之后，他们把洁净的浴缸搬到会场，然后在浴缸内放入了大量的冰块，把它当成冰啤酒的桶来使用。波伊斯知道了这件事情，十分恼怒，他到法院控告该市社会党的地方党部。结果是波伊斯胜诉，并得到了8万马克的赔偿金。对待同样一件艺术品，社会党党员认为它是垃圾，波伊斯却认为它是艺术品。造成这种现象的主要原因是审美误解，现代艺术正面临着各种各样的误解，艺术品的创造者和艺术品的欣赏者存在很大的对立性，因为艺术是艺术家个人意志的体现，是一种脱离了现实的审美活动，而艺术欣赏者是在用大众的眼光来对待艺术品，他们有时无法融入艺术家的内心。

☆ 注意！艺术品是艺术家精神的再造，不是垃圾

很多人不理解为什么有些东西明明是垃圾，却被当作艺术品。其实，要注意了，艺术品是艺术家的精神再造，是艺术家灵魂的体现，艺术家把艺术品当作精神寄托，努力在艺术品上表达自己的思想，这些被创造出来的艺术品往往具有丰富的内涵、深厚的底蕴，所以是一种艺术。凡·高世界闻名的作品《星夜》就是作者精神的再现，《星夜》展现了一个高度夸张变形与充满强烈震撼力的星空景象。整个画面线条粗糙，混乱不堪，画面上充斥着卷曲旋转的星云，星光被放大，显得十分耀眼，最重要的是画面上那一轮令人难以置信的橙黄色的明月，朦朦胧胧。整个画面充满了昏黄、迷离、喑哑的色彩。

《星夜》自1889年诞生以来，一直是学者们心中的难解之谜。对于这幅充满了象征意象的作品，凡·高几乎从未解释过其创作动机。艺术史学家多年来一直在猜测它的创作缘起，也由此产生了众多推测。但是猜测只是猜测，它永远都代表不了作者自己的思想。《星夜》是凡·高精神的再造，他是想通过这幅图画来表达自己对现实的想法。他或许是在表达一种消沉的情绪，这种情绪或许是郁闷，但更有可能是激愤！那轮从月食中走出来的月亮，暗示着某种神性；那夜空中蟠龙一样的星云，以及形如火焰的柏树，象征着自己在现实生活中的挣扎与奋斗的精神，整幅图画表现出凡·高躁动不安的情感。

这就是艺术品，赤裸裸的艺术家精神的再造。这种精神再造，完全是艺术家个人情感的宣泄，是艺术家在寻求表达内心情感的最好凭借。不管是绘画，还是音乐、雕塑，抑或是文学创作，都逃不开这种模式。正因为如此，艺术品才能形态万千，熠熠生辉。所以，即使看不懂也不要把这些艺术品当作垃圾，如果能学会欣赏这些艺术的美，那么你的美感力就达到一定境界了。

☆ 有时候排斥和批判也是美感力的一种体现

不管是以前，还是现在，很多人都会对所谓的艺术品产生误解。这种误解是可以理解的，因为艺术品是创作者个人意志的体现，他们用不为众人熟知的方式来创造自己的艺术品，有的时候他们创造的艺术品，还会脱离大众的正常审美眼光，甚至对正常人来说这种创造方式是荒诞的，不可理解的。就像《浴缸》，社会党员认为干净的浴缸才是最美的，而对于艺术家来说这就是对自己作品的损坏。所以，审美误解是造成“认为艺术品是垃圾”的重要原因。

对于普通大众来说，抽象艺术是不可理解的，他们认为简单的线条或者是几何图形就能称为是艺术品是比较可笑的，是不可理喻的。但是，对创作者来说，抽象艺术

波伊斯的艺术品《浴缸》

人们认为这个浴缸是垃圾
全是垃圾，洗干净装啤酒好了！

艺术品是艺术家精神的再造
整幅图画表现
了梵·高躁动
不安的情感

学会欣赏抽象艺术，美感力
将得到更大提升
油脂象征着温暖的灵魂

把艺术品当作垃圾是一种审
美误解
这种画谁都能画！
白色底子的黑方块
马列维奇

有时排斥与批判也是美感力
的一种体现
一点美感都没有，
让人感觉很不舒
服
无题

却是一种高雅的艺术，一种可以表现自己内心情感的艺术。

2010 年 5 月 22 日，《伟大的天上的抽象》在元典美术馆展出。这场中国当代抽象艺术的盛宴由国际著名策展人阿基莱·伯尼托·奥利瓦策划，这次展览是继中国美术馆八天的展览之后，再一次在元典美术馆开幕。这次展览，呈现的作品完全是抽象艺术的作品，在这次展览中，俄国艺术家马列维奇的作品是《白色底子的黑方块》，在这幅图画里，充满的是明明白白的方块，除了方块还是方块。很多人认为这种作品不能称为艺术，因为他们认为任何一个人都能画出这样的作品。他一直受到大多中国观众的误解，认为这是艺术家在无理取闹。其实，事实并不是这样的，马列维奇是至上主义艺术的奠基人，他在以抽象的符号艺术样式来表达对世界的不同看法与观点。

《伟大的天上的抽象》是中国当代抽象艺术一次畅快的宣泄，它暗合了老子“大象无形”的思想，呈现出不拘泥于一定的形态和格局的宏大气势。很多人会对抽象艺术产生误解，这其中的重要原因是审美观的不同，不是所有的人都明白抽象艺术，也不是所有人都能接受抽象艺术。如此，有人把艺术品当作垃圾就无可厚非了。

但要注意的是，即使把艺术当成垃圾，即使人们不能接受和理解这些抽象的艺术，并不代表人们没有品位和不懂审美，每个人都有自己所能接受的审美标准，不一定非要对任何事情都能接受，有时候排斥与批判也是美感力的一种体现。

学会欣赏经典的艺术，训练自己的眼光

在“对牛弹琴”的故事里，牛是没有美感力的，但是人也有感受不到美的时候，所以如果人想要获得美感，就要有感受美的能力，否则只能像“对牛弹琴”中的牛一样，面对高雅的艺术却没有任何的反应。如何提高自己的审美力呢？学会欣赏经典的艺术，在欣赏经典艺术中训练自己，可以说是一条非常好的捷径。

☆ 看戏看门道，审美讲诀窍

有人说，那么多种艺术门类，如果每一种都要欣赏太有难度了，尤其是要看出门道来就需要下很多工夫，这很容易让人知难而退的。其实审美是有诀窍的，尤其是想要提升美感力的人，可以适当找一些捷径。欣赏名画就是一种捷径。在所有的艺术门类中，看名画是最能提升美感力的。因为从古代开始，绘画的主要功能就是用来再现最美的场景。无论是人物画还是风景画，都在告诉人们最美的场景应该是怎样的。比如我们看古代仕女画中仕女娴静的姿态，就可以知道女性以什么样的姿态站立行走最美；而我们也可以从一些画室内陈设场景的画中了解到如何布置出更具美感的环境……总之，绘画可以较为全面地为我们提供艺术之美，这是其他艺术形式所无法做

欣赏经典的艺术有助于提升美感力

欣赏名画是一种捷径

找出名画中最具代表性的作品来训练眼光

梵·高是印象派的代表画家呢！

向日葵
梵高

要更多地了解经典艺术品美的原因

多听听专家对经典艺术品的评论更利于提升美感力

入睡的维纳斯
乔尔乔内

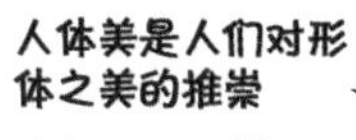

多看多了解名作就能学会观察和辨别美丑

到的。所以，想要提升美感力的人不必为是否要欣赏大量经典艺术而伤神，只要能看懂名画就能较好地提升自己的美感力。

☆ 找出能训练眼光的名画更有助于提升美感力

所谓的好眼光其实就是一种美感力。所以，要想拥有富于美感力的眼光，不仅仅是单纯地了解和欣赏名画就可以的，还要在欣赏过程中进行有意识的训练才行。

绘画是所有艺术门类中最有助于提升美感力的一种，所以我们就拿欣赏名画为出发点。有人可能会说，那么多名画都要欣赏吗？而且很多名画的创作时代与我们相去甚远，还能够帮助我们提高美感力吗？其实，欣赏名画也是讲究方法的，因为不是所有名画都具有代表性，所以就要找出名画中最具代表性的作品来欣赏。名画虽然创作年代有些已经很久远，但它们能提供一种艺术的感知。当我们熟悉了名画所提倡的那种美感后，也能慢慢从生活中筛选出最符合这种美感的物品。这是一种潜移默化的影响，只要见得多，多了解，就能轻松地从一堆事物中发现最符合美感的物品来。此外，名画能给我们提供一种观察模式。名画所绘制的内容大部分都是眼见景物的局部，甚至是一个细节。对于名画的欣赏，可以让我们更懂得从细处去观察生活。细腻的观察角度，能让我们发现更多的美，不仅了解名画所给予的美是怎样的，还能将其运用到生活中，使其成为自己的美感力。

☆ 多了解专家的评论更有助于理解经典艺术

很多人由于学习的领域不同，对于经典的艺术作品更是涉猎不深，这时候就需要再找一些途径了，比如通过专家的评论和鉴赏心得就比较有助于更深入地了解那些经典的艺术作品。我们依然以欣赏名画为例。由于名画是经过时间检验并被无数艺术家所推崇的精品，所以每幅画都会有很多的美术评论和鉴赏心得。了解这些评论，可以帮助我们更深入地去理解名画的背景和艺术家的初衷以及名画所采用的各种手法。

需要注意的是，有些名画因为太过知名，所以评论数不胜数，而有些评论又过于专业，还有些评论甚至相互矛盾，更让人难以理解。这个时候就需要人们通过另一些途径来化解这种障碍了。其中最好的方法就是去购买一些比较权威的介绍名画的书，不过要注意的是，大家在购买时不要贪图其中名画数量的多少，而应该看其中介绍的文字是否能够看懂，包含的内容是否丰富。一般来说，比较权威的好书其内容应该包括画家的介绍、画作的背景、画作的表现手法、画作的优秀之处等。

美感力测试之图形

图形可以说是事物形体的最简单概括，所以对图形的辨识能力和组合能力是人们所应该具备的一种很重要的美感力。通过下面的测试可以让你知道自己对图形含义和运动的理解，也可以知道自己在日常生活中是否懂得图形构图和搭配。

☆ 对图形美感力的基础测试

1. 在图中隐藏了一个图形，这个图形是什么？

A. 菱形　　B. 正方形　　C.X 形　　D. 圆形

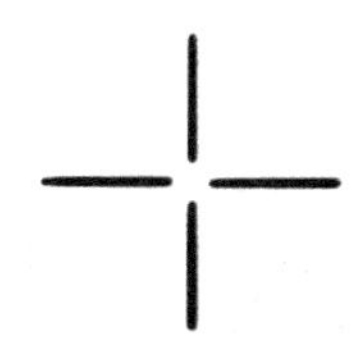

2. 下图哪两个图中两点距离相等？

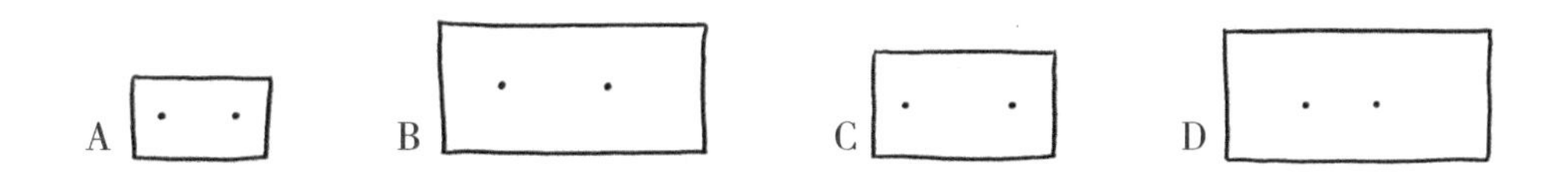

3. 下面的图形中哪两个图形的相似性最大？

A. 菱形　　B. 正方形　　C. 圆形　　D. 三角形

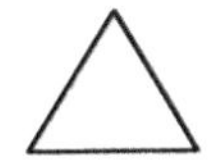
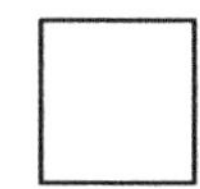
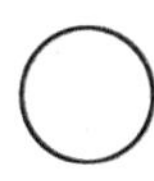

4. 在图中我们可以看到一个什么图形？

A. 正方形　　B. 圆形　　C. 梯形　　D. 菱形

5. 下面哪个图形最醒目？

6. 下面哪根 最能表达快乐？

7. 下面哪个图形最有动感？

8. 下面哪个图形最稳定？

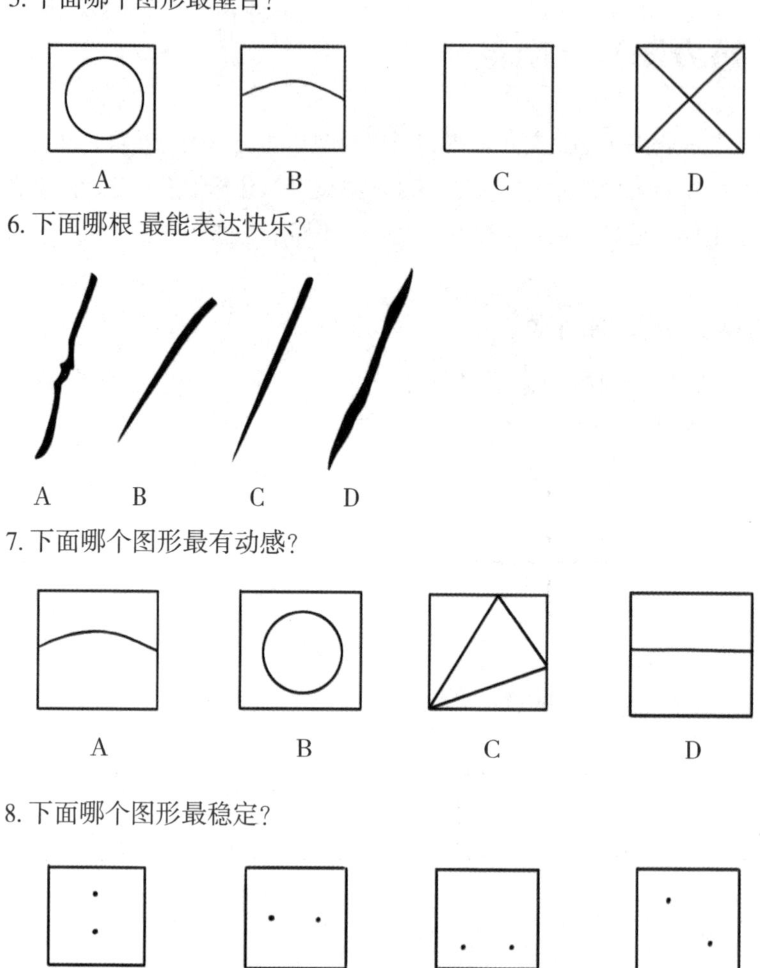

参考答案：

每题正确计 5 分，错误不计分。

1.B，该十字的中心是由一个正方形切出来的，能正确还原的可获得 3 分；D，能将十字中心看成圆形的人，具有更好的联想能力，可获得 4 分；C，如果还能看出 X 形的人，更有超越一般想象的能力，可以在前面的基础上再加 1 分，不过只看出 X 形的人则不计分。

2.A 和 D、B 和 C，框的大小会误导我们对点距的正确判断。

3.A 和 D，三角形可以直接从菱形中获得，所以两者的相似性最大，可以计 5 分；A、B，正方形可以变化出菱形。虽然形状一样，但特质发生了很大的变化，由中规中矩变得锋芒毕露，可以计 3 分。

4.A，虽然也可以在其他形状中获得这四个点，但只有正方形是最直观的。

5.C，根据最简单最醒目的原则，单一的正方形具有最高的醒目度，可以计 5 分；D，X 形代表的是禁止，不允许，用于提醒，应该具有很高的醒目度，可以计 3 分。

6.B，均匀而流畅的细线条，表示思虑中没有杂物，通常是用来表达轻快心情的工具，可以计 5 分；C，上粗下细的线条，更有一些得意的心情，可以计 4 分；D，两段粗线条，是有思虑的表现；A，颤抖的笔迹，是情绪激动的表现。

7.B，方框中的圆形是唯一没有与边界相靠的图形，能给人可以上下移动的感觉。A 中弧线的上方虽然没有靠着边界，但它能使人联想到大山，而获得了稳定感；C 中倾斜的三角形在没有方框的情况下是动感十足的，但由于有边框的固定，使其被固定住了。

8.C，我们可以将方框的底线看作地平线，事物只有靠近地平线才更为稳固，可以计 5 分；A，垂直于方框的两个点，可以让我们联想到有一根轴线与地面垂直，从而能获得较好的稳定性可以计 3 分；B，虽然两个点位于方框的中线上，有一定的稳定性，但其位置过高，容易给人悬空的感觉，所以稳定性较差，可以计 1 分。

得分：

30~40 分：如果你的分数在这个区间，那么恭喜你，你具有较高的图形美感力，能辨别图形的细微区别，还能体会其表达的含义。

12~29 分：如果你的分数在这个区间，那么说明你有基本的图形美感力，不过你对图形含义的理解力还有所欠缺，多了解一下各种图形及其放置方式所表达的内涵，就能增加你的图形美感力。

0~11 分：如果你的分数在这个区间，那么说明你的图形美感力有点糟糕，你可能常常无法体会一幅画究竟想要表达什么，对于现代艺术更觉得莫名其妙。但是不要担心，这些都是可以靠后天培养的。你可以通过多了解各种图形的性质，如何用图形来表达运动、情感的方法来提升自己的图形美感力。

☆ 对图形美感力的生活测试

1. 你和朋友来到一处景点，当朋友想坐在水边拍摄时，你会将其放置在照片中的什么位置？

A. 照片正中　　B. 照片侧面

C. 照片上方　　D. 照片侧下方

2. 当朋友想要与高大的雕塑合影时，你会为朋友选择什么位置？

A. 雕塑身上　　B. 雕塑前

C. 雕塑侧面　　D. 雕塑前的石阶上

3. 朋友们想要合影时，你喜欢怎样安排他们的位置？

A. 排排站　　B. 围坐在饭桌边

C. 随意站立　　D. 在高低错落的环境中或坐或站

4. 拍摄纯景物的照片时，你喜欢如何选择拍摄主题？

A. 当然是将眼睛看见的全都拍下来　　B. 觉得有意思的小景也要拍摄

C. 喜欢拍摄景物的细节部分　　D. 会注意将主要拍摄的景物与环境协调

5. 如果你穿了一条有竖条纹的裤子，会如何选择上身的衣服？

A. 穿没有花纹的　　B. 穿有竖条花纹的

C. 穿有横条花纹的　　D. 穿有圆弧花纹的

6. 如果上身穿了一件大摆的上衣，你会如何选择下装？

A. 穿大摆裙　　B. 穿热裤

C. 穿紧身裤　　D. 穿萝卜裤

7. 如果你佩戴了一条珍珠项链，会如何考虑与之相协调的搭配？

A. 戴珍珠耳环　　B. 穿有圆点的裙子

C. 穿有珠形饰物的鞋　　D. 拎线条圆润的手包

8. 有朋友来家中就餐，你在餐厅摆盘时，会选择怎样的餐具组合？

A. 圆形和椭圆形　　B. 圆形和方形

C. 正方形和长方形　　D. 只有圆形

参考答案：

1.C，将朋友放置在照片上方，能展示更多的水面，尤其在利用竖式构图时，能取得非常突出的效果，可以计 5 分；B，将朋友放置在照片侧面，能符合黄金分割率，是较好的构图方式，可以计 3 分；D，将朋友放置在照片侧下方，突出的是背部的景物，虽然能更好地将人物融入景中，但忽略了水景，可以计 2 分。A，将朋友放置在照片正中是最中规中矩的构图，可以计 1 分。

2.D，让朋友坐在雕塑前的石阶上，可以通过镜头的远近来调节朋友与雕塑的关系，是最好的位置，可以计 5 分。B，C，由于雕塑高大，无论让朋友站在雕塑的前方还是侧面，都会让朋友显得过小，不过这也能表现出雕塑的高大，可以计 1 分；A，虽然这种方法能让朋友和雕塑紧密结合，但是可能会破坏雕塑，是非常不文明的做法，因此不能计分。

3.D，在高低错落的环境中或坐或站，既能制造聚合感，又让人物随意而自然，能拍出最好看的合影，可以计 5 分；B，围坐在饭桌边能让人物形成方形或圆形，增加人物的聚合感，可以计 4 分；C，随意站立可以制造随意自然的效果，但是人物之间容易有所疏离，如果把握不好，很难拍出好看的画面，可以计 2 分；A，排排站是最简单、最基本的合影方式，可以计 1 分。

4.A，不加区别地拍摄眼前景物，能获得景点的基本记录，但不容易获得美感，可以计 1 分；B，喜欢拍有意思的小景，就能记录下让自己感兴趣的场景，可以再加 1 分；C，喜欢拍摄细节，说明有细腻的观察能力，可以再加 1 分；D，懂得拍摄景物与环境的协调，说明有整体构图的能力，可以再加 2 分。

5.A，在流行简约的今天，服饰最好能体现简约之美，所以竖条纹的裤子如果搭配没有花纹的上衣，就能将上衣的单纯和下装的线条都突显出来，是最出彩的搭配法，可以计 5 分；B，用竖条纹搭配竖条纹，是最中规中矩的搭配法，能使人纤长有精神，不过可能会略显刻板，可以计 2 分；D，圆弧花纹有让线条变得活跃的作用，也打破了竖条纹的呆板气，是有创意的搭配法，可以计 3 分；C，横条纹加竖条纹，是件很恐怖的事，除非上装的横条纹很少，否则就会制造小丑的效果，只能计 1 分。

6.B，C，下身紧凑，能突出上装的形状，是非常好的搭配，都可以计 5 分；D，萝卜裤是宽大的下装，配大摆衣服，很容易形成胖灯台的形状，不过一些身材纤长的女性，也可以将其穿出风格，可以计 3 分；A，大摆裙配大摆上衣，让两个大摆重叠，使整个人变成了一棵圣诞树，其形象臃肿，不精神，缺乏韵味，不能计分。

7.D，有时候搭配不一定非要用同样的形状，线条圆润的手包同样能表现珍珠圆润的主题，这是更为高明的搭配法，可以计 5 分；B，用圆点裙子来配珍珠项链，能让上下有所照应，是很不错的搭配法，可以计 3 分；A，用珍珠耳环配珍珠项链，当然是很经典的搭配法，可以计 2 分；C，虽然从道理上可以用戴有珠形饰物的鞋来搭配珍珠项链，但珍珠素有雅致的感觉，不适合过于复杂的搭配，所以这样搭配是不适宜的，不计分。

8.B，圆形和方形的餐具在形状上有很大的差异，能给人惊艳的感觉，可以计 5 分；C，正方形和长方形的餐具过于方正，形状也过于近似，缺乏应有的变化，但由于很少使用这样的形状，也能给人耳目一新的效果，可以计 3 分；A，圆形配椭圆形餐具，是传统的搭配方式，虽然能让餐桌有所变化，但形状过于相近，很难从中感受出特别来，可以计 2 分；D，只有圆形的餐具是最呆板的摆盘方式，只能计 1 分。

得分：

29～40分：如果你的分数在这个区间，那么看来你是图形美感大师，在生活中注重品位，是懂得装扮生活的人。

11～28分：如果你的分数在这个区间，那么恭喜你，你已经具有基础的图形美感力，追求中规中矩，不过有时为了追求突破，反而做出了弄巧成拙的效果，这得多加小心才是。

4～10分：如果你的分数在这个区间，那么看起来你的构图能力和搭配能力有些差，需要设法加强才行。

美感力测试之色彩

色彩具有很强的醒目性，人们很容易利用它来表达感情，所以是否拥有足够的色彩美感力，在生活中总是比较容易显现出来。通过下面的测试题你就可以清楚地了解自己的色彩美感力达到了什么程度。

☆ 对色彩美感力的基础测试

1. 下面哪个颜色不是三原色？

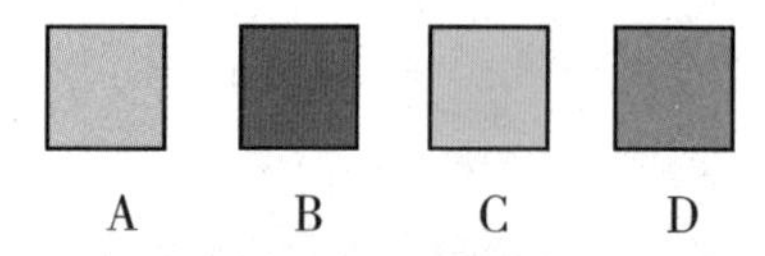

2. 下面哪个颜色不能由三原色调配得到？

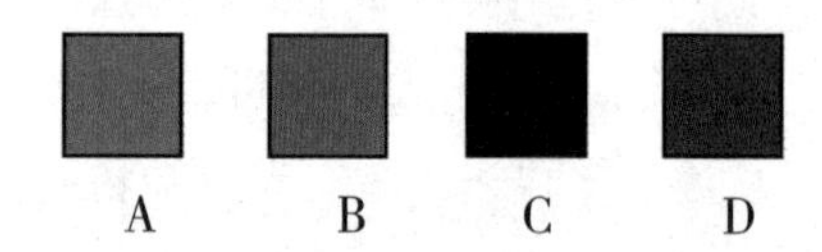

3. 下面哪种颜色最耀眼？

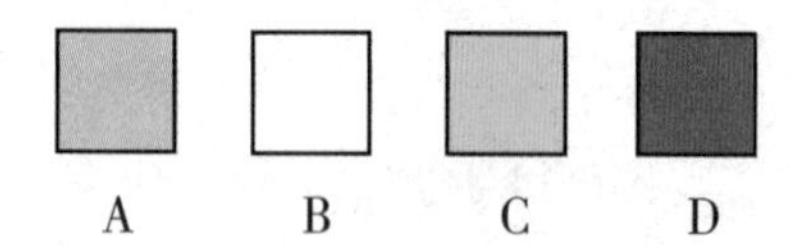

4. 下面哪个颜色最醒目？

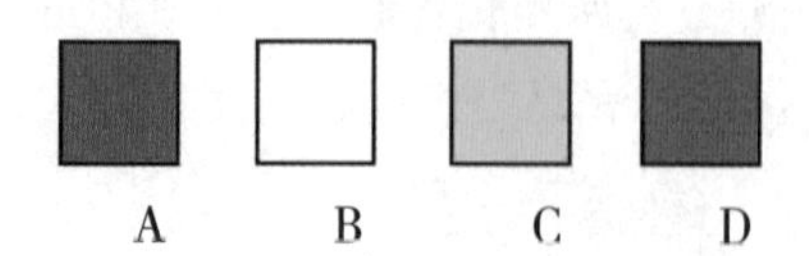

5. 下面哪种颜色不属于补色?

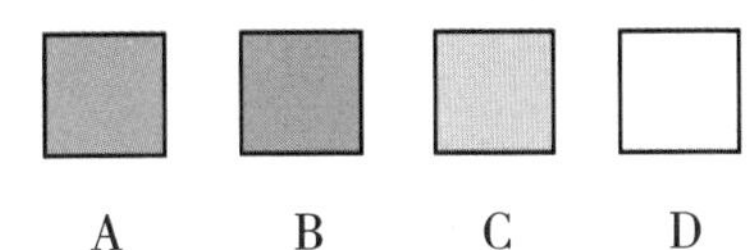

6. 穿什么颜色的衣服容易让人烦躁?

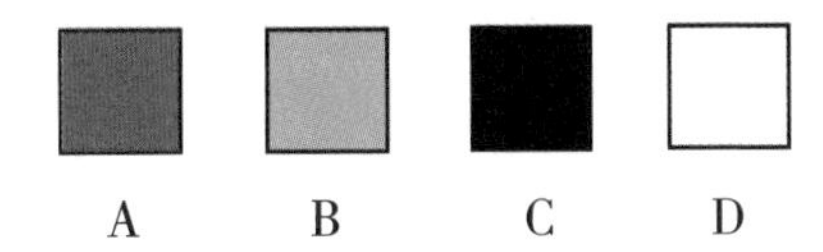

7. 什么颜色有利于睡眠?

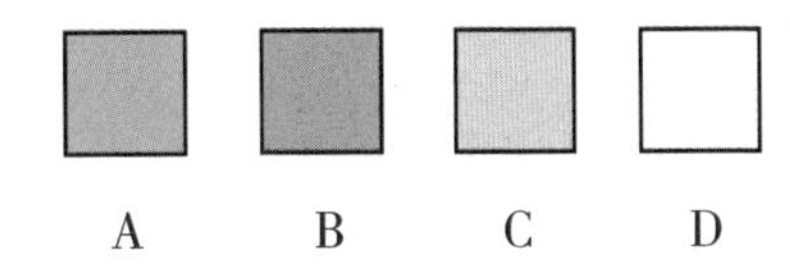

8. 穿什么颜色的衣服最热?

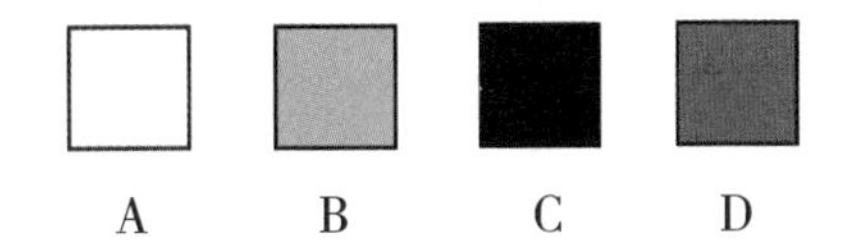

9. 放在书架上层的纸箱最好用什么颜色?

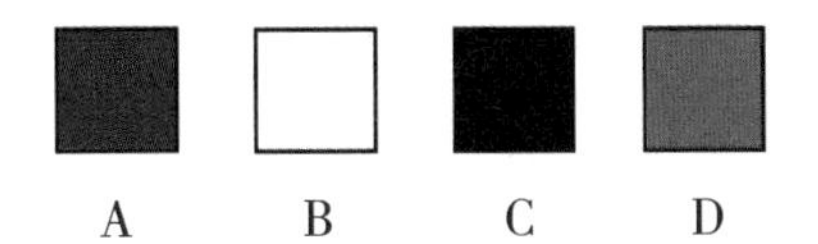

10. 下面哪种图中颜色跟是一种颜色?

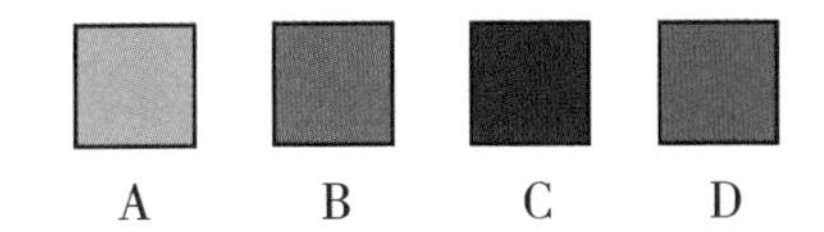

参考答案:

每题正确计 5 分，错误不计分。

1.D，三原色是红、黄、蓝。

2.C，虽然原则上三原色可以调配出黑色，可实际上只能得到灰褐色，不可能得到纯粹的黑色。

3.B，白色是所有颜色中反射率最高的颜色，所以会给人耀眼的感觉。

4.D，红色的波长最长，所以最醒目。

5.D，补色是色彩环中相对的颜色。

6.A，红色刺激性强，容易引起人烦躁的心情。

7.A，蓝色有镇定的作用，能利于睡眠。

8.C，黑色能最大限度地吸收光能，所以最热。

9.B，颜色能给人重量感，如果将深色的纸箱放在书架上层，会使书架有头重脚轻感，所以最好在书架上层放置浅色纸箱。

10.B，颜色会根据环境而发生变化，只有明白这一衍色原理，才可能对颜色做出正确的判断。

得分：

40~50 分：如果你的分数在这个区间，那么说明你拥有较好的色彩知识，有不错的色彩美感力。

15~35 分：如果你的分数在这个区间，那么说明你拥有基本的色彩知识，懂得简单地运用色彩，但还缺乏对颜色的准确辨识能力。

0~10 分：如果你的分数在这个区间，那么看来你不是没认真上过美术课，就是没有看过本书的色彩章节。多学一点色彩知识，这样你就不会在下次挑选颜色的时候手足无措了。

☆ 对色彩美感力的生活测试

1. 生活中哪种颜色搭配的帽子最引人注目？

A. 红帽白边　　B. 蓝帽黄边

C. 紫帽黄边　　D. 黄帽红边

2. 如果你穿了一件红色的连衣裙，可以配什么颜色的鞋？

A. 红色　　B. 黑色

C. 金色　　D. 绿色

3. 当你心情沮丧的时候，最好穿什么颜色的衣服？

A. 红色　　B. 橘色

C. 蓝色　　D. 黑色

4. 如果你想在宴会中成为焦点，你将如何搭配服装的颜色？

A. 穿单一颜色的衣服　　B. 搭配撞色的衣服

C. 穿花纹明显的衣服　　D. 穿色彩明亮的衣服

5. 当你穿着冷色系衣服时，可以选用哪种颜色的口红？

A. 圣诞红　　B. 桃红

C. 橘红　　D. 紫红

6. 生活中什么颜色的手提包利用率最高?

A. 黑色　　B. 褐色

C. 白色　　D. 红色

7. 什么颜色的餐厅适合全家人一同就餐?

A. 暖色系　　B. 冷色系

C. 以白色为主　　D. 以灰色为主

8. 卧室装修一般可以选用什么颜色?

A. 黄色系　　B. 红色系

C. 蓝色系　　D. 白色系

9. 菜肴如何搭配颜色才更受欢迎?

A. 红色配绿色　　B. 绿色配黄色

C. 黄色配白色　　D. 红色配黄色

10. 什么颜色利于减肥?

A. 红色　　B. 黑色

C. 紫色　　D. 蓝色

参考答案:

1.A，红色是醒目的颜色，白色是反射率最高的颜色，它们在一起能够制造非常好的吸引效果，可以计 5 分; B，蓝色和黄色是补色，它们能通过对比突出对方，加上很少有这样的搭配法，所以也很惹眼，可以计 4 分; C，紫色和黄色分别属于冷色系和暖色系，有很强的对比效果，加上紫色的神秘和黄色的活跃，也能吸引不少眼球，可以计 2 分; D，黄色和红色都属于暖色系，色彩协调又活跃，可以计 1 分。

2.C，金色又贵气，又耀眼，与红色非常搭配，是突破固定成规的搭配法，亮眼度非常高，可以计 5 分; A，红色配红色，当然是最经典的搭配法，可以计 4 分; B，黑色的鞋可以与头发的色相协调，又能起到稳定重心的作用，是较好的搭配法，可以计 2 分; D，绿色是红色的补色，俗语有“红配绿，丑得哭”的说法，它们很难形成美观的搭配，因此不能计分。

3.B，橘色是活跃的颜色，它温暖而不刺激，能慢慢地将人带离不佳的心境，可以计 5 分; A，红色是积极的颜色，有调整沮丧心情的力量，不过红色的刺激过于强烈，有时也可能引发反效果，可以计 3 分; C，蓝色是忧郁的颜色，会加重阴郁的心情，不能计分; D，黑色是沉闷的颜色，会给心境带来极大的负面作用，不能计分。

4.A，穿单一颜色的衣服有非常亮眼的效果，是最佳的宴会打扮，可以计 3 分; D，明亮的色彩能引人注目，是成为焦点人物最简单的选择，可以加 2 分; C，花纹具有使人活跃的作用，不适合宴会这样的正式场合，不能计分；B，将两种补色进行搭配，具有吸引眼球的效果，但一旦搭配的量不协调，就会变成小丑，宴会是正式的场合，不适合过于活跃的装扮，因此不能计分。

5.B，D，桃红和紫红分别属于浅色和深色的冷色系化妆色，是冷色系衣服的最佳搭配，可以计 5 分；A，圣诞红是非常纯正的红色，在妆容色彩中，它既可以与暖色系协调，也能与深色的冷色系协调，可以计 2 分；C，橘红是典型的暖色系，无法与冷色系服装调和，不能计分。

6.C，白色除了在葬礼一类特定的场合不适合外，几乎可以在任何场合下使用，它还具有调节服装沉闷气氛的作用，又不会太过招摇，是最具利用率的手提包颜色，可以计 5 分；B，褐色的适应力非常强，它能与更多的色彩搭配，但它仍然过于深沉，很难出席活跃的场所，可以计 3 分；A，黑色具有很大的适应性，但它在面对较浅的活跃色彩时，会显得刻板而无法与之搭配，能发出亮光的黑包能满足这一条件，却无法适应正式场合，只能计 2 分；D，红色也具有活跃气氛的作用，不过它太过招摇，不能与浅色衣服搭配，在非常严肃、正式的场合也不适合，所以只能计 1 分。

7.A，全家人就餐一定要在温暖的环境中进行，暖色系就是最佳的选择，可以计 5 分；C，白色能突出食物的洁净和色彩，可以计 3 分；B，冷色系会让家人的关系冷淡，减少食欲，不适合作为餐厅的主色，不能计分；D，灰色虽然不容易脏，但会导致餐厅光线昏暗，不利于食欲，不能计分。

8.A，卧室是睡觉的地方，应该给人温暖而安全的感觉，黄色系是最佳的选择，可以计 5 分；C，蓝色具有安定神经的作用，是非常利于睡眠的，不过蓝色对于体质弱的人来说，过于寒冷，不一定适合，可以计 3 分；D，白色是最少表达情绪的颜色，可以使用在卧室中，不过白色过于亮眼，不太适合需要睡眠的环境，所以只能计 l 分；B，红色虽然属于暖色，但对于需要安心睡眠的场所来说，红色系刺激过强，容易导致失眠、噩梦，不能计分。

9.A，红色配补色绿色，能将对方的色彩加深，更能刺激食欲，是最佳的菜肴搭配，可以计 5 分；8，黄色是暖色，绿色中有冷色蓝色的成分，冷暖色的对比也能让菜肴亮眼，可以计 3 分；D，红色和黄色都是暖色，能引起人的食欲，不过颜色过于相近，容易给人太过之感，可以计 2 分；C，黄色和白色在一起，不能将其色彩进行充分的表达，会使菜肴的颜色寡淡，只能计 1 分。

10.C，D，紫色和蓝色都是冷色，具有降低食欲的作用，是非常好的减肥色，可以计 5 分；B，黑色是收缩色，能使人看上去更瘦，但并不能起到减肥的作用，可以计 1 分；A，红色是扩张色，又能刺激食欲，是最不利于减肥的颜色，不能计分。

得分：

31~50 分：如果你的分数在这个区间，那么说明你有很好的色彩美感力，能灵活使用色彩。但是如果你想要精益求精，可以进一步研究色彩学，掌握相近色彩的不同特性和各种色彩搭配法。

16~30 分：如果你的分数在这个区间，那么说明你拥有一定的色彩知识，也懂得基本的色彩搭配，但有时想要突破创新反而会出现弄巧成拙的情况。你应该沉下心来深入了解色彩的各种特性，还应该了解色彩使用的习俗，才能对色彩灵活把握。

3~15 分：如果你的分数在这个区间，那么看来你对色彩很不了解，在生活中将颜色使用得一塌糊涂。所以你要多看看色彩部分，加强自己的色彩知识，才能改变现状。

美感力测试之空间

所谓的空间美感力是对空间的认知能力。一般来说，如果你在中学时立体几何学得好，一般空间感就好。如果你在生活中是个路盲，就很可能缺乏空间辨识能力。在美学中，能否感受到空间的能力，关系到是否能欣赏和创造空间美。通过下面的测试题就能测试出你的空间美感力的强弱。

☆ 对空间美感力的基础测试

1. 下面哪幅图有立体感？

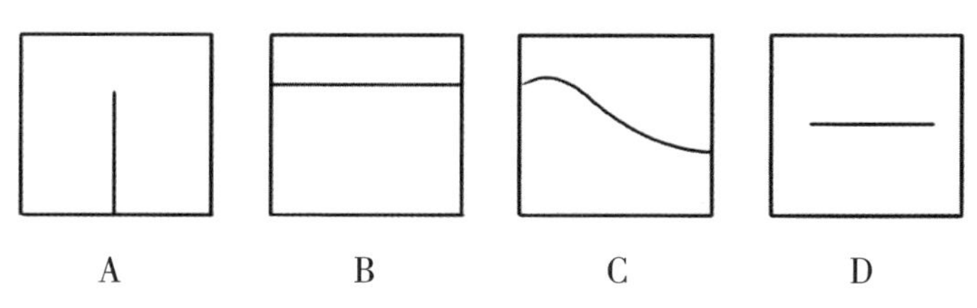

2. 下面哪幅图缺乏立体感？

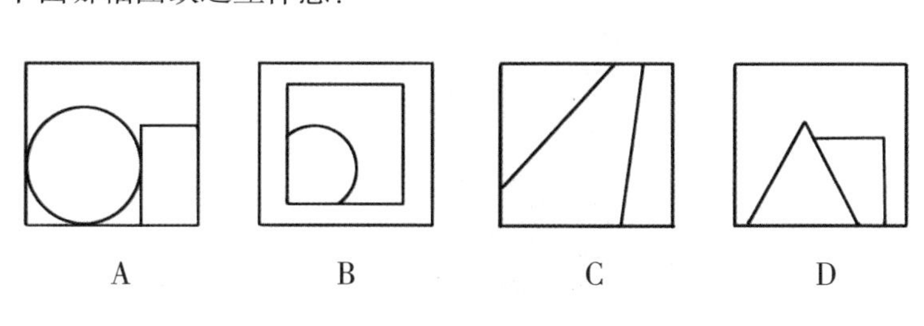

3. 下面哪幅图有正常的空间逻辑？

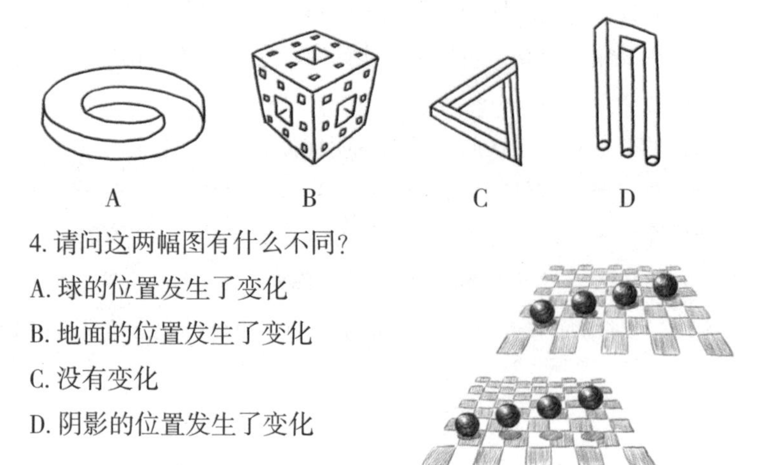

4. 请问这两幅图有什么不同？

A. 球的位置发生了变化

B. 地面的位置发生了变化

C. 没有变化

D. 阴影的位置发生了变化

5. 米开朗琪罗认为雕塑要具有螺旋形才有动感，图中哪尊雕塑较为充分体现了该要素？

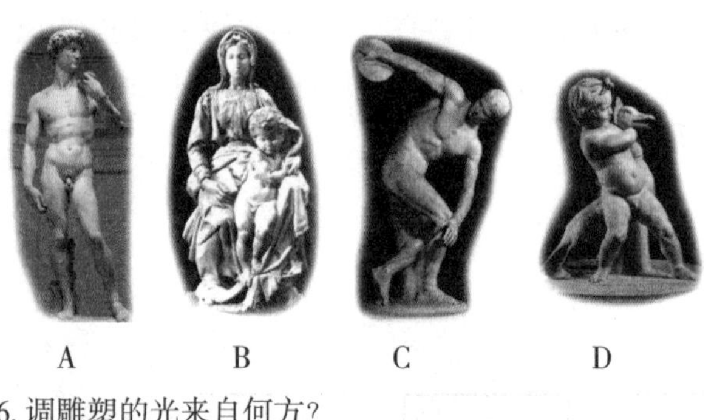

6. 调雕塑的光来自何方？

A. 画面右侧方

B. 画面左侧方

C. 画面右侧上方

D. 画面左侧上方

7. 舞台可以利用什么来增加空间感？

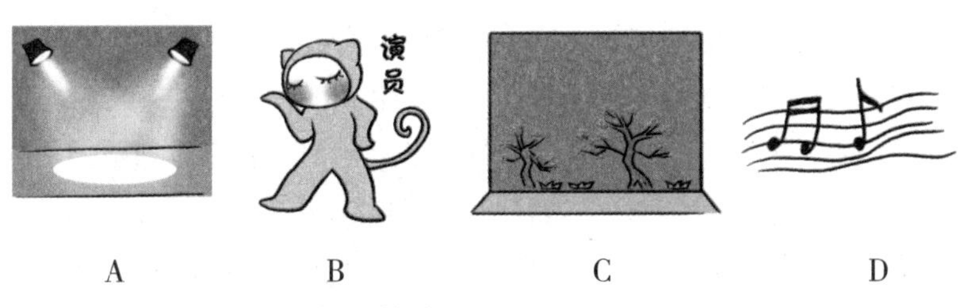

8. 哪种绘画技巧不能增加立体感？

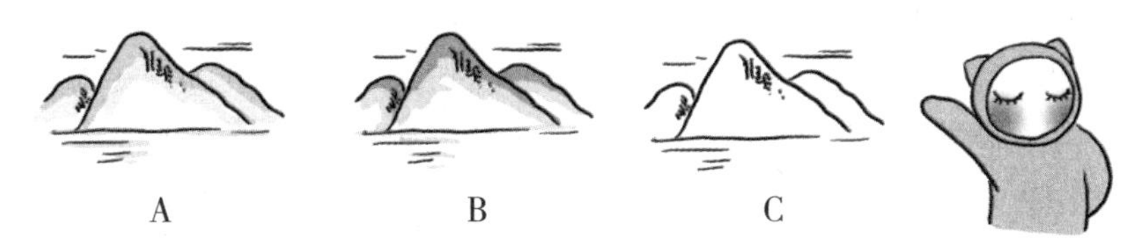

参考答案：

1.D，方框中的线条没有与边框相连，能产生线条飘浮在空中的感觉，立体感很强烈，可以计 5 分；A，方框中的线条与边框有一边相连，容易给人直线立在地面的感觉，可以计 3 分；B，C，方框中线条的两段都与边框相连，无法形成立体感，不能计分。

2.A，该图是两个图形并列在一起，无法形成前后的立体感，计 5 分；B，该图中间的框和边框组合成一个窗户模型，不完整的圆仿佛藏在窗户后，形成了立体感，计 5 分；C，虽然两根线条都连接了边框，但这两根有角度的直线，很容易使人理解为透视的水平线，从而具备了立体感，计 3 分；D，该图使用了重叠手法来制造立体感。

3.B，该图像中没有不符合空间逻辑的地方，是被镂空的立方体，可以计 5 分；A，C，D 三个图形都是不可能在现实生活中出现的，这些图像的诞生是利用了平面的立体错觉。

4.A，第二张图中的球看起来仿佛飘浮了起来，并从原来的斜排变为了横排，可以计 5 分；D，之所以第二张图中的球看起来发生了空间位置的变化，其根本原因就在于阴影的位置发生了变化，但如果能察觉这一点，而不能察觉球的位置变化，只能说明具备图形辨识的能力，但缺乏空间辨识的能力，可以计 2 分；B，看地面的格子可以知道，四个球对应地面的格子是没有发生变化的，所以地面位置没有变化。

5. 首先大家应该知道，螺旋形是所有单线条的平面形状中，最具立体感的形状，雕塑对其的运用用并非简单的复制，而是指雕塑造型要给人旋转的感觉。B，《圣母》中，人物正襟端坐，就连头部也没有向任何一方倾斜，拥有静穆之美，不过她前面的孩子仍然采用了螺旋形的动态造型，来表现孩子的活泼，可以计 5 分；C，《掷铁饼者》中，人物以自身为轴线，有向右方旋转的动感，计 3 分；D,《抱鹅的少年》是以鹅与少年之间的中心点为轴线，有向左方旋转的动感，计 3 分；A,《大卫》看上去是静止的站立姿势，但他向右侧的头部，显示其有向右旋转的趋势，他的左脚也非承重脚，向前方轻点的姿态也在预示旋转的动态，可以计 2 分。

6.D，在画面的左侧上方有一盏主灯照亮了整个雕塑，突出了衣服皱褶的阴影，可以加 3 分；B，在画面的左侧方有一盏灯照亮了雕塑的侧面线条，这盏灯能够从基石的侧面观察到，可以计1分；A，在画面的右侧方有一盏辅灯照亮了雕塑的腹部，使雕塑的正面细节得以展示，可以加1分；C，在画面的右侧上方没有灯光，雕塑左侧肩膀的阴影可以说明问题。

7.A，在舞台上光线可以从很多方面来增加空间感，是最有利的空间制造手法，可以加 2 分；C，利用布景使舞台层次丰富是制造空间感最直接的方法，可以计1分；D，声音的远近，也能让舞台空间感得到加强，可以加 1 分；B，演员的运动和数量也是空间感的表现手法之一，可以加 1 分。

8.D，对人物进行特写，会减弱环境对立体感的影响，并不能增强立体感，计 5 分；C，现实中越远的景物，细节越模糊，此方法能增强立体感；A，现实中颜色会随着距离变得浅淡，此法能增加立体感；B，现实中空气会使远处的颜色偏蓝，灰蓝色通常是远处景物的颜色，此方法能增加立体感。

得分：

27~40 分：如果你的分数在这个区间，那么恭喜你，你有很不错的空间感受能力，并懂得如何进行空间布局。

11~26 分：如果你的分数在这个区间，那么说明你拥有基本的空间知识，不过在感受和运用方面较弱。

1~10 分：如果你的分数在这个区间，那么看来你对空间感的基本知识缺乏认识，很难理解艺术作品的空间之美，需要通过学习来加强。

☆ 对空间美感力的生活测试

1. 在你的房间中有一堵墙可以用来摆放柜子，你会如何布局？

A. 全部做成柜子　　B. 使用一排矮柜

C. 摆放高低错落的柜子　　D. 利用柜子和隔板的组合

2. 在下面选项中不能让小房间看起来更大的方法是什么？

A. 用冷色系刷墙　　B. 使用浅色家具

C. 开大窗户　　D. 用深色地板

3. 如果你的房间过长该如何布局?

A. 买更大的家具　　B. 多摆放家具

C. 将其隔成两个房间　　D. 布置成两个空间

4. 怎样的光线布局不利于增加狭窄空间的空间感?

A. 使用一盏灯　　B. 使用多盏灯

C. 使用壁灯　　D. 使用射灯

5. 怎样才能让照片更有立体感?

A. 利用前景　　B. 利用光线

C. 增加景深　　D. 增大光圈

6. 以下哪些镜头可以增加镜头的空间感?

A. 广角　　B. 长焦

C. 微距镜头　　D. 大光圈人像头

7. 用 DV 拍摄一间房屋时，怎样才能表现房屋的空间感?

A. 将镜头从房间的左侧晃到右侧　　B. 站在房屋中间旋转拍摄

C. 带着摄影机从门口进入逐一拍摄　　D. 站在某一边让人在屋里前后左右移动

8. 怎样设置 DV 拍摄机位可以增加空间感?

A. 与眼平行的机位　　B. 仰拍机位

C. 俯拍机位　　D. 慢摇机位

参考答案:

1.D，柜子和隔板的组合，使空间得到有效利用的同时，又减少了空间的拥挤感，是最佳的选择，可以计 5 分; C，高低错落的柜子让空间感富于变化，是不错的选择，可以计 4 分; B，矮柜虽然能增加空间感，但浪费了空间，只能计 2 分; A，将整堵墙做成柜子，是非常实用的空间利用法，但将空间全部占据，大大缩减了房间的空间感，只能计 1 分。

2.D，深色地板会加重地面的厚实感，反而会令小房间显得拥挤，计 5 分; A，冷色系有后退的作用，能增加空间感; B，浅色的家具能削弱其体积的实在感，从而增加空间感; C，开大窗户让阳光透进来，也能增加空间感。

3.D，利用隔断、矮柜、博古架、植物、窗帘等物品将房间隔为两个空间，进行功能的分区，既能有效利用空间，又让房间富于变化，还不会过多影响光线，是非常好的空间布局法，可以计 5 分; C，将其隔成两个房间能有效利用空间，但很可能造成里间房屋光线摄入不足，可以计 3 分; A，B，买大家具和多摆放家具都能让空间充实，是解决房间过于空旷的办法，可以计 1 分。

4.A，空间狭小的环境，如果只有一盏灯照明，会使空间更加缺乏变化，不利于增加空间感，可以计 5 分；B，使用多盏灯，可以从多角度、多侧面去照亮空间，制造复杂的光影变化，让空间层次变得丰富；C，使用壁灯能利用侧光源照亮事物的轮廓，增加空间感；D，使用射灯能照亮局部墙面，增加墙面空间的立体感。

5.A，前景能给照片加个框，制造画中有画、景后有景的效果，能增加立体感，可以计 2 分；B，利用侧光、逆光都能增加物体的阴影，从而得到丰富的立体效果，可以加 2 分；D，增大光圈能缩小景深，使远处的景物模糊，从而突出主要拍摄对象的立体感，可以加 1 分；C，增加景深其实是让更大范围的景物变得清晰，缺乏对比的画面，也缺乏立体感。

6.A，广角可以拍摄到更宽视角的照片，令空间感得以增强，可以计 2 分；C，微距镜头能将细微的事物拍得更清晰，并获得更大的照片，能增强空间感，可以加 2 分；D，大光圈人像头是专门利用大光圈缩短景深来拍摄人像的，模糊背景正好能增加画面的立体感，可以加 1 分；B，长焦镜头能拍摄远距离事物的特写，但它也降低了空间对比。

7.D，机位不动，但利用人的运动，更能制造身临其境的空间感，可以计 5 分；C，带着摄影机移步换景地拍摄，能获得很好的动感，对空间的展示也非常清晰，可以计 3 分；A，B，无论从左晃到右，还是原地旋转，都能表现空间感，但手法过于单一，只能计 1 分。

8.B，C，俯拍和仰拍都能获得很好的立体空间效果，可以各计 2 分；D，慢摇机位其实类似于移步换景的变换机位，不过它可能会有上升、下降的变化，也可能包含了俯拍、仰拍，能有效增加空间感，可以加 1 分；A，与眼平行的机位过于平板，容易导致画面缺乏立体感。

得分：

27 ~ 40 分：如果你的分数在这个区间，那么说明你有很好的空间美感力，懂得如何利用空间和调配空间，有成为空间大师的潜质。

9 ~ 26 分：如果你的分数在这个区间，那么说明你有基本的空间美感力，希望拥有空间驾驭的能力，不过那还需要增加空间布局的能力才行。

2 ~ 8 分：如果你的分数在这个区间，那么说明空间布置肯定是你的弱项，要想提升你的空间美感力，还得从基本的空间认知开始。

第二章 每天提升一点美的发现力

学会发现身边的美

刚学摄影的人总会觉得自己拿起相机不知道该拍什么，其实能让你拍摄的内容很多，著名雕塑大师罗丹曾经这样说过："生活中并不缺少美，缺少的是发现美的眼睛。"生活的确如此，摄影者不能把美仅仅局限于山水天空、花草树木、帅哥靓女……还有那些平时见惯却都不大在意的静物，它们同样蕴藏着美——含蓄的美，是需要摄影者去发现感悟的。不仅仅是摄影者，生活中很多人明明都能看得见却总是不能发现生活中的美。那么，如何才能学会发现生活中的美呢？

☆ 美在平常的视觉

"有的时候，我心中呼唤，让我再看看这一切吧，哪怕是一秒钟也行。单单是摸一摸，大自然就给了我这么大的欢乐，假如能够看清楚的话，那应该会有多大的兴奋啊！可是，那些看得见的人却什么也看不到。那充满了这个世界的五彩缤纷的景色和千娇百媚的表演，都被视为自然而然的事情。人就是有点怪诞不经，往往轻视已为我们所拥有的东西，却去梦想那些我们不曾拥有的东西。在一片光明的世界中，只把视力的天赋视为一种使生活充实起来的手段，这是多么的可惜啊！……假如对于那些在他们面前滑过而不曾引起关注的东西他们能真正看明白的话，那么，他们的生活就会平添许多绚丽多姿的快乐和情趣。对于他们身上那些处于沉睡状态的懒散的感官，他们应当努力去把它们唤醒过来。"这是海伦的《假如给我三天光明》中的一个选段。通过这段文字，我们可以很明确自己之所以往往不能发现自己生活中的美，是因为不重视自己已经视为平常的视觉。而就是最平常的东西，对于看不见的海伦都是一种奢求。

事实上，每件事物身上都可能蕴含着美，只不过它们或隐或显，有时可能要在某些机缘之下才能表现出来。比如，餐后的盘子可能十分脏，当我们将其洗干净时，盘子在水滴的映衬下，显现出洁净之美来；一只喝光了酒的红酒瓶可能并不美，可当阳光正好透过它，在地上映现出亮眼光斑时，我们就可能发现红酒瓶的材质之美。

生活中的美常常来自一些细小的事物，但是因为人们觉得太过平常，所以常常会被忽略。《华严经》说："一花一世界，一叶一如来。"这告诉我们，虽然是说佛土中的花，但从佛陀的拈花微笑中，我们可以知道，这里的一花、一叶更指大千世界任何细微事物。我们可以走过名山大川来感悟世间变化，也可以通过一花一叶的变化感悟得到。细微之处所包含的是更广阔的美。

可见，美随时可能出现在身边最平凡的事物上，只要我们能时刻带着发现美的眼睛，从细微之处去观察世界，多多珍惜平凡的美，就能有所收获。

☆ 美在美的思考

很多平凡事物的美有时可能不能从表象上看出来，所以在看细微事物的时候，我们不能只是看，而应该更多地思考。很多人不能欣赏绿叶上七星瓢虫的美，是因为从不会思考七星瓢虫的一团红色在叶子绿色的补色下会变得尤为突出；很多人不能欣赏水滴在光线照射下的珠光的美，是因为不会思考如此细小的水滴也能折射出太阳的辉煌；很多人不能欣赏一朵小花盛开的美，是因为不会思考柔弱的生命绽放绚烂的瞬间；很多人不能欣赏盘子上呈现出花朵图样的油渍的美，是因为不会思考这种巧合中的奇迹。如果人们养成善于这样思考，养成一种美的心态，不仅能让自己获得更多的感悟，还能让自己养成为细节而思考的习惯。

☆ 美在拥有内在的眼睛

前面我们提到过，英国伦理学家、美学家夏夫兹博里认为人们拥有着除了通常的五官之外的"内在的眼睛"。他还认为世界是"神的艺术作品"，整体和谐，节拍完整，音乐完美。恶和丑只是部分的，它们的功用在于衬托整体的和谐。人们对善恶美丑的分辨既然是直接的，所以就是自然的，即天生的；分辨的动作既是自然的，分辨的能力本身也就只能是自然的，即天生的；人心并不像洛克所说的生来就只是一张白纸。虽然这不免戴上了一副有神论和经验主义的眼镜，但是练就一双"内在的眼睛"对审美来说却是不可缺少的。

人们要想学会发现身边的美，还要善于擦亮自己内在的眼睛。推崇现代禅学的赛斯在其《梦与意识投射》一书中提供了一种独特的练习方式，其步骤如下：

第一，找一个能够允许你仔细观察自己的环境。

该拍些什么
才好呢？

生活中并不缺少美，缺少的是发现美的眼睛

每件事物身上都可能蕴含着美，只不过或隐或显
你看那个不是很美吗？

细微之处所包含的是更广阔的美

养成为细节而思考的习惯就是一种美的心态

我们要唤醒内在的眼睛，去发现身边的美

第二，用心去感受那个环境的一切，用内在感觉去触摸一杯水、一棵树、一朵花、一根枝杈、墙壁、空气，试着用你心中的触觉去感受它，而非外在感官。

第三，比较它们在你内心感受的差异性，譬如两株不同的小草，会让你产生不同的感觉。

第四，想象你变成它们，变成一棵树、一株小草。

赛斯认为所有物质都有其意识，只要我们要试着用心感受它们，就能发现它们的美。因为我们日常生活中太习惯以外在感官（听觉、视觉、嗅觉、味觉、触觉等）来认识这个世界，而这个练习的目的，则是要让你熟悉你内在感官的运作，唤醒你内在的眼睛，去发现你身边的美。

升华一下你的审美情趣，多多发现事物的内涵之美

曾有一篇新闻报道说，寒暑假里，很多学生加入了整容队伍。据调查，在一些大型整形医院，学生顾客占到六成以上，这些学生中超过四成是即将参加工作的大学应届毕业生，“有个好容貌，找个好工作”。面对严峻的就业形势，利用假期做整形美容，成了很多高校学生眼中获取求职“砝码”的最佳选择。还有一群准毕业生，却选择寒假里在“内功”上做文章——向成功就业的亲朋好友“取经”，丰富知识，增长才干，全面提高自身素质。

那么，大学生为就业不惜重金“变脸”，作用到底有多大？有记者调查了几个人力资源交流市场，发现除了一些特别注重形象的岗位可能看重靓丽的外貌，用人单位更重视大学毕业生的个人素养和工作经验。

专家评论说：“外表总归是肤浅的东西，内涵才能体现出一个人的价值，长相是否会在应聘时发挥作用，这主要和应聘者所从事的工作性质有关。我觉得，如果工作需要，孩子完全可以通过化妆和服饰搭配的修饰，使自己在举手投足间展示个人的魅力和风采。美丽不是‘整’出来的，而是靠内在的修养和学识‘修炼’出来的。就算一个人凭借姣好面容而侥幸应聘成功，若无真才实学，也很难在事业上有发展前途。”

可见，人们虽然都擅长以貌取人，但是那只是临时性的，内涵的美才是人们真正看重的。不仅仅是在人类社会中，其实世间万物都是这样，华而不实的东西是不会长久存在的，只有具有内涵之美的事物才能得以永存。

☆ 真正的美在于内涵

内涵是一个模糊的概念。它既是个性的特征内容，又是一种个性色彩，内涵是一种抽象的感觉，是某个人对一个人或某件事的一种认知感觉，内涵不是广义的，是局限在某一特定人对待某一人或某一事的看法。内涵不是表面上的东西，而是内在的，隐藏在事物深处的东西，需要探索、挖掘才可以看到。科学界的定义是：主体里的灵魂、气质、个性、精神被我们用情感的概念，创作出来的一切属性之和。

对于人来说，内涵是内在的涵养，内涵与气质颇为相似，可以是平凡和高雅，也可以是朴素和低调。对于物来说，事物的特有属性是客观存在的，它本身并不是内涵，只有当它反映到概念之中成为思想内容时，才是内涵。内涵美是内在的能够让人体会到的内心实在之美。

☆ 大自然的内涵之美

内涵之美存在于人们的心中，总的来说内涵之美是区别于外表之美的东西。苍松的内涵之美在于屹立峰顶，不管风雨霜雪，勇敢地抵挡寒冬。苍松没有芳香的花朵，也没有伟岸的身姿，但它却有王者风范。“大雪压青松，青松挺且直。要知松高洁，待到雪化时”，这就是青松的内涵之美。小草虽然渺小，但是它有顽强的生命力，没有什么可以阻挡它成长的脚步。“离离原上草，一岁一枯荣。野火烧不尽，春风吹又生”，这就是小草的内涵之美。

真正的内涵之美是一种自然的美，是一种真实的美，美就是真的表现，所以残缺有时也是一种内涵之美。残缺存在于美的整体中，折射出美的内涵，局部的缺陷恰好衬托出整体的美，由此构成的残缺之美，却可给人以独特的审美享受。这就是美的真正内涵。残缺的景观、文物等，给人以自然的美感。残缺美，以特殊的美的形态存在于我们的生活当中。有一段裂纹或者杂质的古董，具有瑕疵的名画，它们呈现出的都是内涵之美。

☆ 人类的内涵之美

对于人来说，真正的美不在外表，而在于一个人的涵养。人的内涵之美是充满内部修养的爱与善。人性真正之美的内涵是真善美，它们存在于人类的思想领域和行为领域。同时真善美也是一切哲学的基础和出发点。我们均是生活着的平凡的人，我们能够感受到自然界的美和丑。但是丑的东西未必真的丑，在很大程度上，它们具有内涵之美。

人类的真正内涵之美是理念、灵魂、精神之美，是自然之美、朴实之美。良好品格的内涵就是诚实、公正、勇敢、善良。具有内涵的人是有智慧的，智慧教给人们如何正确辨别事物，并用正确的方式面对生活，具有智慧的人是最美丽的。具有内涵之美的人喜欢公正，他们总是畅想着去建造一个更为公正合理的世界。具有内涵的人拥有坚韧不拔的精神，在面对困难时，他们总是能够用惊人的毅力克服困难，迎接失

自然美整形医院
现在的公司面试都是以貌取人的
是呀，所以趁放假来整一下我的鼻子

真正的美在于内涵

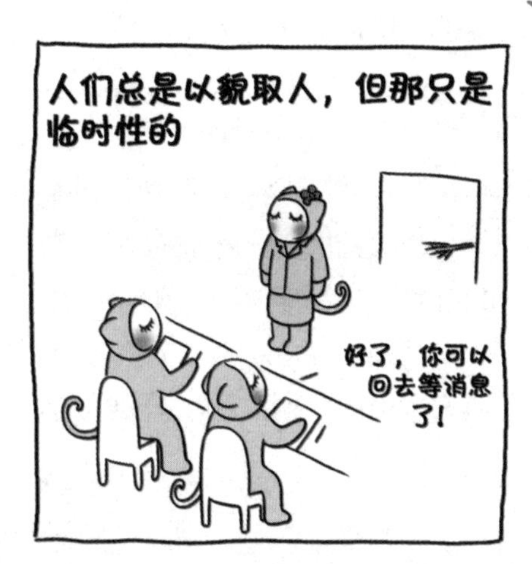
人们总是以貌取人，但那只是临时性的
好了，你可以回去等消息了！

内涵美才是人们真正看重的
我们就是要你这样的人才！

人应该升华一下自身的审美情趣

善于发现事物的内涵之美，
才能更好地享受生活的美

败。具有内涵之美的人具有积极的人生态度，他们对生活充满希望，积极地面对人生的每一次挑战。具有内涵之美的人都很谦逊，戴维·艾萨克说："谦逊不但可以使我们认识到自己的不足，还可以使我们认识到自己的能力所在，谦逊能督促我们去发挥才能而不是为了吸引别人的注意或赢得他们的掌声。"谦逊可以使人们意识到自身的不足，引导人们努力成为更好的人，谦逊同时给人一种高风亮节的感觉。

人类的内涵之美还美在礼仪，礼仪是一种态度、一种修养，一颦一笑、举手投足都是内涵之美。源远流长的五千年的华夏文明赋予了礼仪内涵之美，富有魅力的礼仪、得体大方的谈吐，会给人留下深刻的印象。

所以，内涵之美不在于外表，而在于内在，其貌不扬的人未必没有丰富的内涵；外表光鲜亮丽的人未必具有真正的内涵。

总之，人们只有不断升华自己的审美情趣，善于发现事物的内涵之美，才能更好地享受生活的美。

体谅，发现和创造行为之美的媒介

北宋宋太宗继位之后，生活十分节俭，但对百姓却毫不吝啬。有一年冬天，天下大雪，宋太宗披着狐皮还觉得冷，他回到宫中，命人端来火盆、美酒。他独自喝酒，抬头见宫外大雪飘飘，他想到这么冷的天，那些缺粮少炭的人家会更加难过。想到这儿，他命人带上木炭和粮食去送给那些挨饿受冻的人家。人们于是十分感激宋太宗，宋太宗也因此受到老百姓的拥戴，留下"雪中送炭"的佳话。

这就是雪中送炭的故事，雪中送炭的宋太宗的行为是美的，他想到了别人的疾苦，并及时施以援手，这种行为就是美。所以说能给别人带来快乐的行为是美的，而懂得赞誉别人的行为也是美的。这些行为之美，都源于体谅。宋太宗正因为能够体谅老百姓的疾苦，所以才会有雪中送炭的美的行为。老百姓也因为体谅了宋太宗的恩典，所以才会倍加拥戴宋太宗。所以，体谅是发现和创造他人行为之美的媒介。只有体谅别人的心情，做能让别人高兴的事情，就会发现美并创造美。

☆ 雪中送炭、锦上添花的体谅

在别人需要帮助时，及时地施以援手是雪中送炭之美；如果别人正是春风得意，这时再给别人带去快乐，这就是锦上添花之美。雪中送炭、锦上添花都是行为之美，它们都是以考虑别人的心情为前提，做让别人快乐的事情。

提起给别人雪中送炭，雷锋可是这方面的典范。一次雷锋外出，在沈阳站换车的时候，一出检票口，发现一群人围着一个背着小孩的中年妇女，原来这位妇女从山东去吉林看丈夫，车票和钱丢了。雷锋用自己的津贴费买了一张去吉林的火车票塞到大嫂手里，大嫂含着眼泪说："大兄弟，你叫什么名字，是哪个单位的？"雷锋说："我叫解放军，就住在中国。"另一次是在五月的一天，雷锋冒雨要去沈阳，他为了赶早车，早晨 5 点多就起来，带了几个馒头就披上雨衣上路了，路上，看见一位妇女背着一个小孩，手还领着一个小女孩也正艰难地向车站走去。雷锋脱下身上的雨衣披在大嫂身上，又抱起小女孩陪他们一起来到车站，上车后，雷锋见小女孩冷得发颤，又把自己的贴身线衣脱下来给她穿上，雷锋估计她早上也没吃饭，就把自己带的馒头给她们吃。火车到了沈阳，天还在下雨，雷锋又一直把她们送到家里。那位妇女感激地说："同志，我可怎么感谢你呀！"

雷锋的行为是美的，因为他乐于助人，他的行为闪烁着美丽的光芒。雷锋之美美在他能够体谅困难者的心情，进而对他们施以援手。所以，在生活当中要善于发现别人的困难，体谅别人的心情，并勇于伸出自己的援助之手。这不是行为之美的全部，当别人得到升迁时，要懂得向别人表示祝贺；当别人喜结连理或者得子时要懂得让对方更加开心；当别人金榜题名时要懂得表达祝福，这种锦上添花的形式也是具有美感的行为。

☆ 赞美他人也是一种体谅

行为之美，是懂得体谅他人的心情，给他人更多的快乐。适当地赞美他人，赞美他人会给他人带来快乐，这种行为是美的。这种赞美可以渗透到生活的方方面面，比如，再看到别人买了一件衣服时，要称赞别人的衣服真美，穿在身上真合体；当收到别人的礼物时，要感谢别人，并且要称赞别人的礼物漂亮；当别人取得成绩时，要懂得称赞别人有能力，可以成大器，等等。这些生活中的赞美，都是在体现你的宽容大度，都在展示自我的行为之美。当别人受到赞美时，心情会很愉快。这种让别人愉快的方式，基于对别人心情的理解，当别人需要赞美时，要把赞美成功地表达出来。

在特殊的场合还要学会成功地运用赞美，比如，别人心情正低落时，要体谅别人的不愉快，努力说些赞誉对方的话，让对方开心。再比如，和朋友同时去另一个朋友家拜访时，即使是自己的礼物比同来朋友的礼物珍贵，也要对他的礼物大加赞赏，因为这样不至于使朋友难堪。还有，去病房探望病人时，要尽量说让病人开心的话，因为病人在这个时刻是最需要赞美和安慰的。在打算送病人礼物时，要看病人最亲近的朋友送了什么，出于体谅的心理，我们送给病人的礼物最好不要比这个最亲近的人贵重，否则会让病人或者送礼物者感到不舒服。这就是渗透在生活当中的行为之美，在生活当中要展现行为美，就要善于体谅别人的心情，从某个意义上来说，体谅是发现行为之美的媒介。

体谅是发现行为之美的媒介
天这么冷，那些贫苦百姓岂不是更难过？

体谅是创造行为之美的动因
你带上木炭和粮食去送给那些挨饿受冻的人家吧！

雪中送炭的行为之美源于体谅
皇上真是个明君啊！
粮

锦上添花的行为之美也源于体谅
你真棒！

善于发现别人的困难也是一种体谅

要展现行为美，就要善于体谅别人的心情
你今天穿得真漂亮！

联想，让美感力变得更丰富

一件事物有它本来的外来面貌，我们对事物的认识不能仅仅停留在事物的表面，而是要经过联想，把此事物和别的事物联系起来，把没有的东西无端地生发出来，这样才能大大地增加事物的美感力。

☆ 联想是审美中一种常见的心理活动

客观事物是相互联系的，客观事物之间的各种联系反映在人脑中就产生了各种联想，有反映事物外部联系的简单的、低级的联想，也有反映事物内部联系的复杂的、高级的联想。它是指人们根据事物之间的某种联系由一种事物想到另一种相关事物的心理过程。在人们的审美感受中，联想是一种很常见的心理活动。

联想是指因一事物而想起与之有关事物的思想活动，联想是暂时神经联系的复活，它是事物之间联系和关系的反应。联想可分为相似联想、接近联想、对比联想、因果联想四种方式。苏堤的诞生就得益于苏东坡丰富的联想，苏东坡当年在杭州任地方官的时候，西湖的很多地段都已被泥沙淤积起来，成了当时所谓的“葑田”。苏东坡多次巡视西湖，反复考虑如何加以疏浚，以再现西湖美景。有一天，他想到把从湖里挖上来的淤泥堆成一条贯通南北的长堤，这样既能便利来往的游客，又能增添西湖的景点和秀美，可谓是一举两得，苏堤于是就诞生了。

☆ 联想可以扩大美的范围

每个人都有丰富的想象力，能将一件事物与其他的事物进行巧妙的联系。当我们看到大雁南飞时，就会想到家；当我们看到鲜花时，就会想到愉悦的心情；当我们看到金黄的树叶时，就会想到丰收的果实。联想能够让人从一件事物的美上联想到其他事物的美，在无形当中扩大了美的范围。

唐朝举子崔护进京赶考，无奈名落孙山。心情郁闷的他在清明时节到京城南郊春游，走了一段时间，便感到口渴难耐，便到一户农家讨口水喝。崔护叩开门时，映入眼帘的是一个眉清目秀的曼妙少女。她热情地给崔护端了碗水，然后倚在桃树旁，含情脉脉地看着崔护喝水。崔护无意当中，抬头相看，只见少女与桃花交相辉映，甚是美丽。少女被看得不好意思了，就转身入房去了。崔护看着少女的身影，恋恋不舍地离去。下一年的这个时节，崔护又来到此地。叩门却没有人开门，无奈之下，崔护题诗一首，悻悻离去。这就是让崔护一举成名的《题都城南庄》：去年今日此门中，人

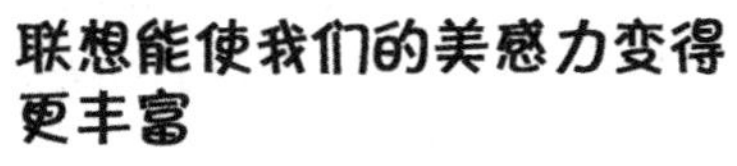
联想能使我们的美感力变得更丰富

联想能让一件美物的生命力更长久

我们可以通过增加想象力来提升美感力

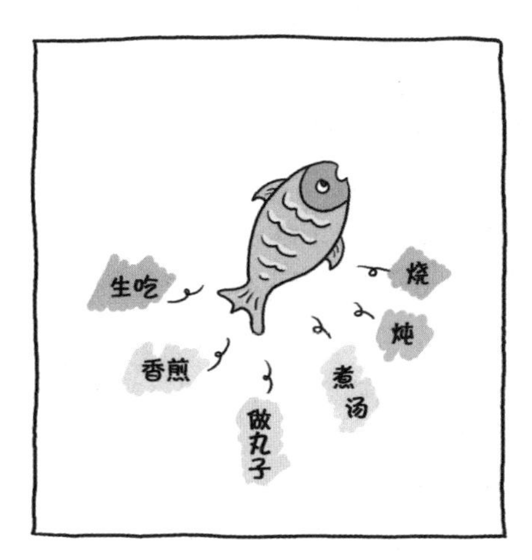
生吃
烧
炖
香煎
煮汤
做丸子

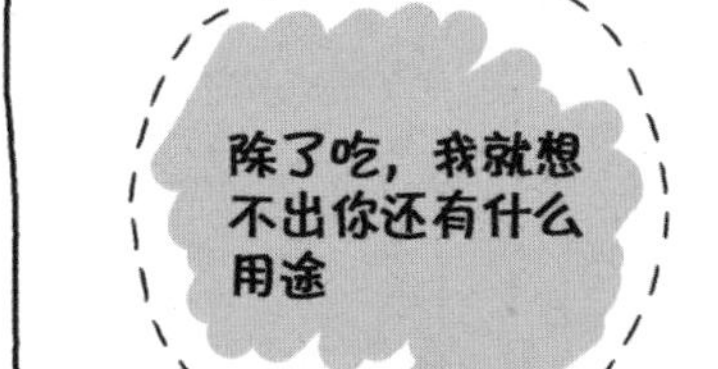
除了吃，我就想不出你还有什么用途

~ 吃

联想能创造艺术

面桃花相映红。人面不知何处去，桃花依旧笑春风。少女看到这首诗后，害相思病病倒。几经周折，有情人终成眷属。崔护就是利用联想，把上年的美丽场景再现出来，并且把美的范围进行了扩大，极力渲染了桃花之美和人之美。

联想的重要作用就是丰富一个事物的内涵，让它拥有更丰富的美感意义。比如《天上的街市》这首诗，作者由天上的明星联想到街上的明灯，又由街上的明灯想象到天上必定有美丽繁华的街市和街市上闲游的平民、农民，于是又联想到传说中的牛郎织女，联想到他们提着灯笼、骑着牛涉过天河，在街上自由地行走。作者就是通过联想创造出一幅真切清新的画面和美丽动人、寓意深邃的形象，把天上街市之美进行扩大的。

☆ 联想可以创造美

“江南四大才子”之一的唐伯虎曾绘过一幅《川上图》，画的是一个人牵驴过桥的情形。桥下溪流湍急，并且翻出浪花。桥上的小毛驴因为害怕，怎么也不肯上桥，牵驴人为了让它上桥，使出浑身的力量拉着它。此画挂在一家画铺里，售价是 100 两银子，可以说是价格不菲。当时，有个人打算买这幅画，画铺老板很是高兴，也很是好奇，它把画取下来，仔细打量，想探寻这幅画的魅力所在。老板没发现魅力，却看出了瑕疵：牵驴人用力拉着毛驴，却没有画出缰绳。他担心买主因为这个瑕疵而不买这幅画，于是就在画上添了一条短绳。可就在第二天买主来取画时，却突然说不买了，原因是画上无端地多出了根绳子，他喜欢的就是没有绳子的感觉，这样才能给人以想象，这也是画家的本意所在。画铺老板听后，对自己的画蛇添足后悔不已。唐伯虎就是用联想创造美，没有绳子正是他这幅画的美之所在。

可见，美是通过联想创造的，有的事物或许并不是那么完美，可是在联想的驱动下，本来很平凡的东西却呈现出美的姿态，很多音乐家和画家等都是通过联想来创造美的。艺术品就是艺术家脑中联想到的物体的再现。不管是文学作品中的《茶花女》《钦差大臣》，还是音乐中的《我的太阳》《二泉映月》，抑或是雕塑中的《大卫》《断臂的维纳斯》，无不是联想催生的杰出作品。联想创造的美是无止境的，是耐人寻味的，需要人进行仔细地琢磨。

理解，让美感力有章可循

北宋皇帝徽宗赵佶特别喜爱绘画，是一个善画花鸟的能手。在他统治时期，画画也成为科举的一部分。一次，全国画手齐聚京都参加画试。赵佶亲自出题“深山藏古寺”。画手们各显神通，认真构思，巧妙地绘画。有的考生画了深山里，林木环抱一座寺庙；有的在山腰间画座古庙；有的只画出庙的一角，有的画出寺庙的一段残墙断壁……主考官把一叠画卷呈给宋徽宗看，赵佶看了很多画，都摇头叹息，表示不满，但是突然之间，有一幅画深深地吸引了他，只见这幅画中深山老岭奇峰怪石耸立，苍松翠柏形成林海，一股清泉飞泻直下。泉边一老态龙钟的和尚，在河边打水。赵佶爱不释手，翻来覆去连看几遍，啧啧称赞："好画！好画！"赵佶出这个题目的用意是考验应试举子的理解力，也就是对美的感悟力。作这幅画关键在于要仔细体会"藏"字，也就是说要在画里体现这一个字，最后一幅画之所以受到他的称赞，就是因为巧妙地把"藏"的意味表现了出来，画寺而不出现寺，正是高超之所在。

所以，理解力是提升美感力不可缺少的部分，只有理解了，才能真正体会到事物的美丽所在。在听音乐时，只有理解了作者的意图或者音乐的内容，才能正确地感受音乐的玄妙；在欣赏画时，只有理解了作者的心境，才能看出画的精髓……欣赏一切艺术，都要以理解为前提，这样美感力才能有章可循。

☆ 理解是迈向审美的第一步

在审美活动中，审美理解力是不可缺少的能力，所谓的理解力是指不但要对审美对象表层进行理解，还要能透过形象把握更深的内涵，审美理解力以直观感觉的方式对审美对象进行理解，是在长期生活实践的基础上形成的一种高级感受能力。审美理解力是迈向成功审美的第一步，因为有了理解，审美才能建立相对完善的审美体系，而不是仅仅停留在事物的表面，它能促使审美人在审美活动中从表层进入深层内涵。

要想成功地审美，或者提高自己的审美能力，就要在理解力上下功夫。只有理解了事物，才能深刻地认识事物。在理解事物时不要仅仅停留在事物的表面，要深入事物的内涵。在看到一幅画时，我们不能仅仅认为它就是一幅画，要深究画面里隐藏的作者的深层情感；在听音乐时，我们不能仅仅沉浸在音乐的旋律里，要去理解作者意在表达什么；在读一首诗时，我们不能仅仅陶醉在诗的优美语言，还要看看这些文字是不是作者的感情流露。

☆ 提高自己的理解力

要提高美感力，就要首先提高理解力。理解力是用有限的思维能力去把握自然和精神的一种方法。要提高理解力就要从以下三个方面做起：第一是要把握事物的结构特征，从整体上去认识事物。每个事物都是一个整体，哪怕是一草一木，所以在看到草时，我们就要从气候、水分、长势、精神状态方面去全面地认识这棵小草，而不能单单地认为它就是一棵小草。第二个方面是常进行从有到无的想象。"有"是我们可以看到的事物本身，"无"是事物本身隐藏的深层含义。在看到花时，我们要想到花背后隐藏的含义，比如幸福、快乐、好心情。第三个方面是不断地尝试新事物。理解

我们很容易分辨一件事物的美丑

却不知道为什么美

了解为什么，能增加我们的美感深度

鱼很有营养
维生素
矿物质
蛋白质
脂肪酸

鱼还可以用来欣赏

BINGO! 收到，
果然最美是鱼！

力并不是天生就有的，它是后天锻炼的结果。新事物总能带给我们很多思考，在思考的同时，理解力也就不知不觉地提升了。

理解力和智力有联系，但并不是必然的联系，关键是后天培养，所以要多思考，多花些时间去学习，多向别人学习。要想更快地去理解一个事物，就要多花时间去思考，去分析。另外还有一点，阅读也好，欣赏也罢，不要字斟句酌，要抱着欣赏的态度去对待它，在欣赏的过程中就会慢慢地和作者产生共鸣，就会慢慢地走进作者的内心世界，如此，理解就不再是一件困难的事情。在理解力提高基础上的审美，才是真正的审美。理解力提升之后，美感力就会无形中得到提升。

只要能享受美感即可

好莱坞"鬼才"导演蒂姆·伯顿喜欢哥特式的阴暗风格，在他与迪士尼合作时，曾创作出两部动画片，但因为太阴暗，所以被认为不适合给孩子看，结局是这两部片子没有被公映。但蒂姆·伯顿并没有就此放弃，他仍然执着于哥特式阴暗路线。蒂姆·伯顿依靠《哗鬼家族》终于获得了人们的认可，之后一发不可收拾，他先后拍摄了《蝙蝠侠》《剪刀手爱德华》《怪诞城之夜》《无头骑士》《僵尸新娘》等。蒂姆·伯顿依靠自己独特的哥特式阴暗路线在好莱坞占据了一席之地。

蒂姆·伯顿在遭到别人的反对时并没有放弃自己的做法，或许，在开始时蒂姆·伯顿也没有想到过自己的哥特式阴暗作品会受到欢迎，唯一支持他走下去的是他感受到了这种艺术的美，并且深深地陶醉其中。蒂姆·伯顿的事例告诉我们，每个人都有自己的兴趣，都有自己喜欢做的事，或许这些事在别人看来并不美，但只要自己能享受其中的美，就值得自己长久地坚持下去。

☆ 寻找属于自己的兴趣

兴趣是一个人发现美的最好途径，因为对某种事物产生了兴趣，就会对这个事物付出努力，对感兴趣的事物给予优先注意和积极地探索，并且长期地保持兴趣，最终会取得一番作为。每个人的兴趣是不同的，有的人对美术感兴趣，所以这些人就会沉迷于各种油画、美展、摄影等，在沉醉的过程中，他们会对这些东西进行认真的观赏，并做出自己的评点。看到好的作品，他们也会对这些作品进行收藏、模仿。有的人对收藏古董感兴趣，他们就会想方设法地收集大量的古董，并对这些古董进行悉心的研究。如果一个人对跳舞感兴趣，他就会利用一切机会去学习如何跳舞，并且积极主动地寻找机会去参加舞会，如此就能真正体会到舞蹈之美。如果一个人喜欢音乐，他就会去主动地学习乐理知识，并深深体会乐曲的奥妙，真正掌握音乐的美丽之所在。寻找到自己的兴趣，就能真正享受到兴趣带来的美感。

在寻找到自己的兴趣时，就要勇敢地坚持下去，不要半途而废。也不要在意别人的看法，让别人的看法阻碍了自己前进的脚步，这才是正确获得美感的途径。莫扎特从小就显露出极高的音乐天赋，他在三岁时就会弹奏钢琴，五岁就能辨音。莫扎特从小就表现出了对音乐的浓厚兴趣，并且为他的兴趣付出了艰辛的努力。后来，莫扎特在音乐上有了很深的造诣，并且获得了很多的荣誉。可这一切都改变不了他奴仆的地位，大主教随时都会斥责辱骂他，有的时候还会对他进行严厉的惩罚，可这一切不快的遭遇并没有让莫扎特放弃对音乐的喜爱，他仍旧沉迷于他的音乐。1781 年，莫扎特同他的大主教彻底决裂，莫扎特以自己的勇气来抵抗教会势力。1782 年，莫扎特同曼亥姆一位音乐家的女儿康坦丝·韦伯结了婚，可妻子身体孱弱多病。由于贫穷，莫扎特的孩子相继夭折。在这段时间里，坟场和当铺是莫扎特经常光顾的地方。就是这样的境遇，也没有让莫扎特放下对音乐的爱好，最终，莫扎特成为举世闻名的音乐大师。莫扎特之所以能够坚持下来，就是因为对音乐的挚爱。

一个人一旦对某件事有了兴趣，就会在这件事上付出努力，并且任何困难都不能阻断他的兴趣。在感兴趣的事情上长久坚持下去，就会做出一番成绩，并且真正体会到事物的美之所在。

☆ 美感力是决定兴趣的重要因素

兴趣是后天养成的，但是它在一定程度上受天生美感力的影响。一个天生对音乐没有感觉的人是不可能对音乐产生浓厚的兴趣的；一个天生对色彩厌烦的人是不可能对绘画产生兴趣的。这就如同天生会晕车的人不喜欢坐车一样，由于厌烦，所以不喜欢。这就是说，天生具备音乐美感力的人会对音乐产生兴趣，天生具备绘画美感力的人会对绘画产生兴趣，天生对文字具有美感力的人会对吟诗作赋产生兴趣。

孔子是我国春秋时期著名的思想家、教育家，他同时也是一位杰出的音乐家，他在音乐方面有很深的造诣，比如击磬、鼓瑟、弹琴、唱歌、作曲等。孔子之所以在音乐上有很深的造诣，也主要是因为他对音乐有天生的美感力。孔子曾师从师襄子，和师襄子学习琴曲《文王操》。仅用了数日就学会了弹法，师襄子说："已经可以了！"孔子却摇摇头说："我只掌握了弹法，并为真正掌握技法。"又过了一段时间，师襄子说："这下该可以了。"不料孔子仍旧摇头说："我还没有掌握这首曲子的感情。"又过了一段时间，孔子终于成功地学会了这首曲子。孔子之所以选择学习音律，并在很短的时间内学会《文王操》，就是因为孔子对音乐有天生的美感力，这也决定了他会对音乐产生兴趣。

好莱坞的蒂姆·伯顿是善于运用阴暗风格的“鬼才”导演

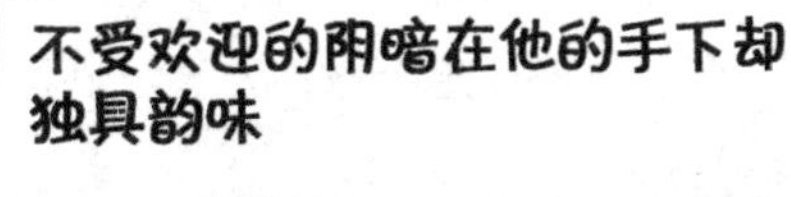

不受欢迎的阴暗在他的手下却独具韵味

这跟自己的禀赋和经历有关

不要过于勉强自己和别人一样，能享受美感才是最重要的

在感兴趣的事情上长久坚持下去，就会真正体会到事物的美之所在

好

好

一个人的美感力是形成个人兴趣的重要因素，所以如果发现自己在哪方面有天赋，不妨试着朝这个方面发展，这样就能在兴趣的指引下做出一番成绩。

与志同道合的人为伍更能享受美感

志同道合，指的是人与人之间，彼此志向、志趣相同，理想、信念契合。宋代陈亮的《与吕伯恭正字书》之二中说："天下事常出于人意料之外，志同道合能引其类。"可见，志同道合是一件好事：人们不分男女、不论贫富、不讲强弱，大家怀着共同的理想，为了共同的事业，朝着共同的目标，携手并肩，以期获得成功，有所成就。

志同道合的故事有很多，比如居里夫妇正是因为志同道合才一起发现了放射性元素镭。俞伯牙和钟子期的故事我们已经屡次列举，但是它也说明了一个问题，那就是只有和志同道合的人为伍才能享受到美感，才能产生愉悦的心情。俞伯牙就是因为在和钟子期交流的过程当中，感觉到了从未有过的愉悦，他从没有像当时那样享受音乐之美。钟子期死后，伯牙绝琴，就是因为他知道此生也许再也找不到志同道合的人，找不到能够听得懂自己琴音的知己。所以，与志同道合的人为伍能更加享受美感，因为与志同道合的人交流可以让自己的观点得到认同，同时可以不断提升自己的美感力。

☆ 与志同道合的人为伍能享受美感

不同的人可能拥有不同的兴趣，所谓志同道合的人就是有共同兴趣的人，或者和自己有相同想法的人。具有相同兴趣的人组织在一起，就形成了兴趣圈，在这个兴趣圈里的人基本上都是志同道合的人，志同道合的人在一起交流，各自抒发自己的感情，表述自己的心得，和对方的心灵达到高度的共鸣。这对进行审美的人来说是最好的褒奖。

前面我们提到过，我国的古代文人有很大一批都非常喜欢竹子，他们在"爱竹"方面可谓是志同道合的人。

唐朝诗人白居易的住宅"环池多山竹野卉，池中生白莲白鱼"；清朝郑板桥诗中写道："举世爱栽花，老夫只栽竹。霜雪满庭除，洒然照新绿。幽篁一夜雪，疏影失青绿。莫被风吹散，玲珑碎空玉。"

这些志同道合的人对竹子大加赞美，更加让他们体会到竹子的美感，更加享受自己对竹子的沉醉。他们为什么这么爱竹子？白居易在《北窗竹石》一文中给出了回答："竹本固，固以树德；君子见其本，则思善建不拔者。竹性直，直以立身；君子

志同道合的人就是与自己有共同兴趣或者相同想法的人
我来给你伴奏吧！

具有相同兴趣的人组织在一起，就形成了兴趣圈
我们再找一些人来组建乐队吧！
音乐之家

只要与有共同兴趣的人在一起，就能获得支持和提升

并非每个人都能找到志同道合的人

要寻找志同道合的人，就必须敞开自己的心扉
是呀！
是呀！
你们也喜欢服装设计啊！

能寻找到志同道合的人，实乃人生一大幸事
1 2 3……

见其性，则思中立不倚者。竹心空，空以体道；君子见其心，则思应用虚受者。竹节贞，贞以立志；君子见其节，则思砥砺名行，夷险一致者。”这就表明这些文人爱的是竹子的精神美，这些精神体现的是文人精神：笔直的茎代表着文人正直刚强；中空代表着文人的谦虚；竹环节代表着文人的坚贞不渝。爱竹的人在共同的赞美竹子的活动中享受着自我精神的陶醉，他们在对竹子的态度上和别人形成共鸣，用心展示自己的道德情操。

☆ 寻找志同道合的人

能寻找到志同道合的人，实乃人生一大幸事。但是，并不是每个人都能真正寻找到志同道合的人。这并不是说永远都找不到，只要有共同的兴趣，对某件事物有共同的心理感受，就可能成为志同道合的人。就像俾斯麦和列宁之于音乐，“铁血宰相”俾斯麦非常喜欢音乐，尤其爱贝多芬的《热情奏鸣曲》，俾斯麦称赞它是音乐中“最美的精品”。列宁也非常喜爱这首曲子，每次欣赏这支乐曲，他都很激动。他曾对高尔基说：“我不知道还有没有比《热情奏鸣曲》更好的东西，我愿意每天都听它。这是绝妙的、人间所没有的音乐。我总是带着幼稚的幻想想：人类究竟能够创造怎样的奇迹啊！”列宁和俾斯麦就是志同道合的人，因为他们都爱相似的音乐。

所以，要寻找志同道合的人，就要寻找和自己有共同兴趣爱好的人，爱穿旗袍的人就要寻找那些对旗袍有特殊感情的人。旗袍的线条简洁流畅，风格雍容华贵，它能完美地呈现出中国女性身体的曲线美。如果喜爱足球就去寻找那些地地道道的球迷，可以参加全球的足球盛宴，去那里寻找和自己心灵相通的人。如果热爱音乐可以去参加音乐会，或者去维也纳金色大厅去寻找和自己有共同感受的人。要寻找志同道合的人，就要敞开自己的心扉去拥抱世界，同时还要善于表达自己的想法。因为只有这样，才能获得较多的和人接触的机会，才有找到寻求志同道合的人的契机。

第三章 每天提升一点美的表现力

经常地谈论艺术

俞伯牙是春秋时期楚国音乐大家，小时候曾跟随父兄学习弹琴。由于聪慧，他很快就学会了楚国所有的曲子。他的父亲让他去齐国找成连学琴，俞伯牙经过几个月的长途跋涉，终于来到了齐国。成连感其心诚，破格收为弟子。三年后俞伯牙琴技大增，一天，伯牙为宾客演奏了一支高雅的曲子。在座的人都啧啧称叹，不承想一位长者笑着说："弹得很好，只是和你师傅成连相比，你就差多了！"俞伯牙向长者施礼，请求赐教。长者说："成连先生弹琴，充满着激情，可以打动人心，而你的琴声平淡无奇，技法虽高，但不足以动人。"俞伯牙听后茅塞顿开，连忙向长者表示感谢。俞伯牙后来在方子春的教导下，终于练就了琴声如高山流水的技艺。

俞伯牙技艺的成长得益于一次出乎意外的谈论，由此可见，谈论艺术是能够提升一个人的美感力的，因为在谈论的过程中，可以充分采纳别人好的建议，以此来发现自己的审美短处，充分地提高自己的审美能力。

☆ 谈论艺术有助于提升自我美感力

谈论艺术可以诞生成熟的艺术，因为在谈论别人的艺术品时，我们在用自己的理解力去谈论，在用和创作者相同或者不同的视角去谈论，这样就在无形当中提高了我们认识艺术的能力；在别人谈论艺术时，我们作为旁听者，可以知道艺术的真实面目，和其中包含的许多不为人知的因素，学习别人在谈论时透露的艺术知识，可以提高自我美感力；在和别人共同讨论艺术时，我们就可以知道别人的想法，以及自己看法中的正确和错误。如此，就能查漏补缺，尽快提升自己的美感力。

比如，和朋友谈论莫里哀的喜剧《伪君子》，我们就可以知道莫里哀是古典主义代表人物，但是他却在《伪君子》中融进了现实主义创作原则，这样做的目的是以此来揭露批判当时法国及欧洲社会反动的封建教会势力的狰狞丑恶。通过谈论，

我们可以知道《伪君子》中蕴含着强烈的民主主义精神，是一部具有高度思想性的作品。通过谈论，我们就能提升对《伪君子》的欣赏能力，而不是让自己仅仅停留在一部喜剧的表面。

再比如听别人谈论俄狄浦斯王，我们就可以知道“弑父娶母”的俄狄浦斯王并非丑陋，而是具有一定的美。在别人的口中，我们可以学到《俄狄浦斯王》表现的是人类在刚刚脱离神话时代进入英雄时代的那种无助感，反映的是在那个时代人类难以摆脱自然力控制的宿命，它是以悲剧的形式来表达对命运的抗争的。通过别人的谈论，我们可以知道这就是悲剧，用痛苦和无助来表达自己的思想。通过别人的谈论，我们就能加深对悲剧的认识，提升自我欣赏悲剧的能力。

谈论艺术可以提升美感力，不仅仅体现在文学创作方面，在音乐、绘画、雕塑等其他领域同样如此。通过谈论我们就可以发现自身审美力的不足，拿别人的东西为自己充电，个人的审美能力就会很快得到提高。

☆ 正确谈论艺术才能提升美感力

谈论艺术可以提升人的美感力，但是这并不是说所有的谈论都能够起到这样的效果，要把握好谈论的内容，一味地东拉西扯不但不能提升人的美感力，还会对人的美感力的提升产生负面作用。

谈论艺术首先要有一个谈论语境，艺术来源于生活，但又高于生活很多，如果用生活的逻辑去对待艺术，那是永远也触摸不到艺术的真谛的。并不是世界上的每个人都真正懂得艺术，所以并不是每个人都能欣赏交响乐，都能看懂裸体塑像。所以在谈论艺术时要塑造一个平等的语境，这样才能让双方都能有话说，都敢于说话。

在谈论艺术时，我们的主题不要脱离艺术本身，要谈论创作者、作品、思想情感。谈论如果脱离了艺术本身就不能达到谈论的效果。谈论作者时要谈论作者的风格，每个创造者都有自己的风格，风格是创造者贯彻一生的东西，凡·高永远都是那么疯狂，李白永远都是那么豪放，贝多芬总是那么充满激情。谈论创作者时不要忘记创作者的身世遭遇和所处的时代，这往往会决定创造者的创作风格。谈论作品时要明白作者的创作动机、创作手法。艺术品之所以称为艺术品，就是作品本身蕴含了作者的创作动机和创作手法，这些手法往往又是特别的，异于常人的。最后，就是要谈作品中渗透的作者的思想感情，每件艺术品都是创造者感情的体现，艺术家是为了通过艺术来抒发情感。

通过以上四个方面的谈论，我们就能对艺术品本身有个深刻的认识，这样，我们就在无形当中充实了自己认识艺术的能力。久而久之，美感力就能得到大幅度的提升。

随时把美的感受表达出来

元代画家王冕本是个放牛娃，一日放牛累了就在绿草地上坐着休息。不大一会儿，浓云密布，大雨倾盆。大雨过后，黑云渐渐散去，透出一派日光来，照耀得满湖通红。树枝像被水洗过似的，青翠欲滴。湖边的山上，青一块，紫一块，煞是美丽。湖里有十来枝荷花，苞上清水滴滴，水珠在荷叶上滚来滚去。王冕被这美丽的景色迷住了，他心里想道："古人说的人在图画中，不过是此番景象！可惜我这里没有一个画工，把这荷花画他几枝，也觉有趣！"王冕心里又想："天下没有学不会的事？我何不自画他几枝？"从此以后，王冕就潜心于学画画，并取得了较高的成就，尤其是他画的荷花，可谓形神兼备。

王冕之所以能够成为伟大的画家，就是缘于在一瞬间发现了荷花的美，并且把这种美真切地表达了出来。由此可知，要善于把美表达出来，因为只有把美表达出来，才能强化个人的美感。所以，在看到美的事物时，千万不要压抑自身的情感，要勇敢地把美表达出来，可以大发感慨，也可以挥笔成画，更可以向别人表达内心的愉悦之情。

☆ 把美说出来

勇敢地把自己对美的感受说出来，才能强化自己对美的认知，比如在听音乐时，我们要把音乐美的旋律和表述的感情付诸口头。假如我们在听歌剧《波希米亚人》，在剧终时，咪咪病死在诗人鲁道夫的怀里，鲁道夫声嘶力竭地叫喊着咪咪，此时，带有沙哑声的铜管乐器的巨大声响也在呼喊着，但是铜管乐器是奏不出清晰的“咪咪”音的，可是它的音调是鲁道夫真情的反映。听到这里，我们可以自言自语，或者告诉身边的人，此时的音乐是在表达主人公悲伤的心情。把这种音乐的美感表述出来，不仅能告诉别人音乐在表达什么，同时还能提升自己的审美能力。

在看过黄公望的《富春山居图》后，我们要敢于把自己的想法说出来，我们可以把画的风格美和情调美说出来，我们可以告诉别人这幅图境界阔大，气势恢宏。平沙则用淡墨勾勒，完美地展现出平沙的状态；山峰多用长披麻皴，准确地表现江南丘陵的特征。整幅画在布局上采用积树成林、垒石为山的方法，给人无尽的遐想。整幅画表达了作者对富春山水的热爱。如果羞于开口，就把它写成观后感，把自己对整幅图画的感受描绘出来。

所以，要善于把美诉诸口头，这样才能增强自我审美的能力。在看到大自然的美丽时，要善于抒发自己的情感，赋诗一首或者高歌一曲，如果身边有人的话，就把美丽之处给别人娓娓道来，不好意思的话，就把它写成日记，表达自己的内心感受。这样，不仅能够让人体会到自己的心情，还会不知不觉地提高自己的审美能力。

☆ 随时存储看到的美

有的意境只可意会，不可言传，特别是对于没有美学基础的人来说，要想成功地把自己对美的感受说出来，似乎是一件非常困难的事情，看到美景，没有美学基础的人也会生发感慨，但是这些感慨似乎只能游走在正确感知的边缘。一旦脱离了当时美丽的场景，就很难再回味起当时景色美在何处。所以，为了不让自己对美丽景色的感知消失或者淡忘，就要善于把美存储下来。

最理想的办法是随身带个 DV，没有 DV 的话，相机也可以，如果连相机都没有，

彩虹耶

很多时候，美感只是一瞬间的体验

不过表述可以令我们重新获得美感

我们也可以将它画下来

或者将美的体验记录成文字
七彩虹

美感表述的过程能提升我们的美感力
彩虹

可以拿手机，现在很多的手机都具有拍照功能，虽然拍下的画面没有DV和照相机清晰，但是也能大致地拍下当时的情景。在拍摄时，也要运用一定的技巧，如果是拍美丽的风景，要动静结合，不要只拍澄碧的湖水和几根柳枝，这样的画面，会给人以沉寂单调的感觉。要同时拍下水面上的鸭子或者鸳鸯，这样就会给人以动感，同时还可以清晰地展现水面波动的涟漪。所以，在看到美丽的景物却没有办法用言语形容时，就要努力地把当时的场景记录下来，事后再对美丽的景色进行赏析。

如果是听音乐，就可以随身携带录音设备，把音乐录制下来，然后回去仔细品味音乐的意味，把自己的感受写出来。

对于没有美学基础的人来说，为了不让美在眼前无端消失，就要把美存储下来，现代社会中的一切设备足以让我们记录下身边美丽的瞬间。但是，存储不是目的，目的是存储之后的再感知，能够正确形象地把美表达出来，以提高自己欣赏美的能力。

善于与他人分享美的感觉

方薰是清代有名的画家，以善画山水、人物著称。一天，方薰得到一幅石谷画的《清济贯河图》。将它挂在堂内，请来好友朱生等一起观赏。不承想朱生一见此画，脸色大变，并且大叫可怕。只见这幅画中的水流波涛汹涌，掀起万丈高浪，像无数狂奔的野马，似乎还可以听到阴风的怒吼声。方薰见朱生如此失态，忙问是何故。朱生不好意思地解释道："这幅画画得太逼真了，看到画上的巨浪，我想起了去年险些翻船送命的情景，所以感到很可怕。"方薰笑着说："这说明这幅画是画中的精品。我似乎听到了黄河水的奔腾澎湃声和阴风怒吼的声音。你听到了没有？"朱生附和着说："我也听到了，此画太有神韵和气势了。以前我听说李思训的画可以'所画掩壁，夜闻水声'，并不相信，今天见到此画，算是理解了。"方薰也说："我也听说古人把有水的图画挂在室内会让人感到寒气逼人，也是不太相信，现在也相信了。"方薰叹息道："可惜具有如此神韵的画太少了。"朱生打趣道："至少你已经有一幅了！"两人说后开心地笑了起来。

方薰和朱生在看到美的事物时没有隐藏自己内心的感受，而是把画的美倾诉给对方，让对方知道自己对美的感受。所以，在审美时，一定要善于和别人分享美的感觉，把自己的感受说出来，会让自己的感情得到释放，同时可以得到别人对美的看法，这就有利于增强自我美感力。

☆ 分享美可以释放自我情感

和别人分享美的感觉，可以释放自己的情感，使自己对美的感悟不至于压抑在内心深处，得不到抒发，分享美的感觉可以和别人在心理上得到共鸣，并且让人身心愉

太可怕了
为什么这么怕？

和别人分享美的感觉，可以释放自己的情感
这幅画画得太逼真了，就和我当年翻船时的情景一样
这说明这幅画是画中精品

分享美的感觉可以和别人在心理上得到共鸣
我也听到了，此画太有神韵和气势了！
我好像听到奔腾澎湃的声音

分享美的感觉有助于提升美感力
听说李思训的画可以'所画掩壁，夜闻水声'，今天算是理解了
我也听说过，现在相信了

分享美的感觉可以使人身心愉悦
可惜具有如此神韵的画太少了！
至少你已经有一幅了，哈哈哈

要善于和别人分享美的感觉
更难得的是与您一起欣赏这幅画啊
彼此彼此啊，哈哈

悦，感受到释放的快乐。

贝多芬就是善于和别人分享美的感觉的人，贝多芬把他对美的感觉全部融入自己的交响乐中，然后把这种感觉和听众分享，以释放自己的感情。

分享美的感觉的过程，是抒发内心感受的过程。看到关于漓江的山水画，画面上东方刚有鱼肚白，早晨渔民放排出行捕鱼，江水清澈，水清如碧，水平如镜，山峦倒映在水中，竹排前进而激起朵朵浪花，真正是一幅青山绿水图。此时，我们的心情就会很高兴，总想找个人把这种美形象地描绘出来，这种分享美的感觉的过程，就是自己愉悦心情抒发的过程。

在看到美的事物、产生美的感觉时，不要吝啬，把这种美的感觉说出来。我们需要让人知道我们对美是有感知的，这种感知夹杂着我们心情的跳动。这种跳动的情绪要和别人产生共鸣，就要乐于分享美的感觉。

☆ 分享美的感觉可以提升美感力

在把美的感觉说给别人听时，或者运用其他的办法让别人感知时，自己的美感力就会提升，因为要表达自己的感觉，就要正确地认知美、思考美，寻找最恰当的词语来形容自己的感觉，在这个过程中就会提升自我的美感力。此外，在和别人分享美的感觉时，别人也会把对美的感觉与我们分享，这也可以说是美的感知交流，整个交流过程就是对美产生正确认知的过程。

把自己对美的感觉和别人进行分享，和别人进行交流，能够参考别人对美的看法，从而使自己对美产生正确的认知。在抗日战争时期，郭沫若创作了历史剧《屈原》。1942年初夏的一个夜晚，历史剧《屈原》在重庆上演。演出结束后，受到群众的热烈欢迎。可郭沫若总是觉得“你是没有骨气的文人！”这句台词不够味，郭沫若想把这句话换掉，苦思冥想还是没有想出好点子。第二天晚上演出前，郭沫若找到了饰演婵娟的张瑞芳，并告诉她要改掉这句话，可不知怎么改合适。张瑞芳说：“我也感觉到这句话力度不够，不足以表达婵娟对宋玉的痛恨。”郭沫若说：“我想了一夜，还是找不到好的表达方法，要不在‘没有骨气’后面加上‘无耻的’三个字？”张瑞芳当场进行了演示，可还是达不到效果。郭沫若十分为难，不知道怎样改好。此时，演员张逸生突然说：“把‘你是’改成‘你这’，不就行了吗？”郭沫若听后，很是高兴。《屈原》在这次更改下变得更加完美。郭沫若就是把自己对美的感觉拿出来与人分享，然后在讨论中增加了自己对美的认知。

在看到美的事物，心生美感时要善于和别人分享美的感觉，这样就能完善自己对美的认识，更正自己的错误认知，进而提升自己的美感力。

忠于自己的内心

唐代的庞蕴居士是药山惟俨大师的弟子，他对禅有精深的理解。一次他到药山那里求法，告别药山时，药山命门下十多个禅客相送。庞居士和众人边说边笑，走到门口，推开大门，但见得漫天的大雪，纷纷扬扬，天地之间一片混沌。众人都很郁闷，认为大雪封堵了道路。唯有庞居士指着空中的雪片，不由得发出感慨："好雪片片，不落别处。"有一个禅客问道："那落在什么地方？"庞居士看了禅客一眼，狠狠地打了他一巴掌。在这里，庞居士的意思是大雪纷纷扬扬，我们应该欣赏如此的美景，而不该心生忧虑。

生活中，由于羊群效应，人们总会盲从于大众的观点，在审美上也是如此。其实审美是具有主体性的，也就是说在审美的时候要忠于自己的内心感受，不应该随意地改变。庞居士之所以没有像其他人一样感到郁闷，并且还打了那个禅客一巴掌以坚持己见，就是因为他遵从自己内心的感受，没有受别人的影响。审美就是如此，一个人认为丑的东西，在其他人看来可能就是美的。在大众眼中很美的东西，在部分人看来就非常丑。这没有谁对谁错，关键是每个人对美的感受不同。在审美时忠于自己的内心，不要轻易被身边人的观点左右，才能成长为一个真正具有美感力的人。

☆ 审美是个人的事儿

审美是个人的事儿，这就是说人在审美活动中不受任何的制约、限制，是一项自主、主动、自由的活动。明代艺术家王世贞有一个不大的弇山园，园中只有一座小亭。小亭被丛树鲜花环绕，王世贞在小亭上书"乾坤一草亭"。小小一亭，如何称得上"乾坤"二字？这就是亭主自己的审美观点。元代画家吴镇喜欢泛小舟于湖中，他自嘲自己是"浩荡乾坤一浮鸥"，一只小鸟怎和浩荡乾坤相匹配？这也是画家自己的审美观点。

为什么有人认为19世纪法国画家席罗姆的油画《法庭上的芙丽涅》是美的，有的人认为它很恶俗？说它美的人不仅仅把目光停留在裸露的身体上，他们看到的是油画中裸体的芙丽涅头微微右侧，光洁的手臂遮住面部，以表达自己被扯去衣服后的羞涩和无奈。芙丽涅胴体曲线优美，肌肤柔软白嫩，象征着美好的事物。而认为它恶俗的人仅仅是因为芙丽涅是裸露的女人，对于他们来说裸露就是肮脏的。对于同一幅画，不同的人有不同的看法，这就是因为审美是个人的事情，不受任何人的干扰和支配。

造成以上现象的原因就是审美主体的不同，不同的审美主体会对同一个事物产生不同的认知。莎士比亚有一出著名戏剧叫《哈姆雷特》，每个观众对哈姆雷特的言行举止、性格特征都有自己的理解，并且每个观众的理解都不相同，于是西方人便有一句名言叫"一千个人有一千个哈姆雷特"。这正说明了审美是具有主体性的，是不受其他人的干扰的。

☆ 审美不同缘于个人心理

在生活里我们常常看到这样的现象：几个人在大街上行走，突然对面走来了一个女人，如果有人说："这是个女人。"肯定没有人因为这句话和他争辩，因为他的判断是科学的。如果有这个人说："这真是个美女"。肯定有其他人站出来反驳他的观点。这是因为对美的感受是和人的心理相联系的，然而每个人的心理又是不同的，所以对美的感受就会有千差万别。

心理又受时间、空间、年龄、心情的影响，因此在这些因素影响下的审美也是不同的。在时间上的影响主要表现为过去和现在的区别，在汉代以前崇尚清瘦，赵飞燕就是典型的瘦美女；而到了唐以后就崇尚丰腴之美，杨玉环就是这种美的典型代表。在空间上，主要表现在不同地域的人对审美的认知不同。中国人认为窈窕是美，美国人就认为丰满是美。在年龄上，主要表现为不同年龄的人对美的认知不同，年轻人对同一首歌如痴如醉，老年人则表示反对。在心情上，主要表现为心情的好坏影响人的认知，面对相同的花鸟，心情好的人认为花在笑、鸟在唱，对心情不好的人来说，就是"花溅泪，鸟惊心"。

☆ 审美要忠于内心

很多人会有这样的经历，周围人大加称赞的事物自己却并不觉得美，自己所感兴趣的事物反而在一些人看来并不觉得美。或者有些人会对那些称为经典的事物感到兴味索然，但对那些被斥为另类的事物却会保持一种高昂的兴致。有这种感受的人，往往会感觉自己不合群，有时可能会感到受到了排斥。

其实，这种现象是因为人本身都会有很强的排他意识，也就是说，如果在一个群体中出现了一个与群体观念不同的人，那么这个人就会成为被排斥的对象。因为群体的一致性，是保证群体存在的重要原则。很多人会清晰地意识到这种强大的群体性，所以那些与群体有不同喜好的人不是自我压抑，就是自我放逐，成为群体的边缘人物。其实，审美是个人的事儿，因为会受自我心境、环境及个体其他心理因素的影响，所以，在审美的时候，要注重自我审美自由，也就是对美的感知要从自己的内心而发，不受任何外界因素的干扰，也别管外人是赞成还是反对。同时，在别人进行审美时，也不要用自己的意见去干扰别人的审美活动，不要盲目地提出意见。但是，审美必须遵循一定的规则，必须建立在客观事实的基础之上，并且要运用科学的方法进行审美。这就要求我们要努力提高自己的文化素养和审美趣味，否则就会陷入审美片面、不符合事实、违背大众道德的泥淖。

审美是个人的事儿
乾坤一草亭
小小一亭，
怎称得上
“乾坤”
二字？
你管呢？

审美具有主体性，不受其他人
的干扰
好美啊！
恶俗

每个人的心理不同，所以对美
的感受千差万别
这也算美女？
这肯定是
一个美女！

审美心理受时间、空间、年
龄、心情的影响
这种音乐
有什么好
的！

审美要忠于自己的内心

但是不要陷入审美片面、违背
大众道德的泥淖

整洁是拥有美感的第一步

生活中，人们都会有这样的感觉，在一个整洁干净的环境下生活或工作总是要比在一个脏乱的环境中心情愉快得多。可见，整洁是美感的第一来源，也是拥有美感的第一步。

历史上有很多酷爱整洁的人，比如唐朝诗人王维，他不容许家里有一点尘土，所以他特意准备了十多把笤帚，让两个童子专门扫地，别的事情一律不用干。宋朝书法家米芾嫌脸盆太脏，所以，他洗手不用盆子，而是特制安有长柄的银斗。每当洗脸时，他就让仆人远远地执柄，把水倒在自己手上，洗完后，他不用毛巾擦拭，而是两手相拍直到手干。米芾的女儿到了出嫁的年纪，米芾相中了南京的一个年轻人，此人姓段名拂字去尘。米芾说，本来就已经拂了，现在又去尘，真是干干净净，够格做我的女婿。

这两个人是历史上有名的爱干净的人，甚至是有洁癖的嫌疑。不管怎样，在他们的眼中，干净的都是美的。这也告诉我们整洁是拥有美感的第一步。

☆ 现代艺术家都爱“邋遢”

古代的艺术家还是比较注意自己的着装打扮的，只是到了近现代，艺术家们似乎在“邋遢”的道路上渐行渐远。以至于现在每当提起艺术家，很多人的脑子中都会产生不修边幅的形象。“邋遢”是指一个人的习性比较毛糙，平时不够讲究，不太注意外表。如不经常刮胡子，留着长发，衣服上有线头存在不知道剪掉，衣服脏了不知道及时洗，衣服也很破烂，很长时间不洗澡的样子。

艺术家爱“邋遢”是有原因的，艺术家把所有的注意力都倾注在感情创作上，艺术家为了艺术长期处在一种忘我的状态，所以，他们无暇穿衣打扮。另外，他们只擅长以艺术的方式来表达美，而不擅长用外表来表达美。除此之外，艺术家会用艺术的眼光来审视生活，他们观察人的时候和正常人不一样，他们是以脱离人的视野去观察人的，他们觉得自己独一无二，他们不认为干净整洁是一种美，所以他们不会浪费时间在自己的穿着打扮上。

艺术家对于美的思考是异于常人的，他们对事物的认知抱着另类的态度，常人认为很美的事情，但是在他们的眼里却并不美，常人以为不美的东西，他们往往认为是美的，这就是常人与艺术家的区别，也是艺术家之所以能成为艺术家的主要原因。所以，整洁就是美在他们看来是荒诞的，不要和艺术家谈论整洁的问题，特别是在把整洁上升到美的高度上之后，否则，你会被艺术家反驳得体无完肤。

古代的艺术家比较注意自己的着装打扮

很多现代的艺术家爱“邋遢”

太有范了，我也要像他那样

艺术家“邋遢”是文艺范儿

一般人邋里邋遢，就会招致非议
真邋遢，离他远点！

整洁是拥有美感的第一步

☆ 艺术家“邋遢”是气质，常人“邋遢”是真邋遢

对于常人来说，不要像艺术家一样去追求“不修边幅”，因为常人达不到艺术家对美认识的高度。在大众的意识里，艺术家“邋遢”是文艺范儿，是一种骨子里透出的文艺气质，但是，如果一般人邋里邋遢，就会招致非议，引来厌恶。这就如同是穿衣，同一件怀旧衣服，模特穿在身上是潮流，可能我们穿在身上就是老土。没办法，这就是大众与特殊人物的区别。所以，平常人就要做平常事，按照平常人的思维模式来思考问题。

对平常人来说，整洁就是第一步，要勤洗澡，勤洗脸，勤洗手；要经常注意去除眼角、口角及鼻孔的分泌物；要注意口腔卫生，早晚刷牙；指甲要常剪，头发按时理，胡子要常刮，永远不要蓬头垢面；衣服要常洗常换。做到这些才能给人洁净利索的感觉，才能让别人对自己产生好的印象。

另外，要注意保持房子环境的整洁，要坚决把一些不实用的、不常用的东西，统统清理出屋，有用的东西要分类装箱入柜；每一样物品都有自己固定的摆放位置，用完后随时回归原处；小摆设、零散件东西尽量放在收纳盒里；穿过暂时未洗的衣物放在有盖子的脏衣篮里。这样才能保持房间整洁。另外还要经常打扫房间，拖擦房间地面，以保持房间地面的整洁。这样才能给人带来勤劳干练、讲卫生的好印象。

不是每个人都是艺术家，也不是每个人都能做艺术家能够做的事情，艺术家在遭到反驳时，可以用强烈的自我观点为自我辩护，而作为一般人是做不到这一点的。艺术家的不修边幅是为了显示自我的与众不同，是对自己艺术家身份的标榜。对平常人来说，还是要用平常人的思考方式，把整洁做好，这样才算完成拥有美感的第一步，有了这一步，美感才有了提升的可能。

画龙点睛的神奇

南朝萧梁名画家张僧繇擅写真、描绘人物，也善于画龙、鹰、花卉、山水等，他画的画活灵活现，形态逼真。有一次，他到金陵安乐寺去游览，一时来了兴趣，就在寺庙的墙壁上面画了四条龙，可是没有画眼睛。有人就问他：“为什么不画龙的眼睛呢？”张僧繇回答说：“眼睛是龙的精髓，只要画上眼睛，龙就会飞走的。”大家哈哈大笑起来，认为他在说痴话。为了证明自己所言非虚，张僧繇提起画笔，运足了气力，刚给两条龙点上眼睛，立刻便电闪雷鸣，乌云滚滚，两条蛟龙腾空而起。人们惊得目瞪口呆。这就是“画龙点睛”的故事。这个故事告诉我们，给事物适当添加东西就能够使物体变美，这就是添加的力量，在我们平常的生活中恰当地添加东西就可以把本来不美的东西变美，但是在添加的过程中注意添加要与风格相配。

☆ 添加的力量

很多事物往往因为单调而显现不出来美，如果适当地给这些事物添加别的东西，它就会变得活灵活现，这就像中国的山川画，山川画中喜欢为小溪添加青苔，这种添加等于画龙点睛，能够表示远处丛树、杂叶，这种凸显的青苔能够攻破枯燥，使画面更有情势美。添加在绘画中经常用到，比如，在人物画中要添加适当的图景，以使人物更加生动。在风景画中要适当地添加人物，以使画面更加生动。这些添加，都会增加画面的美感。增加美感就是添加的力量。巨然是绘画大师，也是精于添加的高手，《故宫名画申明》里说他“工画山川，翰朱秀润，善为烟岚景象。于峰峦岭壑之中，林麓之间，常作卵石松柏与疏筠蔓草之种，相与映发；而幽溪细，屈直萦带，篱笆草屋，断桥危栈，真名山川之景趣。其画少年时多作矾头，古峰夷峻，风骨不群；老年仄仄趣高，世传得董源正传者巨然为最”。在山峦、林麓、岭壑之间添加卵石松柏、疏筠蔓草；在幽溪旁边添加篱笆草屋、断桥危栈，这样就使整个画面更加生动、美丽。

在绘画中是如此，在别的艺术中同样如此，艺术家们就是依靠添加来给主体事物做陪衬，以突出主体事物的美的。在艺术中是如此，在生活中更是如此，如果有随意又性感的青丝，可以搭配上一只镶钻的六角星发卡，这样就会给整个人增色；如果喜欢嬉皮风格，那么不妨在头上佩戴发圈，这样就会显得相当亮眼；如果喜欢可爱的风格，那么可以佩戴复古雕像蝴蝶结发卡，这样就可以把活泼可爱的一面展示出来；蝴蝶结波点发箍是很多女孩无法抗拒的元素，搭配上靓丽的淡妆，可以让人看起来相当洋气。除此之外，为衣服搭配小的饰品可以让整个人亮丽起来。如果是上班族，衣柜里的衣服色彩并不丰富的时候，可以运用小件配饰品的装点，这样就可以让整个人看起来焕然一新。

除了穿衣打扮之外，在家里适当添加些小东西，可以让整个屋子充满情趣。比如，在室内放几盆绿色的盆栽，或者在屋内养些金鱼，这样就会使整个房间看起来生机勃勃。如果嫌家具单调，可以在家具上放置插满鲜花的花瓶。除此之外，还可以在床头挂上中国结等一类小饰品，等等，这些添加会让整个房子充满温馨、和谐的气息，这就是添加的力量。

☆ 添加要与风格相配

添加可以增加美感，起到画龙点睛的作用，但这并不是说所有的添加都会让环境变得更漂亮。添加要与风格相配，才能体现和谐之美，比如一幅用草书写成的书法，如果给它添加正楷的落款，就会使整幅作品看起来不伦不类。比如要画骄阳似火的夏天，如果在画面上添加皑皑白雪，就会给人荒谬的感觉。也就是说，添加要想起到画

画龙点睛是化平凡为美的重要一步

很多事物往往因为单调而显现不出美，着意添加就会改变这一切
好单调哦！
挂上一幅画就好了

艺术家们就是依靠添加来给主体事物做陪衬，以突出主体事物的美的
加上一个人物，风景会更生动一些！

在家里适当添加些小东西，可以让整个屋子充满情趣

并不是所有的添加都会让环境变得更漂亮
感觉好怪啊！

添加要想起到画龙点睛的作用，就要做到和风格相配

龙点睛的作用，就要做到和风格相配。

在穿戴上，复古的衣服就不要添加潮流的丝巾，同样，嘻哈的衣服同样不要配搭复古的丝巾，否则，这个人就会显得不伦不类。在屋内添加鲜花可以让整个房子看起来更加美丽，但是这种添加也要讲究技巧，如果整个房间是粉红色窗帘和众多色彩构成的春天般粉嫩的空间，要在房间里摆上水仙、鸢尾、小苍兰或者郁金香，这样就会给人“万物复苏，大地回春”的感觉。如果在这样粉嫩的房间里摆放一瓶黑牡丹，就显得不合时宜了。如果，整个房子的装修是现代简约风格，就可以在房间内摆上嫩绿的龙柳或者富贵竹，因为它们都能表现出线条美。同时，要用细高的筒形花瓶盛装，这样可以使整个空间呈现简约的线条感。如果在这样的房间内放置大红大紫的花朵，就显得和整个环境不搭调。

添加是一种搭配艺术，搭配得当可以盘活整个空间，搭配不当会给人不和谐的感觉。所以在添加东西时，要仔细研究主题的风格特色，要添加和主题风格相同或者相近的事物，这样才能起到画龙点睛的作用。

组合：平凡+平凡=美

英国物理学家布拉格，小时候家里很穷，父母无法给他买好看的衣服、舒适的鞋子，他常常是衣衫褴褛，拖着一双与他的脚很不相称的破旧皮鞋。但年幼的布拉格从不曾因为贫穷而感觉自己低人一等，他更没有埋怨过家人没有给他提供优越的生活条件。他穿着那双过大的皮鞋看起来十分可笑，但他却并不因此自卑。相反，他无比珍视这双鞋，这是他动力的源泉。布拉格在动力的推动下，在科学的道路上勇敢前进，最终取得了很大的成就。小时候的布拉格是贫穷的，但他却又是美的，因为他在平凡的人生道路上创造了不平凡的成绩。

众生皆凡人，生于天地间。在整个自然界，平凡的不只有人，我们身边的很多事物也都是非常平凡的。但是，平凡并不代表不美。即使再平凡的事物都会蕴藏着一种简单美、淳朴美。另外，平凡的事物经过恰当的组合，也能呈现出与众不同的美。

☆ 平凡事物中蕴含着美

美的事物并不一定都是高雅的，很多平凡的事物身上也蕴藏着美，比如平凡却具有高尚情操的人。不只是人如此，世间的一切皆是如此，一花一草都是美，一沙一石都是美。小草是平凡的，有首歌唱得好：“没有花香，没有树高，我是一棵无人知道的小草。从不寂寞，从不烦恼，你看我的朋友遍及天涯海角——”可见小草在平凡中却蕴藏着美。到了酷热的夏天，太阳炙热着大地，小草却倔强地和太阳抗争，丝毫没有屈服的意思。狂风暴雨能使树枝散落，能让鲜花凋落，但它对小草却毫无办法，即使是被暴风雨冲刷，它依然挺立。石缝里，小草坚强地生存，把生命的旺盛充分展现出来。“野火烧不尽，春风吹又生”，这就是小草的美。

石头也是平凡的，在生活的角角落落都可以发现它们的影子，它们没有华丽的外表，却有着大地般的深沉。但是，石头的平凡也是美的，它们甘于做人类的垫脚石，为人类默默地奉献着自己，这就是石头平凡的美。

美是没有高贵、平凡之分的，高贵的东西可以带给人美好的视觉享受，但是如果道德败坏，它就是丑陋的；平凡的东西虽然其貌不扬，但是如果在骨子里散发出迷人的气息，它也是美丽无比的。所以，平凡的事物中蕴藏着美，只要善于发现，平凡就会成为不平凡。

☆ 平凡事物的相互组合增进美

或许，单个的事物是不漂亮的，但是如果对这些平凡的单个事物进行组合，那么就可以创造出美，只要两个或者三个以上的平凡事物能够有机组合，就能达到美的效果。穿衣是如此，室内装饰也是如此。

对于穿衣来说，两件平凡的衣服组合在一起，就能创造出非凡的效果。黑白色、具有简约图案的毛衣，和白色衬衫、红色短裤、黑色裤袜、短靴组合在一起，就能给人青春活泼的感觉；深蓝色的长款针织毛衣，搭配深色的厚裤袜，会立刻让人产生苗条的美感。巧用点缀整体的搭配，会提升时尚感。短款的呢子外套与围巾、亮色鞋子相组合，会给人带来时尚的感觉。淡色毛绒外套和黑色长款打底衫、黑色裤袜、短靴组合，会让人产生优雅高贵的感觉。淡紫色压痕棉衣外套，和红色毛衣、黑色紧身裤、厚底鞋相组合，会给人带来时尚的感觉。这些衣服中的任何一件没有经过巧妙搭配时穿在身上，都不可能起到完美搭配后起到的效果。所以，平凡的事物经过优化组合，就能起到展示美的效果。不但穿衣如此，家庭装饰也是如此。

如果喜欢田园风格，就可以使用具有原始感的原木、石材和布艺，同时搭配大面积的窗户。在选择房子的颜色时，要选择黄色、橘色、红色，同时搭配牛奶白为基底的家具，这样会使整个房子看起来活泼明亮。如果喜欢混搭风格，就要运用不同色彩的混搭，或者不同材质的混搭，这种组合会给人充满创意的感觉。如果喜欢欧美风格，可以采用美式风格家居，组合线板、廊道、拱门与门框等，然后在墙上使用油漆、壁纸，地上铺上地毯，这样就能创造出优美的欧美式住宅。

平凡的事物经过优化组合就可以创造美，也就是说平凡加平凡就等于不平凡。但是要想对事物进行优化组合，一定要首先经过深思熟虑，看它是否符合客观规律，是否符合大众审美标准，这样才能真正创造美，不然的话，会起到相反的效果。

生活中充满了太过平凡的事物

平凡的事物也有美感吗？

平凡的小草却有着顽强的生命力
好顽强的生命力啊！

或许，单个的事物是不漂亮的

平凡的事物经过优化组合就可以创造美

组合要符合客观规律和大众审美标准，这样才能真正创造美

第四章 每天提升一点美的鉴赏力

具体形象还是完全抽象——绘画艺术鉴赏

20世纪伟大的现代派画家马蒂斯有一幅画，画的是变了形的女人像。一次，一位颇有身份的妇女质问马蒂斯："难道我们女人就是这个样子吗？"马蒂斯笑笑，回答说："太太，那不是一个女人，那是一幅画。"这是一则笑话，但它却告诉我们一个道理，绘画有的时候是在用抽象的东西来表达创作者想法。但这并不是说，所有的绘画都是抽象的。

在现实生活当中，我们可以看到很多有"具象"色彩的绘画。很多人说绘画是抽象的，但是也有很多人说绘画是具象的，还有人说是二者的结合体，在这个问题上的争论从来没有停止过。当然这是基于绘画艺术界相对专业的争论，大多数人们还是停留在对于绘画的欣赏之上，很多人不仅难以理解抽象画，还对于那些真正具象的绘画无从领会，那么到底该如何鉴赏绘画艺术呢？

☆ 在写实和抽象之间徘徊的西方绘画

先前的西方绘画主要是油画，传统的西方绘画注重写实，油画往往会用现实的笔法来表现对象的特征、比例、性质、质感、表情、动态、精神等等，油画的画面形象靠近人的直观意识，欣赏者第一眼看上去就能够识别出作品中展示的画面物象，并且可以根据整个画面来分析出艺术家想要传达的思想感情。在看到列宾的《伏尔加河上的纤夫》和米勒的《拾穗者》时，通过观看画面，我们就会清晰地看出画面表现的时间、空间、人物、场面、情境和众多细节。

油画主要依靠颜料的充分组合来描摹描写对象，也就是说油画注重色彩的丰富性。西方画家认为丰富的色彩会给画面带来真实感和立体感，从这个意义上来说，色彩是西方油画的灵魂。毕加索的《哭泣的女人》就是色彩极大丰富的一幅画，整幅画运用暖红色的背景，画中女人戴着红色的帽子，头发是铜丝般的金黄色，面色忽黄忽紫，整幅作品有极大的色彩张力。西方画家是色彩运用大师，他们善于通过运用不同的色彩来给人带来不同的视觉感受。红色带给人兴奋、热烈的感觉，黄色带给人欢快、活跃的感觉，绿色则代表自然、大方。画家就是通过这些东西来表达自己的思想的。凡·高的《向日葵》，运用强烈的黄色，展示了生命的激情。

西方绘画发展到一定阶段，出现了抽象画派，抽象画是对具体事物的高度概括和提炼，已经脱离了事物的具体形态，抽象画运用色彩、点线面、符号、机理等来组成画面，表达内心的真实感受。

在抽象画方面，西班牙的达利是最典型的代表，他的画有时是一个奇异的符号，有时是一个梦幻的传奇。他的画带给人们的视觉感受是奇幻、荒诞、怪异、疯狂，达利就是用这些抽象的意象来表达对生活的独特感受的。

另一个抽象画作的代表是毕加索，他的《格尔尼卡》是典型的抽象画著作。《格尔尼卡》全画只有黑、白、灰三种色彩，画面充斥着很多错位的眼、耳、四肢，支离破碎的牛头、马面、妇女、儿童。另外，毕加索还把一些类似纸片的幻觉形象贴在画布上，使画面出现多度空间感。毕加索是把具象的东西进行抽象变形，以此来表达对法西斯的痛恨之情。

☆ 具有留白情趣的中国绘画

中国绘画是完全不同于西方绘画的，中国的绘画讲究意境，讲究“诗中有画，画中有诗”。唐代王维是这方面的楷模，他把诗的境界运用到绘画中去，同时也把画面搬到诗句中去。王维的《雪溪图》逼真地表现出逼真的雪景画面。中国的绘画是线条画，画家们通过线条组合勾勒出画面意象，这是中国画特有的美感。

留白是中国画的又一特点，我们常常看到，在一些绘画中有大片的“空白”，这些空白是有意为之，能给人丰富的形象。中国的画家常用一些空白来表现画面中需要的水、云雾、风等景象，这种技法比直接用颜色来渲染表达更含蓄内敛。

明末清初八大山人和清代石涛在绘画时会在画面上留下大量的空白，就是为了给人带来想象的空间，含蓄地表达自己的思想。

不论是在绘画上还是在写文章上，中国的文人都强调虚实结合，这其中的虚，表现在画面上就是空白，绘画中的空白是通过颜色由有到无，再到有的过渡来使整个画面呈现变化性的。这种变化性可以让人产生无穷的想象。一幅山水画，拥挤的构图并不会使人痴醉，而大胆的留白，会营造出意味深长的含蓄之美。那片空白可以是云雾，可以是流水，也可以是清风。

中国的绘画是一个有机的整体，除了画面之外，还有题诗、落款、用印。在中国，画不离字，完美的图画都有飘逸潇洒的文字做陪衬，文字主要有题诗、落款两

油画因其具有丰富的再现力而成为西方绘画的主体

色彩让西方绘画更有表现力

西方抽象画注重对自然内在的提炼

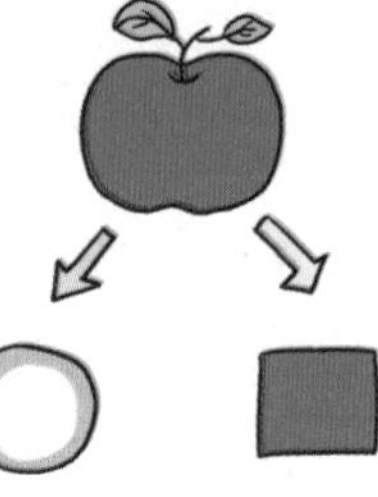

中国绘画讲究意境是因为中国人的生活充满诗意

中国画家不重写实，所以用留白来表现虚

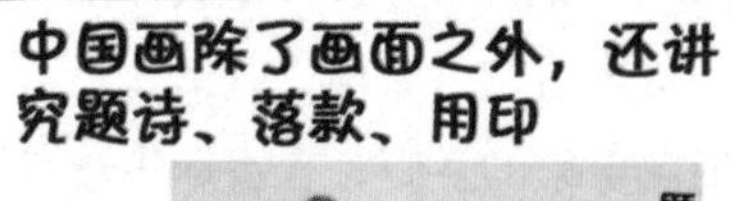

中国画除了画面之外，还讲究题诗、落款、用印

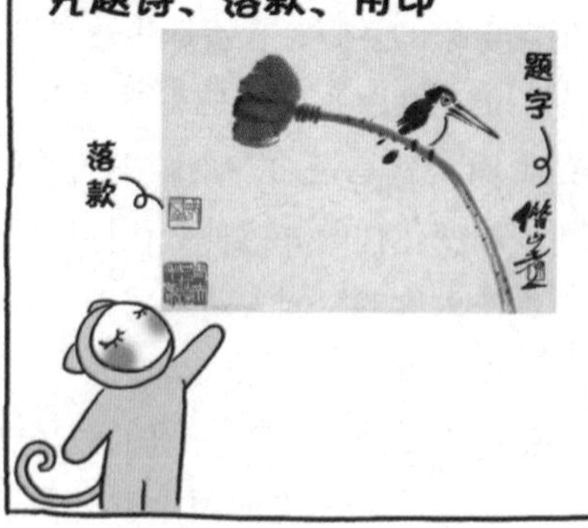

种，恰当的题诗可以增添画面的美感，郑板桥的《竹石》就是一幅题画诗，整个画面上有这样一首诗："咬定青山不放松，立根原在破岩中。千磨万击还坚韧，任尔东西南北风。"

除了题诗外，落款也是一幅画不可缺少的部分，好的落款能增加图画的均衡感与和谐感，在工笔画中用楷书、隶书落款会增加庄重感，在写意画中用草书、行书落款可以使画面更飘逸。除了这些外，印章也是中国画中一道亮丽的风景，印章以它的美观和色彩的亮丽点缀着画面，给画面带来活性和动感。

瞬间的静态与永恒的凝固——雕塑艺术鉴赏

法国雕塑家罗丹创作了一座名叫《青铜时代》的塑像，《青铜时代》是一座站立的青年人体雕像。塑像身体稍稍前倾，头部稍稍仰起，他两手高举，右手轻抚头部，双腿微屈。这座塑像表现的是一个刚从睡梦中苏醒的青年人，虽然刚刚苏醒，却充满了青春的朝气。塑像十分逼真，四肢的比例，骨骼的分布，甚至是每一块肌肉都像真人一样。这件作品一诞生，就遭到了"从真人身上翻模"的攻击，在社会上引起了一场很大的风波，有人甚至要把罗丹送上法庭。《青铜时代》之所以会引起这么大的风波，就是因为它太逼真了。由此，我们可以看出雕塑拥有迷人的魔力。

雕塑是静态凝固的舞蹈艺术，不管是人身雕塑，还是其他的雕塑形态都体现出凝固之美，这种静态的凝固，却又时时透露出动态的舞蹈美。雕塑家就是通过静态的雕塑来表达动态的观念。雕塑又是情感艺术，雕塑家把自己的思想情感寄托在塑像之上，用它来展示自我内心情感。

☆ 雕塑是静态凝固的舞蹈艺术

雕塑是空间造型艺术，是凝固的艺术，雕塑的形象和内涵都是通过凝固的外表来展现的。亚里士多德关于艺术体积有这样的表述："一个美的事物、一个活的东西或一个由某些部分组成之物，不但它的各部分应有一定的安排，而且它的体积也应有一定的大小，因为美要依靠体积与安排，一个非常小的东西不能美；一个非常大的东西，例如一个一千里长的活东西，也不能美，因为不能一览而尽，看不出它的整一性。"雕塑正是靠这样的体积安排来表达塑像的灵魂的。雕塑是静态凝固的舞蹈艺术，它是通过凝固的形体来展示形象的运动的。

雕塑的主体是静态中的人或事物，雕塑家企图通过这种静态的事物来表达动态的概念，古希腊是世界雕塑的发源地，在古希腊产生了很多经典的雕塑作品。例如《拉奥孔群像》《掷铁饼者》《鲁多维奇宝座浮雕》《喝醉的萨提儿》《赫耳墨斯》《萨莫色

雷斯的尼开神像》《垂死的高卢人》《刮汗污的运动员》《自杀的高卢人》《断臂维纳斯》等。其中尤其以《断臂维纳斯》最负盛名，当时的希腊主张以裸体来表达美，柏拉图在《共和国》曾有这样的记述："不久之前，希腊人还同当今大部分无知人那样，认为光天化日之下的裸体人让人觉得可笑，当克里特岛人和后来的拉杞第梦人把裸体应用于体操时，人们热情地嘲讽这个新鲜事物。但人们也从中发现把身体的某一部分遮掩起来，不如把他们裸露出来更为美妙，智慧揭示了美感，驱散裸体在人眼中呈现的可笑之处。"这是柏拉图对《断臂维纳斯》的评价。《断臂维纳斯》的确是雕塑历史上不可多得的瑰宝。这尊雕塑现存于巴黎的卢浮宫。观赏这尊塑像可以先从它的整个外观看起，塑像头上的发髻略略上翘；上半身裸露，略略前倾；下半身被衣裙遮住，全身呈现螺旋上升的趋向，前腿略曲，整个塑像亭亭玉立，曲线完美动人。整座塑像给人的感觉是平静坦然，纯洁典雅，没有任何世俗的气息。虽然已经失去双臂，但是仍然给人完美的感觉。断臂的维纳斯就是通过凝固的淡然表现了自己的淡定，而优美的躯体则透露出高雅的舞蹈之美。

☆ 雕塑是创作者情感的宣泄

任何艺术形式都是作者思想情感的体现，雕塑当然也不例外，雕塑作品形象单纯，通常用象征性来表达主题，揭示自己的情感，激发人们的想象，启迪人们的思维。雕塑体现的是作者所要集中表现的思想、感情。为了突出主题，作者对于自然形象要有所夸张、有所精简和概括，以加强形式感，如汉代的霍去病墓石刻"马踏匈奴"，抒发的是作者对霍去病的崇拜之情。

基本上每一尊雕像都是作者内心情感的体现，这方面在意大利人米开朗琪罗的作品上得到完美的体现，特别是他为佛罗伦萨巨头美第奇家族的陵墓制作的《昼》《夜》《晨》《暮》四尊大理石雕像。《昼》是一个未完成的男性人体雕像，这个男性眼睛圆睁着，目光正越过自己的肩头凝视前方，并且右手在背后支撑着身体，整个塑像神态逼真，好像是刚刚从睡梦中被惊醒。《夜》塑造的是一个身材苗条的女性，她右手抱着头，沉沉地睡着，脚下站着一只猫头鹰、枕后还有面具，整尊雕像给人的感觉是这个女人已经筋疲力尽。《暮》的主人公是一个中年男子，男子肌肉松弛下垂，面部沧桑、表情平淡，好像是在思考人生，也好像是在由于苦闷而发呆。《晨》的主人翁是一个纯洁的少女，整尊塑像线条饱满结实，给人精神抖擞的感觉，虽然有很多青春的特点，但是发现不了任何的快乐情绪，好像是刚刚从梦中醒来，带着哀怨和不满。这四尊塑像的主人公不同，但都赋予了相同的寓意，他们给人的是一种强烈的不稳定感，忧虑是塑像的主要基调，作者是想通过这样的四尊塑像来表达命运不由自己控制的无奈和对时光流逝的忧虑之情。

雕塑是一种情感艺术，除了给观赏者带来美好的视觉享受外，还寄托了创作者自己深深的思想情感。所以，在欣赏雕塑时，既要看到作品的外观美，还要体会作者在塑像上寄予的思想情感。

不确定的艺术，流动的时间——音乐艺术鉴赏

对于音乐，诗人歌德曾说过这样的话：“不爱音乐，不配做人。虽然爱音乐，也只配做半个人。只有对音乐倾倒的人，才可完全称做人。”歌德的这句话非常极端，但是它从侧面反映出音乐是生活中不可或缺的东西，能带给人美的享受和强烈的心灵震颤。在无锡惠山脚下有非常著名的“天下第二泉”，华彦钧为它创作乐曲《二泉映月》，自此，盲人阿炳在音乐史上留名。一年，小泽征尔来我国指挥中央乐团演出，被这首曲子感动得流下了眼泪。整首曲子以二胡的苍凉带给人如怨如慕、如泣如诉的感觉。这首曲子之所以那么动人，就是因为它不但旋律优美，还真切地表达了创作者的内心情感。音乐是一种高雅的艺术，欣赏音乐艺术要从音乐的形式美和内容美两方面入手，形式美带给人的是美好的听觉感受，内涵美则表达出了丰富的个人情感。

☆ 音乐是流动的旋律

音乐的形式美注重的是音乐带给人的感觉，音乐只有有节奏有规律才称得上是真正的美。音乐的形式美可以分为音色美和综合形式美，音色美主要体现在乐器上，小提琴的柔美是美，大提琴的浑厚是美，小号的嘹亮是美，二胡的苍凉同样也是美。音乐是综合的艺术形态，音乐是把高低、长短、强弱、快慢不同的乐音组合为一曲优美动听的曲子。如宗次郎《故乡的原风景》的旋律，开始是一片幽静和谐的声音，紧接着小提琴鸣奏起抒情的旋律，悠扬的陶笛随着和弦音自然地融入。小提琴时而高亢亮丽，时而浑厚低沉，两者交杂融合。而后水晶琴、响木、音叉、钟琴等都加入进来，力度也忽然加大。再然后是陶笛猛然高亢，低音贝斯、打击乐都加大了强度、力度，在振奋中把整首曲子推向高潮。这首曲子展现在人们面前的就是旋律美，它作为形式美的一个重要组成部分，是乐曲不可或缺的因素。

音乐还追求整齐一律美，为了达到这种整齐一律美，音乐常常采用节奏节拍的重复循环，如舞剧《白毛女》中的地主狗腿子的音乐主题，贝多芬的《月光》等。音乐和建筑一样讲究对称均衡美，也就是说在三部曲式的音乐中的第一部分和第三部分出现相似性。第二部分对第一部分进行性格否定后，紧接着就出现和第一部分相似的第三部分。如《弯弯的月亮》《梁祝》等。音乐形式美的另一个重要表现是变化统一美，这种美始终贯穿于音乐的始终，如《春江花月夜》中的变化统一美，音乐每一句的结尾音都是后一句的前音。这样使整首曲子呈现优美的旋律。再如具有欢快旋律的《百鸟朝凤》，虽然整首曲子变化多端，但是有统一的音乐风格贯穿其中，使整首曲子在无穷的变化中又体现统一。

音乐是追求形式美的艺术，正是因为有了形式美，才有了音乐动人的特质。在欣赏音乐时，一定要先从音乐的形式美入手，领悟了音乐的形式美，才能更进一步了解作者的思想情感。

☆ 真善美是音乐的灵魂

音乐的两个重要组成部分一个是音调，另一个是感情。音乐很难对客观现实进行再现和描述，但是音乐可以完美地抒发创作者的感情和情绪。它用声音来表达创作者的内心世界，作者通过声音来抒发自己内心的快乐、忧虑、痛苦等个人情愫。这里所说的作者的思想情感指的就是音乐的内涵美，内涵美是欣赏音乐的重要内容。

音乐创作者常常通过多层次的

音乐组合来表述自己的情感。如莫扎特的名作《弦乐小夜曲》,《弦乐小夜曲》的第一乐章是快板，整个第一章给人的感觉是非常硬朗，刚强，它表现的是作者乐观的心情；第二乐章主要是行板，整个乐章宁静和谐，给人优美安静的感受；第三乐章主要是小快板，这个乐章轻松愉快，活泼有趣；第四乐章是回旋乐曲，给人青春的活力。四个乐章分别运用不同的音乐形式来表述创作者的不同心情，抒发创作者的思想感情和对现实的思考。

音乐的内涵美在于它能表达出真善美，这也是柴可夫斯基的交响曲之所以那样优美动听、真挚感人的原因。真正美的音乐是有内涵的，是有灵魂的。真善美就是音乐的灵魂，贝多芬的名曲《月光》，本意不在描述月色，而是抒发因初恋失败而苦闷的心情，这种心情就是音乐“真”的体现。舒伯特的《未完成交响曲》完全是人类心灵情感美的展现。这首交响曲形式新颖自由，旋律优美动人，但它表现的是主人公内心世界的矛盾，体现的是主人公内心的压抑和痛苦，这同样是音乐真善美的体现。除此之外，贝多芬的《第九交响曲》以强大的演奏音响表达了创作者内心的矛盾和对命运的抗争。这就是音乐，用乐曲的形式来表达自己内心的情感，展现人世间的一切真善美。

音乐美，不但美在形式，还美在内涵，没有内涵的音乐是音乐符号的堆积，不会起到打动人心的效果。所以，在欣赏音乐时，不要仅仅停留在音乐的表面，要深入进去了解作者的内心，体会音乐中渗透的真善美。

身与灵的最美结合——舞蹈艺术鉴赏

100年前,《天鹅湖》在俄罗斯首次上演，可是却没有受到欢迎，甚至可以说是惨遭冷遇。柴可夫斯基痛心疾首，并且决定以后再也不写舞剧。20年后，在纪念柴可夫斯基逝世一周年的音乐会上，著名的舞蹈艺术家列夫·伊凡诺夫重新上演《天鹅湖》，这场演出取得了空前的成功。为什么两次演出会有如此大的不同呢？原来参加第一次演出的“天鹅”背上有双翅，想通过这种形态来表现天鹅的形象，而伊凡诺夫的“天鹅”只有头顶和裙摆上有羽毛，其他的主要依靠舞蹈动作来表现天鹅形态。这个故事告诉我们，舞蹈是一项尊重自然的艺术，越是靠近自然的舞蹈，越能给人带来美好的享受。另外，舞蹈是一项崇尚虚拟象征的艺术，在欣赏舞蹈时要从这两个方面着手。舞蹈是种艺术，是艺术就需要具备欣赏艺术的眼睛，所以，要想成功地欣赏艺术，就要丰富自己的舞蹈知识。

☆ 舞蹈的天性是自由

舞蹈是崇尚自然的，这要从舞蹈的起源说起，在原始社会就已经有了舞蹈，原始舞蹈来源于自然，原始人装扮成各种野兽，以此来对抗大自然。原始人的舞蹈多和祭祀、驱鬼等一系列事情紧密相连，所以他们的舞蹈具有原始的粗犷特点。随着时间的推移，舞蹈也发生了很大的变化，但是不管怎样改变，它的原型都来源于生活，都来源于大自然。这就决定着舞蹈不能是僵硬的艺术，要用自然的表现来展现舞蹈之美，这种自然，通俗一点来说就是自由。具有“现代舞蹈之母”之称的美国舞蹈演员邓肯之所以能取得巨大成功，就是因为她的舞蹈崇尚动作的完全自由，她赋予了芭蕾新的内涵，使日趋没落的芭蕾又走上昌盛的道路。

舞蹈的自然性，是指不受任何的束缚，自由地表达自己的情感。它的物象可以是自然界万物，也可以是抽象的东西，不管是自然的还是抽象的，都应该用自由的方式展现出来。如民族舞蹈《孔雀舞》，十二个女演员组成一幅孔雀开屏的画面，接着队形散开，十二只“孔雀”布满舞台，在慢板乐曲中款款起舞。而后音乐过渡到小板块，“孔雀们”舞蹈节奏加快，表现的是一派欢快的景象。十二只“孔雀”并没有按照孔雀的样子来进行严格装扮，她们主要是通过自然、自由的肢体语言来展现孔雀的形象。

☆ 虚拟象征是舞蹈的灵魂

舞蹈是崇尚虚拟象征性的艺术。首先，用人体的动作、姿态来代替日常生活中的言谈话语，这本身就带有虚拟象征性。其次，舞蹈通过人体美向观众表露人的思想感情。整个人体渗透着舞蹈人员想要表达的思想情感，他们用不同的姿势表达不同的情感，这也是虚拟象征性。作为舞蹈，舞蹈情节是展示、演绎艺术形象的时空逻辑符号，能够用逻辑符号展示生活是舞蹈的成功之处，这种逻辑符号就是象征性的体现。

舞蹈是抒发感情的最好形式，在表演的形式上，多采用象征、虚拟的手法，通过优美的人体动作去抒发感情，让观众通过不同的身体动作来体会舞蹈者要抒发的思想感情。舞蹈家戴爱莲创作的《荷花舞》就是运用象征、虚拟抒情的典范。在整个舞蹈画面中，舞蹈人员用优美的舞蹈动作，展现出绝美的意境。创作者旨在通过这种方式来表达对大自然、对祖国、对和平的热爱。我国最具代表性的运用虚拟象征的舞蹈是三人舞《绳波》，这个舞蹈中，唯一的一个道具是一条绳子，创作者就是想用绳子的不同姿态来表达不同的思想情感。当绳子变成圆圈滚向对方时，象征着在向对方表达自己的爱；当绳子缠在跳双人舞的人身上时，象征着它是联结命运的纽带；当三个人

舞蹈是一项尊重自然的艺术
不值一观！
这跳的是什么啊？

越是靠近自然的舞蹈，越能给人带来美好的享受
太美了！

舞蹈的天性是自由

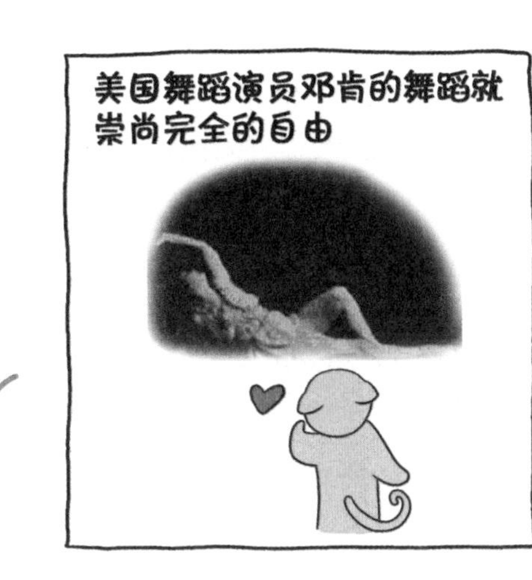
美国舞蹈演员邓肯的舞蹈就崇尚完全的自由

虚拟象征是舞蹈的灵魂

舞蹈是身体与灵的结合

一块欢快地跳绳时，象征着幸福快乐的三口之家；一旦出现绳子抖动，则象征着感情的波澜和父母内心的矛盾。在整个舞蹈的结尾，父母各牵绳子的一头，绳子上捆绑的洋娃娃左右摇晃，象征着父母离异，孩子伶仃孤苦。整个舞蹈充斥着象征性的表现手法，创作者旨在通过这样的手法来表达两个人从相恋到结婚生子，再到感情起波澜，最终反目时的不同情感，以及表达反目后孩子的孤苦境况，从而警示人们不要轻易解散一个家庭，要照顾到孩子的感受。

这就是舞蹈，不能用描写的形式来展现情感，也不能用叙述的形式来书写故事，只能依靠演员的身体语言来表达情感，这种情感的表达建立在对象征虚拟的充分应用的基础之上。

☆ 风靡世界的舞蹈形式

要欣赏舞蹈，首先就要明白舞蹈的类型。根据表演者的数量，舞蹈可分独舞、双人舞、组舞和集体舞。现在最主要的舞蹈分法是将舞蹈分为民间舞蹈、古典舞蹈、舞会舞蹈和舞剧四类。民间舞蹈是表现民间风俗的舞蹈，如《孔雀舞》等；古典舞蹈，又叫古典舞剧，比如《天鹅湖》等；舞会舞蹈是在舞会上跳的舞蹈，比如狐步舞、波尔卡、华尔兹、探戈、查尔斯顿舞、迪斯科舞、恰恰舞等。熟悉了这些舞蹈形式之后，还要学习此类舞蹈的表现手法、表达艺术等知识。要想真正成为舞蹈欣赏高手，就要经常观赏舞蹈，在观赏舞蹈的同时形成自己的认知。

综合艺术美的享受之旅——戏剧艺术鉴赏

一年，莎士比亚的《奥赛罗》在纽约上演，扮演伊阿古的是美国著名演员威廉·巴支。威廉·巴支将伊阿古卑鄙无耻的形象表现得淋漓尽致，台下的观众对他是恨之入骨。当台上演到奥赛罗误中伊阿古的奸计，将苔丝狄蒙娜掐死时，台下有一个军官十分恼怒，开枪打死了舞台上的伊阿古。当时，整个剧场一片混乱。过了好长时间，这位军官才清醒过来，知道这是在演戏，而不是现实，他十分懊悔，当场自杀身亡。这件事情震惊了全球。纽约市民将这两位戏剧艺术的牺牲者合葬在一起，并在墓碑上刻下字——“最理想的演员与最理想的观众”。这位军官之所以会开枪打死演员，就是因为沉浸在戏剧情节里不能自拔。

戏剧是我们日常生活中经常接触的一种艺术形式，我们会常常到剧场去看演出，比如听京剧、昆曲、歌剧，看话剧、舞剧、木偶剧、皮影戏，等等，这都属于戏剧的范畴。戏剧是一项综合的艺术，它集音乐、绘画、语言、表演、灯光等于一体，通过对事情的演绎来表现生活。生活离不开戏剧，因为戏剧能够带给人最真实的生活感受，所以要学会欣赏戏剧。我们在日常生活中接触到的戏剧主要有两种，一种是悲剧，另一种是喜剧。悲剧之美美在是它带给人的强烈心理感受；戏剧之美美在它给人带来轻松、带来快乐，也带给人警醒。欣赏戏剧除了包含其中的各种艺术形式，最主要的是要懂得欣赏戏剧中的现实意义。

☆ 悲壮是一种美

关于悲剧，鲁迅先生有一句名言：“悲剧将人生的有价值的东西毁灭给人看。”悲剧往往将最美好的东西撕毁，它常常与死亡和痛苦相联系，它是一种残缺的美、一种破碎的美、一种悲壮的美。悲剧以剧中主人公与现实之间不可调和的冲突及其悲惨的结局，构成戏剧的基本内容。悲剧具有英雄气概，悲剧的主人公一般是崇高的英雄悲剧以悲惨的结局，来揭示命运的不公，从而激起观众的愤怒情绪。

悲剧能让观众产生快感和审美享受，悲剧所产生的美感是悲壮美，悲剧虽使人泪流满面，但是却让人精神振奋。博克说：“悲剧使我们接触到崇高和庄重的美，因此能唤起我们自己灵魂中崇高庄严的感情。它好像打开我们的心灵，在那里点燃一星隐秘而神圣的火花。”悲剧会让人懂得什么是真善美，什么是假恶丑，从而引导人们去追求美好的生活。提起悲剧不得不谈一下莎士比亚，莎士比亚是欧洲文艺复兴时期的主要代表作家，有“英国戏剧之父”之称。莎士比亚以写悲剧见长，他有非常著名的四大悲剧，它们分别为《哈姆雷特》《奥赛罗》《李尔王》《麦克白》，这四部作品都是以英雄人物的死亡结尾，可以说是典型的悲剧。《哈姆雷特》中丹麦王子为报仇而与仇人同归于尽，《奥赛罗》中的奥赛罗因听信谗言杀死妻子而悔恨自杀，《李尔王》中的李尔因受女儿虐待而疯癫而死，《麦克白》中的麦克白因为兵败而战死。不管是哈姆雷特，还是奥赛罗、李尔王，抑或是麦克白，无不是世间英雄，但是命运把他们都送上了死亡的道路，这四部悲剧的结尾是催人泪下的，让人惋惜的。但是它们带给人一种悲壮之美，一种对生命的顿悟，这些情愫激励着观众群寻找正确的价值观、人生观，鼓励着人们走上真善美的道路。这些就是悲剧美的地方。

悲剧表现的主要是理想与现实的矛盾，以及现实导致理想的破灭。欣赏悲剧时，不要只停留在心潮的澎湃之上，而是要从悲剧中汲取力量，唤醒自己对生活的感知，以更加正确的态度来面对人生。

☆ 嘲笑之后的隐痛

喜剧是戏剧的一种类型，它常常以强烈的夸张手法，来充分展示假恶丑与真善美之间的矛盾，并且用荒诞的方式来对假恶丑进行辛辣的讽刺。在嘲讽假恶丑的同时，也极力褒扬真善美。

戏剧能够带给人最真实的生活感受
太可恶了！

戏剧通过对事情的演绎来表现生活
去死吧

欣赏戏剧要分清戏剧与现实
那是演戏啊！

戏剧之美美在它给人带来轻松、带来快乐，也带给人警醒
最理想的演员与最理想的观众

悲剧总是以悲惨的结局来揭示命运的不公，警醒世人
结局太悲惨了！
那些都是命运使然啊！

喜剧滑稽的背后是对人性的鞭策
哈哈哈
阿Q虽好笑，但是笑过之后让人心情很沉重！

喜剧描绘的主题主要是爱情、友情和婚姻，通过对这些主题里人物的不同描绘来表达对生活的正确认知，喜剧会让人啼笑皆非，笑是因为荒诞，哭是因为悲哀、怜悯。比如鲁迅先生的《阿Q正传》，阿Q一生贫苦，饱受压迫和欺凌，这些都是让人同情的，但是他的“精神胜利法”又让人感到好笑。

这就是喜剧带给我们的心理感受，想笑却又笑不出来，因为滑稽的背后是对人性的鞭策。比如莎士比亚的《威尼斯商人》，威尼斯富商安东尼奥为了成全好友巴萨尼奥的婚事，向犹太人高利贷者夏洛克借债。由于安东尼奥帮助夏洛克的女儿私奔，所以夏洛克怀恨在心，他想乘机报复，夏洛克对安东尼奥说可以不要利息，但要是逾期不还，就要从安东尼奥身上割下一磅肉来抵账。不巧的是，安东尼奥的商船失事，所以一时间安东尼奥资金周转不灵，无力偿还贷款。夏洛克去法庭控告安东尼奥，要割掉安东尼奥的一磅肉。为救安东尼奥的性命，巴萨尼奥的未婚妻鲍西娅假扮律师出庭，她答允夏洛克的要求，但要求所割的一磅肉必须正好是一磅肉，不能多也不能少，更不准流血。夏洛克因无法执行而败诉，害人不成反而失去了财产。

《威尼斯商人》给人展现的是阴险毒辣的夏洛克小人形象，他的形象滑稽可笑，但是却又让人恨之入骨。这就是喜剧带给人的直观感受，在欣赏喜剧时不要只停留在滑稽的人物形象的表面，要善于理解人物形象背后隐藏的东西。

笔架墨韵中的性格与情操——书法艺术鉴赏

南齐书法家王僧虔曾说：“书之妙道，神采为上，形质次之，兼之者方可绍于古人……”王僧虔的这句话正确揭示了书法创作中的形与神的辩证关系。形质指的是形式美，书法所表现出来的性情美感就是神采。书法作为中国人的文化瑰宝，受到越来越多人的喜爱，很多人沉迷在书法的世界里不能自拔。书法在中国十分流行，在日本和韩国等亚洲国家也能看到它们的影子，但是在西方国家似乎没有书法家这样的称呼，这种现象说明了什么？书法欣赏如今渐渐成为一种高尚的文化活动，欣赏书法艺术首先可以从书法的形式入手，看字的结构组成，以及字的走势。当然，这只是书法欣赏的第一步，也是书法欣赏的初步形态。最重要的书法欣赏目的是欣赏书法的神采美。

☆ 书法也讲究布白

书法之所以被称为艺术，就是因为书法具有形式美。在整幅书法作品中，纸张的大小和字的大小、位置等都十分考究。除此之外，还要考虑落款、印章和书写内容的搭配。字体线条要强劲圆润，粗细长短要适中，行款要错落有致，大小变化要适中，疏密要有度。以上是书法的基本要求。

除此之外，书法也和绘画一样追求留白，要做到“密不透风，疏可跑马”。也就是说要考虑到字与字、行与行之间的笔势连绵，气脉畅通，节奏分明。在连绵的气势下追求自然连贯，就是要处理好整幅作品的留白，把留白处理好就能给人张弛有度、错综跌宕的感觉。

王羲之的《兰亭集序》是恰当处理留白的典范，《兰亭集序》全篇 28 行，324 字，这 324 个字遒媚劲健，并且十分注意字与字之间的留白，给人纵横奔放、无懈可击、一泻千里的视觉感受。

书法的可观性，除了要注意字体的形状之外，还要注意字与字之间的留白，也就是控制好字与字之间的距离，不能太近，也不可太远。恰到好处的留白会增强书法作品的美感。

☆ 笔势如情丝

书法最难能可贵的是能够表现创作者的性格与情操，俗话说“字如其人”，也就是说通过字就基本可以判断一个人的性格。隶书的笔画讲求波动，横画具有蚕头燕尾的形状，并且十分舒展。喜欢写隶书的多为格调高雅、心胸宽广之人。楷书，形体方正，笔画平整，给人厚实方正的感觉，爱写楷书的人多性格耿直、正义感强烈。行草，游龙走蛇，恣意汪洋，连绵不绝，给人狂放飘洒的感觉，行草写的出色的人多是性格豪放、潇洒倜傥的人，具有创造性的人。如唐代草圣张旭、怀素，他们生性癫狂，不落俗套，世称“颠张醉素”。

岳飞把自己立志收复河山、洗雪国耻之情充分地诉诸笔端

什么是书法？书法就是用抽象的线条作为艺术材料，表现和传达出各种形体、情感和气势。书法是抒情的，书法构造的就是情感世界，它体现的是一个人的审美情趣和喜怒哀乐。把感情、道德情操融入字体是书法家最高的境界，岳飞所写《还我河山》的草书横幅，酣畅淋漓，峻峭挺拔。岳飞把自己立志收复河山、洗雪国耻之情诉诸笔端，表达了他甘愿为国抛头颅、洒热血的个人情感。

笔势如情丝，书法是表现个人性格和道德情操的艺术，很多书法家为了表达自己的兴奋、哀怨、痛苦、不满之情，常常奋笔疾书，把自己的思想情感表露无遗。这是因为笔墨之中可以寄托情感，可以表露心声。

☆ 西方国家也有书法

在我们的意识中，书法好像是中国特有的东西，也有人说在日本、韩国、越南也能看到书法的影子。在谈到西方国家有没有书法家时很多人都持否定的意见，那么，西方究竟有没有书法呢？

虽然西方国家的书法艺术不发达，但这并不是说西方国家没有书法。西方国家是出现过书法的，与中国书法不同的是西方国家的书法是用特殊的扁笔书写而成的，其中最有名的笔为鹅毛笔。鹅毛笔在相当长的一段时期内非常流行，它主要被用来抄写圣经和其他圣书。但是随着活字印刷术的出现，这种手抄形式逐渐不再流行，书法也就不再是书法。直到19世纪末，威廉·莫里斯再度发扬西方书法之美。西方的书法就又流行起来，并出现了一批有名的书法家，如爱德华·强斯顿、艾瑞克·吉儿等。在当代，比较重要的当代书法家有亚瑟·贝克、赫曼·查夫。

既然在西方国家可以看到书法的影子，为什么中国的书法可以取得长足的发展，而西方国家的书法艺术没有出现昌盛呢？出现这种现象的最大原因和文字有关，汉字历史源远流长，在长期发展的历史过程中形成了丰富的汉字书写文化，这只是中国存在书法的一个原因，另一个原因是汉字结构复杂，能创造出各种各样的书写形式，而西方国家的语言大多十分单一，只是由字母进行不同组合形成的，这样简单的组合使字体没有丰富的变化，如此，就制约了书法艺术的发展。所以，当代的西方书法只在特殊情况下使用，如用在婚礼请帖、通知、牌匾上面等。

不止是纯粹的记录——摄影艺术鉴赏

在《古今小说》中记载着这样一个故事，一位书生误把一张白纸当信寄回家，书生的妻子看到这张白纸十分激动，她认为书生这样做有特殊的含义，所以她满含柔情地写下七绝一首：“碧纱窗下启缄封，一纸从头彻底空；知汝欲归情意切，相思尽在不言中。”这张白纸本来是无心而为，可书生的妻子却悟出了无穷情思，这种违反常规的表达方式往往更能激发人的情思。对于摄影也同样如此，善于制造违反常规的东西，往往更能吸引人的眼球。大多数人认为摄影就是运用相机等记录下景物或者某个瞬间，这只是一种纯粹的记录，但是这种想法是错误的，摄影不仅仅是一种记录，还是有意而为的东西，很多时候，摄影师为了表达某种思想，会刻意制造固定的场景。

☆ 善于制造“意外”的摄影艺术

单纯的摄影不能最大限度地吸引人的眼球，为了使摄影达到艺术的高度，很多摄影师喜欢在摄影时创造“意外”。摄影作为个体的视觉造型艺术，要注重创新。创新就是运用逆向思维方式思考问题。个性的创新包括作品在内容上的丰富以及在形式上的新颖。在摄影时别出心裁，创造区别于其他的特质，这就是创新。也就是说在摄影时要善于制造“意外”，在别人注意不到的地方进行挖掘摄影素材。美国肖像摄影家阿勃丝女士在20世纪40年代中期踏入摄影这个领域，专事时尚摄影。她在动乱的20世纪60年代，拍摄了许多关于社会边缘族群的人物照片，引起很大的反响。阿勃丝女士能取得成功的原因就是她善于创新，善于制造“意外”。她本是一个时尚摄影者，但是却懂得在社会边缘人群身上挖掘素材，这就是她能够取得成功的原因。

作为摄影工作者，既要在艺术形式和技巧上创新，还要在作品的思想内容上锐意创新，这样才能创造出有感染力的作品。摄影的创新，不但需要对题材进行细节观察，还需要对整体进行思考，更需要作者突破个人思维的局限。

在人物摄影时做到创新，会给人带来新奇的感受。传统的人像摄影以表现个别的、具体的人物为内容，表现人物的外貌和精神、职业特征和性格特征，表现人物的外形美、心灵美及人物的社会气质和内心世界，通过人物来揭示生活。武治义的《战士》就是打破常规，运用逆向思维进行创作的特例。拍摄士兵这样的题材，很多人会拍摄士兵握枪操练，或者站岗放哨。总而言之，一定要表现出士兵的铮铮铁骨、阳刚之气。但是武治义打破思维定式，他从战士热爱和平生活的角度入手，画面上只有一位将一束野花插在自己的枪筒上休息的士兵。这幅画没有表现士兵的阳刚之气，而是着力于刻画士兵热爱生命与和平，这种画面是摄影者故意创造的意外。

☆ 摄影不止是纯粹的记录

摄影不只是纯粹的记录，在很多时候摄影是人为安排的，也就是说在摄影前把自己想要得到的场景在现实生活中安排出来，设计好一幕幕的场景，然后再进行摄影，就像日常照婚纱照那样，先给新郎、新娘上妆，然后刻意安排浪漫温馨的场面进行摄影。以这种方式进行拍摄而闻名世界的有美国摄影家舍曼和德国摄影家迪曼德，他们在拍摄照片前，都会对自己要拍的东西进行策划和安排。他们会把自己要拍摄的空间布置成一幕又一幕的舞台场景，然后设计好要用到的建筑和布景，再为

为了使摄影达到艺术的高度，很多摄影师喜欢在摄影时创造“意外”

阿勃丝就是善于制造“意外”的摄影家

摄影不止是纯粹的记录，在很多时候摄影是人为安排的
新郎新娘的头再靠近一点！

大部分摄影，还是注重写实的

风光写实摄影主要是要使观者感觉到景色之美
好美的日出哦！

人物写实摄影的要求就是把人物的外观以及精神风貌逼真地表现出来

主人公进行装扮。

摄影家迪曼德常常利用现实中的照片来打造自己的拍摄场景，最典型的是他以萨达姆藏身处为原型，用厚纸板和图画纸制作出与当时场景相仿的画面，然后再将自己创造的东西拍摄成照片。这是区别于现实生活描写的一种摄影方式，这种摄影方式不是拿现实中存在的东西为素材，而是根据现实来自己创造与现实相仿的场景。

大部分摄影，还是注重写实的，这种写实在风景、人物摄影上都有体现。风光摄影主要是要使观者感觉到景色之美，所以摄影者常常抓住生活中转瞬即逝的美景，把这些景色形成画面，展现在观赏者的眼前。

风光摄影常常以名山大川、风土人情、农村田野、城市风貌等风景为主要拍摄对象，在拍摄时尽量做到画面优美、生动逼真、色彩鲜艳，另外最重要的一点是要做到情景交融、寓意深刻。

人物摄影同样注重写实，人物摄影的要求就是把人物的外观以及精神风貌逼真地表现出来，要想成功地表现人物的风貌，就要把人物放到生活中去，用生活来衬托人物的精神风貌，这就是一种写实方法。比如《白求恩大夫》和《斗争地主》两幅照片都是通过具体的事件来表现人物风貌的，在画面中，白求恩冒着炮火坚持在救死扶伤的第一线，表现除了大无畏的奉献精神;《斗争地主》则通过斗争地主这件事来表现贫农翻身做主人的景象。这些都来自现实生活，是纯美的写实手法的体现。

第四篇 塑造完美自己

第一章 每天学点形体美知识

为什么衣服有尺码和款式之分

人们在购买服装鞋帽的时候都会被卖家问及尺码，同样，我们在购买时也会顾虑到该如何选择服装的款式来充分展现自己的魅力。为什么会有尺码和款式之分呢？这是因为穿衣打扮往往离不开人的相貌和身材。各种式样的衣、裤、鞋、包等是否适合你，都要看你的相貌和身材是否能接受它们。自己能否穿着得体、佩饰妥帖、妆容优雅，完全取决于你自己对从外貌到身材组成的“型”了解多少！那么，你了解什么是“型”吗？

我们知道每一种物体都有“型”，当你看到物体产生的那种视觉印象，无非来自形体的轮廓、量感和比例这三个要素，无论是人还是物，在形体上的道理是一样的。

人们经常会问，个人风格是怎样形成的呢？如何挖掘自己最有魅力的一面呢？这时，你就应该从认识自己的“型”开始。为了便于理解，我们把人体分为两个部分来进行体型的认识，一是脖子以上的脸的类型，一是脖子以下的四肢的类型。

☆ 脸型

很多人在注视镜子中自己的脸形时，都搞不清楚自己的脸形该归于哪一类。那么，为了避免主观喜好而产生错觉，你可以用手触摸自己的脸，了解脸上的肌肉及骨骼的形状，发现自己未曾注意过的脸形特征。不同的脸形会给人完全不同的直观印象。如果能准确把握自己的脸形特点，并依此为基调，整体进行化妆和服装搭配，就可以让你的第一视觉形象更具个性与魅力。

脸部的轮廓通常分为以下三种：

直线型

曲线型

中间型

直线型：直线型的脸是指脸的骨骼和五官的形状大体呈现直线感，给人一种硬朗、中性的感觉。

曲线型：曲线型的脸骨骼都呈现曲线感，同时五官带给人的感觉是温柔的。

中间型：难以判断呈直线感还是曲线感的脸形则属于中间型。

脸形的量感大小是指五官呈现的形态，一般分为三种：

大量感型：脸庞骨感、五官夸张而立体的人往往量感大。

小量感型：脸庞较小、五官紧凑而小巧的人往往量感较小。

中间型：介于大小量感之间的是中间型。

需要注意的是，在观察脸形的量感时，要看脸庞的骨骼及五官大小占整个面部的面积比，而不能单用一个器官的大小来决定量感。

☆ 体型

人体的轮廓特征要经历从未成年到成年的一次变化。一般要在骨骼基本定型后才能正确分析出轮廓的曲直特征。

身体的轮廓主要是看肩部与身体整个骨架线条的倾向性，一般来说，人的身体轮廓分为三种：

直线型：如果一个人偏“端肩膀”，肩部走势平直，身材线条平直、骨感，一般就为直线型。

曲线型：如果一个人有些“溜肩”，肩部呈下滑的弧线，身材丰满、线条圆润，就为曲线型。

中间型：如果一个人的身体既不明显平直，也不明显圆润，就属于中间型。

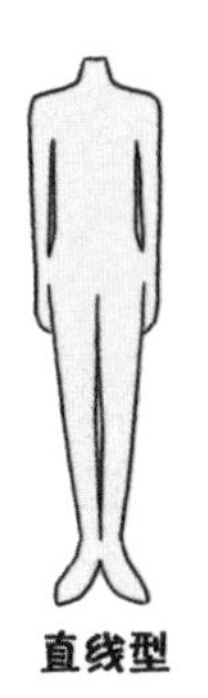

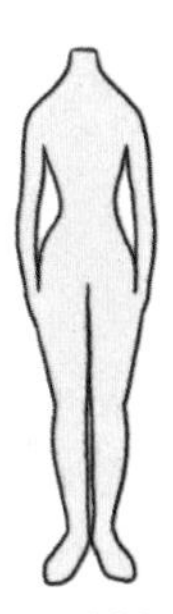

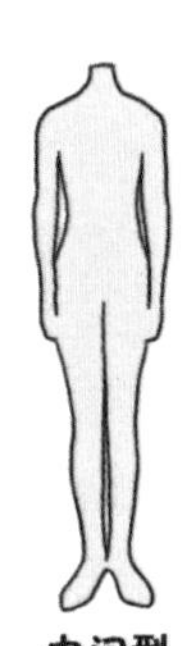

身体的量感是指骨架的大小，但是要注意，这与一个人的胖瘦没有太大的关系。也就是说，骨架大的人不一定高而胖，骨架小的人也不一定矮而瘦。

当然，在判断身体量感的时候要注意必须是在骨骼基本发育成熟之后。

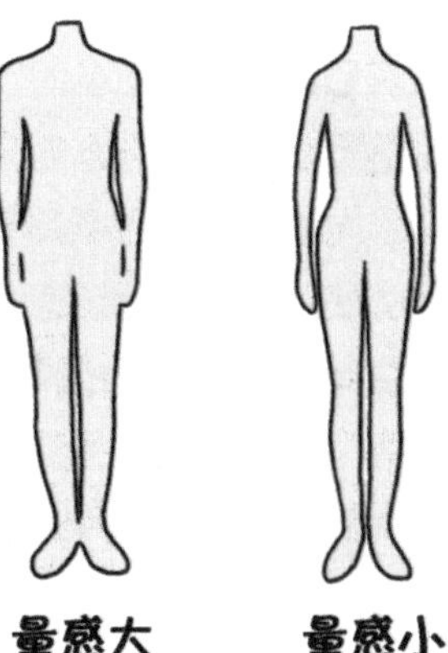

☆ 量感分析的意义

我们在脸型和体型中都分析了量感，其意义在于：通过量感的分析，人们能知道自己是属于成熟而夸张型的大量感，还是属于非夸张型的小量感。这样人们在进行化妆和服装搭配时就可以知道是该选择偏夸张感的服饰还是非夸张感的服饰。如果你不属于这两个极端，那么你就应该穿着量感中庸一些的服饰。

自我测试：了解自己的脸型

了解了脸形和体形的分类之后，是否想知道你的脸形属于哪一种呢？如果你想快速知道自己的脸形特征，你可以选择临摹照片，你可以好好看看自己的身份证照片或者脸部能看得很清楚的照片，然后用笔描出轮廓就一目了然了。但是，二维和三维的立体效果是有差别的，画轮廓得到的只是一个大概和粗略的结果。如果你想得到一个准确而非大概、差不多的答案，那么请先做好以下三件事：

第一，一定要把额头前和两鬓的头发梳理光洁，完整地露出自己的面庞来。

第二，准备两面镜子，这样就可以使你从正面、侧面等不同角度全面地观察自己。

第三，一定要请人在旁边协助，最好叫上你的朋友一起参与，因为他人往往能为你提供很多客观的意见。

如果你将上述三件事都做好了，那么就开始面对镜子，结合以下的测试题作为参考，开始为自己测试吧！

☆ 脸部的轮廓测试

1. 脸的整体轮廓如何？

A. 骨感　　B. 圆润　　C. 普通

2. 颧骨是否突出？

A. 突出　　B. 不突出　　C. 不确定

3. 腮骨是否突出？

A. 突出，将近90°　　B. 不突出，几乎看不出来　　C. 不确定

4. 下巴的形状如何？

A. 棱角分明、具有稳定感　　B. 非常圆润　　C. 又瘦又尖

5. 眼神的感觉如何？

A. 平直、亲切　　B. 柔和、妩媚　　C. 明亮、清澈

☆ 脸部的量感测试

1. 脸部整体的大小如何？

A. 大　　B. 小　　C. 中间

2. 五官的感觉如何？

A. 夸张、立体　　B. 细致、小巧　　C. 中间

3. 嘴的大小形状如何？

A. 大、厚　　B. 圆、小　　C. 一般

4. 眼睛的大小如何？

A. 大　　B. 小　　C. 一般

5. 鼻子的高低如何？

A. 高　　B. 低　　C. 一般

☆ **测试结果对比**

脸部的轮廓

A 多，直线型

B 多，曲线型

C 多，中间型

脸部的量感

A 多，量感大

B 多，量感小

C 多，中间型

自我测试：了解自己的体型

对美有鉴赏力的人不等同于善于打扮的人。你可以审视一下自己的周围，你会发现有很多对美拥有敏锐嗅觉的人，但这些人往往只能发现别人的美，却并不了解自己的特色以及如何将自己的特色转化。他们往往能为别人提一些中肯的建议，但是对待自己却无能为力。其实一个人的魅力，主要来自他对自己的了解，那么你的身材特色究竟是什么？你属于哪一种体型呢？同样，你需要做好以下几件事然后进行自我测试。

第一，准备一面能照出全身的大镜子。

第二，除去身上的所有衣物或者穿一些紧贴皮肤能够完全体现你体型的衣服。

第三，请人从旁协助或一起参与，因为他人往往能为你提供很多客观的意见。

如果你将上述三件事都做好了，那么就开始面对镜子，结合以下的测试题作为参考，开始为自己测试吧！

☆ 身体的轮廓

1. 挎包的肩带是否容易滑落？

A. 不容易滑掉　　B. 容易滑掉　　C. 不确定

2. 肩部的轮廓如何？

A. 端肩　　B. 溜肩　　C. 不确定

3. 臀部的形状是什么样的？

A. 四方形　　B. 柔和的圆形　　C. 不确定

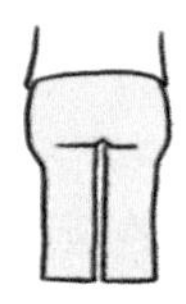
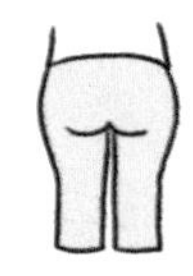
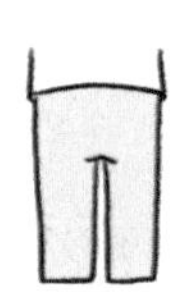

4. 腿部关节是否突出明显？

A. 突出、明显　　B. 圆滑、不明显　　C. 不确定

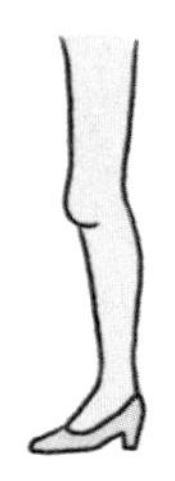
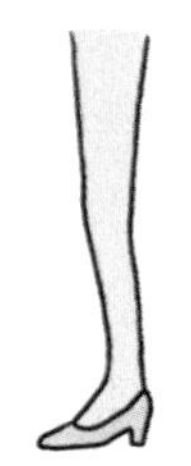
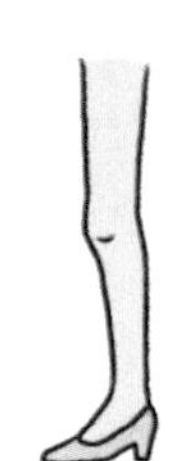

5. 身体的形状如何？

A. 平直　　B. 凹凸有致　　C. 不确定

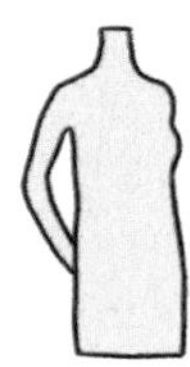
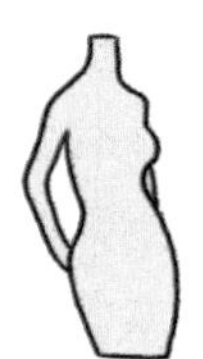
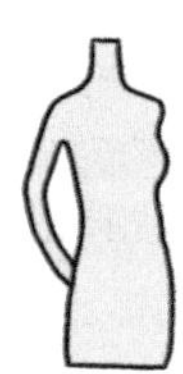

☆ 身体的量感

1. 身体骨架的大小如何？

A. 骨架大　　B. 骨架小　　C. 一般

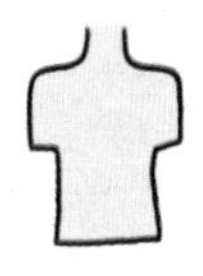
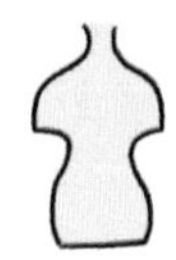
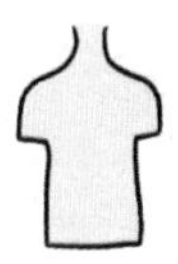

2. 脖子的粗细如何？

A. 较粗　　B. 较细　　C. 一般

3. 锁骨的大小和明显与否？

A. 明显且大　　B. 不明显、细小　　C. 一般

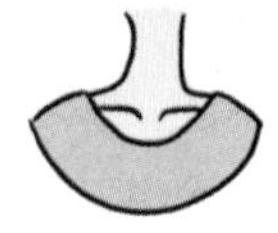
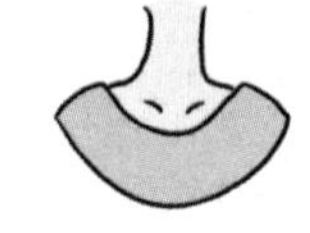
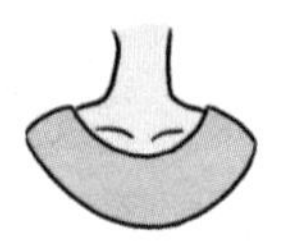

4. 上半身丰满与否？

A. 体格丰满　　B. 体格消瘦、纤弱　　C. 一般

5. 穿上合体的服装后胖瘦如何？

A. 看起来瘦些　　B. 看上去胖些　　C. 没什么变化

☆ 测试结果对比

身体的轮廓

A 多，直线型

B 多，曲线型

C 多，中间型

身体的量感

A 多，量感大

B 多，量感小

C 多，中间型

为什么穿流行色的衣服反而不好看

很多人喜欢追随流行事物，只要是当季的流行色就会买来尝试，真正穿在自己身上时，却多数显得不太合适，甚至还不如穿一些平常的衣服出彩。这是为什么呢？其实这与每个人所属的色彩类型有关，色彩类型不同，其所适合的颜色就不同。所以即使是流行色，如果不符合你所属的色彩类型，也是凸显不出你的优势的。

那么色彩有哪些类型呢？美国被称为色彩第一夫人的卡洛尔·杰克逊发明了“四季色彩理论”。“四季色彩理论”给世界各国女性的着装带来巨大的影响，同时也引发了各行各业在色彩应用技术方面的巨大进步。其最大成功之处在于它解决了人们在装扮用色方面的一切难题。一个人如果知道并学会运用自己最适合的色彩群，不仅能把自己独有的品位和魅力最完美、最自然地显现出来，还能因为通晓服饰间的色彩关系而节省装扮时间、回避浪费。重要的是，由于你清楚什么颜色最能提升自己、什么颜色是你的“排斥色”，你会在一生中的任何形象关头轻松驾驭色彩，科学而自信地装扮出最漂亮的自己！

“四季色彩理论”的重要内容就是把生活中的常用色按照基调的不同，进行冷暖划分和明度、纯度划分，进而形成四大组和谐关系的色彩群。由于每一组色群的颜色刚好与大自然的四季的色彩特征相吻合，因此，就把这四组色群分别命名为“春”“秋”（暖色系）和“夏”“冬”（冷色系）。

我们知道，人的身体色的特征是受血红素、胡萝卜素、黑色素的影响而呈现出来的，血红素和胡萝卜素决定了一个人肤色的冷暖，而肤色的深浅明暗是黑色素在发生作用，因此，把一个人的皮肤、眼睛、头发等身体固有色与四季色彩特征联系起来，就能找到协调搭配的对应因素，从而使人看起来和谐而美丽。对身体色特征的冷暖的理解和学习是掌握个人色彩诊断技巧重要的第一步。

☆ 春季型人

春季型人有着明亮的眼眸与光滑纤细的皮肤，神情充满朝气，给人以年轻活泼的感觉，往往能给人与大自然的春天有着完美和谐的统一感。在高明度色彩中，从中彩度到高彩度之间各种各样的色相对比都会使其显得可爱而俏丽。

自我诊断方法：

肤色特征：细腻而有透明感、脸颊红晕呈珊瑚粉色、浅象牙色、暖米色或桃粉色。

眼睛特征：像玻璃球一样熠熠闪光，眼珠呈现亮茶色、黄玉色，眼白呈现湖蓝色，瞳孔为棕色。

发色特征：明亮如绢的茶色或柔和的棕黄色栗色，发质柔软。

春季型人的特点是明亮、鲜艳。属于春季型的人用明亮、鲜艳的颜色打扮自己，会比实际年龄显得年轻。因此，春季型人选择最适合自己颜色的要点是：颜色不能太旧，太暗。黑色是最不适合的颜色，过深过重的颜色会与春季型人白色的肌肤、飘逸的黄发出现不和谐音，会使春季型人看上去显得暗淡。

在服饰基调上，春季型人属于暖色系中的明亮色调，在色彩搭配上应遵循鲜明、对比的原则突出自己的俏丽。春季型人使用范围最广的颜色是黄色，选择红色时，以橙红、橘红为主。

☆ 夏季型人

夏季型人拥有健康的肤色、水粉色的红晕、浅玫瑰色的嘴唇、柔软的黑发，给人温婉飘逸、温柔而亲切的感觉，如同一潭静谧的湖水，会使人在焦躁中慢慢沉静下来，去感受清静的空间。夏季型人的身体色特征决定了轻柔淡雅的颜色才能衬托出自己温柔、恬静的气质。所以，夏季型人适合在自己的季型中选择相同色系或相邻色系进行组合搭配，这样看上去会更加柔美。

自我诊断方法：

肤色特征：泛青色的米白皮肤，带蓝调的驼色、小麦色皮肤；脸颊白里透粉。

眼睛特征：眼神柔和、稳重，眼珠呈玫瑰棕色、深棕色，眼白呈柔白色，瞳孔为焦茶色。

发色特征：柔软的黑发，柔和的棕色或深棕色随风飘动的轻柔感。

夏季型人的特点是温柔恬静。属于夏季型的人以蓝色为低调的柔和淡雅的颜色打扮自己才能衬托出自己温柔、恬静的个性。因此，夏季型人选择适合自己的颜色的要点是：颜色一定要柔和、淡雅，适合穿深浅不同的各种粉色、蓝色和紫色，以及有朦胧感的色调。在色彩搭配上，最好避免反差大的色调，适合在同一色相里进行浓淡搭配。夏季型人不适合穿黑色，过深的颜色会破坏夏季型人的柔美，因此可用一些浅淡的灰蓝色、蓝灰色、紫色来代替黑色。夏季型人穿灰色会非常高雅，但需选择浅至中度的灰，要注意夏季型人不太适合藏蓝色。

☆ 秋季型人

秋季型的人往往有着瓷器般平滑的象牙色皮肤或略深的棕黄色皮肤，一双沉稳的眼睛，配上深棕色的头发，给人以成熟、稳重的感觉，是四季色中最成熟而华贵的代表。所以，秋季型人用与自身特征相平衡的深沉而稳重的颜色，才能尽显高贵、上品。

自我诊断方法：

肤色特征：血色不太好的金橘色、暗驼色，瓷器般的象牙色；脸颊为黄橙色，不易出红晕。

眼睛特征：眼神沉稳，给人印象深刻；眼珠呈现暗棕色；焦茶色眼白呈现湖蓝色；瞳孔中有绿色。

发色特征：有光泽的金红色、铜色、巧克力色、碳褐色、棕色。

秋季型人是四季色中最成熟而华贵的代表，所以，秋季型人选择适合自己的颜色的要点是：颜色要温暖，浓郁。

秋季型人穿黑色会显得皮肤发黄，可用深棕色来代替。最适合秋季型人的颜色是金色、苔绿色、橙色等深而华丽的颜色。选择红色时，一定要选择砖红色和与暗橘红相近的颜色。在服装的色彩搭配上，不太适合强烈的对比色，只有在相同的色相或相邻色相的浓淡搭配中才能突出华丽感。

秋季型人的服饰基调是暖色系中的沉稳色调。浓郁而华丽的颜色可衬托出秋季型人成熟高贵的气质，越浑厚的颜色越能衬托秋季型人陶瓷般的皮肤。

☆ 冬季型人

冬季型人有着天生的黑头发，锐利有神的黑眼睛，冷调的几乎看不到红晕的肤色，这几大特点构成冬季型人的主要标志。

黑头发与白皮肤、黑眼珠与眼白对比鲜明，给人深刻印象，因此，只有无彩色系列以及大胆热烈的纯色系才会较适合冬季型人。

自我诊断方法：

肤色特征：非常白或稍有些发暗，稍带青色的驼色、橄榄色，脸颊呈玫瑰色，不易出红晕。

眼睛特征：黑白分明，有力度，眼珠呈现黑色、深棕色，眼白呈现冷白色，瞳孔为深黑色、焦茶色。

发色特征：乌黑发亮、银灰色、黑褐色、深酒红色。

冬季型人最适合用对比鲜明、纯正、饱和的颜色来装扮自己，由此显示出与众不同的风采。所以，冬季型人选择适合自己的颜色的要点是：颜色要鲜明，光泽度高。可以说，在各国国旗上使用的颜色都是冬季型人最适合的色彩。

冬季型人着装一定要注意色彩的对比，只有对比搭配才能显得惊艳。选择红色时，可选正红、酒红和纯正的玫瑰红。

冬季型色彩基调体现的是“冰”色，即塑造冷艳的美感。原汁原味的原色，如红、宝石蓝、黑、白等为主色，冰蓝、冰粉、冰绿、冰黄等皆可作为配色点缀其间。

在四季颜色中，只有冬季型人最适合使用黑、纯白、灰这三种颜色，藏蓝色也是冬季型人的专利色。但在选择深重颜色的时候一定要有对比色出现。

为什么喜欢的风格却不适合自己

我们经常听到穿衣风格这个词，什么淑女风格、甜美可爱风格、中性风格、民族风格、前卫风格，等等，虽然每个人都可以打造不同的风格，但也都会有比较适合的和不太适合的风格。比如有的人喜欢民族风，但是穿上民族风格的服装却并不适合，有些人适合一种风格，但是自己却并不喜欢；有些人甚至根本就没有自己的风格或是不知道自己到底适合什么样的风格，在生活中乱穿一气，毫无美感可言。因此弄清楚自己适合的款式风格，对于我们的形象美有很重要的意义。如果弄清楚适合自己的款式风格，就可以在生活中尽情地搭配了。比如在了解自己比较适合的风格之后，这个风格就可以作为日常着装的主打风格，在买衣服时也可大胆放心多多储备。同样地，不太适合的却又喜欢的风格，需要谨慎对待，尽量在局部采用这个风格，也就是减小这个风格的穿着面积。

每个人都会有属于自己着装风格的款式，但是却不是每个人都会知道自己到底适合什么样的款式风格，其实这些都是有据可循的。

☆ 款式风格的八大类型

前面我们了解自己的“型”，并且经过一番判断你可能得出了结论。你也许是直线倾向量感大的人，也许是曲线倾向量感偏小的人，又或者是介于两者之间的“中间型”。

为了使这些比较技术化的语言更容易理解，有人把不同类别的体型用特定的名词来代替，配以形容词的描绘，就可以给大家增加一点形象化的概念了。

通过前面的内容我们了解到，量感很大或很小的人，一般五官分明，身材也有特色，轮廓的直曲倾向较明显。所以将他们的款式风格分为夸张戏剧和性格浪漫两种类型，如果再加上性别的分类，还可以再细分为英俊少年和可爱少女两种。而量感适中的人，轮廓氛围相对会多样化些，所以将他们细分为正统古典、潇洒自然和温婉优雅三种类型。

量感小的人中还有一种“个性前卫”的类型，这样的人的轮廓可直可曲，是一种精灵般的人。

☆ 八大款式风格的特点

八大款式风格各具特点，表现在人的外观上各有不同，所以要想知道自己是哪种风格类型，你需要了解这几大款式风格的特点。如果你前面已经测试出自己属于何种量感体型的人，那么请阅读下面的形容词，找到与自身情况相吻合的一组，那就是你的风格类型。

1. 夸张戏剧

适应情况：夸张、骨感、成熟、大气、醒目、时髦、个性。

外在特点：个子高，骨架大，五官分明，有个性。

2. 性感浪漫

适应情况：成熟、华丽、曲线、性感、高贵、妩媚、夸张。

外在特点：五官长得性感，骨架不突出，圆润，凹凸有致，看上去有柔软的感觉。

3. 正统古典

适应情况：端庄、成熟、高贵、正统、精致、知性、保守。

外在特点：风度翩翩，整洁。

4. 潇洒自然

适应情况：随意、潇洒、亲切、自然、大方、淳朴、直线。

外在特点：随意自在是该类型的人特有的魅力，他们往往给人活力、健康的感觉。

5. 温婉优雅

适应情况：温柔、雅致、女人味、精致、小家碧玉、曲线。

外在特点：用柔和的线条强调温柔、优雅，柔而不“媚”、温文尔雅。

6. 个性前卫

适应情况：个性、时尚、标新立异、古灵精怪、叛逆、革新。

外在特点：很有个性、古怪精灵、与众不同；比例不那么标准化的五官，眼睛很亮，清澈逼人；身材虽小，味道十足。

7. 英俊少年

适应情况：中性、直线、帅气、干练、好动、锋利、简约

外在特点：淘气好动或成熟干练，是我们俗称的“假小子”一类；有着一张线条分明、英姿飒爽的脸。

8. 可爱少女

适应情况：可爱、圆润、天真、活泼、甜美、稚气、清纯。

外在特点：可爱甜美，小公主一般，仿佛永远长不大；很有个性，小巧玲珑，活泼可爱，五官小巧，眼睛很亮，身体线条柔和，甜美可人。

其中，如果不管每年流行什么你都能轻松驾驭的话，那么你很有可能就是前卫型的。

☆ 自我风格测试

如果在了解了几大款式风格之后还对自己的风格不是很明晰，那么就按照下面的测试题来进行自我测试吧。需要注意的是，这个时候最好能让你的家人或朋友一起来，因为他人能够给你一些比较客观的评价，能使结果更具准确性。

1. 您经常穿着的职业装款式是什么样的？

A. 不配套的，舒适而又职业化的女装

B. 剪裁风格古典的套装

C. 线条更柔和的、曲线感强的服装

D. 时髦的、大胆的、有力量感的式样

E. 得体而出人意料的组合搭配服装

F. 品质上乘的、高贵的混合色服装

G. 曲线裁剪的、小圆领的服装

H. 立领式的、线条简洁的

2. 您经常梳的发型是什么样的？

A. 随意的像风吹过的发型

B. 紧束的、整洁的而又不太拘谨的

C. 柔和的大波浪长卷发

D. 成熟、夸张的发型

E. 既时尚又个性的漂亮发型

F. 卷曲、柔和的烫发

G. 小碎卷，最好别两个花的或蝴蝶结的发夹

H. 削短，男孩头

3. 您经常佩戴的饰物都是什么样的？

A. 少量的天然珠子和石子

B. 只选珍珠或黄金饰品

C. 华丽、女人味的花形饰品

D. 大胆、几何形状的饰品

E. 个性、怪异的饰品

F. 垂吊、链形的耳饰

G. 可爱、易碎、纤细的小饰品

H. 简洁的金属类几何图案

4. 您经常穿的鞋子是什么样的？

A. 短的鹿皮靴

B. 样式正统的中高跟船鞋

C. 露趾或后吊的高跟鞋

D. 皮靴或引人注目的鞋子

E. 松糕鞋或造型感强的鞋子

F. 鞋头尖细的细高跟鞋

G. 圆口或有蝴蝶结装饰的小皮鞋

H. 方头，系带鞋

5. 别人都经常怎样形容你?

A. 亲切的、自然的、随意的、质朴的

B. 端庄的、高贵的、稳重的、正统的

C. 华丽的、成熟的、曲线的、妩媚的

D. 夸张的、大气的、时髦的、引人注目的

E. 个性的、新潮的、叛逆的、标新立异的

F. 柔和的、精致的、女人味的、小家碧玉的

G. 可爱的、天真的、圆润的、稚气的

H. 中性的、干练的、帅气的、锋利的

参考答案:

以 A 居多为潇洒自然型; B 居多为正统古典型; C 居多为性感浪漫型; D 居多为夸张戏剧型; E 居多为个性前卫型; F 居中多为温婉优雅型; G 居多为可爱少女型; H 居多为英俊少年型。

为什么还是穿不出美感

总是有些人，即使了解了自己的体型、色彩和款式风格，但是依然穿不出美感来。这是为什么呢? 不同款式风格的人所适合的服饰装扮是不同的。如果这一点把握不好，还是会出现各种不搭配的情况，使得自己的形象美大打折扣。曾有人写过这样一段话:“服饰说，它的美丽往往因为人们的演绎而生动，是人赋予了它灵性……服饰需要与它珠联璧合的人去演绎，人是服饰的灵魂，从灵魂中散发出的迷人气质，才会魅力无限。生活中，人们往往会借助服饰相互沟通情感，相互传递信息，从而才会实现彼此认同。了解服饰语言，我们在与人交往中无声却鲜明地表明自我的同时，才能传情达意。发现服饰语言的秘密; 你我从此心有灵犀。”

这段话其实就是在告诉我们，只有选择了合适和适合自己的服饰，才能充分发挥

服饰的美，使自己在生活中以美的形象示人并得到他人的认同。

☆ 适合夸张戏剧型人的服饰装扮

对于夸张戏剧型人来说，特别的、有个性的衣服能最好地衬托出夸张戏剧型人的性格与气质。比如垫肩偏厚的上衣、夸张的多层花边、男性化的西装、皮毛一体等质感强烈的服装都非常适合夸张戏剧型人。

无论是化妆还是发饰均可夸张。夸张戏剧型的人最不忌讳明显的妆容了，比如浓重的眼线。可以是卷发、超短发、盘发、直发、垂发……只要夸张就好看，但要注意回避平庸、保守、孩子气的发型。

☆ 适合性感浪漫型人的服饰装扮

对于性感浪漫型人来说，花边、花朵都能让自己身上的女人味道表露无遗。比如，花边衬衣、大荷叶裙等都能非常恰如其分地衬托出性感浪漫型人身体的曲线。穿着带有水滴、彩虹似的图案的服饰也很漂亮。性感浪漫型人最不适合休闲服装，如牛仔、T 恤之类。

在妆容上，性感浪漫型人以妩媚的双眼为重点。如果喜欢，假睫毛也可以戴，睫毛膏强调多情的气质，丰满的嘴唇上多涂几层亮彩的唇膏可以让你变得更加迷人。

至于发型，性感浪漫型人适合华丽、妩媚、松散、突出女性成熟气质的发型。可以是柔和的卷发、波浪、长发，但要注意发型修饰最为重要。此外，还要回避拘谨、直线、孩子气的发型。

☆ 适合正统古典型人的服饰装扮

对于正统古典型人来说，在服饰上选择正统的套装最佳。最棒的装扮就是垂感很好的西装，里面再穿一件丝绸衬衣，开司米、羊绒等面料非常适合这一类型的人。简单的排列整齐的小型图案或条纹最显他们的气质。在运动类搭配上，一件开司米小圆领毛衣和直线条的长裤即可。但是注意，牛仔裤不适合正统古典型人。

在妆容上面保持整齐干净、细腻而不露声色是最重要的。饰物上以宝石最合适，但是一定要戴真的宝石。无带、无扣高跟鞋最能显出正统古典型人的高雅气质。至于手包和其他饰物，虽不一定要特别，但一定要有品位，有质量。

正统古典型人适合一丝不苟、精致、整齐、带有高贵感的发型，头发要梳理得纹丝不乱。要注意回避随意性强、夸张、怪异的发型。

☆ 适合潇洒自然型人的服饰装扮

对于潇洒自然型人来说，其选择的空间很大，即便是普通的棉布衬衣，也可以穿得有型、时尚；粗针毛衣配长裤另有一种洒脱随意。比起华丽多彩的服饰来，朴素大方的格子裙更适合这个类型。平和的条纹、佩兹利螺旋纹图案、手工编织图案等也是你的上选。需要注意的是，潇洒自然型人在正装的搭配上要避免塔夫绸的灯笼袖礼服以及精美的花边、蕾丝之类的，那样反而表现不出你的洒脱风格来。漂亮的平跟鞋、靴子或运动鞋比纤细的高跟鞋更适合潇洒自然型人。随身的饰物可以选择仿象牙、木变石、贝壳等一切取自天然的饰物，比真的、小巧的饰物更符合你自身的气质。

妆容上，自然而不留痕迹的妆容即可。浓妆、文眉、文唇线会破坏性地损害你最天然美丽的那一面。

潇洒自然型人适合潇洒、随意、不过分修饰、线条流畅的发型。有层次感的中长发直发、短发、碎发、带有直线感的烫发、随意的盘发和辫发等，都能让温和自然型女士彰显“天然去雕饰”的纯朴气质。像是被风吹乱的发型或男孩子式的发型也同样最适合随意的自然型人。但要注意回避夸张、怪、过分修饰的发型。

☆ 适合温婉优雅型人的服饰装扮

对于温婉优雅型人来说，最适合的服饰当属以柔和线条的款式及面料为主的服饰。比起鲜明硬朗的紧身裙、细腻的套装、柔软的褶裙或荷叶裙更适合温婉优雅型人，而套装里面的衬衣，也应用花边等作为装饰，最好用水彩画似的、对比不要太明显的晕染图案。

在妆容上，因为要表现优雅、柔和与温存的气质，所以不宜化太浓的妆，恰到好处的眼影比明显的眼线会更令人心动。身上佩戴的饰物不要新奇，要那种很女性化的、有品位的饰物。丝巾是最能显示温婉优雅型人气质的最佳饰物。

温婉优雅型人适合柔美、优雅、女性化特征强的发型，因此以中长发最好，柔软、弯曲的卷发，带有曲线感的飘逸直发，外翘的短发，柔美的盘发等都能与优雅型女士温柔的气质相吻合。要注意回避过分夸张、中性化、孩子气的发型。

☆ 适合个性前卫型人的服饰装扮

对个性前卫型人来说，平庸的装扮是最不能让人接受的，他们往往要在装扮上讲究与众不同，所以突出新颖、别致，个性化强，与流行时尚接轨的款式最适合这一类型的人。通常，该类型的人应该选择有个性的饰物，比如颜色醒目、造型怪异或具“异域”倾向的物品。各种流苏靴、造型感强的高跟鞋、装饰复杂的提包、双肩包等都是“前卫性格一族”的最爱。

个性前卫型人的妆容一般都要鲜明、醒目。发型上，诸如麦穗头、超短发、花样翻新的漂染、当年流行的发型都很适合这一类型的人。这一类型人还可以分为前卫少年型和前卫少女型。

对前卫少年型人来说，干练的超短发、有力度的直发、带有直线感的烫发等都能尽显简约而干练的气质，但要回避过分女性化、柔软、保守的发型。

对前卫少女型人来说，可根据脸形的特点和流行趋势，随意选择各类风格的与众不同的发型，但要回避平庸、成熟、保守的发型。

☆ 适合英俊少年型人的服饰装扮

太硬挺，成熟的套装或太飘逸的花边连衣裙都不适合英俊少年型人。适合这一类型人的服饰有裤装、裙裤、坎肩西装、短的套装，而在正装里的男式礼服最符合这一类型人的个性。对于这一类型的人来说，条纹、格子、小的几何图案、灯芯绒、纯棉、不那么硬邦邦的皮毛都很适合。但是要注意，不要佩戴太大的饰物，要选择有个性的饰物，比如在领口系一条领带就会很帅很时髦。

在妆容上，英俊少年型人要注意不要过分用色，眼影与眼线稍作强调就可以，而发型宜选择超短碎发和直发。

☆ 适合可爱少女型人的服饰装扮

可爱少女型的人都比较适合飘逸的花边连衣裙，还有带有蝴蝶结、蕾丝花边和小碎花的服饰，曲线裁剪的、短的套装也会使他们变得漂亮。花朵、小点、小动物的图案也很符合这一类型人的外表。可爱少女型人也很适合穿薄而软的面料，还有兔毛、羊毛、柔软的小开衫。在饰物上，宜选择那些纤细、小巧、透明可爱的饰物。

在妆容上要用色柔和，注意强调水汪汪的眼睛和圆嘟嘟的嘴唇即可，一定要干净透明。在发型上，可爱少女型宜选择烫小碎卷、编发、马尾辫等能体现活泼气质的发型。

第二章 每天学点化妆造型知识

为什么人们都喜欢瓜子脸

一个人好不好看，美在何处，要怎样改进，其实只需要几秒钟就可做出准确判断。东方人的面型常有四种形态，即圆形、方形、椭圆形、长形，目前公认瓜子脸为东方人最美脸型。这个标准除了在讲究丰腴为美的盛唐时期有所改变外，已深深植入中国人的意识当中，成为评判美女的重要规范。即使在20世纪三四十年代“西风”最盛的上海，领导潮流的女明星们也是一副瓜子脸的传统美人形象。

改革开放之后，国门大开，各式各样的洋美人形象涌入中国。人们开始发现与传统古典式的中国美女相比，脸阔鼻方、深眉大眼的西方女子也另有一番魅力。这种魅力就是所谓的“性感”。而整容术的发展使得人们开始不遗余力、惊心动魄地改造自己身上“不合潮流”的零件。在经历了向西方审美观靠拢的一系列整容的大胆尝试后，脸型成为时尚女性们另一个注目的焦点。终点又回到起点，才发现老祖宗推崇的瓜子脸是最适合东方女性的“美人脸”。

如何判断脸型的美呢？瓜子脸美在哪里呢？

☆ 脸型的审美标准

脸部是由覆盖在面部骨骼的表面的面部肌肉形成的外观。我们前面曾与大家探讨过脸型的问题，但是那只是从轮廓和量感的角度来说的。脸型美主要是指脸部五官的比例是否协调。

脸部五官的位置重要的是互相的比例关系，中国传统审美观对人的面部美特别重视，中国古代画论中有“三庭五眼”的说法，说的是人的面部正面观的纵向和横向比例关系。“三庭”是指将面部正面横向分为三等分，即从发际到眉线为一庭，从眉线到鼻底为一庭，鼻底以下为一庭。“五眼”是指将面部正面纵向分为五等分，以一只眼的长度为一等分，即两眼之间的距离为一只眼的距离，从外眼角垂线到外耳孔垂线

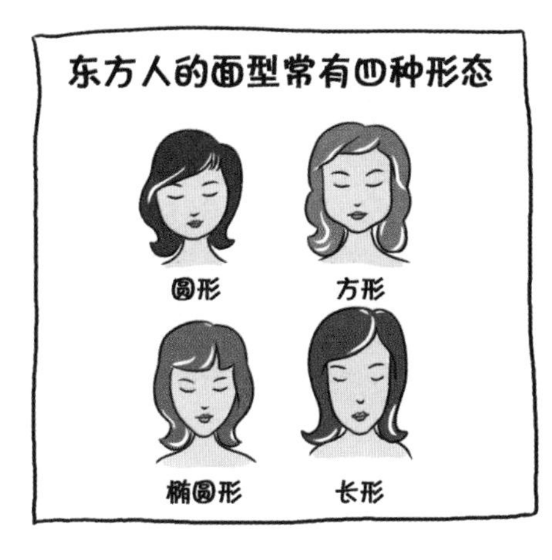
东方人的面型常有四种形态
圆形
方形
椭圆形
长形

目前公认瓜子脸为东方人最美脸型

瓜子脸美在哪里呢?

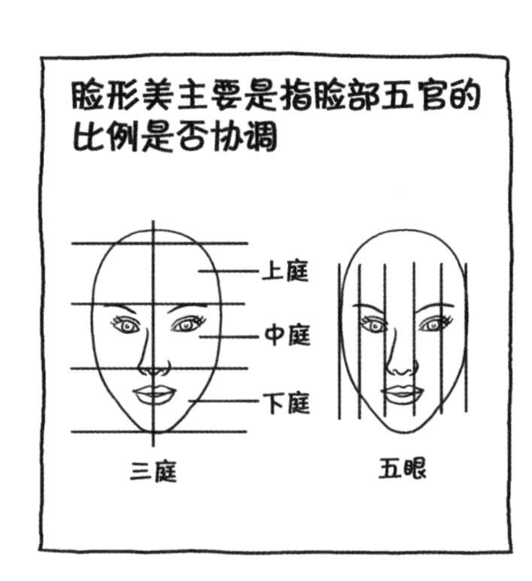
脸形美主要是指脸部五官的比例是否协调
上庭
中庭
下庭
三庭
五眼

理想瓜子脸的长与宽比例为34：21，符合黄金比例

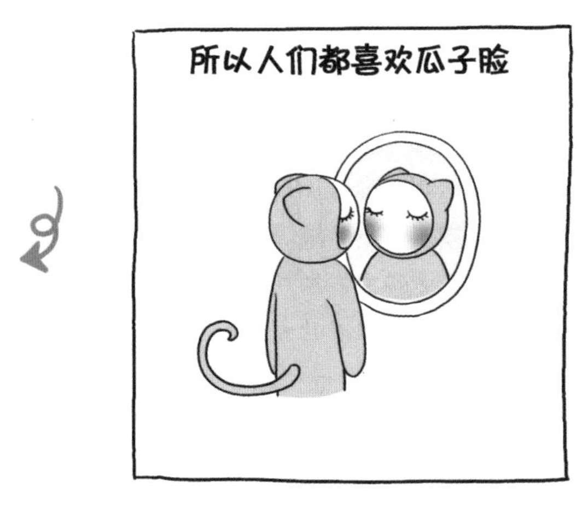
所以人们都喜欢瓜子脸

之间为一只眼的距离，整个面孔正面纵向分为五只眼的距离。

中国还有三点一线和四高三低的说法。“三点一线”是指眉头、内眼角、鼻翼三点构成一垂直直线。作一条垂直通过额部、鼻尖、人中、下巴的轴线，“四高”即这条垂直线上的额部、鼻尖、唇珠、下巴尖。“三低”即三处凹陷：两只眼睛之间，鼻额交界处必须是凹陷的；在唇珠的上方，人中沟是凹陷的，美女的人中沟都很深，人中脊明显；下唇的下方，有一处小小的凹陷。

国际上通称为面容的“黄金分割”——1∶0.618。我们所熟知的伯拉克西特列斯的著名雕塑《尼多斯的维纳斯》的面部是公认的魅力样板，从发际到下颌的长度与两耳之间的宽度之比，也接近黄金比例。

☆ 瓜子脸因比例和谐而美

脸形是一个人容貌美中最基础的部分。在众多脸型之中，瓜子脸是最美的一种。瓜子脸上部略圆，下部略尖，形似瓜子，这是中国美女的标准脸型。

在最精于写女子貌美的曹雪芹笔下的美人，不是“一双丹凤三角眼，两弯柳叶吊梢眉”，就是“两弯似蹙非蹙罥烟眉，一双似喜非喜含情目”。用通俗的话讲就是“柳叶眉，杏核眼，樱桃小嘴一点点”。这么细挑的眉毛、柔和的眼睛和小巧的嘴巴，自然不能长在一张阔大的脸庞上，而只能是长在小小的、椭圆的、精致的瓜子脸上。在古代，凡按照“三庭五眼”的比例画出的人物脸形都是和谐的。理想的瓜子脸完全符合这一比例。

美的脸形，从面部中线向左右各通过虹膜外侧缘和面部外侧界作垂线，可纵向分割成四个相等的部分。一般来说，瓜子脸也符合这一比例。

我们知道，凡是符合黄金分割律的构造，在视觉上都会让观察者产生愉悦的印象。理想瓜子脸的长与宽比例为 34 ∶ 21，这一比例正好符合黄金分割律。

瓜子脸因其符合上述自然美诸项特征，因此被公认为最美的脸型。

脸形有缺陷可以改变吗

和谐是容貌美三要素中最高级的形式。一方面，垂直方向的和谐是颜面结构的规律性表现形式之一。对于这个标准有很多种说法，但是无论如何，面下 1/3 必须有足够高度才可使表情自然，这是容貌美的基础之一。若面下 1/3 高度明显小于面中 1/3，便会形成短面印象，反之则给人以长面畸形之感。

另一方面，美貌人群颜面和谐还表现在宽度的协调，面中宽（双髁状突间距）约等于面下宽（双侧下颌角间距）的 1.3 倍。若面下宽等于或大于面中宽均为宽度不调。正面观之下颌角多过度外展，嚼肌肥大而膨隆外突；侧面观之下颌角多小于通常所见的123°，甚至几乎成直角，会给人以方面之感。这对于男性虽可勉强说是有阳刚之气，但于女性则完全失去了容貌的温柔与灵秀。

比例和谐方为美，但是现实中，人们或多或少在容貌上都会有一些不和谐的地方。甚至很多人的脸形就是不漂亮，难道就没有办法改善或者改变吗？

☆ 巧用发型打造完美脸形

脸形是决定发型的最重要的因素之一，而发型由于其可变性又可以修饰脸形。前者是发型与脸形的协调配合，后者是利用发型来弥补脸形的缺陷。

发型修饰脸形的方法有三种：

第一，衬托法。即利用两侧鬓发和顶部的一部分块面，改变脸部轮廓，分散原来瘦长或宽胖头型和脸形的视觉。

第二，遮盖法。即利用头发来组成合适的线条或块面，以掩盖头面部某些部位的不协调及缺陷。

第三，填充法。即利用宽长波浪发来填充细长头颈，还可借助发辫、发鬟来填补头面部的不完美之处，或缀以头饰来装饰。

不同脸形要选择不同的发型做修饰：

长脸形的人适合将头发留至下巴，留点刘海或两颊头发剪短些都可以减小脸的长度而加强宽度感。也可将头发梳成饱满柔和的形状，使脸有较圆的感觉。总之、一般自然、蓬松的发型能给长脸人增加美感。

方脸形的人头发宜向上梳，轮廓应蓬松些，而不宜把头发压得太平整，耳前发区的头发要留得厚一些，但不宜太长。前额可适当留一些长发，但是不宜过长。

圆脸形的人常会显得孩子气，所以发型不妨设计得老成一点，头发要分向两边而且要有一些波浪，脸看起来才不会太圆。也可将头发侧分，短的一边向内略遮一颊，较长的一边可自额顶做外翘的波浪，这样可“拉长”脸形。这种脸形不宜留刘海。

椭圆脸形的人基本上就是美人了，所以采用长发型和短发型都可以，但应注意尽可能把脸显现出来，突出这种脸形协调的美感，而不宜用头发把脸遮盖过多。

☆ 巧用眉形修饰脸形

据了解，头发拉长脸形的美容方法是在20世纪七八十年代开始兴起的，眉形与自己的脸形相符合往往是美的，但是如果能够对不完美的脸形进行修饰，就更是锦上添花了。

椭圆形脸适合柔和的眉形，眉头与内眼角垂直，眉峰在眉毛的2/3处。这种眉形更能烘托出椭圆形脸的柔美。

圆形脸给人的感觉为圆润、亲切、可爱，这种脸形适合上扬眉，眉头眉尾不在一条水平线上，眉尾高于眉头。高挑有力度的眉形，可以从视觉上拉长较短的脸形，并可令圆柔的脸部曲线感觉更亲切一些。

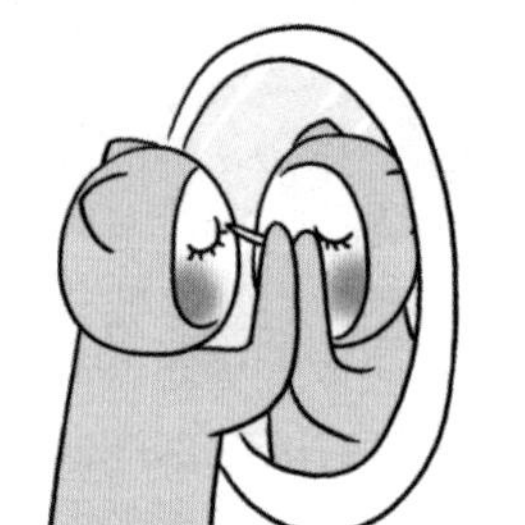

方脸形与圆脸形一样，长度宽度大致相等，也属于短脸，给人以正直的感觉。该脸型者应配以高挑柔和的眉形（眉形大致与圆形脸的上扬眉相同），如此的眉形可以令脸形拉长，缓和方形脸过于刚硬的线条。

长形脸给人的感觉是诚实可靠，略有富态。该脸型适宜柔和一点的眉毛，眉形应尽量放平缓一些，眉峰靠后，以显出形状秀丽的眉形。

☆ 巧用化妆术修饰不完美的脸

根据我国古代“三庭五眼”的审美标准，人的脸形可以进行纵向分类和横向分类。纵向分类就是指“三庭”，横向分类就是指“五眼”。

一般问题脸形就是因为不符合“三庭五眼”的标准，主要表现为：

上庭长：中庭和下庭长度相等，而上庭略长，即额头偏长。对这样的脸形应该运用阴影色在前发际线的边缘，利用深色色性产生收缩、后退的原理，使额部显得缩短。另外也可以采用留刘海的方式进行修饰。

上庭短：中庭和下庭长度相等，而上庭略短。对于这样的脸形可以吹高前发，将额头露出来。

中庭长：上庭和下庭的长度相等，而中庭偏长，即鼻子较长。对这样的脸形可用阴影色或颊红色从鼻中隔向上晕染，只要颜色使用得当，就可以产生缩短鼻尖的感觉。

中庭短：上庭和下庭的长度相等，而中庭偏短。对于这样的脸形，矫正的方法是将提亮色从眉心晕染至鼻头，过短的鼻型还可以一直拉至鼻中隔，鼻侧影从鼻翼一直延伸至眉头并且互相链接，在鼻梁处可用高光色提亮。

下庭长：中庭和上庭长度基本相等，下庭长度偏长，即下巴略长。对于这样的脸形，可用阴影色在下巴底部及两侧从下向上晕染，使之产生收缩的感觉。

下庭短：中庭和上庭长度基本相等，下庭长度偏短，即下巴略短。对于这样的脸形，可将提亮色集中在下巴尖端，靠近底部色度浅，向上与基础底色相柔和，利用人们的视错觉，产生延长下巴长度的效果。

两眼距离远：可在画眼线和眼影时尽量向内眼角描画。眉头距离不要处理得太远。

两眼距离近：可在画眼线和眼影时尽量向外眼角延伸，内眼角尽量忽略。眉头不要处理得太近。

为什么妆容以立体为美

立体感能够给人以视觉的立体真实感，因此很多艺术创作都以立体为美，比如雕塑。人的容貌讲究立体感也正是出于这个原因。容貌的立体感主要是将人的五官突出出来，而不是让人感觉是在一个平面上。但是，东方人的脸蛋一般来说都缺少立体感，尤其是那些脸部肥胖的人，脸部为全身唯一无法遮挡的部位，任何缺陷都表现得一清二楚，因此要想突出脸部的立体感，就需要借助化妆等外力使脸部轮廓显得瘦小而使五官突出。那么如何做到这一点呢？

☆ 脸部立体感关键之光影

睛亮光彩双眸、挺直的鼻子、丰润饱满的双唇、椭圆的鹅蛋脸轮廓，是针对超过 1.2 万名亚洲女性进行的“现代理想脸形”调查结果。打造完美脸形，“光影”扮演着重要角色。如何通过光影来打造一张立体的脸呢？正确提亮五官法就能够满足大家的愿望。

眼部妆容：水汪汪的大眼睛会让人忘记脸部的大小，因此让脸部变小的办法就是打造深邃的明眸。这样会让眼睛吸引人们的视线，令其暂时忘记大饼脸。蓝色的眼影会让人的眼睛看起来比较修长，而魅惑的眼眸则会使整个脸部都利落起来。因此脸大的女生最好选择蓝色的眼影，并在下眼皮进行着重的描画，并用棕色眼影作为高光，为眼睛制造出阴影的效果。另外，为了使效果更好，用淡淡珠光感的白色或银色眼线笔勾画下眼线，你会明显看到面部及眼部线条得到提升，让你立刻年轻 5 岁。

T 字区妆容：额头较窄的人需要在整个额头扫上高光，扁平的额头只需在额头到鼻梁中上区域打上高光，就能制造出立体感，让人过目不忘。别忘了在鼻梁两侧也刷上一些，但要注意的是，刷在鼻梁也会在视觉上拉长脸形，所以长脸的人要避免这种用法。另外刷额头处时范围不要太大，并且要避开鼻头，不然看上去就会像“泛油光”一样，毁了整个打亮效果。以额头最突出的部位为中心，半径为 1.5 厘米的范围为最佳。

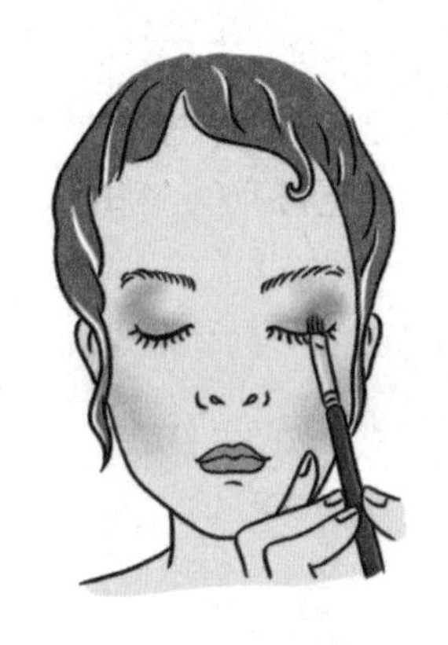

C字区妆容：眉尾侧下方，眼眶周围，颧骨之上的范围就是C区。在这个部分打上高光，会使脸形显得饱满，有立体感。为了打造出更加强烈的效果，可以使用带金色的眼影或腮红。

眉骨部妆容：以前，很多人会用深色眼影来打造效果，这种方法已经过时了。取而代之的是在眉弓部位打上高光，这可以使眼睛在视觉上看起来更深邃、鼻梁更挺直。

鼻部妆容：在化妆的时候应该在鼻部和脸颊靠近鼻子的部分涂抹高光，这样不但能使鼻子变高，更能利用高光使脸部呈现中间高、四周低的球体小脸，彻底摆脱大饼脸的困扰。

☆ 脸部立体感关键之颜色

可以说，颜色的使用，是化妆的关键所在，也是修颜的重要手段。因为在脸上如果着同一种颜色的妆的话，人的脸就会整个成为一个平面，所以脸部颜色的分布和深浅就很重要。

脸部颜色的使用很简单，不要去用很多颜色不同的化妆品，只要一两种颜色足矣。用的时候只要手法上掌握好，就可以分出深浅。一般来说，用不同颜色的粉底在脸部进行有技巧的分布，就可以打造出瘦小的立体感效果。由于浅色膨胀、深色收缩，因此应该在较突出的T字部位使用浅色粉底，强调五官的立体效果，并能造成视觉上的集中，而在鼻翼等部位要使用深一点的粉底。此外，在鼻子周围的脸蛋要用浅颜色，两腮靠近脖子和耳朵要用深颜色，这样可使脸颊看起来较瘦，给人留下小脸的印象。需要特别注意的是，一定要使脸部各种颜色的粉底之间衔接自然，不要让脸部出现黑一道白一道的尴尬。

而对于你的嘴，可以用颜色比较鲜艳的唇膏来遮掩，不要画满嘴唇，只画出你想要的唇形就可以了。可能很多女生认为过于鲜艳的唇色十分吓人，因此更倾向于选择裸妆效果的唇膏，殊不知，鲜艳的口红可以使脸部显瘦很多，还能使皮肤纹理细致、增加立体感。特别是玫瑰色的口红是修饰脸形的利器，因为它可以使唇形显得更加丰满，增加唇部的存在感，使脸看起来相对小一些。另外，需要注意的是，唇膏要在唇上涂成弓形，不可涂成圆形，否则会让你的脸更加圆润。

为什么中国人以杏仁眼和丹凤眼为美

眼睛在人体中处于画龙点睛的关键地位，它不仅是重要的视觉器官，其结构比例及外形将直接影响着容颜的美丑。那么什么样的眼睛是最美的呢？

中国传统标准以杏仁眼、丹凤眼和灵动有神韵的眼睛为美。这可以从古代文人对美女眼睛的描写中看出来。我国古代文人对美女眼睛的描写，往往虚写多于实写，表现出注重眼睛的魅力的如“一顾倾人城，再顾倾人国”(《汉书·孝武李夫人传》)，“明眸善睐”(曹植《洛神赋》)，“目流睇而横波”(傅毅《舞赋》)。表现以杏仁眼和丹凤眼为美的当属《红楼梦》，比如“一双似喜非喜含情目”(林黛玉)、“眼如水杏”(薛宝钗)、“一双丹凤三角眼”(凤姐)。为什么会形成这样的审美标准呢？

☆ 眼睛的审美标准

每个人的眼睛都与他人不同，到底哪一种眼睛美丽是很难用一种标准衡量的，眼睛的形象只有与脸形和五官比例匀称，协调一致，才能产生美感。并且美与丑只是相对而言，没有绝对的标准，不同的人又有着不同的审美倾向与审美习惯。

如果非要给眼睛一个审美标准，我们可以借鉴一下东方学者的眼睛美学数据。

1. 眼的黄金位：纵横观察，眼均处于黄金律位置。整体上，眉眼永远是不可分割的整体，而眉间点恰位于眉眼中心位置，这正是发际至颏底的黄金分割点。横向上，两外眦间宽与睑裂水平的面宽之比约为 0.618。

2. 睁眼时，上、下睑缘与睑裂轴之间的最大垂距点均位于睑缘的黄金点，即上睑为中、内 1/3 交点，下睑为中、外 1/3 交点。

3. 上睑沟位于上睑中、下部相交处的黄金点，上睑沟的最高点位于该沟的中、内侧部相交的黄金点处。

4. 上睑高与睑裂长之比为 0.618。

5. 眉峰位于眉的中、外部相交的黄金点。

6. 具体来说，一般认为，较理想的眼睛，两内眼角间距应为两外眼角间距的 1/3；两外眼角与颜面侧缘间的间隔为 19~24 毫米，上睑缘与眉毛间的间隔在 10 毫米左右；睑裂上下径为 10~12.5 毫米；睑裂左右径为 30~34 毫米，角膜露出率为 80%，角膜直径为 12~13.6 毫米；内眼角睑裂角为 48°~55°，外眼角睑裂角为 60°~70°。

从我国大多数人的传统习惯来看，双眼睑比单眼睑理想；眼裂大比眼裂小理想；巩膜与虹膜黑白分明比不分明的理想；两眼间距适中比偏宽或偏窄的理想；眼睛的水平轴线略向上斜、睫毛长而密比轴线向下、睫毛短而稀的理想；眼皮厚薄应适中，太厚的眼皮外形臃肿，太薄的眼皮外形凹陷会较早明显老态；单眼皮与面部其他器官协调一致的，也可以很美。

☆ 杏仁眼和丹凤眼之美

杏仁眼又被称为标准眼，该形的眼睛位于标准位置上，多见于男性。其特点是睑裂宽度比例适当，较丹凤眼宽，外眦角较钝圆，黑眼珠、眼白露出较多，显英俊俏丽。

丹凤眼属较美的一种眼睛，外眦角大于内眦角，外眦略高于内眦，睑裂细长呈内窄外宽，呈弧形展开。黑珠与眼白露出适中，眼睑皮肤较薄，富有东方情调，形态清秀可爱。无论男女均为标准美型眼之一。

杏仁眼和丹凤眼就是因为符合上面我们所说的审美标准，所以才被人们所喜欢。当然，如果一个人长有漂亮的杏仁眼或丹凤眼，但是与脸形和五官整体不相协调也是不美的。所以，不能把眼睛的美与人的五官整体分开来评价。

☆ 眼无神亦无美

眼是视觉器官，也是重要的表情器官。人们在日常生活和社会交往中，可随时随地用眼睛传递感情信息。一个人的眼睛，特别是眼神的微妙变化，常是表达各种感情和体现人的内在美和外表美的窗口，故眼有“心灵之窗”的美称。从眼睛的表情功能来看，眼神也应该是评价眼睛美与不美的一个重要元素。由此我们也可以知道，一个人的眼形即使很美但是无神也是不能给人以美感的。那么什么样的眼睛更有神呢?

首先，水汪汪的眼睛更有神。历代许多文学作品中对眼睛的描绘都用到了“水汪汪”。曹雪芹《红楼梦》中写众女子经常用“眉蹙春山，眼颦秋水”来描写眉眼特点。唐代李贺《唐儿歌》中有“一双瞳仁秋水”，以秋水比喻明洁的眼睛。唐代元稹《崔徽歌》:“眼明正似琉璃瓶，心荡秋水横波清。”以“琉璃瓶”“秋水横波清”比喻明洁而灵动的眼睛。宋代晏几道《采桑子》有句:“一寸秋波，千斛明珠觉未多。”以“千斛明珠”比喻明洁灵动而温情脉脉的眼神。刘鹗在《老残游记》中写道:“那双眼睛，如秋水，如寒星，如宝珠，如白水银里养着两丸黑水银……”以“秋水、寒星、宝珠”比喻明澈有神的眼睛，以“白水银里养着两丸黑水银”比喻又黑又亮的瞳仁。《诗经·郑风·野有蔓草》:“野有蔓草，零露瀼瀼。有美一人，婉如清扬。”“清扬”是水汪汪的意思，以汪汪的清水比喻灵动明丽的眼睛。可见，古人给了水汪汪的眼睛很高的赞誉。

其次，双眼皮的大眼睛更有神。双眼皮是东方女性眼部美的一个标准，谁有双眼皮，再加上有大而圆的眼睛，那就是一双性感的眼睛、一双完美而又有着无限魅力的

中国传统标准以杏仁眼、丹凤眼为美

林黛玉就有一双杏仁眼

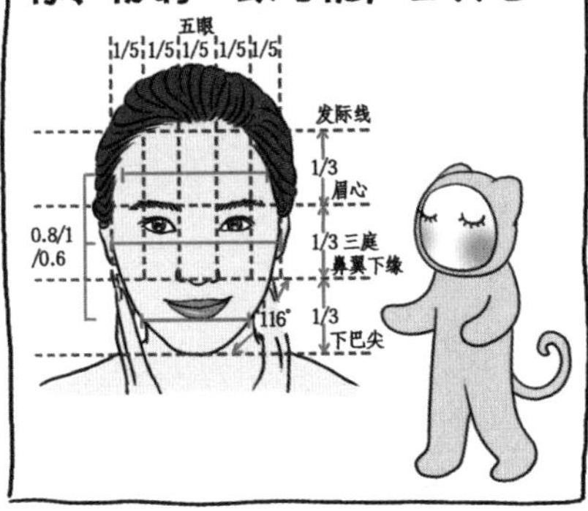
眼睛只有与脸形和五官比例匀称、协调一致才能产生美感
五眼
1/5 1/5 1/5 1/5 1/5
发际线
1/3
眉心
0.8/1
/0.6
1/3 三庭
鼻翼下缘
116°
1/3
下巴尖

不能把眼睛的美与人的五官整体分开来评价

我明明长了一双丹凤眼，为什么别人说不美呢？

眼无神亦无美

那什么样的眼睛更有神？
水汪汪、双眼皮的大眼睛更有神

眼睛。双眼皮者上睑皮肤较薄，睫毛显得较长，给人一种更清丽的感觉，而单眼皮则给人以眼睛小、臃肿、缺乏生机的感觉。当然，现代人们对单眼皮眼睛的审美有着不一样的观点，但是客观上来讲，单眼皮的眼睛确实看起来不如双眼皮眼睛更有立体感。所以很多爱美的单眼皮女生和眼睛小的女生都喜欢将眼睛化成双眼皮的大眼睛效果。

不动手术也可以“换掉”不漂亮的鼻子吗

人的鼻子在脸上占据着重要的地位，却也常常是人们最容易忽略的部分。由于基因决定，东方人的鼻部形态有很多一致的地方，但是搭配在不同的人身上就会呈现出不同的形态以及美感。和面部轮廓粗犷清晰的欧美人相比，东方人的面部轮廓比较柔和细腻。而欧美人鼻子尖而大，东方人则相对扁小。男性和女性的鼻形也是不同的，男性额骨鼻突至鼻尖近似直线，女性鼻端较翘，较为柔和。因此在鼻子的审美上要根据人种和性别来区别对待。那么符合中国人鼻子美学的标准是怎样的呢？

由于鼻子位于整张脸庞的正中央，所以对整个容貌的立体感的影响很大。如果鼻子长得不够挺拔，五官不够突出，都会影响到化妆后整个妆面效果，所以要想获得理想的妆容效果，鼻子是千万不可忽视的部位。很多爱美的女生常常会烦恼于自己的鼻子太塌了或是太短了等问题，甚至有人为了拥有韩星的样本鼻动了隆鼻的念头，但是最终还是因为资金或是勇气不足而宣告放弃。如何打造完美的鼻形呢？

☆ 中国人鼻子的审美标准

十全十美的鼻部形态虽然很难断定，但是依然有美的标准对其进行评判。

专家认为鼻形首先要和脸形协调，这主要体现在以下几点：

首先，一个看起来漂亮的鼻子要位置适中。以鼻根为中心，以鼻根到外眦距离为半径画圆，鼻小柱基部和鼻翼缘刚好在此弧线上，两鼻翼外侧缘约在内眦的垂线上为宜。

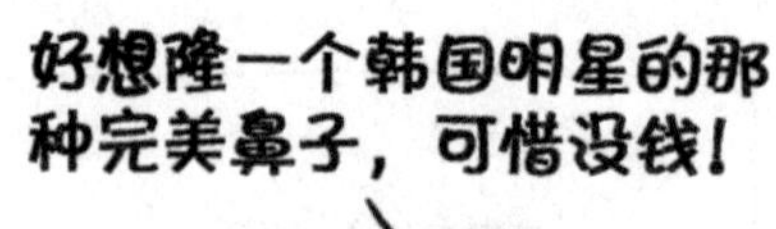

好想隆一个韩国明星的那种完美鼻子，可惜没钱！

其次，要有一定的高度和长度。高度即是从两侧鼻孔之间靠近底部到鼻尖的距离，一般来说，从侧面看，一个漂亮的鼻子其鼻尖的高度应是鼻长的1/3。长度是指从鼻根到鼻孔与上唇交界的距离。漂亮的鼻子，长度应占整个面部长度的1/3。换句话说，就是要足够大。低鼻、鼻头上翘、鼻子呈现蒜头样等都是鼻子不够大的表现。

第三，鼻子的宽度比率要适当。宽度是指两侧鼻翼，即鼻孔外侧边缘之间的距离。漂亮的鼻子，其鼻宽稍大于内眦（左右眼角）间距，最大距离大概是鼻长的70%。许多鼻子短、鼻头大的人，宽度都过宽，与其他尺寸，如长度和高度都搭配不合适。

第四，鼻子是否美丽与鼻头的大小有关。鼻头即鼻尖顶部的宽度。有一些人鼻子的长、宽都可以，但鼻头太宽阔，显得鼻子沉闷无生气活气。

第五，要看鼻孔的形状是不是优美，有一些大鼻头、小鼻子的人，鼻孔形状往往颠三倒四不协调，更谈不上美。

第六，要看鼻小柱，即两个鼻孔中间部分，要细而直，最为美观。鼻小柱的不美问题普遍存在，解决起来较为复杂。

此外，男女鼻型有很大的差异，要区别对待。据韩国鼻整形名医统计，理想的东方男性鼻根位置应比女生略高，约要在上眼皮睫毛上缘处，看起来较为立体，眼神也较深邃；鼻背与前额的交界点（鼻根点）角度也要比女性略低，约是135°，看起来鼻子会较为高耸。鼻背的形状则要较为刚直硬挺，且鼻背两侧线条从眼内角到鼻翼处要呈平行状，宽度要大于女性，在1厘米左右。至于鼻头则要以饱满圆润为宜，太低的鼻头则不具美感。

☆ 问题鼻形的完美修饰

很多人都会抱怨自己的鼻子不完美，不是鼻子太塌就是鼻子太小。其实，无论你是什么类型的鼻子，都可以通过鼻影修饰来进行“伪装”。

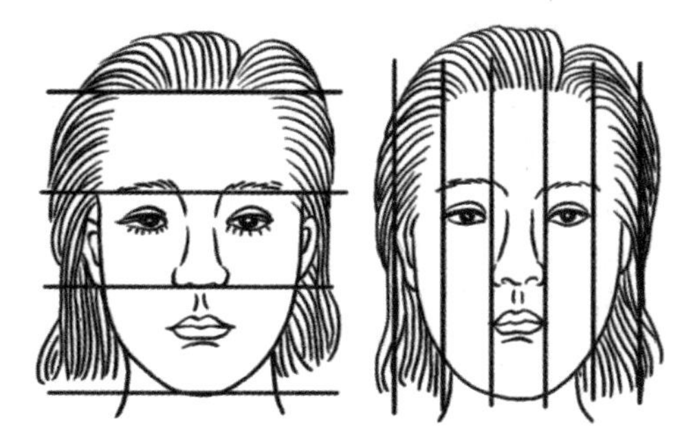

常见的问题鼻形有如下五种，它们都可以通过化妆来修饰。

问题：鼻形之大鼻子变小

颜色深浅是调整鼻子大小的关键。将深于肤色的鼻影，从鼻根延续到鼻翼，用浅于肤色的明亮色涂于鼻尖。深色具有收缩感，能在视觉上给人以鼻子变小的效果。

整个面部化妆应采用柔和的色调。先在鼻两侧抹稍暗的鼻影，色调从鼻根开始逐渐深浓，匀抹至鼻翼，深色具有收缩感，能在视觉上给人以鼻子变小的效果，再用比肤色浅的明亮色从鼻梁上往下敷，涂抹均匀，使之看起来朦胧一些。需要注意的是，亮色不要涂得太窄，不然会让鼻子前部显得更大。

问题：鼻形之小鼻子变大

在鼻翼上涂浅色的眼影粉，让鼻翼和鼻尖连成一体，给人以饱满的感觉。

用接近肤色的肉色眼影加少量的白色眼影涂在鼻翼上，鼻梁不必涂得太宽太亮，否则会使鼻翼显得更小。

问题：鼻形之长鼻子变短

偏长的鼻子容易使整张脸看起来太长，不够柔和。因此，在使用鼻侧影时，应由外向内眼角涂，选较淡的颜色，向下不要延续到鼻翼。

具体的操作方法是：降低眉头的高度可以使鼻根相应偏低，在画眉毛时，眉头要加画几笔，或在眉头下涂上与鼻影颜色相近的眼影。鼻影的颜色比眼影稍微淡一些，不要延伸至鼻翼。

问题：鼻形之短鼻子变长

鼻子太短连带给人感觉脸也很短。因此，在使用鼻侧影时，应从下向上将鼻侧影上染至眉尖，向下延染至鼻翼。能够造成鼻子长度增加的感觉。

具体的操作方法是：在鼻侧影处涂深颜色，鼻梁涂一窄条亮色，可以使鼻子显得加长；另外，在画眉时，把眉头稍向上抬，将鼻侧影从眉尖涂至鼻翼，也能产生同样的效果。

问题：鼻形之塌鼻梁变挺术

塌鼻梁的人看着往往给人以面部呆板的感觉。所以在选用鼻影时，应尽量选用与肤色相比较深的棕红色、紫褐色等。具体的操作方法是：首先，在整个面部涂上粉底霜，在鼻梁两侧涂上阴影色，让鼻侧影上端“委婉”地与眉毛衔接，两边与眼影混合，下端与粉底相融合，再从鼻根到眉头抹深棕色眼影，然后在两眉之间的鼻梁上抹一道亮色眼影，并尽量向两侧晕开，阴影与亮色形成鲜明的对比，即可在视觉上造成鼻梁的挺直。

为什么女人要拥有的第一件化妆品应当是口红

唇部是构成面部美的重要因素之一，容貌和口腔的美观，都是直接由嘴唇来体现的。嘴唇因为可产生丰富的表情，所以形态特别引人注目。美丽的嘴唇，可以体现一个女人的美丽、性感、成熟和高贵，也可以表现一个男人的英俊、帅气和洒脱。对嘴唇的审美标准往往是泾渭分明的，古典一些的观点喜欢“樱桃小嘴”，即薄薄的两片唇，西化一些的观点欣赏性感红感，即丰厚的嘴唇。那么什么样的嘴唇才是美的？不完美的嘴唇应该如何通过化妆来修饰呢？

☆ 嘴唇的审美标准

中国对嘴唇的传统审美要求是色泽要红润、形状要小巧、嘴角要微翘显得俏皮。在中国古典文学中对美女红唇的赞颂有很多，如樱桃与绽桃，真可谓美不胜收。长期以来，人们对美的唇形基本达成共识，即上下唇协调对称，双侧饱满对称，上下唇厚度适中，唇的曲线、弧度优美流畅。

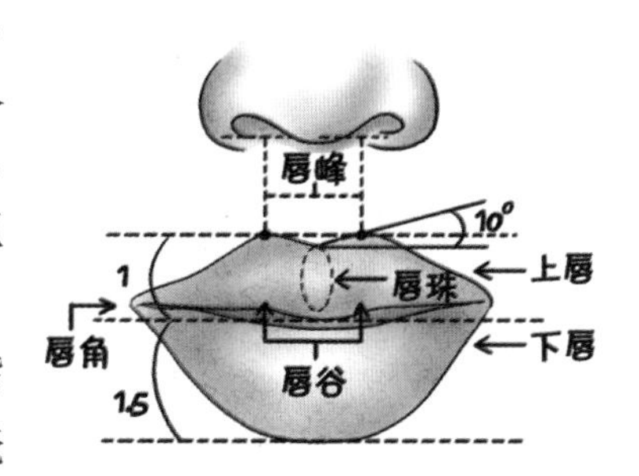

曾有整容科的专家指出嘴唇美的系数是：上嘴唇的厚度为5~8毫米；下嘴唇的厚度为10~13毫米；嘴唇横径：男性4.5~5.6厘米，女性4.2~5.0厘米。超过标准厚度的上唇和下唇，即可称为厚唇。但是这些数据并非绝对。美学之父、德国鲍姆嘉通认为：“完美的外形就是美，相应不完美的就是丑。”比例适度、均衡协调才为美。容貌美也是一样，五官端正、协调成比例是容貌美的标准。嘴唇的美决定于许多因素，唇部的美必须建立在与面部各器官协调的基础上。樱桃小嘴配方脸阔鼻不美，而过度肥厚的口唇在眉清目秀的脸上也不太相称。

☆ 完美嘴唇的打造

伊丽莎白·泰勒在她第七次披上婚纱时喟叹：“女人要拥有的第一件化妆品应当是口红！”由此可见，一个女人最基本的化妆用品是唇膏，而一个最基本的妆容就是唇部。唇部化妆的技巧相对于眼线和眼影的技巧来说比较容易掌握，关键是选择正确的颜色，但是要注意的是，唇部化妆也不是一般人所做的那样用一支唇膏画过那么简单。

对于唇部的化妆，先要观察唇部及皮肤的色泽，然后再选择适合自己肤色的唇膏色调。在选择唇膏上，应当根据自己的嘴型及唇色选择合适自己的唇膏。一般而言，唇形比较漂亮的，选择艳丽的颜色会让自己的嘴唇更为动人。反之，嘴唇不够完美的话，就尽量避免选用比较亮眼妖娆的颜色。

选择合适的唇膏之后，想要充分展现嘴唇的魅力，还需要讲究如下四个基本步骤：

第一，用遮瑕膏打底。不要以为只有面部化妆才需要打底，事实上要达到粉嫩的唇妆效果也要用粉底和遮瑕膏进行打底工作，用遮瑕膏调整唇形，用粉底淡化原有的唇色，使得接下来使用的粉色唇膏的粉嫩度增强。

第二，涂抹润唇膏。唇部的皮肤是最嫩的，干燥是其天敌，所以对唇部的保湿工作一定要做足。先用润唇膏打底，可防止唇部肌肤干燥，持久滋润修护，令双唇展现自然光泽。

第三，刷唇膏。在使用唇膏时最好使用唇刷，因为这样会让唇部妆容更均匀。步骤是由唇角向中央涂抹，要小心唇上留下凝固的唇膏。

第四，点唇彩。唇彩是粉嫩唇达到增强光泽的重要一步，在反复涂抹唇彩的同时要注意保持唇部整体色彩的均匀性。

只要按照如上四个步骤，根据自己的唇形和色彩进行唇部化妆，就可以让你的嘴唇充满诱惑力。

☆ 问题唇形的完美修饰

根据传统的嘴唇的审美标准，唇形可分为以下几种：

理想型：理想型的嘴唇拥有着线条分明的轮廓，下唇稍厚，大小适中，唇中间的线比较明显，嘴角微微上翘，使得嘴巴很有立体感。

厚嘴唇：厚嘴唇上下嘴唇都比较肥厚，唇峰很高。

薄嘴唇：嘴唇单薄，赤红色口唇部尤为明显。

翘嘴唇：嘴角微微上翘，似是一直在微笑。

下挂唇：嘴角的弧线向下，给人以沮丧感。

突兀唇：嘴唇薄而尖，唇峰很高，整体轮廓不够圆润。

瘪上唇：上嘴唇薄下嘴唇厚，牙床不够整齐。

对于拥有理想唇形的人来说，唇部的化妆往往不用太过困扰，但是对于余下的几种问题唇形来说，人们往往会感到无奈了。其实，通过前几节内容的介绍，大家就可以知道，没有不完美的型，只有不完美的妆。所以，用化妆就能很好地修饰问题唇形。

嘴唇较厚的人可在上唇及下唇的中央往内侧绘入 1 毫米左右，嘴角线条画直。轮廓画得过小会显得不自然，同时注意以粉底掩去双唇轮。

嘴唇较薄的人可在上唇及下唇的中央往外侧描出 1 毫米左右，嘴角画直。为让双唇显得，可在中央涂上强调用的口红。

嘴唇较小的人在化妆时，双唇的厚度可维持不变。由于嘴宽嫌窄，可将线条画出嘴角外 1~2 毫米，并与中央相连。线条画直为佳。若呈圆弧，嘴部会显得夸张、有失自然。

嘴唇较大的人在化妆时，双唇厚度也要维持不变。为使嘴宽显小，唇山往嘴角、下唇中央向嘴角的线条，可画在轮廓线内。两唇轮廓应以粉底遮去。

突兀嘴唇的修饰要点是准确选择口红的颜色，应选择中性色彩，同时不能描画清晰的唇线。另外可以突出眼睛的魅力，转移人的视觉重心。

瘪上唇的人使用两种颜色的唇膏做调整是最好的方法。厚唇涂深色唇膏，浅色涂在薄唇上。还有一种遮盖和强调的方法也非常有效，在厚唇上用遮盖霜掩饰嘴唇本来的轮廓，然后在原轮廓线内侧画唇线，薄唇部分在轮廓稍外侧画唇线，最后在唇线内涂满唇膏。

总之，设计唇形时要做到曲线优美，形随峰变，不离红线，要注意整体上的形态调整，这样，才能做出适合自己脸形的唇形。

唇形的设计必须结合个人的唇形、脸形、鼻型、眼型、年龄、肤色等因素，但无论是外扩文饰或足内收文饰都应该紧靠唇红线进行，而且不应超过1.5毫米，以免影响美观。

妆容必须要与服装搭配吗

近几年来，国内影视圈的古装戏和民国戏大热，这让我国传统的旗袍又再度成为女星们经常穿着的服装。我们可以看看女星们穿旗袍搭配的妆容，有的搭配得更加优雅，有的搭配得有点妖艳，而有的搭配出另一番风味。比如2011年巴黎时装周，路易威登秀场，范冰冰穿了一件深紫色蝶恋花图案的绫罗旗袍，高开衩内搭黑色蕾丝，从胸前垂至裙摆的流苏设计很有女人味，她手拿与旗袍同色的精致印花手袋，佩戴长及胸前的夸张耳坠，化着复古妆容，梳着同样复古的发型，展现浓郁的老上海迷人风情。电视剧《旗袍》中的主角马苏也将中国的旗袍演绎得别有风情，同样的短曲发，同样的红唇，使演员本身的气质得到了最完美的绽放。看到这儿，大家是否意识到一个问题呢？那就是即使女星们穿着的旗袍再不同，搭配的妆容也有异处，但给人的总体感觉还是将人的气质回归到了原本属于旗袍盛行的那个年代。为什么会这样呢？

☆ 服装与妆容相配才能产生协调的美感

其实在前面的内容中我们已经探讨了不同色彩型人的穿衣打扮，但是很多人可能依然意识不到服装与妆容相搭配的重要性。

化妆与服饰可以说是女人之间经久不衰的话题，也是比较热门的话题。也确实如此，如果妆容与服饰的搭配足够得体的话，不仅看上去非常漂亮，并且也会显示出整个人的品位。所以，我们不仅要选对妆容风格，还要选对与之搭配的服装。

一般来说，较为休闲的衣服适合清淡简单的妆容，华贵的礼服适合较为浓重一些的妆容，甜蜜的小礼服则合适可爱一些的妆容。可以想象一下，如果一个人穿着休闲装却化了一副浓重的宴会妆或是穿着华贵的礼服却化着夸张的烟熏妆，那样的感觉是不是很不舒服？基本上是毫无美感可言的。所以，穿对衣、化对妆在生活中也是不可小视的，只有服装与妆容搭配协调才能给人以美感，女生们一定要注意。

☆ 特别的服装需要特别的妆容

对于每个女人来说，一个完备的衣橱里应该有三种不同类型的服装，一种用来适应工作，一种用来适应类似晚宴的社交活动，一种用来适应平日的休闲生活，而这三种类型的服装同时也需要相应的妆容相配才行。

1. 职业装扮

职业装就是能够穿去上班的装束。虽然有些人可以穿休闲装去工作，但大多数人上班时还是需要穿得比较职业和严肃一些，特别是外资公司。根据这个特点，化妆不能太夸张，但一定要化妆，这代表对工作的尊重，会给同事和客户留下良好的印象，也会让自己在工作时间更自信。总体来讲，职业妆容的要求是简洁大方，不需要过浓。这样可以表现职工的成熟度和可信赖度。因此，职业女性们在眼影上应该多运用棕色系或大地色系来表现，如果是高层职业女性，则更应该注重第一印象的精明与干练。做艺术的职业妆体现在妆容与服饰的搭配创意上，更多的是一种时尚的表现。

2. 晚宴的装扮

以前的人们，就算参加不很正式的晚宴，也会把上班的衣服穿去。现在，大家已经能够区别晚宴装与职业装了。其实除了非常正式的晚宴，我们也可以不做彻底的改变，稍稍变换一下白天的衣服和妆容就出席晚上的活动。

参加正式晚宴的装束最好的选择是黑色。至于款式可以根据自己的风格来确定，只要是宴会装即可，但一定要注意细节的搭配，如包包、发饰、首饰等。

晚宴的装束当然要配以相应的晚宴妆容。如果有足够的时间，就清除白天已经化好的眼睛以外的整个面部妆容。涂了面霜后，用些遮盖霜遮盖色斑和有疤痕的地方，抹匀。擦一些粉在脸上，使皮肤看上去更完美。突出你眼部的化妆，涂两层睫毛膏，用与围巾同一色系的胭脂。

在晚上，唇膏的颜色会弱一些，所以要选比白天的颜色略深或艳的口红。一款深色口红会令你看上去更为隆重。用唇笔来美化并突出你的嘴唇，在唇的中央略微涂上唇彩，然后在身上喷点香水就可以风风光光地参加晚宴了。

3. 休闲装

目前世界的时尚潮流明显向着休闲靠拢了，因此女生们要想站在时尚的前沿，就必须学会休闲装扮。目前市面上的休闲服饰非常多，像夹克、裙子、衬衫、紧身牛仔裤、长裤非常贴合身形，穿上去会很好看。并且休闲彩妆的画法也十分简单，5 分钟内搞定，其步骤无非就是：1. 清洁；2. 遮瑕；3. 画眼线；4. 涂唇膏；5. 涂腮红；6. 定妆；7. 香水。经过上面的方法，你就可以搭配出非常休闲的妆容了。

服装必须要与妆容
相配才行吗?
那当然!

服装与妆容相配才能产生协调
的美感
不伦不类!

特别的服装需
要特别的妆容

职业妆容的要求是简洁大方,
不需要过浓

晚宴的装束要配以相应的晚
宴妆容

时尚休闲装就要学会化休闲
彩妆

第三章 每天学点扬长避短的着装知识

世上真有完美的体形吗

大部分人对自己的形体都是不满意的，无论是青春妙龄的少女，还是富态臃肿的中年女士，甚至很多男性都对自己的体形抱有遗憾。他们不是整天嫌自己手臂太粗就是嫌自己腰太宽、骨架大、腿短……美国有一项调查，95% 的人都对自己的身材不满意。很多人肯定想知道，那 5% 的对自己身材满意的人是什么样的人呢？真的有完美的体形吗？

☆ 完美体形只是一个传说

人们总以为那 5% 对自己身材满意的人一定会是那些 T 台上娉娉袅袅的模特儿，都会认为如果他们都不满意自己，那其他人就更不用提完美的身材了。

镜子镜子，你说我的形体完美吗？

完美形体只是一个传说。

但事实上，连这些 T 台上的模特也不会满意自己的身材。也许他们在接受采访时会说自己对自己的外表和身材非常满意，但是实际上并非如此。一位著名形象顾问专家在自己的书中提到，很多模特儿平日里见到她都会恨不得一下子把关于身材的苦水吐出来，让她帮忙。可见，连被人们认为有着完美身材的模特儿也不满意自己的身材。

据英国《独立报》报道，依照波兰专家的观点，人体各部位之间的比例关系，成为判定一个人身材是否理想的新标准。波克瑞卡带领研究人员，对参加全波兰选美比赛决赛的 24 名选手和其他 115 名普通女性的三围数据进行对比。通过对选美小姐和普通女性的对比研究，波克瑞卡等人还提出一套评价女性身材的标准，即身材完美女性的平均身高应为 5 英尺 9 英寸（约 1.74 米），腰围与胸围的比例为 76%、与臀围的比例为 70%。有关专家也提出一套男性身材的理想标准：身高不低于 6 英尺（约 1.82 米），腿长应该与上身长度相当。

如果以波克瑞卡提出的女性体形新标准为依据，英国名模纳奥米・坎贝尔的体形堪称完美。被人们认为拥有魔鬼身材的坎贝尔身高 1.75 米。她的胸围是腰围的 1.4 倍，即腰围约是胸围的 71%，这与波克瑞卡提出的“腰围与胸围比例为 76%”的标准十分接近。坎贝尔的腿长为上身长度的 1.4 倍，她的大腿长度占身长的 29.7%，小腿长度占身长的 19.5%。与普通女性相比，坎贝尔的双腿更显纤长秀丽。此外，身体质量指数（BMI）也可作为一个参考标准。BMI 指一个人的体重（千克）数除以其身高（米）的平方所得数字。坎贝尔的身体质量指数为 20.85。而英国影星克里斯蒂安・贝尔被认为是拥有完美体形的男性典范，1.88 米的身高使他看上去十分健壮。他的腿长几乎等同于上身高，腰围与胸围的比例为 60%，身体质量指数为 26.5。

纵然是这样，完美体形也是不可能的。波克瑞卡的研究也仅仅局限于波兰的部分女性，并不具代表性，加上人的审美观念具有地域性、民族性等特点，所以完美体形只能是一个传说。

☆ 那 5% 的人也并非拥有完美体形

任何事物都有两面性，都存在优缺点。很多人抱怨自己没有好的身材，却不知在自己抱怨的同时也在被他人羡慕着。也许你在抱怨自己的腿不够细而羡慕朋友的修长美腿时，她可能正在为不能像你一样拥有美丽的颈部而遗憾呢。所以，不必把心思花在推测那 5% 的完美体形的拥有者是谁，也不必为了不能拥有完美的体形而神伤，要明白，如果你想要高挑的身材，那么你就不会娇小可人；如果你想要健美的肌肉，就不能再拥有温润无骨的柔美；如果你想要丰满的胸部，那么你就很难打造出帅气硬朗的中性风格……总之，完美的体形只是一个传说，那些所谓的对自己体形很满意的人其实并不是真的拥有完美的体形，而是因为他们拥有完美的心态。

☆ 三分长相七分装扮

俗话说“三分长相七分装扮”，即使没有完美的体形，通过合理的装扮也能使人展现出应有的魅力。

曾有一位中年女性，因为身形矮小又粗胖，所以她从来对自己的外表不加重视，逛街时也从来不对商场的时尚服饰多看一眼。但是后来在她身上发生了一件事，不仅改变了她一贯的作风，还使她越加有魅力起来。原来，一次她经过一个服装店，一个热情的导购连拉带拽地让她进店试了一款服装，让她显得又瘦又高，粗胖的身材也显得轻盈了，整个人的气质马上就提升了上来，她满心欢喜地买下了那套服装。之后她开始注重打扮，学会了一些扬长避短的穿衣之道和化妆之道，她的形象和气质逐渐得到提升，她也越加自信了。

可见，只要衣着和妆容得体，每个人都能占尽美丽先机！

相信眼睛是个错吗

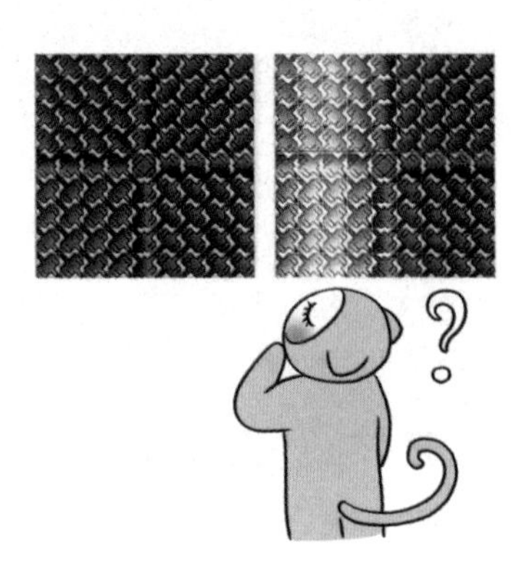

在我国河南省的公路上，有一种道路交通地面标线，它将传统的三车道白色虚线改为了白色视错实线，这使得开车经过的司机都不敢贸然提速、变道或者超车，因为这些白色的视错实线使道路看起来凹凸不平，路面变成了三条笔直的“沟道”，所以开车的司机不得不小心谨慎，而这条路上的事故率也因此下降了60%。明明是平坦大道，为什么这些地标线会有如此大的作用呢？

☆ 人们的视觉也会犯错

上述例子中的白色视错地标线之所以能把让司机感觉到地面不平坦就是因为人的视觉总会产生一些错误的感觉，这种视觉的错误感觉就是视错，或称作视错觉。

视错的种类大致可以分为两类：一类是形象视错觉，如面积大小、角度大小、长短、远近、宽窄、高低、分割、位移、对比等；另一类是色彩视错觉，如色彩、颜色的对比、色彩的温度、光和色疲劳等。

这种视错被广泛运用于人们的日常生活中和艺术设计领域，它是不可缺少的形式美元素，许多艺术形式和美的产生都借助于人的视错觉。比如“视错”画就是一种立体感强、逼真、混淆平面与立体视觉的艺术风格。近年来，在家居设计领域，新技术下的后现代式幽默也开起了视错画的玩笑，比如英国年轻设计师 Deborah Bowness 的视错画墙纸“真实的假书架”，就引发了一场视错潮流，也使人们的生活空间得到了新的拓展元素。对于 Bowness 来说，立时改变房间风格的效果也是她设计的动力之一。不论过去还是现在，她一直希望能在设计中给墙纸注入“深度”与趣味，而不是市面上常见墙纸的平板和无趣。结果她真的做到了——她通过丝网印刷和手绘结合的方式，将原尺寸的家具还原在纸上。而这个系列的墙纸如今给人们的生活空间确实带来了很大改观。比如，在一个只有 2 米宽的卧室里摆上一张 1.4 米宽的床，如果在只剩下 60 厘米的空间里摆上其他更多的物品无疑会使人有种被压得喘不过气的感觉，但是用视错的图画使房间增加空间上的深度和广度，人们的目光很自然会投入视错图画的景深之中，心情就会变得自由自在。面对这些充满智慧的障眼法，人们几乎不能相信自己的眼睛。

视错的研究，涉及医学、心理学、社会学、建筑学、美学等许多领域的知识。在真正利用视错的时候，人们也会结合面积、角度、长短、颜色等元素放在一起来用，让效果更加明显。

☆ 利用视错穿衣，越错越美丽

在服装设计中，设计师们利用视错原理通常会设计出一些能体现人们良好体形的服装。而对于想用穿衣来变美丽的人来说，在根据体形穿衣的规律中，同样可以利用视错来达到扬长避短的目的。

神奇的视错可以让人们领略到由小变大、由大变小，由长变短、由短变长，甚至是由曲变直、由直变曲的不可思议的效果。我们可以看一下世界著名艺术家创作的视错作品，然后将其运用到穿衣打扮中，你一定会被视错这位魔法师的神奇所震撼！

1. 曲直视错

这是日本艺术家兼视觉科学家 AkiyoshiKitaoka 创造的咖啡店视错。看起来这是一张由纵向和横向规律的弧线拼成的画面，从而使中心有向前突出的感觉。你能否看出纵横交错的是直线还是弧线？那么如果把咖啡店的视错利用到服装中会有什么样的效果呢？

很明显，把咖啡店的视错利用到服装上使得人的胸部变得更丰满了。

2. 长短视错

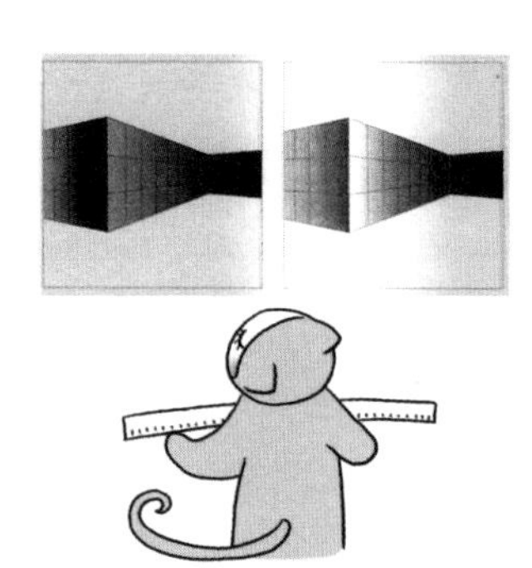

这是米勒莱尔的幻觉视错设计，他在其中运用了透视的原理，大大增强了视错的效果，当我们想当然地认为远处的红线更长的时候，其实两条红线事实上完全等

长。那么如果把这个视错利用到服装中会有什么样的效果呢？

很明显，这种视错让服装的肩部显得更宽了。其实，只要在你想要变宽的体形部位装饰一条长线，越长越好，该部位就会变宽。

3. 大小错视

当同一颗樱桃放在一堆红苹果中和将樱桃放在一堆红豆中，你在哪里能比较快地找出樱桃？樱桃究竟是大是小？樱桃明显看起来在红豆堆中显得更大。那么把这种视错用到服装中会有什么效果？

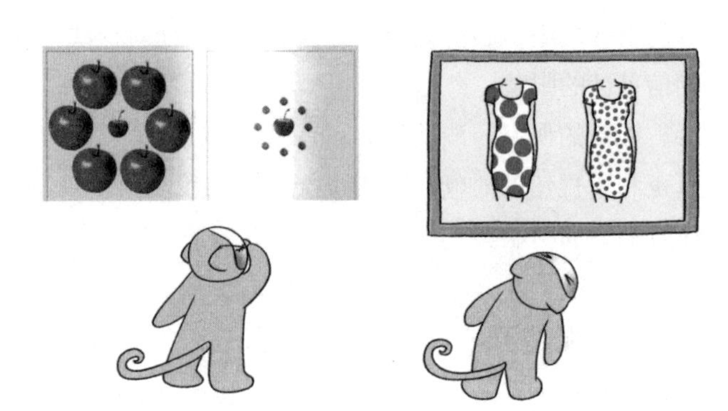

很明显，大小视错运用在服装面料的花形图案上可以很轻易地就让小个子的人显高了。

从上面的几个视错运用例子中可以看出，如果将这些视错理论用到我们自己身上，肯定能幻化出神奇般的改变，不容你不信，视错就是位魔法师，如果利用视错穿衣服，你就会经常见证自己的奇迹。

横条和竖条到底哪种更显瘦

在中国，除了唐朝是以胖为美的朝代以外，其他时期的人们都是以瘦为美，变高变瘦永远是人们热议的话题。很多形象提升培训班的课程中也经常会有这样的课题。身高和胖瘦是体形管理中最难改变的事，所以变高变瘦也就成了所有穿衣技巧中的重中之重。而相对来说，显瘦更是人们在穿衣过程中重视的要点。

根据以往的经验，许多爱美的女士都喜欢穿竖条纹的衣服以显得苗条。但英国科学家却指出，竖条显瘦的理论站不住脚，相反，横向条纹倒有不错的修饰身材作用。那么到底是横条衣服显瘦呢？还是竖条衣服显瘦呢？

☆ 横条显胖？物极必反

人人都知道穿横条纹一定会显胖，所以许多胖人都拒绝尝试横条纹的衣服。《泰晤士报》一日报道，英国约克大学心理学系彼得·汤普森博士在实验中让200多名妇女分别穿上横条和竖条衣服，然后拍下图片让志愿者观看。志愿者普遍认为，同一名妇女在穿着横条衣服时比穿着竖条衣服时感觉更瘦，而在肉眼看来，身材相仿的两名分别穿着横条衣服和竖条衣服的妇女，实际上前者比后者要胖 6 %。“穿竖条衣服不会让你看上去更苗条……我想整个社会的观念是错误的。”汤普森说。这个说法确实有其合理性，但是还不准确。

线条在服装设计中起着十分重要的作用，而根据视错原理，显瘦的技巧与线条的视错密不可分。通常人们所说的横条显胖是指一条、两条或者数得清的粗横线条，它的数量在由少变多的过程中发生了质的改变，穿少量的横条会显胖，但线条变多变细时就会适得其反，出现显瘦效果。

维多利亚·贝克汉姆就是一个穿细横条纹显瘦的最好例子。维多利亚·贝克汉姆可以说是时尚界的潮人，她的穿衣打扮的技巧全部来自她的母亲，但唯独有一点，她却坚持自己，那就是她母亲“永远不穿横条上衣”的告诫。维多利亚喜欢的就是细条纹，穿在她身上也并没有影响到她的美观不是吗？

也许有人会问：“有没有数字标准说明到底多细多密的线条才能显瘦？”有人研究得出：线条粗细距离在 2.5 厘米以下，数量在 20 条以上的条纹适合绝大多数想显得身材更苗条的人！

☆ 竖条显瘦？没那么简单

人们都认为竖条比横条显瘦，其实也是不完全准确的，竖条显瘦并没有那么简单，如果穿着不合理，一样会显得人很肥胖。所以，一直对“竖条显瘦”深信不疑的朋友也要琢磨一下了——利用竖条纹显瘦也需要技巧。

同横条纹相反，要想竖条纹显瘦，那么，用一条或者两条的竖条纹瘦身效果最好！并不是所有的竖线条都会让人变瘦，如果竖线太多一样会事与愿违。

只有正确运用竖线视错，用少量的竖条才可以实现显瘦增高的穿衣效果，而不是所有竖线条的服装都显瘦。

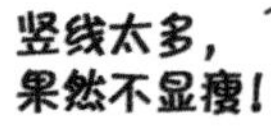

很多丰满圆润的人看到这里应该会对穿衣变瘦有更多的信心了，但是很多人还会遇到一个问题就是，这种显瘦的竖条衣服在商场中并不多见，并不能经常购买得到。其实大家大可以放心，关于竖条

显瘦，不一定要依靠面料本身印好的图案，也可以通过装饰物来产生类似竖线条效果的款式设计，例如：你可以选择用一排鲜明的纽扣创造出竖向线条感觉的服装，也可以选择色彩深浅不同的面料拼接工艺的服装。你还可以自己动手为服装创造出竖线的效果，比如用鲜艳的彩条丝带为服装创造出一条垂直竖线，也可以让两件深浅不同的服装搭配在一起产生竖条拉长的穿着效果。

注意，在选择两件颜色深浅不同的服装搭配时，一定要选择颜色深浅对比明显的服装，深浅差别越大，营造的竖线条拉伸效果越明显。还要注意的是，套在外面的服装不能系上扣子，这样会使上下连贯的拉长线消失，外搭服装的款式越长越好。

黑色真的显瘦吗

在大家的传统观念里，黑色显瘦是一个不争的事实，其实，这是片面的。很多结论都具有两面性，黑色是具有收缩性，但是同时还具备下坠的视觉效果。也就是说，如果一个身材丰满的人穿黑色衣服，虽然在横向上显瘦，但是在纵向却显得沉重，体重增加。所以，换个角度看，黑色并不显瘦。另外，从人的气质角度来说，并不是每个人穿黑色都气质出众。因为黑色属于暗色调，具有一种力量感和阴郁、神秘、高贵的气质以及强烈的距离感。所以，如果一个人具有亲切自然、平和温暖的气质是无法驾驭黑色的，这样的人如果穿了黑色就会给人一种一粒白色甜美的奶糖包了一张黑色的包装纸的感觉，不伦不类。

其实，从色彩本身来说，中性色是最有瘦身效果的。中性色，简单理解，就是不深不浅也不艳的颜色，柔色调、浊色调、灰色调都属于这类颜色。中灰调、灰调、暗灰调、棕调、浅棕调，这类颜色低调内敛含蓄，对于不想让人注意的地方有意想不到的隐藏效果。但是什么事情都有两面性，如果穿着搭配不合理，即使是中性色的服装也不见得就真的有显瘦的效果，即使显瘦但也不一定就能同时显高。那么该如何用色彩打造出又瘦又高的感觉呢？

☆ 色彩形象亮点打造显高显瘦的效果

对于矮胖身材的人来说，全身一色更加显瘦，但是对于显高却不太有效果，有时候甚至会使人显得矮重。那么如何能让自己穿出显高显瘦的效果呢？其实方法有很多，但是从色的角度上来看，用色彩塑造形象亮点是一个好用的方法。因为，当一个人的形象有亮点时，会给人眼前一亮的视觉快感，同时也会将他人的目光吸引到亮点处而不是你想遮掩的地方。那么这个亮点则需要色彩的对比来形成，而通常亮点的颜色应该是比较明亮或鲜艳的颜色，而不应该是你所选择的中性色更不能是深色。既然亮点能吸引他人的目光，所以最好把亮点设置在你想被人注意的地方，而如果你想

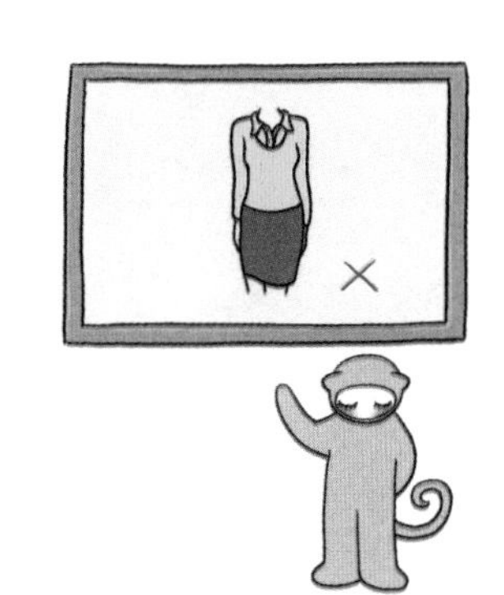

显高，那么亮点越高就会显得你的个子越高。一般来说，亮点都设置在胸部以上，因为对于胖体形的人来说，腰部和腿部多半不是令人骄傲的优点，所以又何必一定形成亮点给别人看呢？

需要注意的是，所谓的全身一色，就要上下连身，色彩的视觉要有连贯性。因此，必须选择同色的套装、裙装裤装，连衣裙则更好。即便是不同的颜色混搭，也要保证上下装的色彩尽量相近。只有这样才能不容易引起他人目光的注意。而胸部以上特别鲜亮的装饰色又会给含糊的目光以悦目的视觉亮点，在绝对耀眼的同时，让人忽略了胖瘦问题。

此外，还要注意不要使整个上衣的颜色都鲜亮起来，这样就会使亮色的面积太大，既不利于显瘦也不利于形成视觉亮点而显高，因为大面积的亮色已经不是“亮点”了，整个上身都已经变成“亮面”了！

当然，在胸部以上的位置想发挥视觉亮点的装饰效果不仅仅是采用色彩的办法，亮色的丝巾、鲜亮的首饰和衣饰、漂亮的衣领等都可以制造出亮眼的效果。此外除了服装的色彩和服饰之外，漂亮的妆容和精致的发型也能成为你的形象亮点、别人的视觉亮点！

☆ 色彩的上下呼应能够打造显瘦显高的效果

前面我们讲过，外短内长的服装搭配可以让人显高显瘦，比如短开衫和长款打底裙的搭配。而这套行头可以是矮胖体形朋友衣橱中的必备，更是四季都适合的经典穿着。前面我们也说过，色彩在全身的使用要连贯才能显瘦，所以上下装用一个颜色是一种方法。而如果觉得全身一个颜色过于单调，那么也可以利用色彩呼应的搭配方法，实现上下装的色彩连接。

如果穿着必须系扣的西服上衣时，在西服的领子形状上可以稍加注意一下，一定要选择那种深 V 形领子的西装，而不是那种前衣襟全部扣严实的服装，这样就可以使里面的长款打底裙的颜色露出来并与下面的裙子遥相呼应。就是那一点点露出来的颜色，就会“上下连身，色彩有视觉连贯性”，显高显瘦的效果就绝不比不系扣的开衫效果差。

至于前衣襟全部扣严实的服装，就不会形成上下色彩连贯的感觉，显瘦效果自然很差。当然，如果你已经买了这种前衣襟全部扣严实的上衣，也不是一定不能穿的，

只要稍加装饰，依然可以补救。装饰的方法就是选择在脖子上扎一条与裙子同色的丝巾，或是用打底衬衫、高领套头衫，以及夸张的项链、胸花、胸针……但是颜色一定要与下装呼应。当然，换成裤装也是一样的道理。

可见，除了上下色彩一致的穿衣法，上下色彩的呼应也非常有显高显瘦的效果，所以在日常生活中，大家不妨能加以应用，并且能够有所发挥。因为大家不可能总是穿这样款式的搭配，时间长了很容易让人形成视觉疲劳。所以，许多时候大家也可以购买那种上下身拼色的服装款式，当然，千万记得在上身要及时呼应下装的色彩，还要注意拼色的位置越高越好。

欧洲人为什么发明低开领的晚礼服

《诗经》曾把女性的颈项美形容为“领如蝤蛴”。“领”就是“颈”，“蝤蛴”是天牛与桑牛的幼虫，乳白色，长而丰满。女人的颈部要洁白如象牙，光滑如天鹅绒，不宜太瘦和细长，稍稍丰盈一些，这样才更富于性感。欧洲人发明的低开领晚礼服就将女性柔美的颈部展露无遗，将颈部之美一直绵延向胸部，非常具有挑逗性。

人体中，最能决定女人优雅度的线条无非是颈部。我们可以举个例子。相信很多人都看过芭蕾舞剧目《天鹅湖》，剧中舞蹈演员们的身体都是细长的，各个部位都是美丽的弧线，真的像是一些天鹅在舞蹈。而在她们的舞蹈动作中，总是会展现出优雅的颈部线条，既有天鹅般的典雅，又有公主般的高贵，真的让人觉得脖子越长越美。

但是真的是脖子越长越美吗？也不尽然。任何事物都有限度，正所谓过犹不及。但是比起长脖子的困扰，短脖人远比长脖人多。大部分人还是最关心短脖该如何穿着。在中国，由于基因和后天的因素，脖子短的人远远要比脖子长的人多，这是因为除了那种天生就脖子短的人以外，更为普遍的是那些由于身体微微发福后使身体变得圆润而导致脖子变粗变短；还有一种情况是由于端肩体形形成的短脖子现象，端肩使得高耸的肩线缩短了脖子与肩的距离，所以使得脖子短了。

当然，长脖子也有多种情况，其因素与短脖子的形成异曲同工，只不过很多长脖子是因为身体瘦形成的细脖子而显得长以及肩的体形特征，给人形成的长脖子印象。不过这种情况远不及短脖子的形成来得普遍。

那么究竟该怎样判断自己的脖子长度？如何能够在穿衣打扮中令短颈变得纤长而使长颈变得适中呢？

☆ 脖子长度的自我测量

脖子长度的自测其实很简单，只需要你穿着将颈不能完全裸露出来的上衣，然后对着镜子用尺子测量下巴到锁骨窝的垂直距离即可。需要注意的是头部须端正，不要上扬也不要低头，正视前方即可。

一般来说，测量出来的长度小于或等于 6 厘米的脖子就是短脖体型，大于或等于 9 厘米的脖子属于长脖体形。介于 6~9 厘米之间的脖子长度则为标准脖子体形。

一般来说，标准脖长的体形任何款式的服装都可以随意穿着，没有任何忌讳，所以我们就不加以探讨了。

☆ 短颈变长的穿着建议

对于短颈者来说，高领的衣服是最大的禁忌，更不能尝试小圆领 T 恤或衬衫。其最佳选择是大领口的上衣，这样的服装往往能够较好地修饰短脖女生的缺陷。需要注意的是，所谓的大领口，其大小最好以露出锁骨窝为最佳，不仅是领口要够大，领口也要开得够深，也就是说，深 V 领口和各种大领口都不错，但是常见的船形衣领和一字领却不适合穿，因为这类领形虽大，只是使领口变宽露肩变多，而不是领口变深，所以没有形成使脖子线条变长的效果。此外，如果穿着有扣子的服装时，锁骨以上的扣子不能系上。

短颈者们除了要注意服装领子的款式之外，还可以通过降低双肩的高度来加长脖子。因此，如果衣服的肩上有额外装饰物，如肩章、花边、荷叶边、褶皱等就不要选择了，因为那些装饰只会填充肩部，缩短颈部，尤其对于有些端肩的女生来说，这些服装肩部的装饰一定要避免穿上身。

短颈者如果一定要穿带领座的服装，应该尽量选择低领座的衣服。领座是指领子的高度。

一般带领座的服装有衬衫，穿衬衫时，除了要注意领座不宜选择太高的之外，还要注意领子的宽度也不宜太大，锁骨窝附近的两粒纽扣也不要系，要尽可能多地露出脖子，以产生颈部修长的线条视错。人们在穿衣中总还是会难以避免有领子的衣服，尤其是在冬天，无领座的领口不应季，裸露着脖子显得不能御寒，而有领座的领子距离肩部较高，高领子往往会淹没脖子的长度，使得原本不长的脖子会更短。所以这时应该选穿低领座的领子，领座越低越好。

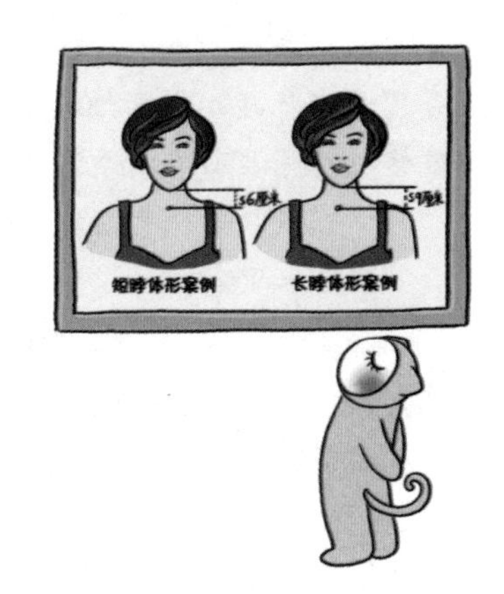

那么有人会问，在寒冷的冬季该如何保暖而又能使脖子显长呢？其实也很简单，只要注意外套的衣领不要太繁复和太厚即可。如果想要搭配围巾则最好选择轻薄柔软的精纺面料的围巾，而且围巾的颜色要选择明亮的浅色或者鲜艳的颜色，最重要的是要与上衣的颜色形成较大色差，所以上衣的色彩最好选择深色。此外，围巾不要系得太紧，应该选择V字形的系法。

除了服装的修饰之外，首饰的佩戴和发型的选择也对脖子的线条打造有影响。首先，项链要选择那种能够远离颈部的细长项链，长度至少要在锁骨窝以下，首选带吊坠的V字形项链。其次，在耳环的选择上也要有所注意，应该尽可能地佩戴贴近耳垂的纽扣式耳环，不能太长太大，如果非要选择带吊坠的耳环，吊坠的长度也最好不超过1.5厘米。最后，短颈者最好留短发，如果舍不得剪掉长发，那么就把长发盘起来，以留出脖子的空间，使脖子显得细长。

☆ 长颈变短的穿着建议

与短颈者恰恰相反，长颈者要选择与短颈者完全相反的服装款式，长颈者宜选择有领座或者高领座的服装，而且是领子越高越好，立领的旗袍往往更能打造出完美的颈部线条。当然，如果买到领口较大的衣服时，可以在脖子上搭配一条丝巾或是戴项链来填充长脖子的空间。

与短颈者相比，长颈者可能在服装的选择上要幸福得多。首先，短颈者不宜选择肩部装饰复杂的服装，这也意味着短颈者的服装缺乏装饰而会略显单调，但长颈者却可以尽情地装点或填充自己的肩部。

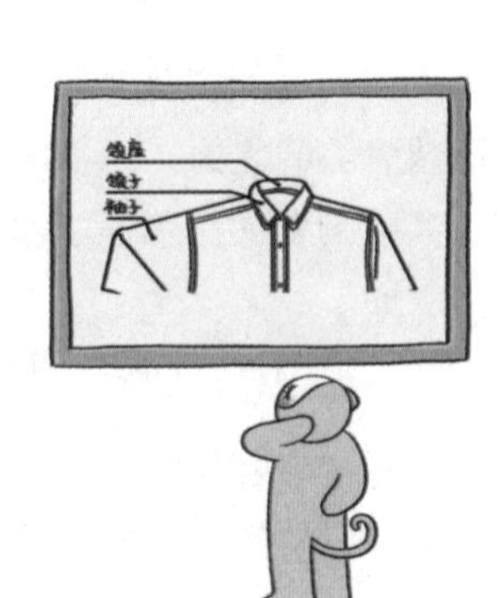

对于长颈者来说，领口自然不宜开得太大，但是如果领口太小也会显得很古板和拘谨，在冬天还好，可以

选择厚面料的服装和随意搭配漂亮的围巾，但是到了夏天总是显得不应季。那么该如何解决呢？其实很简单，只要留有齐肩或者过肩的长发就可以了，即使领口开得再大也无所谓。也可以选择设计复杂、多层次、粗而有设计感、夸张度的项链，或者贴近脖子的项链。此外，在佩戴耳环时，长颈者就可以选择宽大的吊坠耳环，吊坠长度越长越好，当然不要影响了整体美感。

胸部越丰满越好吗

女性的魅力在于优美的曲线，胸部曲线更能引起人无限的遐想。大多数人在谈到“性感”一词时，也总会第一想到女人的胸部。人们对女人胸部的审美其实是有着一定历史变迁的。时代不断发展，人们的审美观也会不断变化，就像时尚潮流一样，每个年代的胸部审美标准都不尽相同，比如在20世纪20年代，人们崇尚平坦的胸部；30年代，以性感明星简·哈洛为首的时髦女性都钻进肌肤毕现的贴身衣裙，把美丽的胸部显耀于众。而胸部平坦的女性则借助紧身胸衣托起乳房，内衣的构造开始走向凸显胸形的路线。40年代正值二战期间，女性既要在后方帮忙生产军用物资，又要照顾小孩，身体愈发强壮丰满，因此人们开始推崇胸部的高耸圆润；50年代，当时的审美观认为尖尖的胸形才有美感；60年代，人们不再讲求胸部的丰满，而认为自然就是美，胸部大小也不再受人瞩目；80年代，健美而又生气勃勃的乳房是女孩子们追求的理想胸形；90年代，人们又认为大小适度、均匀自然、浑圆挺拔的乳房才具有吸引力。到了新世纪，乳房的大小退居次席，乳沟成为最引人注目的部位。

可惜，生活中很多人在为着自己的平胸或是大胸而烦恼。一方面，平胸的人常会被视为不性感、缺乏女性魅力等，甚至往往会受到歧视。另一方面，有些人则为了自己过大的胸部而同样感到烦恼。

其实，平胸的女人拥有别样的美丽。如今，骨感的女性身材也是一种流行，故有人以平胸为美，以乳房大小来评论女性美则被认为是对女性的物化，而平胸女性也可以拥有美丽。但拥有丰满乳房的女性仍然是大部分人心中的美女象征，因此各种丰胸方法至今仍然受到女性欢迎。但是胸部真是越丰满越好吗？如何才能打造出完美的胸部线条呢？

☆ 胸部类型的自我认定

与身体的其他部位相比，只有胸部类型的认定最为简单，因为胸部类型无非平胸（小胸）、大胸、标准胸三种情况。所谓的小胸就是指那些通常穿着A罩杯或以下的朋友的胸部体形特征，而大胸则是穿着C罩杯或者C罩杯以上的朋友的胸部体形特征。介于A罩杯和C罩杯之间的则是标准胸。其实，当你想要了解自己的胸部大小时，你只需要查看一下衣橱中的胸衣尺码就可以了，当然要多看几件才能得出准确的定义。

文胸尺码对照表

下胸围（CM）	上胸围（CM）	国际尺码	下胸围（CM）	上胸围（CM）	国际尺码	下胸围（CM）	上胸围（CM）	国际尺码	下胸围（CM）	上胸围（CM）	国际尺码
68~72	80	70A	73~77	85	75A	78~82	90	80a	88~92		
	83	70B		88	75B		93	80B		103	90B
	85	70C		90	75C		95	80C		105	90c
	88	70D		95	75D		98	80D		108	90D
				98	75E		103	80E		113	90E

其实，真正拥有标准胸部的人是很少的。而大多数人要怎样才能不开刀不吃药，摆脱平胸或大胸烦恼呢？最简单的方法就是学会针对不同胸型的正确穿衣法。

☆ 平胸变丰满的穿衣术

胸褶：用于塑造胸部立体感的折件缝合线。
胸褶：用于塑造腰部立体感的折件缝合线。

对于平胸的女生来说，应该尽量选择胸部缀满装饰的服装款式，任何在胸前凸起的装饰物都具有丰胸的效果。平胸的人往往胸部与衣服之间的空间很小，如果能够制造出衣服与身体之间有较大空间的宽松感，则会有一定的丰胸效果，如可以选择多层次的上衣搭配，即上衣一定要超过两件以上，而且件件都要能让人看到，这样还能实现视觉干扰的目的。长款打底衫搭配短外套是时下最流行的穿法，丰胸效果很不错，不过要记得，短外套的纽扣只系胸部以下的或者不系，这样才能使胸部的空间感增大，胸部的丰满度也会增大。

女人以曲线为美，因此，要想显得胸大，还有一种方法就是使腰部变细。因此，服装中有胸褶或腰褶的款式，收腰效果比较好，还有公主线剪裁的裙装，都能有助于塑造女性动人的曲线魅力。

用有硬挺度的面料制作的服装会比较膨胀有型，塑造胸部的凸起大有作用，再配合细腰的款式设计，是瘦人的完美选择！色调淡雅的上衣既可以丰满上身，也可以增加曲线，也是夏季上好的选择。千万不要穿松松垮垮的宽大服装，那样会淹没胸部，使其更平坦。对于那些宽大的服装最好在腰间配上一条腰带，这样就可以使胸部看起来丰满了。其实，执行起来最简单的丰胸方法就是直接用加垫的胸罩来弥补胸部的缺陷。至于如何选择，相信每一个内衣店的导购都会对你进行指导的。

☆ 掩饰大胸的穿衣术

大胸的人往往是平胸者羡慕的对象，但是殊不知，大胸的人也有大胸的烦恼。胸部太丰满，不光运动不方便，而且很多漂亮的衣服都穿不了，即使穿上了，过于丰满的视觉效果也不是自己想要的。因此，大胸的人应该学会用穿衣来掩饰。

与平胸者穿衣的方法恰恰相反，大胸的人在服装款式的选择上要尽量避免胸部装饰元素较多的服装，而是要保持简洁清爽的风格。同时，服装在上半身要保持微微的宽松度，但是要注意是微微的宽松，既不能用弹力面料紧裹身体，也不能穿过于宽松肥大的服装。因为衣服太宽松，反而会让整个上半身显得臃肿，太紧则不仅不能掩饰，反而会更加凸显你的胸部，并且会有卖弄的嫌疑。

V 领和心型领对大胸女生胸部线条有修饰作用，而除了 V 领，一字领、大圆领、斜领等宽大的领，也容易把人的注意力转移到你的香肩及以上的部位，同时还可以拓宽肩的宽度，以平衡视觉上的差异，不会让你显得肩小胸大。对于喜好混搭的大胸女生来说，选择一件合适的小衫做搭配，有时候还能意外地起到 V 领的作用，不过要注意，外搭小衫的长度不能过长，另外，袖子也不能太紧，过窄的袖子，反而会显得你的胸部更大，穿休闲西装也是如此。

一般来说，不建议大胸的女生选用高领的衣服，如果非要穿不可，那就要尽量选取厚重一些的料子，颜色要干净，深一些。厚重的料子可以减少视觉冲击。深色本来就有收缩效果，而单一的颜色则会把目光均匀到衣服的每一处。

为什么低腰裤和露脐装能够风行

女性拥有纤细婀娜的“柳腰”，自古以来都令人无限向往。在朗朗上口的古诗文中，“柳腰”一词让我们轻易解读出古代男子心中理想的女性美。

腰部的曲线一直是审美的关键点。春秋时候就有“楚王好细腰，宫中多饿死”的传说。白居易的小妾小蛮更是以纤腰弱柳著称，故有“杨柳小蛮腰”的经典诗句。值得一提的是，无论是以胖为美的唐朝，还是以骨感美作为美女身材标准的汉朝，腰部的曲线一直是审美的关键点，即便是现代，时下流行的低腰裤、露脐装，莫不是因“柳腰”的魅力才有的裸露时尚。西方和东方在很多审美标准上有差异，但是在优美动人的柳腰曲线上，东西方文明的审美却很相同。

判断一个女人是否有情趣，要看眼睛；而了解一个女人是否灵动和柔韧，要看腰。对于男人来说，腰代表着青春和激情，正如这样一句话：男人看女人，二十岁看脸部，三十岁看胸部，四十岁看腰部。如果女人的腰开始发福、变粗、僵硬时，便是女人生命力衰退的开始。也就是说，当女人的腰不再灵活时，女人味、女人诱惑便一去不复返。

时下，大部分的人都会有腰部曲线的缺点，真正匀称完美的只在少数。所以如何打造腰腹完美曲线也是每一个爱美的女人都非常关注的。

☆ 腰部体形的自我认定

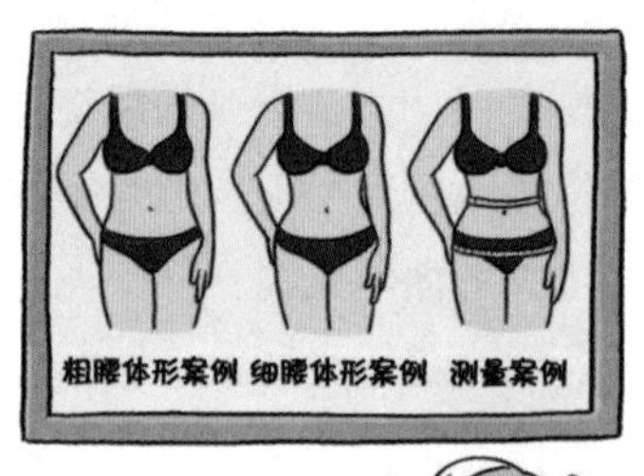

腰部体形分为五种：粗腰、细腰、长腰、短腰、标准腰长，其中粗腰对应的是细腰体形，长腰对应的短腰体形。

先来说粗腰和细腰。细腰就是标准腰型，因为世人对细腰崇尚到再细的腰也不是缺点，所以我们只研究粗腰的修正问题。

关于粗腰与细腰体形的判断方法如下：

测量腰围（腰部最细处围量一圈），测量臀围（臀部最宽处围量一圈），臀围尺码减去腰围尺码的数值，小于15厘米就是粗腰体形，公式：臀围－腰围<15厘米＝粗腰。

说完了粗腰和细腰，我们再来说说长腰和短腰。所谓的长腰体形就是从头顶到腰线的垂直距离较正常体形长，远看腰的位置较低，长腰体形又称低腰体形，通常会给人留下腰长腿短的视觉印象。

短腰体形正好相反，腰围线比较高，通常视觉看起来腰短腿长，所以短腰体形又称高腰体形。可以看出，长腰是需要靠穿衣来弥补的体形缺点，拥有短腰则不需要费神了！

☆ 腰部线条的完美打造

匀称的腰部流露出婀娜多姿的曲线，健美挺拔的腰部总是令女性羡慕的。

对于腰围粗、身材较胖的人来说，在服装款式上宜选择穿柔软的罩衫或毛衣和盖住臀部的长外套，下身则宜选择柔和、宽紧适中的裙子或长裤。在色调上宜尽量采用深色调。

切忌系宽皮带。不要穿高腰剪裁的洋装或长裤。图案大、颜色鲜明的衣料也要避免。碎褶裙或蓬松的大圆裙更是禁忌。腰部的大口袋、别致的金属腰链或漂亮的花边只会让人更加注意你的腰部。

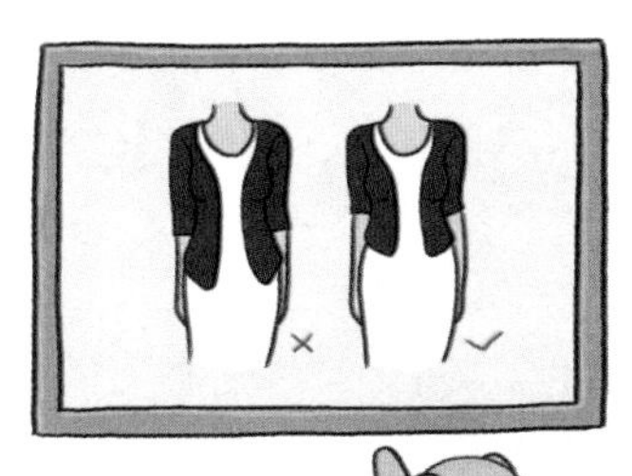

对腰围粗、身材较瘦的人来说，在服装款式上宜选择稍微宽松的上衣，将下摆扎进裙头、裤腰里。此外，这类人适合系窄细的腰带和穿低腰的衣裙。切忌系宽皮带，除非你身高有170厘米以上。

对于长腰的人来说，在服装款式上宜选择连衣裙或上下连身装，高腰装和束腰装也是不错的选择。选择没有腰身的宽毛衣，或织花长外套也可以，T恤衫的衫裙很理想，因为狭长的衫身没有腰位，显得身材十分修长。在穿裙子或洋装时，要把皮带系在中间稍高一点的地方。如果想穿修身的上衣，那么就选择短上衣，以便留下更多的视觉长度给下装。

此外，长腰者穿富于变化、设计感强的上装也能有效将他人的视线定格在上身。留披肩长发也可以很好地压缩上身的长度，缩短长腰的比例。

☆ 克服完美腰线大敌——大肚腩

平挺的腹部使人感到青春洋溢，激发起更多的活力。凸出的小腹则是许多女性最难瘦的部位，更是穿衣时的一大难点，处理不当，便会破坏了一件漂亮服装的所有美感。

对于小腹突出的人来说，选用深底明亮的色彩可以有效遮掩住突出的小腹。穿裙或裤时，服装的松紧、大小要适中。罩衫的长度要盖过腹部，或穿束腰外衣。最适合的上衣长度是到臀围线，如果要长过臀围，必须是柔软的料子才可以。

小腹突出的人宜选择A字裙及腹部宽松的洋装。服装的拉链尽可能装在身后，若是在前身时，则采用隐形拉链。质地硬、不同印花图案的料子、条纹布和平滑的布料比较适合腹部突出的人。

切忌不要穿腰间有松紧带或宽皮带的服装，那样只会突出腹部，此外，碎褶裙或大圆裙也会使身体更显庞大。

以下几款服饰可以帮助有突出小腹的你掩饰腹部的缺陷，穿出自信和美丽。

1. 复古的花衬衫配上长外套，收缩小腹的效果很好。

2. A字的长罩衫和伸缩的小喇叭裤可以修饰腹部，显得很时髦。

3. A字时装搭配抽象的几何图案，看起来更苗条。

4. 有条纹而且剪裁利落简单的服装使身材更显修长。

5. 选择有暗纹的上衣比较清爽。

6. 三件式是掩饰腰腹最好的搭配，如果能用细格子、不规则格纹或印花与素色组合起来，就不会显得太沉重。

7. 八片剪裁的A字时装造成腹部的缩小效果，彩色的条纹也可以产生错觉。

第四章 每天学点搭配知识

混搭为什么成为一种流行时尚

曾经有人说，在人类文明的衣、食、住、行的最初形式之中，衣是最富有创造性的。的确，衣服被称为人的第二皮肤，特别是对女性来说，衣服的色彩、款式等都要追求独具匠心的创造，并通过这种创造演绎出一种令人难忘的审美情感。

如今，服装变得越来越语言化，一件得体的衣服不仅能够表现女性的形体美，增加你的自信，而且能够作为审美意识的载体，展示一个女人的个人品位和个人修养，还能从中流露出种种个人情感。所以，广大的女性朋友即使在百忙之中也会抽出时间来寻找适合自己的衣服来装扮自己，无论什么样的社会地位，无论什么样的身材长相，都是如此。而且每个女人即使在拥有了一件又一件的漂亮衣服之后，还是会被街上某商店橱窗里的某件衣服所吸引，而买下某件衣服之后又会因为色彩和款式的因素又连续买下与之相配的穿搭，总之是没有满足的时候。很多人抱怨自己的衣服不够，但打开她们的衣橱，你会发现其实早已经被堆满。真的缺衣服吗？其实不然，她们只是缺乏混搭的智慧和勇气。

什么是混搭呢？“混搭”的英文叫 Mix & Match，顾名思义就是混合与搭配。这是当下“个人主义式”的穿着观念盛行时，时尚圈提出的口号，也就是将不同风格、不同材质、不同身价的东西按照个人口味拼凑在一起，从而混合搭配出完全个人化的风格。

翻翻各大时尚杂志，看看网上铺天盖地的街拍，混搭已经像传染病一样在弥漫扩散着。那么混搭为什么能成为一种流行时尚呢？

☆ 混搭能让一件衣服有无限可能

在衣着上富于变化，能够给人以新鲜感的美感。在适当的时候变换一下装束，能够使人的精神面貌焕然一新，可是，穿着变换，不一定需要有大量的服装。只要搭配得当，为数不多的几件衣服，也可以变换出众多的衣着来。这就是混搭的魅力。

当然，服装店里总是有很多成套的衣服出售，你完全可以买回来成套地穿上身，在衣柜里也成套地摆放。但这样的结果就是：这一套衣服永远分不开，你会永远穿成一个风格，时间长了就会使人审美疲劳，也会给人呆板单调的印象。但是如果忘记它们是套装，将它们分开来摆放在衣柜里，然后分开来搭配另外的衣服，那么不仅你的衣服显得多了，你的风格也显得多了。

我们还可以举一个例子来看看混搭能让一件衣服有多少可能。大家一定知道，在数学上，1，2，3……9，0 十个数字，可以组合成无穷无尽数字。在音乐上，1，2……7，七个音符，可以组合成千上万支旋律。可是你也许会忽略，在穿着上，色彩不同、款式各异的服装，同样有着多姿多彩、趣味无穷的搭配。

这种搭配包括：服装与体型的搭配、颜色之间的搭配、款式之间的搭配、颜色与款式的搭配、服装与服饰的搭配，等等。如果一件衣服你能穿出三种不同的形式来，那么你可以排列组合一下，在你的衣橱中新增多少套衣服了呢?

☆ 混搭让女人因百变而美丽

很多人总是说自己只适合穿某种风格的衣服，比如有人说自己适合穿中性化的衣服，觉得那样才舒服，于是乎，便 365 天，天天男孩子一般。

有的则相反，这些女性会很女性化，往往会说匡威一类的运动鞋她打死都不会穿，因为无缘，于是乎，即使周末郊游也是连身裙高跟鞋外加面积不足 100 平方厘米的小包包，使得自己在一群背包族中显得格格不入。

还有的人则说自己永远不穿裙子，会觉得穿上裙子就不像自己，而整天都是牛仔裤加运动鞋，任由上身衣服千变万化。

如果想象一下这些人，你肯定会感到这些人很死板了。其实并不是说中性不好，运动鞋当然好看的，裙子也能美上天。但是每一个女人都有很多面，每一面都应该有一个相对应的生动的装扮。

有心理学家说，只接受一种着装方法的人一定在某些时候受到过某些重要人物的影响。大家不妨问一下自己身边的类似的朋友，相信大家都会得到相应的答案，比如：认为自己只适合穿中性化服装的人可能会说自己曾被人多次批评腿粗以及多次赞扬其中性着装的出色，所以以后就在中性化的服装上下了很多功夫，在建立了更多自信后，就越来越远离了女性化着装；而女性色彩永远不离身的朋友大概从小就被灌输“女孩子要有女孩子样，球鞋是男孩子的专利”的观点，长大后自然与太过休闲的装扮一刀两断；而从不穿裙子的人可能会因为穿裙子走路不方便或者很容易走光等慢慢远离了裙子。

十个数字，可以组合成千上万个数
1.2.3.4.5.6.7.8.9.0

穿哪件好呢？好像缺一件似的！

所以混搭可以让一件衣服有无限可能

如果一件衣服你能穿出三种不同的形式来，那么算算在你的衣橱中有多少套衣服了呢？

混搭让女人百变
哇！原来我可以有这样的变化啊！

女人因百变而美丽
好像变了一个人一样，好漂亮啊！

其实，如果他们肯放开自己的心情，以开放的态度面对时装，随时想着遇见另一个自己，在服装上敢于尝试各种搭配，那么最后的结果就会是不会优雅的立刻优雅了，不够时髦的立刻时髦了，不够女性的立刻女性了，不够休闲的立刻休闲了。

女人百变才美丽，混搭出来多种变化才会让自己经常拥有不同的心情，这就是混搭的魅力。

混搭有标准吗

混搭风潮最早就是从服装混搭开始的。服装混搭一来可以充分展露穿衣者的独特品位，二来可以大大降低“撞衫”的概率，三来通过服装的平贵混搭，在追求时尚的同时还可以节省大量“银子”。所以混搭阵营迅速从时尚秀场扩展到写字楼的白领。皮草混搭薄纱、晚装混搭休闲、经典名牌混搭廉价新品……但是人们会发现，往往一件同样的衣服，被不同的人穿着，生出不同的风格来，好看的很好看，难看的很难看。为什么呢？混搭的水准不一样呗！那么有人会问，混搭有标准吗？

☆ 混搭没有标准，舒服就好

从混搭的字面意思就可以知道，混搭就是不规规矩矩地穿衣服，所以它没有固定的标准，一切只要自己觉得舒服让别人看着舒服就好。

很多人在服装搭配上总是煞费苦心，想追求时尚又想有自己的风格，还想把自己打扮到最极致，所以研究来研究去还是选择一种固定风格，买什么衣服都选择这种风格，以至于衣橱中全部是同一个风格的衣服。而有些人明白混搭的意义，但是却也为求得留给他人一种美感而大喊苦恼。甚至还有些人模仿明星和他人混搭，使自己陷入另一种“不规矩”的套子里。于是很多人开始寻求混搭的标准，在各种时尚混搭网站、杂志上穿梭，却总是得到画虎不成反类犬的效果。

其实服装混搭没有固定的标准，比如优雅风格的服装不一定非要与优雅风格的服装搭配在一起，用优雅的 A 型裙搭配另类摇滚风的饰品，会衍生出不一样的美感。其实根据自己的喜好穿着与为别人而穿心情是大不一样的。香奈尔虽然为女性设计了各种美丽的衣服，但她却总是穿同样的衣服，一身非常简朴而又不同凡响的黑色，而且总是把手插在口袋里，特别喜欢那种在黄昏中穿着轻松的长裤把手插有口袋里散步的那种感觉。可见，混搭着装还是以舒服为主，没有固定的标准。得体舒适的衣服如果也能经常使你产生类似的美好情绪，那就是最好的。为了使衣饰与自己的心情能够产生和谐一致的感觉，有些女性偏爱采用柔软贴身的面料，款式随意、色彩平淡，这样能够始终保持心灵的沉静，不受别人眼光的干扰，有一种悠然自得的乐趣。

☆ 混搭不是乱搭

一个“舒服”二字既是对人们着装标准的释放，也是着装标准的上升。如何混搭出让人舒服的感觉其实也需要有讲究，所以混搭不是乱搭，不是随便搭配就都能让人感到舒服的。

混搭的确不是乱搭，除了前面我们讲到过的基本原则之外，还有着一定的潜在准则。

第一，服饰是立体的，所以不要把上下装分开来看造型，而要学会进行整体把握。混搭的服装也要尽可能给人一种整体的感觉，或张扬，或含蓄，或错位，或协调，每一种混搭其实都有自己的特色。

第二，混搭一定要注意所有服装是要穿在自己“肤色”上的，而绝不是配在白墙或白色黑色的模特架上的。所以，在你决定选用某几种颜色进行混搭的时候，一定要注意它们与自己肤色的协调性。

第三，认为配件可有可无或不重视配件的人，注定在混搭上会失败。最聪明的人是把流行当“调料”放到当季衣服中，使自己永远保持别具一格的时髦。

第四，再多的元素混搭，都应该有一定统一的主题。

服饰混搭的艺术是难以用语言完全传达的，不仅能满足现代女性自我取悦和重塑个人形象的追求，而且能作为一种服饰语言，向环境和社会无声地传达女性的意愿。如果能够和谐运用，女人的魅力与气质将充分发挥出来。

平价的物品也能搭配出时尚感吗

随着人们生活水平的提高，越来越多的人将目光转移到名牌服装上，很多人觉得只有品牌服装才是时尚。追求名牌的有两种人：一种是自己有能力支付得起的，并且想通过这个来显示自己的身份地位的人，名牌也是身份、社会地位的象征，大款白领等才会选择名牌，普通老百姓是不会的；另一种是没有这种能力，然而想满足自己虚荣心的人，这些人把名牌作为一种对时尚的追求并把这当成一种身份地位的象征，于是花大把大把的钱放在品牌服饰上，而对那些平价商品却嗤之以鼻。

追求名牌可以拉动一个国家经济的增长。中国现在在追求奢侈品方面已经快超过一些发达国家了，比如说美国和日本。但是想想我们所追求的有多少是中国的，大部分的钱还是被外国人挣去了。总之，用名牌没有错，那些有能力追求名牌的人也没有错，但是把名牌当作时尚是否对呢？平价的商品难道不能搭配出时尚感吗？

☆ 时尚与金钱无关

如果说时尚与金钱绝对无关是不太可能的，但是如果从服装搭配的意义上讲，是真的无关。去过上海的人可以观察到，在上海南京路、陕西路路口，常常可以见到提着 LV、Hermes 购物袋的时髦女士，前脚出了顶级奢侈品店，后脚就进了对面的 ZARA。这个事实就告诉我们，其实平价时尚连锁店不仅招工薪消费者的待见，还有大批富裕的消费者捧场。

这种平价时尚被人称为麦时尚、快速时尚。它最早是由英国的《卫报》提出。它代表着一种“麦当劳”（McDonald）式的便宜、快速、时髦的“大众时尚”，奉行“一流的形象、二流的产品、三流的价格”的经营哲学。相关品牌包括西班牙的 ZARA、MNG，美国的 GAP、NineWest，法国的 Kookai，瑞典的 H&M，英国的 Topshop 等。“麦时尚”核心的理念是，时尚并非“阳春白雪”式的高昂奢侈享受，而是大众的快乐。因此，通过相对低廉的成本，迅速供应潮流的产品，薄利多销，是“麦时尚”们的商业逻辑。所以，“麦时尚”们摒弃了由著名设计师设计，在 A 国采购布料、B 国印染、C 国精雕细绣、D 国生产……而后高价销售的烦琐、精细的运营方式。从式样采集、设计、制作，到成品销售，“麦时尚”往往不超过数周，且不断频繁翻新款式。这种平价时尚的经营哲学是“时尚是在最短的时间内满足消费者对流行的需要”。也就是说人们可以只花费最多几百元，甚至几十元，就能拥有大牌的设计，这就是平价时尚品牌的魅力！如今，平价时尚已经从小人物走到大人物身边，从美国前总统夫人米歇尔、英国前首相夫人萨曼莎到各路明星，平价风尚从来没有像今天这般热闹。

有人把这种“平价时尚”的盛行，说是“新节俭主义”的兴起。“新节俭主义”是区别于传统节俭主义的一种新的消费观念，也是近年来渐渐流行起来的一种生活方式。它有着它应该遵循的特殊原则：

首先，不降低生活品质。“新节俭主义”并不是因为穷困而刻意节省，只不过是选择在满足物质需求的同时，能够不铺张，尽量达到节约的目的。

其次，不造成健康隐患。新节俭主义遵循的另一个原则是，对身体健康和心理健康两方面都不造成任何隐患。

第三，不增加额外支出。这里所说的额外支出，也不是单纯指经济上的支出，时间、精力、体力的支出也应该算在内。所以，在节俭的同时，不增加额外的时间、精力、体力上的支出，也是需要特别注意的原则之一。

可见，这种“节俭”不是不爱生活，而是用更理性的态度去享受生活，是一种以理性务实的态度面对人生的态度。它教会我们，丰足而不奢华，个性而不张扬，简言之，就是理性消费、简约生活。这样的生活也很时尚，但是与金钱的多少是无关的，不是吗?

☆ 只要有颗时尚的心，普通的衣服也能很时尚

品牌服装确实能引领一定的时尚潮流，但是对于普通的大众来说，大品牌还是一种奢望。难道只有有钱的人才配时尚吗？当然不是这样。其实很多普通的衣服在恰当的搭配之下同样能呈现时尚的光芒，这就要看看你是否有一颗时尚的心了。

相信大部分人都会有牛仔裤。牛仔裤就是一种非常普通的服装，但是它却可以与任何风格的服装搭配，所以，在所有普通的服装里，牛仔裤可以说是最时尚的，除了不能当晚宴服装，任何场合只要巧妙搭配都能给人一种时尚之感。同理，还有很多种服装都很普通，但是却是时尚搭配不可缺少的一分子，所以只要学会了对这些普通服装进行搭配，时刻注重时尚的趋势，你就可以花很少的钱搭配出时尚的美感。

便宜和贵的服饰可以混搭在一起吗

我们已经知道了，名牌对于消费者而言，有着极大程度的影响力。有人用名牌服饰彰显个人的品位风格，有人用名牌服饰衬托自己的社会地位，有人用名牌服饰满足自己的虚荣心，还有人用名牌服饰充当社交工具。总之，名牌名号的响亮使得人们趋之若鹜，但让许多人付出的代价，也往往不可忽视。

很多人在拥有一件品牌服装之后还是不遗余力地花费上一些钱为之做恰当的搭配，觉得高档的服装就要有高档的搭配，对于那些富裕的人来说也许不算什么，但是对于那种拥有品牌服装是一种奢侈的人来说，想要自己从头到脚都是品牌无疑会变得很难。难道贵的服装不可以和便宜的服装搭配吗？

☆ 搭配胜过品牌

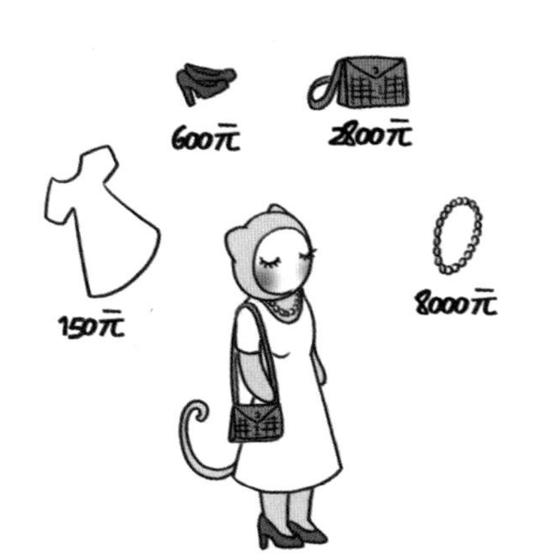

人们爱美，所以才会千方百计地设计出各种美丽的服装和配饰，也是因为爱美，所以才会追求时尚和品牌。爱美是没有错的，但是如果将爱美加上功利的色彩就变了一种味道。

很多时候，人们在搭配服装的过程中就能享受到很多乐趣，无论给你什么样的衣服，只要你和谐地把它们搭配在一起，让自己穿上之后富有美感，那么你就能获得美的享受，而这个过程与服装的品牌是无关的。

现代女性已经拥有了前所未有的审美观念和鉴赏能力，尤其突出表现在个人服饰的搭配艺术水平上。衣着追求个性、追求自己的风格是人们所殷切期望的，而且往往随着生活水平的提高而更为迫切。从众心理的淡化是形成自己穿着风格的外部因素，自主意识的强化则成为形成自我风格的内在动力。这一切都无关于服装的品牌。

可见，无论是便宜的服装还是贵的服装，只要搭配起来好看、协调就好。人们穿衣打扮是为了生活更精彩，是为了让自己身心愉悦，至于是否要穿名牌，这些都与搭配无关。

☆ 有时候奢侈品只是配角

服装的搭配与品牌无关，只要效果好，无论大品牌还是没有品牌的服装都可以混搭在一起。甚至有时候，那些奢侈品仅仅充当的是配角。

很多时尚杂志的服装编辑就非常懂得搭配，他们往往用一身小店淘来的实惠又有品位的装扮搭配几千元的名牌手袋，或者简单的T恤牛仔却不经意地用名牌手表陪衬，但是这并不让他们看起来会跌份，反而给人一种时尚、个性又自在的感觉。

曾经有一个杂志做了一期《走进奢侈新游戏》的主题，其与读者探讨的是时下正在流行的没有压力的奢侈风，还给它冠以“奢侈新游戏”的头衔。主要是讲一群奢华新人类的穿衣态度，他们不会因为虚荣而买下高价的商品，他们轻视那些穿着浮华而生活质量一塌糊涂的人，并非吝于消费，而是根据自己的实力选择名牌，享受名牌带来的光鲜，却完全不会令自己精疲力竭。这些人推崇的是一种闲适的心态，一份高雅的情趣，一副亮丽的外表。其实，说白了，就是想穿名牌就穿名牌，想穿地摊货就穿地摊货。因为在他们眼里，二者没有多大的区别，都是衣服而已。

这个主题与一个新概念——新奢侈消费，有着异曲同工之妙。德国的实业家拉茨勒在《奢侈带来富足》（2001 年）一书中对旧式奢侈和新式奢侈做过有趣的论述。他以手机为例说明了两种方式的不同：如果一部手机是因为其先进的技术和为客户提供超值的功能而使价格出众，那么生产和消费这样的手机就是需要倡导的新式奢侈；相反，如果一部手机不是因为卓越的技术性能，而是因为手机套上了嵌有钻石的黄金外壳而使得价格昂贵，那么生产和消费这样的手机就是令人憎恶的旧式奢侈。从这两种情况的对比中可以看出，新奢侈消费是具有可持续发展意义的一种消费方式。这种发展意义主要表现为三点：环境方面，新奢侈消费有利于促进高物质消耗向低物质消耗的转变；经济方面，新奢侈消费有利于促进从数量型增长向价值型增长的转变；社会方面，新奢侈消费有利于促进从物质性消费向情感性消费的转变。

从新奢侈消费的社会意义可以看出，人们消费已经不再是单纯地追求奢侈，而更加重视的是产品本身的功能带给人的满足感。美国波士顿咨询公司的研究者在《奢华，正在流行》（2003 年）一书中指出了新奢侈消费在四个方面给消费者可能有的情感满足，它们是关爱自己、人际交流、探索世界、表现个性等。所以，人们在搭配服装时，没有必要将奢侈品与普通服装分得太清，只要能搭配出美感，即使大品牌，也可以做配角。

为什么要选择正品服装

相信很多人都会有这样的感觉，所谓的名牌正品服装其实与那种几十元或几百元的普通服装外表没什么大区别，比如有时候人们去逛街的时候，在一些品牌服装店里总会看到一些衣服本身没有多少布料，甚至有一些服装的材质薄如蝉翼，但是一问价钱却会听到那衣服几位数的天文价格，于是，马上缩回手。“看上去不就几百元的衣服为什么有着天文数字的价格？”这样的疑问也会随之而来。对于这种疑问，有服装设计师曾给出了一种回答：“服装背后的文化，绝非一件衣服那么简单！”这个答案似有若无，倒像是一道习题，很多人依然不理解，认为那人们穿的是文化还是衣服呢？

纵然有这样的疑问，大多数人们在经济条件允许的情况下还是喜欢多花一点钱选择正品服装，选择那些有品质保证的品牌服装，这是为什么呢？

☆ 正品是品质的保证，也是女人品位的保证

在当今这种仿真品遍布的时代，人们总是会被那些仿真品低廉的价格所诱惑。但是追求品位和完美的女性朋友请注意，如果你想让自己保持完美的形象就不要选择那些仿真品，因为只有正品才能保证品质，而只有品质的保证才能提升女人的气质。

在《欲望都市》连续剧里有这样的一幕：萨曼莎买了一个假的最新款 FENDI 包，背到花花公子的派对上，结果被人认出并遭到羞辱。但这种以假乱真的款式、便宜的价格还是让另外一个女性凯瑞动了心，于是她就跟着萨曼莎找到卖家也想拥有一个。但是当她看见她喜爱的牌子就堆放在汽车的后备箱里时，看着在街上鬼鬼祟祟的卖家的表情时，这种奢侈品带给她的一切美好荡然无存。自然，她选择放弃。可见，品质对于人们来说不仅仅是品位的象征，还是美感的来源。

人们往往会面临这样一个现实又敏感的问题：如果一边是陈列在艺术馆一般的店铺里昂贵却精致得很的真名牌，一边是堆放在仓库一样的地方、讲讲价就能以十分之一甚至二十分之一的价格入手但有点糙的假名牌，你会买哪个？

选择假名牌的人往往会这样说：才不会拿那么多钱买一个牌子，有那个钱可以买很多东西。有人曾在采访意大利佛罗伦萨 Emllio Pucci 品牌的新设计师 Peter 时问他怎么看待市场上的假名牌，会有针对性的策略吗？ Peter 说完官方的话，他又说了一句心坎里的话：用假名牌的人是一种笑话。

在网上曾有一篇《穿假名牌需要付出的心理代价》的文章，文中说欧洲三位研究者用实验研究探索了穿仿制名牌如何影响人们的自我认知。结果是：穿戴仿制的名牌不仅影响人们对自我的评价，这种评价还映射到了外部世界。因为当要求被试者评价他们周围的人的诚实程度时，穿仿制名牌的被试者更多地认为周围的人倾向于作假、不诚信。有人还评价说：也许很多时候耍小聪明、作假或者穿假名牌能带来一些显而易见的好处，但是这种好处背后却存在着潜在的心理代价，那就是你自己也开始认为自己和周围的世界是不诚实的。也许，任何事情都可以瞒过世人的眼睛，却永远逃不脱自己的内心。

所以，女人之所以要选择正品来装扮自己，就是对自我品质的一种保证，也是对自己内心的一种释放，而美就应该是在品质和毫无牵绊的情绪下才能更好地被感受的。

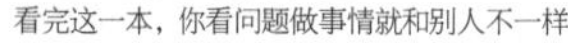

这个服装背后的文化不是一件衣服那么简单呢！
看上去没什么特别的衣服为什么这么贵？

大多数人还是愿意买正品的服装
好漂亮，我要买下它！

原来那个包包是假的啊！

美就应该是在品质和毫无牵绊的情绪下才能更好地被感受的
包包专卖店

女人的精致源于识别品质的慧眼

造型再特别的服装，只要败在品质上，就等于败了全部

☆ 女人的精致缘于识别品质的慧眼

女人应该选择正品服装来装扮自己提升自己的品质，但并不等于一定要去追求大品牌和奢侈品，因为很多平价商品的品质也很好。对于女人来说，不仅要选择有品质保证的正品，还要具备一双能够识别品质的慧眼。

品质虽然总是与价格成正比，但如果具备购买大品牌和奢侈品的经济实力，选择一些有品质的小品牌或是无名服饰也是可以的，当然这就需要训练自己精挑细选的眼光。

可以说，女人的精致不仅仅在于装扮得有品质，还缘于识别品质的慧眼。一般来说，在识别一件服装的品质好坏时需要看这件服装的以下几方面：

第一，针距：要知道，针距越细密，品质越高，衣服所需的成本也就越高。

第二，扣子与扣眼：扣子、扣眼的质料与制作都要很精细，不能有扣子将要脱落的嫌疑，也不能有扣眼针距不够细密或有线头多出来的问题。

第三，里衬：应该尽量选择缝上去的里衬布，而不是高温粘贴上去的。

第四，布料：有品质的衣服会将每一种正料辅料的材质全部写在标签上面，所以要养成读服装标签的习惯。

第五，对格：为了对格，制作时需花费许多布料，这也是可以看出服饰品质好坏的指标。所以，在选择服装时，要看看服装的前中心线、旁线、后片接线等处的图案是否对正，左右是否对应。

此外，对于那些特别的款式，更要注重品质。

其实，那些著名的服装品牌就是品质的保证。就算你不在乎品牌，在小店淘的时候，也需要有辨别品质高低的慧眼。造型再特别的服装，只要败在品质上，就等于败了全部。

你的饰品和你的个人形象一致吗

配饰对于服装的作用，不仅仅在于可以装饰和点缀，同样重要的是它们可以调整平衡，强调和烘托服装的某些艺术特点，起着和谐、均衡、对比、互补的美化效果，如同“画龙点睛”的神力。

据考古文献记载，人类在很早以前就有了佩戴饰品的习惯，从女性的石头手链，到印第安人头上的鲜艳羽毛，可谓是应有尽有。最早的配饰完全是由于人类的喜爱而出现，是在作为一种个人美的追求的基础上而产生的实物载体。服装配饰的起源，是民族文化、艺术起源、社会进步的一部分，它的出现应早于服装的出现。当饰品与人类服饰相结合时，出现在我们眼中的就是服装配饰了。随着人类物质生活和精神天地的极大丰富，饰物正朝着多元化的方向发展。到了新世纪的今天，人类对配件的偏爱，几乎超过了对服装本身的追求。并且随着社会的不断发展，饰品从原来单纯的美的追求，不断地被赋予更多的含义：个人特殊地位的体现，比如古代部落首领的装饰、手杖；个人荣誉的象征，比如运动员获奖的奖牌；宗教信仰的象征，比如教堂里的十字架；个人形象的体现，比如明星的个人物品等。

从饰品对于人的个人形象的意义可以看出，佩戴饰品要与个人形象相一致，这样才能更好地体现个人形象。那么，你适合什么样的配饰呢？

☆ 遵循配饰的色彩搭配原则选择配饰

所谓配饰，就一定要“配”，否则不但不能锦上添花，反而会画蛇添足。配饰的作用是不可小视的，一对精美的耳环，一条别致的项链，一双时髦的鞋子，一个色彩新颖的包……都会为人增色几分，所谓搭配的独具匠心和女性的品位往往就在这里得到彰显。而只有饰物与人及服装色彩间相谐，才能使饰物与人、衣、色相得益彰。所以，要想选择适合自己的配饰，就应遵循一定的色彩搭配原则。

饰品的作用在于锦上添花而不是添乱！

第一，在首饰方面，首饰的形状、大小、材料等要与本人的季型和个性相符；银、铂金等与夏、冬季型人相配，黄金则与春、秋季型人相配；饰品色首要考虑的是耳环，然后依次是项链、胸针、手镯、戒指、手表等。

第二，在眼镜方面，镜框、镜斗的颜色必须要与人自己的季节色和眼睛的颜色、明度相谐调。还应与肤色、发色眼睛的颜色、明度相协调。

第三，在围巾的色彩方面，应在适合自己的色彩群中选择颜色，起到恰到好处的点缀作用。

第四，在鞋子方面，要选择与裙子、裤子的颜色相谐调的鞋子。

第五，在包包方面，包的颜色要与周身的服装服饰谐调，同时形状也要适合自己的款式风格，大小也要适合场合。

第六，在腰饰方面，要注重腰带与腰部体形的配合，即细腰系宽腰带或对比度强的腰带，可突出腰部。此外，腰带与裙子或长裤的颜色一致时，显得腿长。

第七，在丝袜方面，要选择与身体季型色彩一致、与鞋一致的彩色长袜，这样可以使腿看起来显长。

☆ 不同季型肤色的人的配饰选择

不同肤色的人在穿衣打扮上需要遵从一定的色彩原则，饰品搭配也是如此。而

不同的服装配饰有它不一样的材质特征，所给人的那种美感是视觉与触觉相结合的反应，使人们真实的感受和丰富的想象慢慢延伸。强调肌理对比是近年服装界注重细节、克服单调的一大手段。配饰本身的质感就很丰富，再与其他丰富的面料、辅料等相结合，便可形成特殊的肌理对比，从而增强视觉效果。因此，不同肤色的人需要选择不同色彩质地的配饰。

春季型人应该选择的配饰质地和色彩分别是：

首饰应以黄金色调为主，适合有光泽、明亮的 14K、18K 金饰品淡黄色珍珠、珊瑚色珍珠、钻石等。切记不要用白金或银质首饰。

眼镜片应该多选择黄色、褐色、亮松石蓝色等，而眼镜框应该以金色、浅驼色、黄色、松石蓝为主。

鞋子应该多选择以米色、黄色、浅驼色、各类棕色、浅灰色、亮蓝色为主的鞋子。而丝袜应该多选择肉色、浅棕色、浅灰色、驼色、慎用黑色、深蓝色。

以米色、黄色、浅驼色、各类棕色、浅暖灰、亮蓝、亮黄绿色为主的包包最适合春季型人。

夏季型人应该选择的配饰质地和色彩分别是：

首饰应以银色、铂金为主色调，适合钻石、水晶、亮色宝石、乳白色珍珠、玻璃质感的饰品，切记不要用黄金类、木制品和铜制品。

眼镜片应该多选择淡粉色、蓝紫色、蓝色、紫色，而眼镜框应该选择银色、灰色、紫色、蓝灰色。

粉色、紫色、乳白色、蓝灰色、粉灰色、淡蓝色的鞋子比较适合夏季型人。而丝袜应该选择灰色系列中的淡灰色到中灰、浅蓝至中蓝、接近肤色的肉色等。切记不要选择深咖啡色、金色的丝袜。

至于包包，夏季型人应该选择乳白色、蓝灰色、淡蓝色、粉色、紫色。

秋季型人应该选择的配饰质地和色彩分别是：

首饰应以金色调及大自然的色调为主，如金色、泥金色、亚金色。适合琥珀、玛瑙、贝壳、铜色、玳瑁、木质饰品等，切记不要选择铂金或银质首饰。

眼镜片应该选择棕色、橙红色系、橄榄绿色，而眼镜框应该选择金色、棕色、铁锈红。

棕色、驼色、金色、苔绿色的鞋子比较适合秋季型人。而秋季型人应该选择偏黄的肉色、浅棕色、深咖啡色、深绿色的丝袜。切记不要选择黑色、灰色、白色的丝袜。

至于包包，秋季型人应该选择棕色、深橘色、苔绿色、铁锈红、驼色、金色的包包。

冬季型人应该选择的配饰质地和色彩分别是：

首饰应该以亮银色、铂金为主，钻石、纯白或黑色、灰色、紫色珍珠及蓝宝石、红宝石、绿宝石比较适合冬季型人。而黄金类、木质类饰品冬季型人要慎用。

眼镜片应该选择粉色、蓝色、灰色、紫色，而眼镜框应该选择黑色、银色、炭灰色。

黑色、白色、灰色、蓝色、红色、明黄色的鞋子应该是冬季型人的主要选择。而至于丝袜，冬季型人适合浅灰色、深灰色、黑色、蓝色、肉色偏白，切记慎用棕色、黄色的丝袜。

在包包上，冬季型人应该选择黑色、灰色、白色、红色、蓝色、倒挂金钟紫、明黄色。

总之，选择适合自己的配饰才能将服装的美更好地展现出来，也才能更好地体现自己的完美形象。

看一个女人所戴的，就能洞悉她的内心世界吗

没有配饰的搭配组合，服装也没有颜色。配饰，是魅力女人身上的艺术品，只需要一点点，就可以让女人的审美品位和品质得以体现。丝巾、腰带、项链、手镯、手袋、手机，看似不经意的环佩叮当中，独特的气质已经被“点亮”。配饰既是女性着装中的画龙点睛之笔，又是都市中饶有情致的流动风景线。因而，配饰之于女人，绝不同于简单的包装，它是女人的灵性。看女人所戴的，便洞悉了一个女人的内心世界。

用配饰来变“魔术”，产生的将是不尽的变幻的形象：典雅、活泼、清纯、洒脱……而生活中，不少人只舍得花钱买服装，却不舍得花钱买配饰，其实，好的配饰的效用常常会好于服装。而没有配饰的服饰很难有品位，服装是服装师的作品，搭配才是个人的作品。配饰有配饰的风格，它们分别担当着体现个人品位的不同角色。

总的来说，决定女人品位的配饰有四种，首饰、鞋子、包包和香水。如果将这些配饰搭配好就足以展示女人的品位，但是如果搭配不好就会起到相反的效果。因此，如何搭配这几种决定品位的配饰是每一个女人塑造形象的重中之重。

☆ 不让首饰降低你的品质

首饰通常是泛指全身的小型装饰品，包括耳坠、项链、手镯、戒指、发卡、头饰等。在现代生活中，眼镜、手表、胸花、发带之类也延伸到首饰系列里。首饰的主要价值体现在原材料的珍贵上，但眼镜、手表、发带重在色泽和款式。

每个人的自身条件、个性都是不同的，只有根据环境和场合等特定情况进行协调，才能在佩戴首饰时最大限度地散发出自己独特的魅力。如果要与着装搭配协调，首饰将成为穿着的点睛之笔。相对而言，棉质的服装比较适合搭配光彩夺目、分量适中的首饰，而纯毛质地的衣服则更适合色泽较深、不透明而分量较重的首饰。麻质服装的风格有些粗犷，要求与轮廓分明、线条清晰的首饰组合。而丝质衣物则适合华丽而复杂的首饰，但由于丝的轻柔，首饰分量不宜过重，以免造成过分下坠。

与服装配套的各种首饰，体现着女性的文化素养和着装品位。所以佩戴首饰还要有所禁忌，如果佩戴不当反而会降低人的品质。首先，佩戴首饰最怕多而滥。“简洁即美”，这是设计大师范思哲留给我们的艺术启示。美丽的事物，必须科学地、辩证地统一起来，才能烘托协调的美。因此，有较高修养的人都了解“增一分则多”的美学原理，所以，想成为现代时髦女性，减少饰品的佩戴是必不可少的。成功的服饰不仅限于艺术上的完美，还要符合环境场合的要求。

其次，首饰的佩戴不要刺眼。人们佩戴首饰追求的是清爽的形象、和谐的气质，因此首饰佩戴要的是鲜明，但不可花哨刺目。

有人说，每个女人都是一道风景，而佩戴了美饰的女人则更是绝美的风光。爱美的女性要想让“风光这边独好”，就需要合理佩戴首饰，而不要让首饰降低自己的品质。

☆ 让鞋子充分反映你的着装水准

鞋子对于女性来说是非常重要的，一双美丽的鞋子往往能反映人的着装水准。如果一个人能够充分发挥鞋子的魅力，那么他本身也肯定是一个非常会着装的人。

一般来说，鞋子的搭配要与人的腿型和服装相协调。腿粗的人宜选择粗跟或者平跟的鞋子，腿细的人则宜选择细高跟的鞋子。鞋子与服装的搭配主要强调色彩与场合。首先，庄重、雅致、含蓄的服装，应该选择黑、白、灰、深棕色等中性色系的鞋子，不可太过鲜艳。其次，红色系的鞋子宜与暖色系的服装相搭配，深蓝色的鞋子宜与冷色系的服装相搭配。第三，上下装色彩反差较大时，鞋子的颜色应该与上装的颜色尽量接近，形成相互呼应的关系，达到整体效果统一、和谐。第四，深色调的服装适合浅一些的鞋子，而浅色调的服装宜选择深一些的鞋子，如果服装色彩鲜艳夺目，那么一双柔和的中性色鞋子最合适。最后，鞋子与袜子的颜色反差不要太强烈，可以选择鞋子与下装之间过渡的颜色，这样才能使整体色彩趋于协调。

☆ 充分发挥包包的画龙点睛作用

琼·克劳馥曾说过：“包包和鞋子是我的软肋。”除了鞋子之外，包包可以说是女性配饰中最为实用的配饰，也是个性和审美情趣最富有张力的表现语言

一个经过精心选择的包具有画龙点睛的作用，能够将你装饰成真正的淑女。所以，想要美的女人们一定要注意充分发挥包包的作用。

第一，包包要与场合相协调。一些女性在不同场合均使用同一个包，这是不妥的。最好能够准备几个包，以便根据上班、休闲以及其他场合进行搭配。不同场合、不同环境需要有不同的手袋相配称。

第二，包包要与人的年龄相符。不同年龄的女士要根据自己的特点来搭配不同质地、不同款式的手袋。例如，小巧的手袋适合年轻活泼的少女，而事业有成的职业女性则应当选择高档的提包，以真皮最为理想，它会令风韵犹存、气质出众的你散发出成熟女性的魅力。中年女性的最佳选择是深色调、暗色调或中性色调，款式力求简单大方，但要注意避免大众化。

第三，包包要与人的身材相协调。身材高大的女性宜选用有棱有角、大小适用的

配饰，是魅力女人身上的艺术品

佩戴首饰最怕多而滥，不要让首饰降低你的品质
真俗气！

首饰佩戴要的是鲜明，但切不可花哨刺目

很多女人都宁愿穿着美丽的高跟鞋走进地狱！

一个经过精心选择的包具有画龙点睛的作用

女人的成功一定要有香味
成功是有香味的！你了解你没成功的原因吗？

包包；身材娇小的女性宜选用色彩鲜艳、式样新潮小巧的包包；比较肥胖的女性适宜选用有棱角的提包，不适合用圆形包；瘦弱的女性宜选用圆形、柔软的包包。

第四，包包要与服装相协调。包包与服饰搭配也是十分重要的，无论是包的色彩、款式、风格还是体积大小都要考虑到与服饰相配，以增强服装的整体魅力。

有时尚潮流评论家曾说："想要快速拥有个人风格的方法，莫过于选择一款符合你气质的包包，所以即便需要花上很长的时间和精力去寻找，也非常值得。"

☆ 女人的成功一定要有香味

香味是一种撩人心魄的东西，香味决定爱情早已被人们认可。据说，现代人的婚姻中爱情变得稀少是与常在外面洗浴有关，使得气味混浊不清了。相传在莎士比亚时代，适龄女子常将一块削了皮的苹果放到腋下，混合了自己的体味再给意中人吃，如果对方喜欢这种气味，便是有缘人。拿破仑从战场回家之前会写信给他的妻子，要求她在他回来之前不要洗澡。原因在于，如果长时间洗浴会减少身上的体味。

可可·香奈儿说："一个不喷香水的女人是没有前途的。"可见，香味对于女人来说是多么重要。

香水的使用绝对是一门奇妙的学问，不同的场合，不同的服饰要搭配不同的香水，除此之外，香水还要和头发的颜色、天气状况以及个人的心情相适应。所以，一位优雅的女人少不了要有数十瓶香水。虽然香水的使用可谓百无禁忌，但想把自己收拾得尽善尽美的女人，都应该在香水上用足心思。白天做职业女性，用清新不腻的中性香水，符合现代女性独立自主的精神，不至于太过妩媚而被别人当作好看的花瓶。通常洗发水、沐浴露、护肤乳液和发胶等也系出同门，使自己身上的香味在整体上保持和谐。夜晚则是女人一天中的隆重时刻，如果要出门喝杯小酒，跳个小舞，那么一定要再次洗澡更衣，换上精致的夜妆，重新喷上属于夜晚都市的香水。

此外，喷洒香水时一定要注意将香水涂抹在你脉搏跳动的地方，比如侧腕关节处，或者耳朵后侧、喉头、乳沟、手臂弯曲处和膝盖的背后等，这样才能使香气散发得更长久。

总之，任何一个在茫茫人海中能脱颖而出的女孩必定都有一种特殊的魅力，而这种魅力就很可能是她那芬芳的气息。

第五篇

打理美感生活

第一章 每天学点饮食美学

饮食仅仅是嘴巴的事吗

有人认为饮食就是嘴巴的事，食物好不好吃全在于吃到嘴里的感觉。有这样想法的人肯定是不懂美的人。人们总会有这样的经历，就是在你毫不注意时，别人往你嘴里塞食物，你会本能地躲避一下，只有当看到是什么东西时，才会放心地去用嘴巴去接住食物。我们也可以做一个实验：把你自己的眼睛蒙上，鼻子捏住，耳朵捂上，然后让人给你端来一种食物，你不能用手触碰，而是直接喂到你的嘴里，你会有什么样的心理反应？很多人这种时候先是会有一种迟疑，因为不知道那是什么食物。即使突破了这样一个心理迟疑，人们往往也会因为不知道所吃的东西是何物而感觉不到食物的味道。

而如果不蒙住眼睛、捏住鼻子和捂住耳朵，在你面前放上几种食物，你肯定会很快做出反应，选择自己爱吃的食物，毫不迟疑地就会将食物送进嘴里，并能说出食物的味道和感觉。所以，饮食不仅仅是嘴巴的事。

☆ 饮食有“三特性，十美”

饮食文化与审美哲学思想在数千年饮食文明史上，经历了不断的演化和完善的历史过程，已经渗透到人类饮食生活的各个层次。饮食学家从饮食审美活动中的审美客体——饮食本身性质出发，按照饮食美的具体存在的形式，对饮食美具体形象进行深入研究分析，最终形成了独立的、系统的和严密的饮食“三特性、十美”。“三特性”主要包括：第一，表示饮食实质美的营养卫生特性，具体为质美；第二，表示饮食感觉美的机能、嗜好特性，具体为味美、触美、嗅美、色美、形美；第三，表示饮食意美的附加特性，具体为器美、境美、序美和趣美。其中的质美、味美、触美、嗅美、色美、形美、器美、境美、序美和趣美即为饮食的“十美”。

从饮食美的这十个形态我们就可以知道，光用嘴巴是远远不能体会到饮食的各种美的，只有将全身感官综合活动起来才能全面地感受到饮食的美。这其实就是饮食美感的综合性特征。

饮食美感的综合性是指饮食审美活动中必须凭借多种审美感官以及统觉机制、通感效应来对于饮食美加以完整地把握。从前面饮食美的形态论可知，饮食美是由各种美的形式因素综合而成的，其必然指向人化的饮食审美的五官机能，指向感性和理性相一致的精神的自由贯注，从而实现多层次、多侧面的饮食审美感受，有助于饮食审美者从整体上把握饮食世界的美。

☆ 美食美不美，需过四重关

有些资料上说，美食美不美需过两重关。其实这种说法并不严密。我们知道，眼睛和耳朵是最先品尝食物的，然后，才是鼻子和舌头。

饮食的美有十种形态，其中形美、色美、境美、序美和趣美都是由眼睛和耳朵最先感受到的，所以眼睛和耳朵是判断食物是否美的首要两重关卡。眼睛可以看到食物的外形和色泽以及环境的协调与否，如果食物的外形很好看、色泽鲜艳，眼睛就会把这种食物划定为美食；耳朵则可以听到食物的名称等来对食物的美与不美进行判断，如果食物的名字很好听，耳朵也会把这种食物划到美食的行列。

当然，眼睛和耳朵并不十分靠得住，因为即使美食有着美的外形和好听的名字并不代表其味道美，不代表能被人所接受，所以这时候就需要鼻子和嘴巴来把关了。之所以有的资料上认为鼻子和舌头是判断美食美不美的两重关，就是因为鼻子和嘴巴才能真正判断食物的好吃与否。

在眼睛和耳朵两重关之后，鼻子是判断美食美不美的第三关。我们知道，大多数人的鼻子都能闻各种气味，比如樟脑味、麝香味、花卉味、薄荷味、乙醚味、辛辣味和腐腥味等。有些气味，如花卉味、薄荷味，是鼻子喜欢的气味，拥有这些气味的食物很容易就被鼻子划分为“美食”；还有一些气味，如腐腥味、乙醚味等，是鼻子厌恶的气味，会在嗅过之后立即将它判断为“毒食”而拒绝去靠近，即使被强行吞进口中，也会拒绝下咽，除非你把鼻子捏住。所以，对于鼻子不喜欢的味道，身体一般也会抗拒。

如果说嘴巴是判断美食美与不美的第四重关，那么可以说这一关与第三重关是紧密关联的。这是因为我们的身体通常不会将食物的味道和气味区分开来，且往往会更加关注食物的气味。也就是说，如果鼻子喜欢一种味道，舌头是不能抗拒的，哪怕是舌头最讨厌的“苦味”。这是为什么呢？我们就以巧克力为例，由于鼻子闻到的是“香甜”（鼻子好像闻不到苦味），所以我们的身体就会认为巧克力是一种香甜的食物。因而舌头在品尝巧克力时，就算感觉到苦味，也会不自觉地忽略掉，只铭记其中的香

饮食不仅仅是嘴巴的事
这是什么？

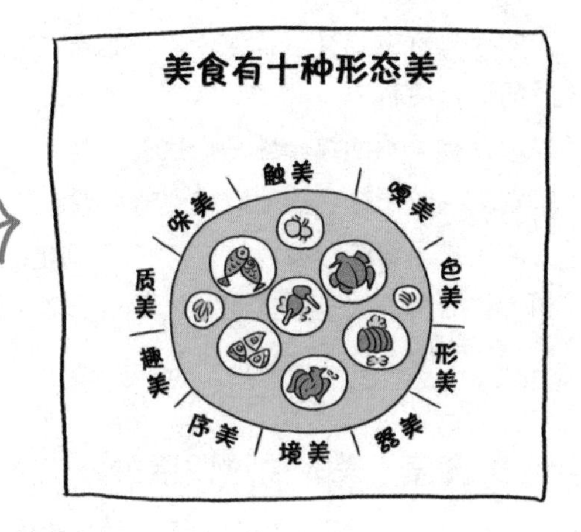
美食有十种形态美
触美
嗅美
色美
形美
器美
境美
序美
趣美
质美
味美

美食美不美，需过四重关

眼睛和耳朵有时是靠不住的
难怪没人摘，
那么酸
这应该是水蜜
桃吧！看起来
很好吃！

鼻子喜欢的味道舌头是不能
抗拒的

美食更是一种愉悦的精神
享受
就是曾经的
那个味道

味和甜味，并将这种香甜的味觉反馈给身体的其他部位。这时，“巧克力不苦，是香甜的”就会被身体铭记。

所以我们可以知道，美食，不只是简单的味觉感受，还是一种愉悦的精神享受。这种享受往往与美食的“形色”“名字”“气味”和“味道”联系在一起，感知于我们的眼、耳、鼻、舌。因此，在第一次见面时，它不是以其绝美的姿态激起我们的共鸣，让我们一见钟情；就是以朴实的感觉慢慢融入我们的身心，让我们对它日久生情；抑或是，偷偷潜伏在我们的记忆之中，让我们在多年以后回味无穷，成为一生的牵挂。

为什么餐厅里的菜比家中的菜更好看

随着生活水平的逐渐提高，人们比以前更加讲究健康、美味、美感，人们越来越喜欢到餐厅里吃饭，尤其是在值得庆祝的日子，当招待朋友、重要人物时，人们还总会选择去一些环境高雅、味道可口的餐厅。因为餐厅的菜总是要比家中的菜看起来更加精致，比如人们在餐厅中可以吃到切得像头发丝一样细的土豆丝，看到被雕成花朵状的萝卜，被摆成风景画一般的菜品。而且每道菜的盛具都各具特色，就菜品配置的餐具器皿的风格来说，有古典的、现代的、传统的、乡村的、西洋的等多种；不同款式材质的餐具，如陶瓷、玻璃、不锈钢、竹木等多种并用，形态各异；树叶状、花朵状、五角星状、鱼状等。总之是色、香、味、形俱全，让人见了食欲大开。

☆ 餐厅里的菜更讲究质美

所谓质美，是指食品良好的营养与卫生的状态所呈现出来的功能之美、品质之美。一般情况下，餐厅在食品原料的购买和选择上所下的功夫要比家中多。餐厅一般都会坚持“资禀为据，择优选材”的原则，以保证食品原料的品质。而在菜品的加工过程中，餐厅也会根据食物原料的天然特性和相应的科学营养原理，通过相应的烹饪技巧使食物天然的鲜嫩色泽与形态得以保存。比如绿色的菜，绝对不能将其过度烹饪成黄绿色。容易掉色、染色的甘蓝等，则尽量单独烹制后再与其他菜肴摆放在一起。容易脱皮的花生，就干脆为其脱皮，只用其纯白的色泽来吸引人。

☆ 餐厅里的菜更讲究触美

所谓触美，是指在进食过程中食品的物质组织结构性能作用于口腔所呈现出的口感美。它的实现主要取决于食品加工过程中的选料、配料、烹饪技法、火候和刀工的技艺水平，其中尤以烹饪技法、油温、火候掌握准确度几点最为关键，而这些是餐厅都比较注重的。

人们越来越喜欢到餐厅里吃饭
吃一个
好吃
好喝

好的材料才能做出好品质的菜

恰当的火候能使菜肴拥有恰当的口感

多种颜色的搭配能让菜肴更好看

形态清晰的菜肴更受欢迎

漂亮的盛器让食物更有美感

☆ 餐厅里的菜更讲究色美

餐厅的菜肴最大的特点就是色彩的搭配。餐厅的菜肴很少只有一种颜色，即使是土豆泥，我们也能在其中发现一些红红绿绿的点缀；绿叶蔬菜中也可能夹杂着红色的辣椒、白色的蒜泥、黑色的酱汁。即使只有一种颜色的菜肴，餐厅也会在摆盘时，通过在盘边摆放黄瓜片、胡萝卜片，或在盘子一侧摆放鲜花、西蓝花等色彩艳丽的装饰物，来突出菜肴的色彩。有意思的是，餐厅喜欢将一些调料放置在菜肴的顶端，吃之前还需我们自己动手和一和才能吃。这并非是餐厅在偷懒，而是调料中白的蒜泥、黄的姜丝、绿的葱和香菜，单独摆放时更能突显菜肴的色泽美。虽然我们在家中做菜不用像餐厅那样对摆盘费尽心机，但至少可以在菜肴搭配上多用一些心思。

☆ 餐厅里的菜更讲究形美

形美是餐厅菜肴的主要魅力之处。形美的实现主要依靠两点：

第一，刀工。餐厅里的菜更注重刀工的精致。我们常听到人强调厨师的刀工，这其实并不一定要让片切得多薄，让丝切得多细，最重要的还是粗细均匀的原则。如果材料看起来大小均匀，即使较粗较厚，也可以被理解为故意为之，但如果不均匀，就会立刻被指责为刀工欠佳。

第二，材料的独立性和秩序性。餐厅讲究菜肴材料的独立性和秩序性，每道菜中的材料都应该尽量呈现出它们原有的形态。这不仅能利于分辨，还能将它们原有的美态展露出来。同时，保持材料的形态还能让菜肴更容易具备秩序性。如果将材料切得太过细碎，很难达到这种要求，所以餐厅对需要制造秩序感的菜肴，都不会切得过小。在家中，我们也可以通过较大块的菜肴来制造秩序的美感。

餐厅不喜欢形态不清晰的菜肴，所以他们会用模具对土豆泥、米饭等进行造型后再上盘。土豆泥可以做成三角形、圆柱形，米饭则可以做成从碗中倒扣出来的形状。如果我们能够在家中做菜时也对形态不清晰的菜肴用模具做好形状，就会使饮食充满情趣了。

现代人要求的饮食美，不是华而不实，不是要食品装饰的堆砌，而是要一种恰到好处的自然的美、实在的美。

☆ 餐厅里的菜更讲究器美

餐厅除了讲究菜肴的形态美，还讲究菜肴与盛器的搭配。有句古语说“美食不如美器”，这充分说明了器皿在饮食活动中举足轻重的地位。餐厅里的菜往往都会配上美丽的盛器，这些盛器的造型或清秀大方，或玲珑小巧，或庄重典雅，或富丽堂皇，可谓千姿百态，有的盛器还存有漂亮的纹饰和图案，与菜肴配合协调，给人以美感。所以，要想在家中也做出餐厅里如艺术品般的菜肴，我们也可以在家中购置一些漂亮的盛器，也让我们的家宴富有更多的情趣。

是什么改变了人们对美食的期望值

据说在第二次世界大战时期，美国一名名叫比利的海军舰队厨师能让柠檬果冻做出樱桃果冻的味道来。

原来，在一次非常漫长的航行中，比利发现自己订购的果冻出错了。柠檬果冻比原计划多订购了一倍多，而樱桃果冻却一颗都没有。但是，舰队已经出发了，这个失误已经没有办法补救了。比利只好每天祈祷，别让水兵们发现，以防会让水兵们的情绪受到影响。

但是，没有樱桃果冻这一事实是无法改变的。终于，一段时间之后，一些水兵开始抱怨自己都没有吃到樱桃果冻。而在高度的压力下，这件本不起眼的小事居然引发了内讧。之后。有人指出，这件事的责任应该归咎于比利，比利应该受到处分。

面对日益高涨的愤怒情绪，厨师比利想了一个办法，虽然有点冒险，但也只能一试。一天，他像往常一样制作柠檬果冻，只是在调配时，加入了一些红色的食品色素。这样，柠檬果冻就变成“樱桃果冻”了。当然，它仍然是柠檬口味。

到了晚餐时间，一盘盘的“樱桃果冻”被端上餐桌时，水兵们看到“樱桃果冻”都很欣喜，品尝之后，也没有人认为有什么不妥，还称赞比利有办法。

之后，比利又为水兵们做了两次“樱桃果冻”，直到舰队返港并重新进货。而在这期间，没有一个士兵认为自己吃的不是樱桃果冻，而是柠檬果冻。没有人怀疑所发生的一切。这是为什么呢？

☆ 美食也有光环效应

人们总是会选择对自己的生存和生活最有利的饮食，这就必须依靠自己的五官。但是，看了上面这个故事之后，可以知道，我们的五官有时会不可靠，它们很容易被美食的光环所迷惑。

比利仅仅改变了果冻的颜色，就让水兵们尝到了期望的樱桃果冻的味道。这看起来很不可思议，但是这也是有据可循的，其实这种现象就是心理学上的“期望值同化”和“认知偏差”。

对于一般的食物来说，期望值往往能决定人们对美食的印象。比如，在看到一份食物时，你若感觉它的味道美，那么在品尝后就会觉得它的味道真的不错；反之亦然，如果你认为它的口味不怎么样，那么在品尝之后，它的味道也会被你所厌恶。当

给柠檬果冻加上一点红色素就变成了樱桃果冻啦

美食也有光环效应

期望值往往能决定人们对美食的印象

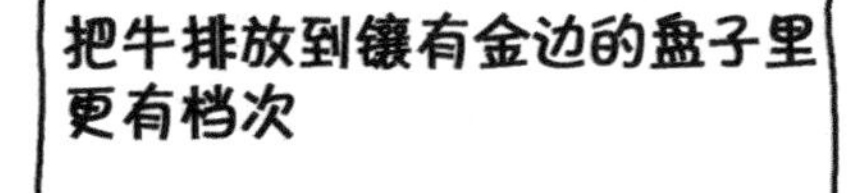

把牛排放到镶有金边的盘子里更有档次

好听的菜名也能提高人的期望值

这两个菜肯定很好吃!
一行白鹭上青天
两只黄鹂鸣翠柳

好名加好味才不会让人感到受骗

这是“窗含西岭千秋雪”
和普通豆腐没什么区别啊!

然，对于不好看但特别好吃的食物是例外。这就是美食的“光环效应”。

就是因为明白了美食也有光环效应这一原理，餐厅都会通过给美食添加光环来“操纵”人们对食物的期望值。比如，餐厅的厨师为了提高食物的“档次”，会将牛排盛在看起来昂贵、镶有金边的盘子里；还会在菜肴的周围添加具有异国情调的饰物。虽然好看的盘子和饰物不能吃，但这些努力却被证明是值得的。因为，装饰后的食物能够提高食客们的期望值，让他们觉得食物特别美味，并心甘情愿地付出十倍于食物本身价值的金钱。

☆ 好听的菜名也在作怪

除了美食的光环效应能够改变人们的期望值之外，美食的名字同样拥有这样的力量。好听的菜名往往能很轻易地诱惑我们的耳朵，也能诱骗我们的味蕾和胃。

我们可以想象一下，如果我们将“红豆饭”的名字改为“秘制香甜红豆饭”，将“土豆肉片”改为“美味多汁意大利土豆肉片”，将“烤鸡”改为“七里香烤鸡”，将“南瓜饼”改为“外婆湾的南瓜饼”，将“巧克力布丁”改为“丝滑巧克力布丁”，将“水煮鸡蛋”改为“幸运红蛋”，在看到这些美食之前会不会比普通名字的食物更有期待呢？答案显然会是肯定的。虽然饭依然是以前的饭，菜依然是普通的菜，甜点依然是昨日的甜点，但是你就会因为这些添加了一两个描述词的名字而增加对食物的期望值，会觉得食物更美味、更可口。所以，很多餐饮店都是依照这一方法为食物命名，来提高食物的档次和餐厅的时尚感的。

有人可能会想，如果给食物加了描述词之后会不会导致相反结果呢？比如，某个人吃过一个“森林的邂逅”后会不会说“这不就是普通的黑森林蛋糕吗”？这种现象，不知道以后会不会有，反正到目前为止没有。即便吃一口“森林的邂逅”，再吃一口与之制作过程完全相同的“普通黑森林蛋糕”，人们还是会觉得前者要比后者的味道好得多。当然，如果想解决这个问题，努力使食物本身更加美味可口是唯一的出路。只有这样，你的“阴谋”才永远不会被“揭穿”。

为什么生活中的美好回忆大多与吃有关

蒋勋在其《天地有大美：蒋勋和你谈生活美学》一书中有这样一段话：“在生活的点点滴滴中，经常会发生一些漫不经心、容易忘掉的小事情。可能在你的人生当中，并不认为这些小事有多重要；若是作自我介绍通常也不会提起来。可是有时候朋友私下聚在一块，聊起自己生命里很多美好回忆的时候，我不知道大家有没有印象，其中会有好多好多是跟吃东西有关的。

“我好几次发现，在和最亲的朋友聚会，不是指在大庭广众、正经八百的毕业典礼、结婚典礼之类的谈话，而是大伙儿私密地吃完饭泡一杯茶或者喝一点小酒聊天的时候，大家会天南地北谈起在哪里吃到什么，哪里又吃了什么。我很惊讶的是怎么我跟大家一样，对一个地方的记忆常常是跟‘吃’有关系的。”

为什么生活中的美好回忆大多与吃有关呢？

☆ 气味有助于人的记忆

生活中的一些美好回忆之所以大多数与吃有关，是因为食物气味儿能带给我们强烈的美感，而人的嗅觉是记忆和欲望的感觉，所以这种美感通过人们的嗅觉进入了人们的记忆。气味是无法被时间消磨的记忆。在对人体所有功能感觉的研究中，嗅觉一直是最神秘的领域。科学家们已经发现，味觉比视觉记忆更长久。他们在研究中发现了包含 1000 个不同基因的大型基因家族，清楚地阐释了人类的嗅觉系统是如何运作的。

在记忆形成的过程中，气味起了至关重要的作用。美国的科学家用小白鼠进行了一个有趣的实验。首先，他们让小白鼠在睡眠状态下“接触”一些特定的气味，比如它们喜欢的食物的气味或者其他小白鼠的尿味等。而之所以选择小白鼠睡着的时候，是为了排除其他因素（如视觉、触觉等）对记忆的干扰作用。

几个小时后，小白鼠清醒了。研究人员发现，接触过那些特定的气味的小白鼠，在闻到这些气味时，会表现出异常的行为动作。随后，研究人员又通过仪器检测了小鼠大脑中负责记忆的部分，观察了相关理化数据的变化，进一步从微观的细胞水平验证了气味对记忆的作用。由此，研究人员推断，睡眠的小白鼠接触气味时，大脑中的神经元接通了记忆的存储体，将它睡眠时闻到的味道输送并储存到了大脑中的特定区域。

可见，之所以人们在生活中很多记忆与吃的有关，就是因为美食的气味加深了人们的记忆。

☆ 人生经历加深气味的记忆

人与人之间有一点区别很大，那就是他们辨别一种气味或味道并确定其源头的能力，而这种能力要依赖于人们先前的经历。熟悉的气味总会伴随着往日的生活细节，欢乐与痛苦，甜蜜和寂寞。我们有时会说“眼睛欺骗了我”，但是比起视觉和听觉，嗅觉反而更可靠和真实，而且更不容易让人遗忘。比如远游的孩子在异乡不经意接触到的一缕味道也许就会使他惊呼：“妈妈的味道！”随之而来关于妈妈的憧憬与回忆瞬时就包围了他，使他获得美的享受与满足。所以，你以前与某种气味或味道有关的经历决定了你对这种气味或味道的印象有多深，对这一点，马塞尔·普鲁斯特的感触

人们在聚会时候的话题大多与吃有关
天津的狗不理包子好吃
麻花也不错

气味有助于加深印象
这个是小A，他身上有柠檬的味道
小A
小B

人生经历加深气味的记忆
这是我常吃的巧克力味道

气味能帮助人们回忆往事

初尝之感决定人的喜好
饼干是快乐的食物
饼干

每个人心中都有一份最爱好最讨厌的饮食清单
最爱的食物
炸鱼
香草冰激凌
最讨厌的食物
玉米
青菜

能够给予很好的说明：

“每当我想起玛德琳蛋糕的香味，那蛋糕被她调制的酸橙花菁华浸过，这种花我的婶婶以前曾经给过我……我一下子就想起了街旁那所灰色的老房子，我的房间就在那儿，那景象就像一家剧院拔地而起……那房子，还有那个小镇，早晚不息，风雨不透，还有我在午餐前被送往的那片住宅区，我疯跑过的那些街道，天气好时我们走过的乡间小路……在那一刻，我家花园和斯万公园里的那些花儿，维沃纳河上的睡莲。村子里那些好人和他们的住家，那个地方的教堂，贡布雷和它周围的一切。无论是小镇还是花园，所有这一切从我这杯茶中跃然而出，愈加真实。”

人们在学习辨别各种不同化学物质（比如吡啶、丁醇以及丙酮）的气味时，即使是在进行了大量的练习并且有反馈的前提下，他们最多只能学会辨别 22 种气味。然而，如果味道不是由对普通人意义不大的化学物质所组成，而是由在人们日常生活中经常出现的化学物质（比如巧克力、肉类、绷带以及婴儿爽身粉等中所含的化学物质）所组成，那么人们平均能够辨别 36 种物质。总的来说，在经常接触、长期把某种气味与某种品牌相联系或者辨别气味时收到反馈等情况下，对气味的辨别就会比较容易。所以，人的经历使人对气味的记忆加深，反过来，气味常常能帮助人们回忆起种种往事。

☆ 初尝之感，伴随一生

每个人心中都有一份最爱和最讨厌的饮食清单，最爱的如炸鱼、香草冰激凌等，最讨厌的如土豆、青菜等。而之所以最爱或者最厌，关键的原因在于最初品尝某种食物时的感受。

在美国的一个 MBA 学院，有一位来自中国的女留学生。她刚到达美国后，就被邀请参加一系列让人心情愉快的 MBA 学院的迎新活动。在这个活动中，她平生第一次尝到了甜饼干。当时的气氛很快乐，她感到很开心。

第二个星期，她所在的学习小组在休息时，有同学拿出了自制的甜饼干当零食请大家吃。当时的气氛非常融洽，所有人似乎都很开心。

一个月后，她参加一个朋友的生日派对，而派对上的点心就是冰激凌和甜饼干。这次派对，她同样玩得非常愉快。

由于这三次的“甜饼干”经历都是开心且充满乐趣的，于是，她便将甜饼干与乐趣及心情愉悦联系在一起了。之后，每当度过了美好的一天，她就会给自己一块甜饼干，以期望好心情能够延续；每当在心情沮丧的时候，她也会给自己一块甜饼干，以平复自己的心情。

可见，喜欢一种食物就如同喜欢一个人一样，其原因莫过于最初品尝时，它带给你快乐；厌恶一种食物也如同厌恶一个人一样，其原因也是在初次接触时，它让你产生了悲伤、忧郁等消极情绪。不管是喜欢还是厌恶，一旦形成，就很难改变。

民以食为天，人人都是饮食男女，所以人们生活中大多数经历都会或多或少地和吃的东西有所联系。加之气味能够加深人的记忆，初尝食物的感觉也使食物和记忆紧密相关，而人们的记忆往往趋同美好，所以人们生活中很多美好的记忆就会和吃有关，人们也总会在与亲近的人聊天时不知不觉地谈起那些有关吃的记忆和由吃引起的回忆。

运气可以吃出来吗

人们的日常生活离不开每日三餐，如何合理地调配饮食，使之更有利于人体健康、滋补养生，是人们所关注的问题。特别是随着全社会生活水平的提高，人们也越来越关心身体的健康。于是无论是电台、电视里还是其他媒介，关于健康的话题便成了众人瞩目的焦点。但是，相信大部分人都会出于健康的目的去谈论美食，如果说美食和人的运气联系在一起，也许就会有人觉得那是一种妄想了。真的是妄想吗？有人已经否决了这一点。

食物有预防疾病、滋养身体、延缓衰老以及治疗的作用。因此，靠食物改变人们的身心状况，平衡人的磁场，使之与时空和谐共振最为有效。所以饮食改运，绝非妄想。

那么，运气到底是如何吃出来的呢？

☆ 心情转运

人总会有伤心难过的时候，总会有烦恼失意的时候，总会有因失败或挫折而使得心情很糟的时候。如果一味地任由这种糟糕的心情持续下去，就会影响到很多事情，比如人们总说：“人倒霉的时候，喝口凉水都塞牙。”其实，心宽一寸，受益三分，心宽路就宽，心窄路就窄。心情好，人生就会变得美好起来，体会到人生的乐趣；学会放松，人生就会变得轻松。

保持好心情和改变坏心情的一个法宝就是享受美食。让人能够拥有好心情的食物有三种：

第一种是蔬菜。其中，菠菜、南瓜可以称作是大自然的开心果。相信很多人都还记得大力水手，只要他一吃菠菜就会变得力大无穷。研究发现，菠菜还能给你“绿色好心情”。据了解，人体缺乏叶酸会导致脑中的血清素减少，如果长期缺乏会使人出现无法入睡、健忘、焦虑等症状。而菠菜叶酸含量最为丰富，每 100 克菠菜中就含有 347 微克叶酸。因此忧郁时不妨来一份带有菠菜的蔬菜沙拉。南瓜因富含维生素 B_6 和

坏情绪会让运气越来越糟
人倒霉的时候，喝口凉水都塞牙！

美食可以用来转运
吃过美食之后，一切都会变得不一样！

多吃水果和蔬菜可以让人减少忧郁

甜食能让人感到快乐
吃点甜食会让你开心哦！

美食可以让爱情更加甜蜜

美食能帮助人维系职场人际关系
升职了，请大家吃好吃的！

铁被誉为“开心果”。据了解，这两种营养素都能帮助身体所储存的血糖转变成葡萄糖，葡萄糖是脑部的“快乐燃料”，为脑部提供足够的能量。所以，在失意时不妨吃些南瓜给自己增添一些快乐燃料。

第二种是水果。其中樱桃和草莓能够给人带来怦然心动的喜悦。娇滴滴的樱桃和草莓小巧玲珑，煞是可爱，看着就让人心动愉快。据了解，吃樱桃、草莓等水果能使人产生兴奋和喜悦的感觉，帮助减少冷漠和忧郁。

第三种是甜食。其中，巧克力和蛋糕总能给人甜蜜蜜美滋滋的感觉。巧克力能帮助舒缓情绪，有调查发现，半数抑郁症病人有吃巧克力的欲望，吃完之后心情会趋于平静。吃巧克力给人带来好心情不仅是因为其美味，原来其含有一种名为“多酚”的物质，能够促进血管舒张，让大脑某些部位的血流量加快，让你能心情舒畅，更加开朗。蛋糕等甜食里富含糖分，能使人能量充沛，还能促进血清素的释放使人感到快乐。

此外，英国心理学家班顿和库克曾给多名志愿者试吃 100 微克的硒，受试者普遍反映觉得精神很好，思绪更为协调。美国农业部也发表过类似的报告。而硒的来源主要是鸡肉。当然，只要是自己喜欢的食物，不论是什么都会让自己的心情转好，所以，想要心情转运，就多吃一些自己喜欢的食物吧。

☆ 职场转运

有人说，职场如战场，上司、同事，客户，关系复杂如一张蜘蛛网，网住了别人，也网住了自己。很多人会有这样的感觉，常常会觉得心力交瘁，但却依然是那个吃力不讨好的人，这是为什么呢？很多人在这种情况下都决定改变，但是从哪里变起呢？美食是最好的选择。

与同事的关系往往决定了一个人在职场中的顺利与否，所以维系与同事的关系成为人们在职场中的一大功课。很多新人入职时都会买一些食物与同事分享，这样就能让大家在享受美食的同时记住你并对你产生好感；在工作过程中，经常和同事一起分享美食，即使遇到困难也会得到同事的帮助而顺利解决；在得到晋升时，请同事共享美食也会使自己在新的岗位上能够更加顺风顺水。

所以，不要做一个吝啬鬼，尽情地发挥美食的作用，你会发现你的运气越来越好。

是顺其自然还是听医生和营养专家的话

随着医疗科学的不断发展，人们对于饮食的讲究越来越高。医生和营养学家也一直呼吁要科学饮食。很多人在生活中已经形成了固定的喜好和习惯，并且有些人群因为地域的关系会偏爱某一方面的饮食，比如四川人爱吃辛辣食物以及腌制的泡菜。这些习惯按照医生和营养专家的科学说法可以说是有好有坏。四川人爱吃辛辣食物原本是与四川的地理环境有关，四川处于盆地，气候湿热，人体湿气不易排出，辛辣食物有助于排汗，可让身体内的湿气排出，这样有益于健康。但是泡菜是为了利于长时间存放而经过发酵的蔬菜，属于腌制食物，科学证明，腌制的食物中会含有对人体健康不利的亚硝酸钠及其他成分，所以常吃泡菜是无益于身体健康的。但是四川人几乎家家会做、人人爱吃，甚至筵席也少不了上几碟泡菜，而如果长时间不吃泡菜还会觉得生活少了些什么。那么，到底是选择听医生和营养学家的话呢，还是选择坚持自己、顺其自然？

☆ 喜好常常与营养作对

生活中，医生和营养学家总会倡导大家科学饮食，改变自己的不良饮食习惯，但是爱吃的人都会有这样的经历，虽然自己并不需要高糖、高盐的食物，但是还是爱吃这些食物，比如炸鸡、冰激凌、奶油等。这些食物很多并没有营养，而且还拥有使人肥胖的高脂肪和高热量，但我们就是喜欢吃。

于是有人可能会问难道人们总是偏好没有营养的食物吗？就很多现象来说，的确如此。

其实，人们喜欢吃高热量的食物是身体的选择。美国科学家吉布森和瓦德尔曾通过实验证明，4~5 岁的儿童对水果和蔬菜的喜好程度取决于它们的热量有多高而不是因为它们有多甜，也不是因为它们含有多少营养，更不是以前是否吃过或吃过多少。比如，对于大部分正在长身体的儿童来说，他们最喜欢的两种水果是香蕉和葡萄，最喜欢的蔬菜是西红柿、豌豆，而这些都是在水果或蔬菜中所含热量比较高的。

当然，偏好热量高的食物也并不总是最佳选择。在正常情况下，钟爱高热量、低营养的食物是出于身体的需要；如果身体不需要了，人们也会自发地降低对这些食物的偏好。当然，因为常吃这些高热量食物而导致身体机能发生变化的人是例外。

人的喜好总是与营养作对，所以如果听了医生和营养专家的话就意味着要改变自己的饮食习惯，那么这样就会使人背弃自己的喜好而影响到饮食的美感。

☆ 顺其自然享受美食

虽然医生和营养专家的话具备科学根据，但是人们也并非需要绝对听从。有时候按照自己的习惯、爱好吃，吃自己喜欢的东西，也并不一定是件坏事。相反，听医生和专家的话，突然改变自己的饮食习惯，反而会让身体不适应。比如就有这么一个老人，他身体很硬朗，耳聪目明。有一天，他听了一位营养专家关于健康饮食的演讲，觉得专家的话有道理，便下定决心严格按照专家的“教诲”执行“健康”饮食计划。而第一步，就是要戒掉油条放弃豆浆而改喝牛奶和吃面包。老人就开始一天一袋牛奶，早餐吃面包，并且定时定量。但是，却发生了一件意想不到的事情，就是只要老人一喝牛奶就拉肚子。一开始，老人还以为是其他食物的问题，但是一连半个月，都是如此，于是便试着改回原来的“油条＋豆浆”式早餐。没想到，早餐刚变回来，拉肚子的症状就消失了。

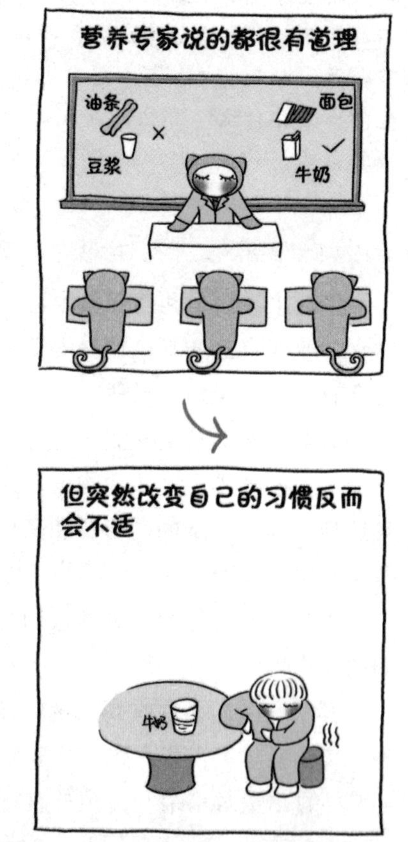

其实，医生和营养专家的出发点是好的，是希望人们能够更健康。但是，如果你吃了多年的食物并没有引发什么不适，就没有必要走上专家的营养之道。要知道，走上这条路的人，是因为他原来的饮食之路走不下去了，才改道的。当然，不管走的是自己的路，还是专家建议的路，我们都不该为了目标（长寿或减肥）而忽视路上的风景（享受美食）。

《道经》中有这样一句话：“天长，地久，天地所以能长且久者，以其不自生也，故能长生。是以圣人退其身而身先，外其身而身存，非以其无私邪？故能成其私。”其意思是说，天和地之所以能够长久生存，是因为它们不是为自己生存而生存的缘故；而圣人谦虚无争却能在众人中领先、置个人生死于不顾却能安全地存在，这一切都是因为他们的无私，因为无私，所以能成就其个人私利。

将这层意思用在饮食上，就是告诉我们，在重塑饮食习惯的过程中，要顺其自然地享受美食，而不要太在意结果。

美食亦可美体吗

为了美体而放弃美食，是爱美的人最无奈的选择；而为了美食放弃美体，是爱吃的人偷偷后悔的选择。为了避免成为这两种人，一些自以为聪明的女孩子想尽了一切"美食"与"美体"兼得的办法——解决掉吃进肚子的美食——要么呕吐节食，要么过量运动，要么吃减肥药。这些办法似乎很有效，她们随时都能吃到那些美味的、高热量的食物，但从目前生活中很多因减肥导致身体病变的例子来看，这些真的不是正确的选择。

难道"美食"与"美体"真的不能兼得吗？真的不能两全其美吗？其实不是的，只要能够合理膳食，养成良好的饮食习惯，美食亦可美体。

☆ 冲破内心的贪念

想要重塑健康的饮食习惯，首先要除掉自己的饮食恶习。虽然饮食的恶习多种多样，但终归于一点，那就是人们对食物的贪念。有人说，活着最重要，吃饭是为了更好地活着；也有人说，吃饭最重要，活着就是为了吃，学习和工作也都是为了更好地吃。前者是食物的主人，后者却是食物的奴隶。

做食物的奴隶，并不是特指"贪吃"，还包括"嗜吃"，比如嗜吃甜食、嗜吃辣味、嗜吃油炸、嗜吃荤食等。食物本是用来维持健康的，如果我们为了"享用美食"来牺牲健康、牺牲生活原则，就与饮食的初衷背道而驰了，就是"食奴"的行为。

所以，要想放弃"食奴"的行为，重新升级为"食物的主人"，重塑健康的饮食习惯，吃出健康美，就请别再放纵自己，杜绝自己对食物的贪念。而抵制美食诱惑的关键就在于你的饮食观念——美食不是必需的，吃一口就可以停止。

冲破贪念并不是让你完全控制自己的欲望而让自己感觉痛苦，这不仅不会让你享受到食物的美，反而会更影响健康饮食习惯的重塑。有些人是完美主义者，所以重塑健康的饮食习惯可能就会比普通人难一些。因为不管是对人还是对物，完美主义者的执行理念只有一条——要么就不做，要做就做得最好。而在对种种事物的追求过程中，他们忘记了一点——完美的另一面是苛求。苛求他人固然过分，苛求自己又怎么会是对的呢？试想一下，坚持这一理念的人如果给自己制定了饮食规则却没有做到，他们会怎样？沮丧、失落、厌恶自己、悲观……都有可能，唯一不可能的就是"原谅自己"。这样下去会怎么样？不但不会拥有健康的饮食习惯，还会在抑郁的情绪中越陷越深。

所以，不管你是谁，曾经如何要求自己，当你决定要重塑自己的饮食习惯时，请不要做完美主义者，要客观地对待自己——按照客观的原则，来评价自己的饮食行为，不要高估自己也不要低估自己，允许自己偶尔出现一次“例外”，比如，某个星期天在看电视时吃了一些高热量的零食，或是朋友聚会时多吃了一些食物，只有这样才不会觉得健康饮食是一种难以摆脱的压力。

冲破贪念不仅仅是对美食的贪念，还有对改变效果的贪念。要养成一个好习惯，我们就不能心太急，而要在不断地重复中慢慢地塑造出良好的新习惯。当然，在破除坏习惯的时候，难免会遇到或多或少的不适感，如果我们跟这种不适感妥协，放弃改变，新习惯也就永远不会形成。饮食习惯的重塑也是如此，不能急于求成，也不能中途放弃，只能在“乏味”、不间断的重复中坚持。

☆ 健康饮食新开始

什么样的饮食习惯才是健康的饮食习惯呢？简单来说就是“合适”——配合合适的心情，在合适的时间，选择合口味的食物，吃分量合适的饭。而且，“合适”二字。要与“自己”搭配起来，要自己决定，而不是由别人决定。

首先，饮食要配以合适的心情是指饮食不要因喜怒而无常。人要愉快地进食但也不能在大“喜”的情况下进食。在不良情绪下进食则更是不应该发生的。

其次，合适的时间是指一日三餐的最佳进食时间。一般来说，早餐的最佳摄入时间是早上 7:00–8:00；正常的午餐时间是 11:00–13:00；晚餐的合适时间是 17:00–19:00。

再者，合适口味的食物不仅仅是指自己喜欢的食物，还要是符合人体每天营养需求的食物，这就需要均衡饮食。大家都知道，人体所必需的营养素有七类，分别是蛋白质、脂肪、碳水化合物、矿物质、维生素、膳食纤维及水。对于我们的身体来说，每一种营养素都是必不可少的，且摄入量也不能过多或过少，否则就会诱发疾病或影响身体的正常运行。

最后，合适分量的饭是指既能保证人体所需能量，又不至能量过剩的分量。常言道，常吃八分饱，延年又益寿。那么，“八分饱”究竟是一个什么样的概念呢？从感觉上来说，八分饱就是可吃可不吃的时候。那时，你可能会觉得胃里没满，甚至还会觉得意犹未尽，但是不吃下一口，也不会让你感觉身体不舒服。当然，要做到这一点，最好的办法就是小口吞食，细嚼慢咽。

要想满足以上几方面的标准不是一件容易的事情，尤其是对于很多上班族来说，因为忙碌，“早餐吃好、午餐吃饱、晚餐吃少”几乎成为不可能的事情。其实，这完全在于人们自己是否想要健康的饮食，如果你想要健康饮食，想要吃出美丽，那么就必须养成如上良好的饮食习惯。

只要合理膳食，美食亦可美体
合理膳食

做食物的主人而不是奴隶
我好吃，吃我吧

不做完美主义者
又没忍住，又得去运动了，真累啊。

良好的习惯在于坚持
小吃
抑制食欲太难受了，放弃算了。

“合适”的饮食才是最健康的饮食习惯
什么样的饮食习惯才是健康的呢?

常吃八分饱，延年又益寿
虽然没有吃饱，但也可以不用再吃啦！

第二章 每天学点家居装饰美学

为什么要美化你的居室

有人说，每一个女人，都是天生的艺术家。而家，则是她的艺术园地，她会由内而外，由整体到细微处，倾情装饰她的家，营造一个属于自己的浪漫空间。一盏橘黄色的灯，一串蓝色的风铃，一扇粉红的百叶窗，几个绣着古典花色的靠枕……那个属于自己的家，每一个细节之处，无不散发着悠悠的浪漫气息。

浪漫的三毛就是这样一个爱家的人，她非常善于美化自己的家：

“回到了甜蜜的家，只有一星期的假日了，我们开始疯狂地布置这间陋室。

“……

“最后一天，这个家，里里外外粉刷成洁白的颜色，在坟场区内可真是鹤立鸡群，没有编门牌也不必去市政府申请了。

“……

“我用空心砖铺在房间的左排，上面用木板放上，再买了两个厚海绵垫，一个竖放靠墙，一个贴着平放在板上，上面盖上跟窗帘一样的彩色条纹布，后面用线密密缝起来。

“它，成了一个货真价实的长沙发，重重的色彩配上雪白的墙，分外明朗美丽。桌子，我用白布铺上，上面放了母亲寄来给我的细竹帘卷。爱我的母亲，甚至寄了我要的中国棉纸糊的灯罩来。

“陶土的茶具，我也收到了一份，爱友林复南寄来了大卷现代版书，平先生航空送了我大箱的皇冠丛书，父亲下班看到怪里怪气的海报，他也会买下来给我。……

“等母亲的棉纸灯罩低低地挂着，林怀民那张黑底白字的‘灵门舞集’四个龙飞凤舞的中国书法贴在墙上时，我们这个家，开始有说不出的气氛和情调。

“这样的家，才有了精益求精的心情。”

现在所有的人在新房入住之前都会装修，所花的工夫有时候堪比造一所宫殿，不只是装上实木地板刷白墙，还要画上彩绘，挖空心思地弄别致的吊顶，以及各种美化居室的工夫。就像三毛那样，即使是在沙漠中一个不起眼的房子里，也要装饰出一个不乏情调的温馨家。

那么为什么人们要装修美化自己的居室呢?

☆ 装修美化居室能带给人舒适美感

对于现在紧张又忙碌的生活来说，装修是一个会占用大量时间和精力的恼人过程。但是对于装修后的效果，大部分人都是心向往之的。

一天忙碌的工作结束后回到家里，看着色彩协调、功能齐全的家里，会觉得无比的舒心，一天的疲惫也烟消云散。

中国人有句老话“有土斯有财”，由此看来，我们的民族对于家庭居所这个小天地是很看重的，所以，各地建筑风格例如徽派建筑、京派四合院等各种装饰风格层出不穷。

在家居生活中创造美感和享受美感，这是家装带给我们最大最直接的快意。

☆ 装修美化居室代表着主人的个性审美

现代人在巨大的生存压力下买房不是一件容易的事情，于是小屋子一定要装成自己心仪的模样。

打两个比喻。如果我们给一只猴子盖一间和我们的住室一模一样的“窝”，然后把它放进去，并且给它设计得很舒适，到处放满桃子，堆砌假山，那这里顶多算是一个比较大的动物园笼子而已。所做的一切也不能叫装修，因为它没有人性和人味，没有家的感觉。同样，我们到博物馆、展览厅去参观，或者到丝绸店、木艺馆去购物，面对那么多幽雅的艺术品、工艺品、装饰品，也不会生出家的感觉，因为那里没有我们自己的个性，工艺品在没有经过我们的爱好挑选之前只是商品，只有我们看上它，喜欢它，并把它带回家，摆放到窗台或者柜子上时，它才会给我们“品位”的感觉。

室内的所谓装修，更多的是主人特殊的心理和情感需要的产物，是主人艺术修养、文化品位、审美情趣等的综合体现。软装修的灵魂是个性和品位，而体现装修效果的关键则在于是否和谐。如果在一间东方式的古色古香的房子里忽然挂上了一幅毕加索

家具应像衣服一样，常换常新

该如何选择适合自己的家具呢？

挑选合适的家具需要“量体裁衣”

选择家具之前需要考虑家具位置和行动的通道

选择家具要注意与房屋的和谐

选择家具还要注意与自我身心的和谐
看着自己喜欢的家具就是舒心！

的现代派绘画在墙壁上，那就会有一种说不出的别扭。我们看西方古典画派的作品，看洛可可、巴洛克，看文艺复兴时期的绘画，看那些贵族妇女肖像画或日常生活场景画，我们看到的那些窗帘、地毯、衣饰、家具，甚至特殊光线运用下的景色、人物面部的颜色，都显示出高度的和谐和统一，反观中国古代的一些绘画作品，比如人物肖像、贵族起居生活画等，也同样体现出这种和谐的特征。

什么样风格的家居装饰才是美的

某知名网站做了一个调查，装修到底需不需要家装设计师存在，有些人就提出一个观点，装修其实根本不需要设计师。

他们说：审美的知识并不一定需要专业的培养，很多时候是与生俱来的，很多人的着装都很漂亮，她们并不一定就受过专业的美学教育。室内设计上也是同样的道理，根据你自己的审美标准去打扮房间有何不可？并且一个成功的室内设计决定标准绝对不是美与丑那么简单，漂亮的设计并不一定就适合你的生活习惯，既然判断一个设计成功与否的关键并不只是美否，消费者又何必那么担心自己的美学素养问题？

这种观点有待商榷，但是他却提到了一点：美是有固定标准的吗？什么样的家居风格才是美的，难道真的有那么多约定俗成的规定吗？其实未必，美是有各种形式的，只要它们合乎一定的规律，家装美不需要设计师也可以完成。

☆ 有节奏与韵律的家装是美的

节奏与韵律是密不可分的统一体，是美感的共同语言，是创作和感受的关键。人们说“建筑是凝固的音乐”，就是因为它们都是通过节奏与韵律的体现而造成美的感染力。成功的建筑总是以明确动人的节奏和韵律将无声的实体变为生动的语言和音乐，因而名扬于世。

节奏与韵律是通过体量大小的区分、空间虚实的交替、构件排列的疏密、长短的变化、曲柔刚直的穿插等变化来实现的，具体手法有：连续式、渐变式、起伏式、交错式等。楼梯是居室中最能体现节奏与韵律的所在。或盘旋而上、或蜿蜒起伏、或柔媚动人、或刚直不阿，每一部楼梯都可以做成一曲乐章，在家居中轻歌曼舞。

在整体居室中虽然可以采用不同的节奏和韵律，但同一个房间切忌使用两种以上的节奏，那会让人无所适从、心烦意乱。

☆ 讲究对称与均衡的家装是美的

对称是指以某一点为轴心，求得上下、左右的均衡。对称与均衡在一定程度上反

不用设计师能装修好吗？
没问题，我能搞定！

有节奏与韵律的家装是美的
好有节奏感啊！

好烦乱啊！

讲究对称与均衡的家装是美的

稳定与轻巧的家装是美的
这个装饰很纤巧呢！

只要合乎一定的规律，家装美不需要设计师也可以完成
果然不用设计师也可以完成！

映了处世哲学与中庸之道，因而在我国古典建筑中常常会运用到这种方式。现在居室装饰中人们往往在基本对称的基础上进行变化，造成局部不对称或对比，这也是一种审美原则。另有一种方法是打破对称，或缩小对称在室内装饰的应用范围，使之产生一种有变化的对称美。

面对庭院的落地大观景窗被匀称地划分成“格”，每一格中都是一幅风景。长方形的餐桌两边放着颜色相同，造型却截然不同的椅子、凳子，这是一种变化中的对称，在色彩和形式上达成视觉均衡。餐桌上的烛台和插花也是这种原则的体现。需要注意的是：对称性的处理能充分满足人的稳定感，同时也具有一定的图案美感，但要尽量避免让人产生平淡甚至呆板的感觉。

☆ 稳定与轻巧的家装是美的

稳定与轻巧几乎就是国人内心追求的写照，正统内敛、理性与感性兼容并蓄形成完美的生活方式。用这种心态来布置家居的话，与洛可可风格颇有不谋而合之处。以轻巧、自然、简洁、流畅为特点，将曲线运用发挥得淋漓尽致的洛可可式家具，在近年的复古风中极为时尚。

稳定是整体，轻巧是局部。在居室内应用明快的色彩和纤巧的装饰，追求轻盈纤细的秀美。黄、绿、灰三色是客厅中的主要色彩。黄色向来给人稳重高雅的感觉，冲淡了灰的沉闷，而绿色中和了黄的耀眼，所有的布置都是为了最终形成稳定与轻巧的完美统一。

家居布置得过重会让人觉得压抑、沉闷；过轻又会让人觉得轻浮、毛躁。要注意色彩的轻重结合，家具饰物的形状大小分配协调，整体布局的合理完善等问题。

居室陈设装饰要不要统一格局

居室陈设是指室内的各种装饰品及其摆放、配置的方法，这是一门综合性很强的艺术，诸如园林环境、建筑内外檐装修、园艺盆景、文玩书画、家具器物等等，无不与之有密切的联系。

原始社会时期，生产力低下，最初的室内陈设主要是满足功能的需要。随着时代的发展，在满足实用功能的同时，器物的外表美感逐渐成为人们的追求。直到明清时期，由于社会生产力进一步发展，物质条件更加优越，室内陈设艺术经过长期的历史积累，已逐步达到了一定的高度和境界，对后世的室内陈设产生了很大的影响和推动作用，使得明清风格成为中国传统风格的代名词。现代室内陈设设计大力倡导人文关怀并向更深的文化层面发展，从传统文化中汲取养分和精髓。但是无论怎么发展，中国的居室陈设都以统一格局为主要特征。而且统一和谐之美也是大部分居室陈设装饰格局的首选。“陈设”的原意就是“陈列”和“摆设”，即把物品摆出来供人看和用，而且要按照审美的观点安排各种物品。居室陈设的好坏不全在于物品的价值高低，而在于方式是否得体，配套是否适当，也就是说在陈设上是否做了综合效果的考虑和摆放是否井然有序。可以说，在居室陈设装饰中，统一格局是非常重要的，也是陈设、装饰中首先要考虑的问题。那么，在现代居室陈设装饰中，一定要统一格局吗？

☆ 统一格局是主流，但不是一刀切

在居室陈设装饰中，统一格局是非常重要的，在现代家居装饰中始终占据主流地位。简单说来，室内布置的总则为：统一格局、免除局促、富有新鲜感、光线色彩调和。

很多人将居室陈设装饰品如书画、玩具、工艺品、花草山石或个人专业书籍、体育用品以至邮票等，都统一设计，以体现出整体效果来。

当然统一格局并不是要所有房间一刀切。虽然说一套住宅应该统一在一种装饰风格下，但每个房间都有不同的功用，居住者也不一样。所以切忌在所有的房间中都采用一种装饰风格，使用同样的装饰材料，这样做只能使房间显得缺少情趣和变化。所以，人们为了提高陈设的整体水平，在动手装饰之前还会对各类房间的使用性能或同一房间不同的区域特点，有一个明确的总的想法和要求。如卧室希望有简洁、雅致、宁静的气氛；客厅则要华丽、热烈，便于人们走动、攀谈，进行文娱多种活动；厨房则希望有洁净、有序、便于清理等特点；孩子的一角应是丰富多彩、活泼有趣，又和附近相协调，老人的居室则要注意保温、安全。这样，就会利于人们在动手时容易把握整体的格局和效果。

☆ 现代家装流行混搭风

混搭看似漫不经心，实则出奇制胜。要想轻松混搭成功，一定先要做好功课。

首先要确定基调。虽然是多种元素共存，但不代表乱搭一气，混搭是否成功，关键还是要确定一个基调，以这种风格为主线，其他风格做点缀，分出有轻有重，有主有次。其次，中西合璧是潮流点。中式或亚洲式的设计一向以简约、质感见长，如果能够巧妙地与西方现代、创新的概念结合，那么你就可以完成一个时下最时尚的混搭之家。

容易混搭的三类方式：设计风格一致，但形态、色彩、质感各异的家具；色彩不一样，但形态相似的家具；设计、制作工艺非常好的家具，无论古今中外，也不管色彩、形态、质感、材料是否一致。

在材质上，可采用的选择也十分多元，皮革与金属、皮革与木头、瓷与木头、塑

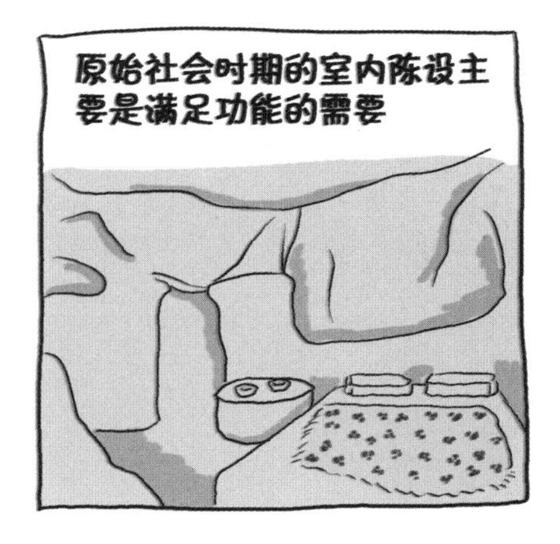
原始社会时期的室内陈设主要是满足功能的需要

现代室内陈设设计倡导人文关怀和文化性
卧室放点盆栽有助于空气清新

无论怎么发展，中国的居室陈设都以统一格局为主要特征

统一格局是主流，但不是一刀切
好单调啊！

我喜欢好几种装修风格，选哪个才好呢？
那就混搭啊，现代家装流行混搭风哦！

只要自己觉得舒适，怎样的格局都可以！

料与金属，等等。

在床品图案上，可以借鉴的有古代青花与西洋玫瑰、现代风格的纹理与古典盘扣，民间剪纸与蕾丝、流苏，羽毛与牛仔的融合，等等。

如果偏爱浓烈的色调，深红＋翠绿、橙色＋深蓝、深黄＋深红＋纯黑等最不可能搭配在一起的颜色组合，也往往能出奇制胜，取得不错的效果。

总之，只要自己觉得舒适，怎样的格局都可以！

物品的摆放应该注重平衡吗

在上海世博会上，德国馆打破了一般人熟悉的德国人“严谨理性”的印象，让世人感受到了德国的“平衡”之美。

在世博园C片区，德国馆与法国馆、瑞士馆和波兰馆相互毗邻，构成一个类似“正方形”的区域。位于“正方形”左下角的德国馆主体由四部分组成，每一部分单看都好像非常不稳定，但构成一个整体却相辅相成，非常平稳。

有人这么形容德国馆：“在建筑设计上给人一种轻盈到几近飘逸的感觉，外观如同一个可漫步于其间的三维空间体雕塑。”

平衡感在美学当中具有很重要的意义，不仅是建筑外观，连家居装饰都需要注意保持。

具有平衡感的摆放能制造稳定的安全感，却较为死板；不平衡的摆放虽然能活跃环境，却可能带来心理上的不安定因素，所以很多人在装饰的时候希望能够在这两者中找到平衡。

☆ 物品摆放设计上的平衡感

在家居布置的初始就应该有一个完整的计划和构思，这样才不会在进行过程中出现纰漏。一般来说，物品摆放主要包括以下几种形式的摆放。

第一，同一水平线的物品摆放。房屋、桌子、架子、柜子、台面等为了方便摆放物品，都设计了水平的面，所以大部分物品都会在同一水平线上与其他物品进行组合。在这样的组合当中，我们需要注意的是，尽量将同类物品摆放在一起，这样能制造出一种统一整齐的美感。如果物体的高度不同，不妨按照顺序排列，这样的排列方式会比错落有致更合适。如果一个水平面无法摆满物品，就要尤其注意平衡的问题。将物品摆放在水平面的正中，虽然平衡，但很难看。将其摆放在略微偏左或偏右的位置，就能兼顾平衡和美感的问题。最好的方式是量取水平线上的黄金分割点。

第二，前后的物品摆放。为了有效利用空间，人们会在同一水平面上进行物品

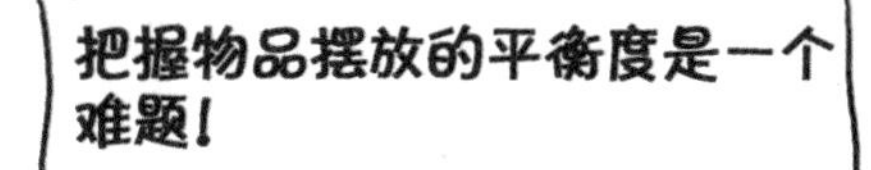

把握物品摆放的平衡度是一个难题！

因为要在平衡中追求一种动感

最简单美观的物品摆放是整齐划一

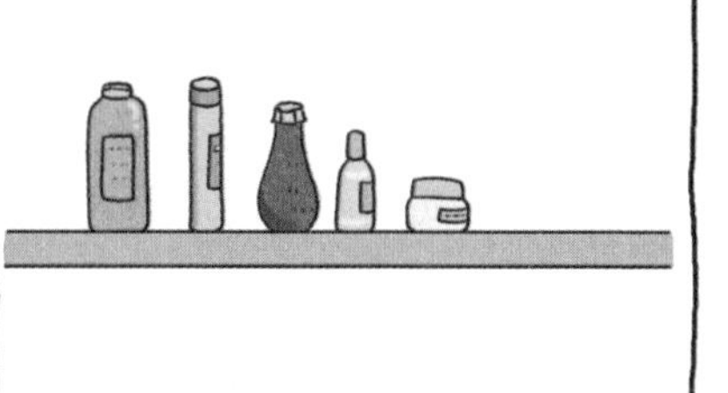

但是想要有动感还需错落有致！

如果出现不平衡，可以选择有差异的物品来进行平衡

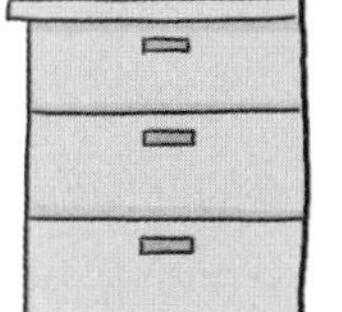

切记不要把物品摆放得头重脚轻哦

前后的摆放，这样能增加储物空间，但是从美感的观点来看，摆放在后面的物品应该更具有整体性，不然很容易造成混乱的视觉效果。比如书桌上的一排书，就比一盏台灯所占的面积大，应该摆放在书桌的最后方。如果有一排文件盒的体积大于书本的体积，文件盒就理应放在书本的后面。遵循这样的规律整理东西，整个家看起来才会和谐有致。

第三，上下的物品摆放。家居物品摆放中总会有上下结构的柜子等家具，在其中摆放物品，一定要照顾到视觉的重量原则。应该尽量让下部的空间填满物品。否则会给人头重脚轻的不平衡感。

总之，家居布置在整体设计上应遵循“寓多样于统一”的形式美原则，根据大小、色彩、位置使之与家具构成一个整体，成为室内一景，营造出自然和谐、极具生命力的“统一与变化”；家具要有统一的艺术风格和整体韵味，最好成套定制或尽量挑选颜色、式样、格调较为一致的，加上人文融合，进一步提升居住环境的品位。

☆ 注重过渡时的平衡感

呼应属于均衡的形式美，是各种艺术常用的手法。在室内设计中，过渡与呼应总是形影相伴的，具体到顶棚与地面、桌面与墙面、各种家具之间，形体与色彩层次过渡自然、巧妙呼应的话，往往能取得意想不到的效果。

吊灯与落地灯遥相呼应，都采用看似随意的曲线，这种亲近自然的舒适感，最适合用于硬冷的物体之上；茶几上的鲜花随形就势给视觉一个过渡，使整个空间变得和谐。整体上将结构的力度和装饰的美感巧妙地结合起来，色彩和光影上的连接和过渡非常流畅、自然。“过渡与呼应”可以增加居室的丰富美感，但不宜太多或过分复杂，否则会给人造成杂乱无章及过于烦琐的感觉。

☆ 物品选择时的平衡美

在家居饰品中，每个季节都有不同的颜色、图案的家居布艺。无论是色彩绚丽的印花布，还是华丽的丝绸、浪漫的蕾丝，只需更换不同风格的家居布艺，就能变换出不同的家居风格，这样做比更换家具更经济，更容易完成。

需要注意的是，布艺的色系要统一搭配，以增强居室的整体感。装修中的硬线条或冷色调也可用布艺来柔化。春天时，挑选清新的花朵图案，让房间里春意盎然；夏天时，水果或花草图案会让人觉得清爽；秋冬季节，可以换上抱枕，让人温暖过冬。

要想把家居饰品组合在一起，使它成为视觉焦点的一部分，对称平衡很重要。当旁边有大型家具时，排列的顺序应该由高到低，避免视觉上出现不协调感。保持两个饰品的重心一致也是不错的选择，将两个样式相同的灯具并列、两个色泽花样相同的抱枕并排，这样不但能制造和谐的韵律感，还能给人祥和温馨的感觉。

一般人在布置新居时，经常想把每样东西都展示出来。但是，把饰品都摆出来会让房间失去特色和个性。其实可以先把饰品分类，相同属性的放在一起，然后按照季节或节庆来更换，改变不同的居家心情。

如何选到最合适的装饰品

凡尔赛宫建筑的设计上糅合了巴洛克与古典主义的风格，严谨而又富于变化。雕刻、油画均出自名家之手，家具、饰物、工艺品荟萃了世界各地的精华。宫中有许多豪华的大厅，其中最为著名的要数“镜廊”。1680 年，芒萨尔在凡尔赛宫朝西面向大花园的那一面的正中，别出心裁地盖起了这个长廊，成为凡尔赛宫建筑中的一个亮点。

这是一个长 73 米、宽 10.5 米、高 12.3 米的长廊，拱顶上布满了场面宏大的绘画，描绘的是路易十四征战德国、荷兰、西班牙大获全胜的情景，这是画家勒·博亨的作品。长廊朝西的方向开有 17 扇通透的落地式玻璃窗，而同样大小的 17 面镜子与每一扇窗户一一相对，故称“镜廊”。镜廊的每一面镜子都由 483 块小镜片组合而成。镜中映照着窗外花园的美景，使空间豁然增大，并给人一种扑朔迷离的梦幻感，是典型的意大利巴洛克风格的体现。当年，路易十四常在此夜宴狂欢，轻歌曼舞中，不知今夕何夕。数百支蜡烛和三排水晶吊灯放射出的耀眼光芒在镜中跳跃，在人们的眼里闪烁，在金银器具上流淌，尽显声色之地的豪华与奢靡。

对于奢靡的凡尔赛宫而言，什么样的装饰品才能巧妙典雅又不落俗套地展现它的华贵之美呢？镜廊的横空出世，将整座宫殿的装饰推向了巅峰。可见，装饰品对于一个建筑的意义之重大。

我们的生活中充满了各种装饰品，有画框、花瓶、小型雕塑、玩偶、模型、窗帘、地毯等装饰居室环境的装饰品，有经过醒目美化加工的钟、灯、水杯、水壶、盒子等实用物品，当然还有我们身上的各类饰品。当我们想要装修时，面对这些品种繁多的装饰品往往会觉得目不暇接，到底怎样选取才能给居室装修锦上添花而不是画蛇添足呢？

☆ 注重装饰品和装修风格的统一

“轻装修，重装饰”，是很多现代人的家居理念，所以现在的家居饰品都做得特别精致，不过想把它们搭配好，也是有讲究的。

首先，在考虑一件装饰品是否适合我们的时候，第一要考虑的是风格。我们的家居环境往往是已经通过硬装确定了风格的，那我们在挑选装饰品就应该尽量与家中的风格相一致才行，否则色彩风格比较凌乱就不好看了。

生活中充满了各种漂亮的装饰品，我们都喜欢

但是买下来了又觉得没法用

挑选装饰品要注重和装修风格统一

最关键是要搭配和谐，看起来更美

最好还要亮眼

如果能表达一定的心意就更好了

例如，在地中海风格的家居环境中，突然出现笔墨纸砚，就会显得很怪异，原本可能和谐美好的视觉感受可能一瞬间就消失了。而在充满中国古韵的家居中，出现后工业时代的现代雕塑，也会不伦不类。即便是有些喜欢混搭的人也要注意不要和环境相背离才行。

☆ 选择表达主人审美情趣的装饰品

和家装风格一样，装饰品从某种程度上也代表着主人的审美情趣。所以家具装饰品的选择是应该和主人的喜好同一的。

就好像喜欢运动的人家中，很少看到过于静态的绘画艺术品；喜欢绘画的家庭中，也很少出现以足球为原型的装饰物。所以，我们在挑选装饰品的时候应该注重它们和我们的主体合一性，唯有如此，你才能装饰出“真正属于你”的家。

此外，人们在用各种新颖、别致、具有时代感和装饰效果的材料将居室装扮得温馨舒适的同时，绿色环保成为更高的追求。

随着人们对原始自然的生活状态的追求，自然清新的装修风格成为时尚，这也使得近些年的家居饰品倾向古朴，甚至带点原始的野味。既能美化居室，又能做到环保，更是人们审美情趣的一种提升。

☆ 要选择有亮眼功效的装饰品

为家选装饰品是最让人兴奋的一件事，正所谓画龙点睛，装饰品是让家居空间赏心悦目的最有效手段。现在有很多人崇尚环保，所以硬装的部分会比较简略，他们更看重利用装饰品来给貌似平凡的整体增加亮点的作用。

在这种情况下，我们挑选的装饰品应该具有美的形态，另外不仅要求和环境统一，更重要的是在能够烘托整体气氛之余起到画龙点睛的效果，所以装饰品还应该在色彩、纹饰上具有醒目的效果。而且装饰品的体积也是值得考虑的，如果家居的装饰品贪便宜而购买太多小的饰物，反而得不偿失，因为过小的装饰品很难吸引人，装饰品要具有一定的体积才能引起人们的重视。

家居装饰的色彩如何搭配能让人身心舒适

高迪作为建筑师创业之时，正逢19世纪末巴塞罗那蓬勃发展之际。商人们的财富催生了深受新艺术和新哥特潮流影响的崭新的城市规划，越来越多的文艺资助人热衷于大手笔的制作。正是在这股崇尚艺术的热潮中，高迪完成了其职业生涯中的18

件无人媲美的杰作，像古尔公园和圣家族大教堂等。

高迪的建筑作品体现了各种艺术的综合，他手中最有利的武器之一就是色彩。色彩、图案、几何是高迪永远的命题，他娴熟大胆地运用各种色彩将建筑的美发挥到极致。

高迪手下的色彩形象又分为光谱、色域，建筑表面装饰物对室内的光影影响比较大，这在高迪也是要利用的元素，除了对教堂的彩色玻璃窗的光影控制，高迪更钟爱沉稳色域内对比夸张的不同色相。而出于宗教信仰，教堂色彩设计又表现出稳定成熟的信念。由于高迪选择的建筑材质相对厚重，对大块色彩基调的把握就成为建筑主体形象，进而也成为城市印象。

高迪创作的建筑结构奇异、大胆，而又美轮美奂，他对色彩、材料及形状的运用精妙娴熟，这为巴塞罗那注入了独特的韵味。高迪的建筑风格之一是大量运用缤纷的西班牙瓷砖，让他的作品散发地域色彩，例如巴特罗公寓的外墙便缀满了蓝色色调的西班牙瓷砖……

可见，色彩对于建筑美感有着非常重要的意义。建筑的色彩不仅是那些建筑艺术大师们一直需要考虑的问题，我们在日常家装中，也必须考虑居室色彩搭配的问题。居室的色彩搭配不仅要让人感到轻松舒适还要提升居室的整体空间美感，那么怎样才能做到居室的色彩既亮眼夺目而让人欣赏，又不觉夸张或烦闷呢？

☆ 家居装饰色彩搭配有原则

色彩在装修中的应用很关键，不同的色彩可以搭配出不同的空间效果，色彩搭配的好坏，对于房间的整体风格有很大的影响。所以，家居装饰需要遵循一定的色彩搭配原则。

在房屋的布色中要有几个重点，如墙面、地面、天花板等面积比较大的地方，要用浅色调做底色。特别是天花板，如果选用较重的颜色会给人屋顶很低的感觉。天花板的颜色必须浅于墙面或与墙面同色。当墙面的颜色为深色时，天花板必须采用浅色。天花板的色系只能是白色或与墙面同色系。地面颜色应在明度上低于墙面色，纯度也不宜高，这样具有稳定的视觉效果，再配上深色的茶几等摆设则更好。室内的装饰品、挂饰等面积小的物品可用与墙面、地面、天花板的色调对比的颜色，显得鲜艳，充满生气。在装饰品的选择上应尽量体现主人的个性。整个房间的基调是由家具、窗帘、床单等组成的，色调可与墙面形成对比。窗框、门框等装修设计的配件色彩一般不宜与墙面色形成过强的对比，装饰的色彩宜明亮。

居室的色彩在空间上也很有讲究，客厅我们大多以中性色为主，即介于冷暖色之间的颜色。餐厅是人们用餐的地方，应以暖色、中性色为主，再加上颜色鲜艳的台布，使人食欲大增。卧室是人们最重视的地方，切忌不要以显亮的颜色为主，一般应

家居装饰需要遵循一定的色彩搭配原则

天花板如果选用较重的颜色会给人屋顶很低的感觉
屋顶好低啊！

多利用让人心情舒畅的暖色调

常处于让人心情压抑的色彩环境会使人智力下降

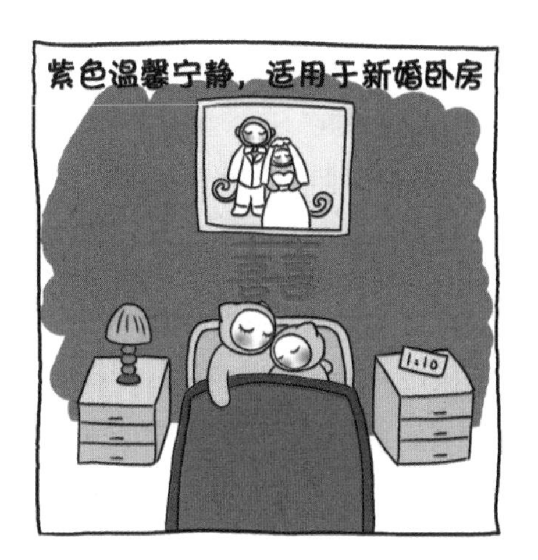
紫色温馨宁静，适用于新婚卧房
1:10

蓝色是催眠色，看着蓝色可以很快入睡。
~呼~哈

以中性色为主，给人以和谐、温情的感觉。而厨房色彩要以高明度暖色和中性色为主，而且还要从清洁方面考虑。卫浴色彩可依个性自由选择，一般来说可以以暖色或明度较高的色彩来体现明朗、洁净的效果。

总之，居室空间配色不得超过三种，其中白色、黑色不算色。房间内要有主次色调之分，或冷或暖，不要平均对待，这样更容易产生美感；空间非封闭贯穿的，必须使用同一配色方案；不同的封闭空间，可以使用不同的配色方案。

☆ 多利用让人心情舒畅的暖色调

从科学的角度来讲，家居装饰的色彩要想给人舒适轻松的感觉就应该多选择暖色调。因为红、黄、橙色等暖色系列能使人心情舒畅，产生兴奋感；而青、灰、绿色等冷色系列则使人感到清静，甚至有点忧郁。白、黑色是视觉的两个极点，研究证实：黑色会分散人的注意力，使人产生郁闷、乏味的感觉。长期生活在这样的环境中人的瞳孔极度放大，感觉麻木，久而久之，对人的健康、寿命会产生不利的影响。把房间都布置成白色，有素洁感，但白色的对比度太强，易刺激瞳孔收缩，诱发头痛等病症。

美国学者研究发现：悦目明朗的色彩能够通过视神经传递到大脑神经细胞，从而有利于促进人的智力发育。在和谐色彩中生活的少年儿童，其创造力高于普通环境中的成长者。若常处于让人心情压抑的色彩环境中，则会影响大脑神经细胞的发育，从而使智力下降。

☆ 让家居更有生命力的几种家装色彩

红色系家装：红色是一种鲜艳、热烈、瑰丽的颜色。它因为充满热情动感而给人勇气、信念和活力，与热情奔放相联系，红色表示爱情、憎恨和勇气。红色具有如此的影响力，因此在室内装修中应小心应用，如果运用适量，红色温暖而热情，如果运用过度，就会感到过于刺激而难受。

粉色系家装：粉红色是一种浪漫的颜色，通常与女性联系在一起，然而它又是一种鲜明的、有生气的颜色。它适用于不同的装修风格，可以增加阴冷房间的亮度，也可以为非彩色和简朴的房间设计增加时髦感。

紫色系家装：紫色是一种天生美丽的颜色，它高贵、雅致、温馨，同时有宁静的感觉，适用于卧室，尤其是新婚和感情丰富的小家庭。

黄色系家装：黄色是一种能使人引起愉快遐想的颜色。它渗透出来的灵感和生气使人欢乐和振奋。各种黄色深浅不同，明度不同，带橙色的黄色强烈而占主导地位，柠檬黄带给人凉意。小心地运用黄色可以使一间冰冷的房间温暖起来，使阴暗的房间明亮起来，还能够为任何一间居室增添乡村气息。

蓝色系家装：蓝色是天空的颜色，是海洋的颜色。它宁静又不缺乏生气，可以用来创造多种多样的效果。人们通常把蓝色看作是透着凉意的宁静的颜色，因此对于光线充足的居室极为合适，它具有镇静的效果，让人更容易入睡，它还会为一间起居室增添安宁与轻松。

棕色系家装：棕色是充满了大自然气息的颜色，许多棕色的家族成员都是自然物中我们所非常熟悉的一部分。它们可以在居室装修中扮演重要的角色，几乎任何一个房间，你都会发现各种各样的棕色出现在木制门和家具上，大多数的棕色都可以作为明亮而醒目的色彩的衬色。

白色系家装：白色是室内设计的最为重要的色彩之一，它和谐、统一同时又混合了优雅、高贵，给人以舒适温暖的家的感觉。白色可以与任何颜色相配，但是每一种组合的效果和基调又各不相同，与浅色搭配，精致而浪漫，与原色相配，明亮而热烈。因为白色具有强烈放射光线的能力，能扩大任何现存的光线，可以使一个房间看上去更明亮。

为什么家居装饰要“软硬兼施”

室内设计是一个相对复杂的设计系统，本身具有科学、艺术、功能、审美等多元化要素。在室内设计中，分为两大部分——硬装和软装，硬装是相对于建筑本身硬结构空间提出来的，是建筑视觉空间的延伸和发展，软装是近几年来独立出来的一门艺术设计。

现在人们生活水平提高了，越来越重视房屋的装修。过去的一段时间，室内设计在很大的程度上一直靠建材、家具、墙体造型去堆积而成。但是现在不一样了，现代装修已经告别硬装一统天下的时代了，而越来越多的人在装修的时候，考虑最多的是软装的效果。很明显的一个特点就是以前只有室内设计师，但是现在就有一个新兴职业叫作“软装配饰师”。

那么为什么家居装饰除了要重视硬装，还要重视软装呢？

☆ 软装设计是家居装饰的重要部分

软装设计是室内设计中重要的组成部分，软装是一个比较通俗的名称，学名是室内陈设艺术。随着物质生活的不断提高，人们开始关注身边的环境，而第一步要做的就是改善与人们息息相关的室内环境。

自从地球上有了人类，人类就开始不断把自己的意志加于周围的一切事物之上，使其更好、更美地为自己服务，这就是其他动物无法比拟的人类陈设活动。随着时代的发展，陈设活动逐渐与艺术结合演变成现在的陈设艺术。

室内陈设一般分为功能性陈设和装饰性陈设。功能性陈设指具有一定实用价值并兼有观赏性的陈设，如家具、灯具、织物、器皿等。

家具是室内陈设艺术中的主要构成部分，它首先是以实用而存在的。随着时代的进步，家具在具有实用功能的前提下，其艺术性越来越被人们所重视。从家具的分类与构造上看，可分为两类，一类是实用性家具，它包括坐卧性家具、贮存性家具如床、沙发、大衣柜等，另一类是观赏性家具，包括陈设架、屏风等。

灯具在室内陈设中起着照明的作用，从灯具的种类和形制来看，作为室内照明的灯具主要有吸顶灯、吊灯、地灯、嵌顶灯、台灯等，难以想象室内没有光线，人们该怎样生活。

目前织物已渗透到室内环境设计的各个方面，在现代室内设计环境中，织物使用的多少，已成为衡量室内环境装饰水平的重要标志之一。它包括窗帘、床罩、地毯等软性材料。

装饰性陈设指以装饰观赏为主的陈设，如雕塑、字画、纪念品工艺品、植物等。装饰植物引进室内环境中，不仅起到装饰的效果，还能给平常的室内环境带来自然的气氛。根据南北方气候的不同和植物的特性，在室内放置不同的植物。通过它们对空间占有、划分、暗示、联系、分隔，从而化解不利因素。

总而言之，硬装修解决的是一个“壳”的问题，即一个可靠的、有格调的结构空间。而软装却与实际生活内容息息相关，形成若干个小环境、小世界。从理性的装饰观念出发，整体家装应该是由内而外的，内涵决定外延，软装、硬装同步整合思考，甚至可以说由软装的最终效果，决定硬装的配合效果，否则很可能硬装的“壳”限制了软装的“核”，无法达到最理想的装饰效果。可以说，软装是“魔鬼”，这是因为软装能让空间体现和提升主人的品位，体现每个人的个性，满足了不同人的居住空间。

☆ “软硬兼施”能孕育出更多变化

在家庭装饰中，软装饰孕育着更多的变化，也更能体现时代的进步。通过更换软装饰，可以给家一个全新的感觉。因此，在装修之初，与设计师沟通时，就要特别注意未来的发展，不要把太多的精力和财力投入硬装修中，给自己留出更多后期软装发挥的空间，方能在有限的空间里赋予无限的视野。

前期硬装完成结构的划分、布局的安排、基础的铺设后，软装才能登场：从材料的运用、色彩的搭配、家具的摆放、灯光的配置、饰品的陈列、摆件的点缀到风格的定位，一一都是出彩之笔。如果把硬装比作居室的躯壳，软装则是其精髓与灵魂之所在。

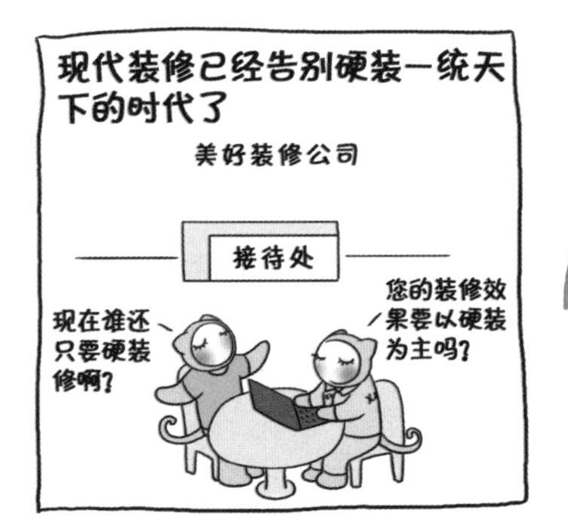
现代装修已经告别硬装一统天下的时代了
美好装修公司
接待处
现在谁还只要硬装修啊?
您的装修效果要以硬装为主吗?

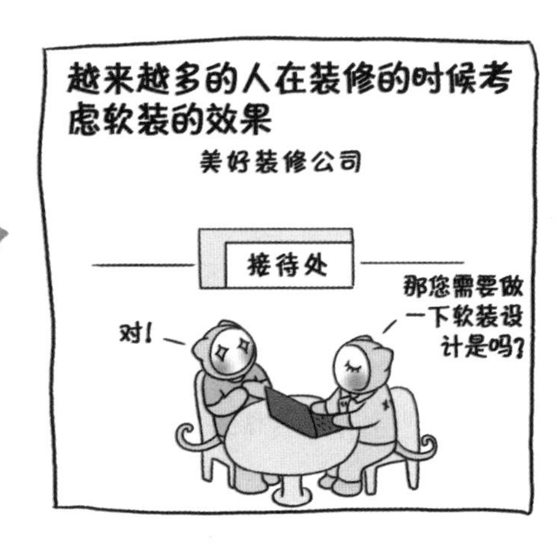
越来越多的人在装修的时候考虑软装的效果
美好装修公司
接待处
对!
那您需要做一下软装设计是吗?

有一个新兴职业叫作"软装配饰师"
美好装修公司
接待处
这是我们的软装配饰师!

软装能让空间体现和提升主人的品位
美好装修公司
接待处
我就是想要这样的软装效果!

"软硬兼施"能孕育出更多变化
您还需设计好硬装风格才行!

软装设计也要尽早着手才行

在软装饰设计中，最重要的概念就是：先确定家居的整体风格，然后用饰品以“点睛”的方式表达出来，不能反其道而行之。因为风格是大的方向，就如同写作时的写作大纲，而软装饰是一种手法，有人喜欢隐喻，有人喜欢夸张，虽然不同却各有千秋。

软装中的更高层次是个人收藏品。在居室中摆放一些有收藏价值的藏品，画、雕塑、古董等，更能体现居住者的品位和情趣。比如所挂的装饰画，如有可能，应选择一些画家的原创画。原创画作为艺术家所创作的作品，其本身具有“独一无二”的特性，有一定的收藏价值，既可作为艺术品来欣赏，更有投资增值的价值。但是这需要设计师与业主有相当高的艺术鉴赏力，也需要一定的经济实力。

☆ 软装也要趁早进行

很多人以为，完成了前期的基础装修之后，再考虑后期的配饰也不迟。其实不然，软装搭配要尽早着手。

在新房规划之初，就要先将自己本身的习惯、好恶、收藏等全部列出，并与设计师进行沟通，使其在考虑空间功能定位、使用习惯的同时满足个人风格需求。家居软装还可以根据居室空间的大小形状，主人的生活习惯、兴趣爱好和各自的经济情况，从整体上综合策划装饰装修设计方案，这样才不致千“家”一面。

如何创造舒适完美的居室光环境

现代人经常处于繁忙的工作节奏中，所以真正白天在家的时间非常少，故居室的光环境设计显得尤为重要。

可以说，灯光是营造家居气氛的魔术师，是视觉环境中最活跃的因素。过去那种“一室一灯”的简单照明已经越来越不能适应家庭的需要，人们不仅要求能够满足多种活动所需要的合理照明，而且还要求灯具有较好的艺术装饰效果。在居室内不同空间应该设计出不同气氛、不同照度，舒适的照明灯光，不但使家居气氛格外温馨，还有增加空间层次、增强室内装饰艺术效果和增添生活情趣，因此灯光设计的合理与否，既关系到各房间的功能使用，又影响着装饰效果。此外，光对空间有一种神奇的造型作用，并且光线自身也有极强的表现力。如没有足够的光线，一些实体，如家具的立体感表现就不够充分，设计中一些富有美感的细节也容易被湮没。可见越是精美的装修，越要精心考虑光的衬托作用。通过明暗的对比、细节的渲染，光在室内自然有了变化，感觉光就流动起来了，室内的氛围变化也就随之产生了。在采光好的室内，你会发现单纯的光与影的结合，就能让室内生出一些特别的美感，往往能让你简单的家变化多姿，产生许多居住的情趣。

那么，该如何创造居室的光环境，让自己的家更具有美感呢？

☆ 注意一般照明与局部照明的关系

家庭灯具大致可以分为吊灯、台灯、筒灯、射灯、吸顶灯、落地灯、荧光灯等几类，理想的光环境，有几点要求：光线均匀、柔和、视野开阔。一些不够理想的光环境，常常是因为灯具过多，且分布不均匀，造成家中明暗对比落差太大，有的区域太亮，而另外一些区域又过暗，当明暗对比度超过 3 倍时，频繁的调节视距就容易造成眼肌的疲劳。灯光的颜色最好是橘色、淡黄色等中性色或是暖色，有助于营造舒适温馨的氛围。除了选择主灯外，还应有台灯、地灯、壁灯等，以起到局部照明和装饰美化小环境的作用。

此外，还需要注意一般照明和局部照明的关系。人们习惯于一间房间有一般照明用的“主体灯”，多是用吊灯或吸顶灯装在房间的中心位置。另外根据需要再设置壁灯、台灯、落地灯等作为“辅助灯”，用于局部照明或辅助照明。所谓“主体灯”与“辅助灯”是相对而言的，在一定条件下，功能也会发生置换。例如房间层高不足 2.5 米，面积也不大，就不宜多层设灯，特别不宜设大型吊灯，用一盏或两盏漂亮的壁灯即可发挥一般照明与装饰的作用。晚上学习、工作再配以台灯，台灯罩用半透明的塑料，上部漫射光亦可满足一般照明的需要，下部可以满足局部照明的要求。

☆ 灯光设计要注意适应周围环境

适应周围环境是影响灯光设计的重要因素，如今的现代家居灯饰也如酒店、餐厅一般，慢慢走上了整体灯光设计规划的道路。每一个居室空间中的灯光，都是主人的偏好、品位的体现：单身贵族不妨简约；新婚夫妇必定浪漫；事业有成者最好华丽古典；而孩子，则一定要可爱趣致……总之，正确地选择光源并恰当地使用它们可以改变空间氛围，并创造出舒适宜人的家居环境。

客厅：客厅灯具的风格是主人品位与风格的一个重要表现，因此，客厅的照明灯具应与其他家具相协调，营造良好的会客环境和家居气氛。客厅中进行的活动很多，主要包括会客、聊天、听音乐、看电视与读书写字等，为此照明方式应多样。最好是选用传统的顶灯或枝形灯。即使选择了普通型顶灯，也可以通过调节亮度和亮点，来增添室内的情调。客厅的灯要够高、够亮，以使灯光能散布整个客厅。如果客厅较大（超过 20 平方米），而且层高 3 米以上，宜选择大一些的多头吊灯。吊灯因明亮的照明、引人注目的款式，对客厅的整体风格产生很大的影响。需要注意的是，低于 2.8 米层高的房间则不宜装吊灯，只有装吸顶灯才能使房间显得高些。在多人聚会时即采用普通照明，可用吊灯、嵌顶灯与吸顶灯等；而听音乐、看电视则采用落地灯与台灯做局部照明。另外起居环境中的各种挂画、盆景、雕塑与收藏艺术品等，则可用射灯装饰照明。

玄关：是进入室内给人最初印象的地方，因此要明亮，可在进门处及与客厅交界处附近安装筒灯、射灯或装壁灯，以改善采光不好的情况。

餐厅：餐厅的局部照明应采用悬挂式灯具，以突出餐桌，可运用暖色吊灯营造温馨的用餐气氛。同时还要设置一般照明，使整个房间有一定程度的明亮度，给人干净整洁的感觉。一般来说，柔和的灯光，可以使餐桌上的菜肴看起来更美味，增添家庭团聚的气氛和情调。在附近墙上还可适当配置带暖色色彩的壁灯，这样会使宴请客人时气氛更热烈，并能增进食欲。

厨房：厨房的特殊性决定了灯光更重实用，仅在顶面设置一个光源的做法，无法满足厨房需求。可用吸顶灯及嵌入式灯具装在洗浴盆或工作台上，以提供充足光线，需要特别照明的地方也可安装壁灯或轨道灯。储藏柜顶部可安装射灯，可以充分展示内部餐具、器皿。

卫生间：由于卫生间的湿度较大，灯具应选用防潮型的，以塑料或玻璃材质为佳，灯罩也宜选用密封式，优先考虑一触即亮的光源。可用防水吸顶灯为主灯，射灯为辅灯。洗手台的灯光设计比较多样，但以突出功能性为主，在镜子上方及周边可安装射灯或日光灯，方便梳洗和剃须。淋浴房或浴缸处的灯光可设置成两种形式，一种可以用天花板上射灯的光线照射，让主人方便于洗浴，另一种则可利用低处照射的光线营造温馨轻松的气氛。

卧室：卧室属私密空间，灯光要营造温馨的氛围，应选择眩光少的深罩型、半透明型灯具，亮度不宜太高，装饰性远高于实用性。可用壁灯、落地灯来代替室内中央的顶灯，壁灯宜用表面亮度低的漫射材料灯罩，这样就使卧室显得光线柔和，利于休息。要注意的是，主灯的造型要与整个卧室的装饰风格一致。如家具造型比较简洁，就不要采用款型复杂的吊灯；如摆放了西式古典家具，那么一只简单的吸顶灯就略显单薄。床头柜上可用子母台灯，大灯做阅读照明，小灯供夜间起床用，另外，还可在床头柜下或低矮处安上脚灯，以免起夜时受强光刺激。如果是双人床，还可在床的两侧各安一盏配上调光开关的灯具，以便其中一人看书报时另一人不受光的干扰。

书房：书房是读书学习的地方，亮度一定要达到要求。如果书房长期亮度不足，会使人眼睛疲劳，甚至造成近视。书房除台灯外，还要设置一般照明，以减少室内亮度对比，避免疲劳。

阳台：通常为休闲区域，灯具的选择可依据吊顶风格采用筒灯、吸顶灯或户外灯式的壁灯。

灯光是营造家居气氛的魔术师

创造家居光环境要注意一般照明与局部照明的关系
太刺眼了！

灯光设计要注意适应周围环境
这个灯放在哪里合适呢？

客厅的灯要够高、够亮

餐厅运用暖色吊灯可以营造温馨的用餐气氛

卧室应选择亮度不高的深罩型、半透明型灯具，利于休息

什么样的家具才是适合自己的家具

随着社会经济水平的逐渐提高，人们对于居室环境的要求越来越高。有人提出家居应“轻装修，重装饰”，专家更指出：家具应像衣服一样，常换常新，这样才能让人总能享受到新意的美感。可是常换常新说起来简单，却也不是一件容易的事情，在家具选择方面就非常让人困惑。

现代都市中有很多人，对于家具的选择有着自己的一套想法，但是也有很多人，却不知道该如何选择家具。家具商场中的各式家具琳琅满目，让人眼花缭乱。那么该如何选择家具呢?

☆ “量体裁衣”——挑选适合房屋状况的家具

想要挑选合适的家具，那么首先就要了解如何布置家具，只有懂得家具的布置，才能较好地挑选适合自己房屋状况的家具。

安排和布置家具即室内家具布置是室内设计工作中及其重要的部分。通常除了作为交通性的通道等空间外，绝大多数的空间在家具未布置前是难以付诸使用和难以识别其功能性质的，更谈不上其功能的实际效应。如果设计方案是一个确定的建筑空间，其尺寸、形状以及墙的位置已经固定，那么设计活动中首先考虑的就是根据功能布置家具。即使是所设计的空间不确定时，也就是说建筑未完成或空间是一个无隔墙的敞开区域（如现代办公建筑），一些功能的划分，家具方案也往往先于限定房间的隔墙之前。所以，家具方案是室内陈列设计的第一个步骤。

在客厅、卧室等房间内，设计时先需要考虑家具位置和行动的通道，排列时还须考虑其空间的尺度和形状。而在室内设计时，家具的数量、尺寸以及它所占据的空间是整个空间设计是否合理的关键因素。在其他的一些方案中，家具的布置可能对空间处理产生很强的影响，也就是说室内的环境是靠家具的布置来调整的。

家具在房间中占较大的平面和空间，布置家具总的要求是要适用，同时，又不要过于空旷或拥挤，一般来说，室内活动区不应小于全室面积的40%。否则，会影响人的正常活动，影响通风和采光。

居室家具又是居室装饰布置的重要内容。一般说来，家具约占居室面积的40%~50%，因此居室布置的美观与否，很大程度上受家具摆放的影响。家具摆放得好，可以体现出一种长短相接、大小相配、高低错落有致的韵律，使人感受到一种流动的美。所以，布置家具很有讲究。

家具布置的流动美，是通过家具的排列组合、线条连接来体现的。直线线条流动较慢，给人以庄严感。性格沉静的人，可以将家具的排列尽量整齐一致，形成直线的变化，使人感觉居室典雅、沉稳。曲线线条流动较快，给人以活跃感。性格活泼的人，可以将家具搭配的变化多一些，形成明显的起伏变化，使人感到居室内活泼、热烈。

家具的线条还要与住房的线条相适应。如果住房较窄，可以将家具由高到低排列，以造成视觉上的变化，从而房间就会显得宽敞了。

总之，在选择家具时，一定要注意以上的细节，这样才能挑选到合适的家具。专业人员一直强调一个观点：和谐就是精致。也就是说在家具选择上要注意与房屋的和谐以及与自我身心的一种和谐。所以，整体是最重要的。某一样家具过于突出，会破坏房间的整体感觉。

☆ 打造合心意的小窝

俗话说："一个萝卜一个坑。"除了表达人才要各尽其用的意思之外，也暗示了做事得精准定位，合适的萝卜在合适的坑里面才能发挥最大的价值。这句话套用在家具业中也同样具有妙用。纵观各大家居卖场，消费群的分类日渐明朗。对于消费者来说，对于眼花缭乱的各式家具最直观的感受就体现在家具的色彩之上。

问身边的男性友人，最喜好的颜色有哪些？大多数的答案无非是黑色、木板灰等之类的经典色。男性的喜好催生出了男性风格的家具。家具涂料的选择则不谋而合地以黑色、棕色为主。家具线条刚硬、造型颇具"酷"感，让人感觉到它的粗犷之美，而紫罗红、青铜色、花岗岩黄的涂料用色，又赋予家具柔和之美。

而女性的世界无一不与色彩产生着千丝万缕的联系，体现在家具的选择上，更是各有所好。都市女孩心仪时尚，崇尚色彩，有着天然的浪漫气质。而中年女性则更喜欢平和的中性暖色，当然也有偏好中性冷色一族的。年纪稍大的女性就偏好浅色的亮丽而明快，如白橡、白枫、浅核桃、淡紫、淡粉、淡黄、水绿，等等。她们还喜欢在家中"统一"的色谱中安排一个反差较强烈的亮点。

现在各类家具产品丰富，但凡你想到的都可以找到，不管是知性风格还是卡通风格，只要你去寻找，都会如愿以偿。

第三章 每天学点设计美学

为什么生活中需要实用的艺术设计

1955年，宜家在其发出的50多万份商品目录封面上打出了“梦幻家居，梦幻价格”的口号。低价好货、顾客拥戴使宜家冲破了其他家具经销商的封堵，并进而形成了一种基于与顾客的合作伙伴关系的宜家商业理念。宜家设计师与生产商合作，使用现有的生产方式，找到巧妙制作家具的方法。从此后宜家变成白领们和大多数都市居民的首选家居品牌。

像宜家这样充满设计感的生活产品，给我们的生活带来了很多乐趣。那么，为什么我们的生活需要这些实用中不乏艺术的设计呢？

☆ 设计美能给平凡生活带来幸福感

艺术设计所包含的内容有装潢艺术设计、环境艺术设计、媒体广告设计、工艺美术等装饰艺术设计。艺术设计将艺术与生活紧密联系起来，艺术设计的产品不仅具有实际的使用功能，还具有装点和美化生活的作用。

我们都知道身边充斥着各种美的事物，很多生活中的家居产品和服装衣饰都被设计得很美观，这些产品大到我们住的房屋，不仅能够遮风避雨，还布置得美观、舒适，好的建筑历经几个世纪依然让人赏心悦目；我们穿的衣服，不仅能遮羞蔽体，还各具特色，每个民族几乎都有自己有特色的服装，让每个时代的人都能够在或大方或俏丽中展现自我；我们用的器皿，不仅能盛装食物，更精致得如同艺术品，瓷器、玻璃器皿等给我们的餐饮文化增添了很多乐趣。这些生活用具的美化，就是实用艺术，它能将生活的方方面面，都赋予美的形式，他们最大的乐趣就是给平凡生活带来很多细碎真实的幸福感。

美感能带给人更多的幸福感，因为赏心悦目的东西能够让人心情愉悦，这使我们在平凡的生活获得很多乐趣。所以人们更愿意在生活中增添美的事物。

设计改变生活
你什么时候改吃苹果了？

苹果笔记本
哇，好酷哦！

潮
你那个该淘汰了，这个才叫潮！

给我看看
让我摸摸！

我也想要
太漂亮了

我还是喜欢方形的，实用

☆ 实用艺术让人们在艺术中不离开实用

虽然实用艺术能提供美感，但它是以实用物品为创作基础的，这样的艺术设计，会将我们和纯艺术的距离拉得更近，这是因为这样的艺术形式，与纯粹的艺术是有区别的。

众所周知，单纯的创美活动本身是不注重实用性的。

就好像建一间房屋，不能为了美观而建造得过于低矮；做一只碗，也不能为了追求独特的形式，而制作成完全平坦的形状。也就是如果只为了艺术效果而忽略实用性，这样的物品已经上升为艺术品的范畴，而不能被当作普通物品来使用了。而实用艺术就因为这点将似乎离生活很遥远的艺术拉入我们的生活里，于是，被大家喜欢的很多的艺术品就是在实用艺术的基础上发展而来的。

艺术设计的实用性可以满足人们的物质需求，设计艺术可以改变生活，它与人们的生活息息相关。它有别于传统观念上的单纯艺术，画饼充饥只能满足人们的精神需求而不能满足人们的物质需求，设计是为人类解决现实生活中的实际问题的。任何实用设计首先都应当具有实用性，如建筑应使人们在居住时感到舒适方便，实用工艺品应使人们在使用时感到称心如意等。设计的实用性应当符合人类不同实际活动的需要。如建筑从整体上看，其主要功能是遮风避雨，为人们提供舒适方便的室内空间场所，但不同的建筑类型又具有不同的用途和功能。在设计中，实用性与审美性紧密地联系在一起，但应以实用为主。审美从属于实用，服从于实用。如陶瓷茶具、酒具，以及竹编篮子、筐子等，都首先应当让人感到方便实用，然后才谈得上漂亮美观。因此，实用工艺品在设计制作的过程中，常常都是首先考虑到使用效果，根据实用特点来进行艺术处理与美化装饰。这方面，我国古代的一些优秀工艺品堪称典范。例如河北满城出土的西汉“长信宫灯”，既是一件新颖独特的青铜工艺品，又是一件方便实用的生活用品。

为什么现在的各种设计越来越简单

设计界流传这样一句话：“我们所处的时代是一个走入宁静的时代，在简洁中感受不平凡，而来自传统的精神则是现代设计灵感的起点。”

现在的设计界，不管是工业设计还是时装设计，都开始出现这样返璞归真的简约风格，我们会发现，各种设计越来越简单。这是为什么呢？

☆ 简单设计能传达出统一效果的现代感

简洁的设计能传达出统一的现代感。这里说得简单，不仅仅是指颜色和式样的简单，它其实是一个更宽泛的概念。人眼会将相似的物体进行简化，无论这个物体本身有多复杂，都会被认为是一个点，多个相似的点之间能发生联系，具有互相吸引的作用，就会使它们看起来像一个整体。

从20世纪60年代开始，在一些国家和地区出现了一种复兴20世纪二三十年代的现代主义、追求几何形式构图和机器风格的所谓“新现代主义”。为了体现出商业界的秩序与效率，设计应有冷漠、正规、中性的外观特征。在家具和室内设计中广泛使用钢管和其他工业材料，突出体现金属材料的冷漠感。在欧美国家，新现代主义也时兴一阵。较为正规、严谨的新现代主义作品不少出于斯堪的纳维亚设计师之手。如钢片椅就显得稳重而严谨。1969年，阿基佐姆设计了“米斯”椅，以一种幽默的手法来模仿米斯的巴塞罗那椅。“米斯”椅采用了镀铬方钢、橡胶板等工业材料及尖锐的三角形造型，把新现代主义推向了极端。

这样的设计风格和现代商业化的形式相融合，代表着我们这个快节奏的生活环境，非常具有时代代表性。简单事物间的统一性，让不少情侣喜欢穿情侣装，也让不少三口之家喜欢购买亲子装。而不少公司为了使公司形象更为突出，也会让员工穿统一的制服，让各店面采用统一的装修。

☆ 简单设计能给人以视觉的舒适感

简洁、精简，这是从造型元素的多寡上来说的，但并不是所有造型单纯的设计就有简约的气质，有时反倒是简单甚至简陋。反之，有的设计运用的元素颇多，看起来花纹繁复，但却着实透露出简约之风。中国古典传统的设计就是很好的实例。

简单强调的是视觉的单纯和使用中的舒适感觉。简单风格设计从外观线条的简洁舒展到细节品质的精到把握，使观者产生轻松愉悦的感受，而这种感受正是人们阅尽繁华后的返璞归真。

最终的设计，无非是基本元素的组织和结合，单纯的堆积，可以称之为简洁，堆积得好，就可以被看作简约，堆积得不好，就成简陋了。以人像照片为例，它的简约是靠图片中人像这一基本元素的排布来做到的，距离、间隔、远近、大小、景深，这一切让整个图片有了味道的原因，都在于对这些人像这一相同的基本元素的空间变化上。以中国古代雕花窗棂为例。其设计往往是基本图案（基本元素）的简单复制，就可以复制出味道来，实际运用中，再加上些许的变化，往往就美不胜收了。在实际的设计中，基本元素确定后，更多的是要考虑这些基本元素之间的关系，如何通过这些关系，来提高设计的深度。最常用到的，也是最容易用到的组织方法，就是复制和过渡手法。复制，窗棂中已经说了，但是这个复制，不能是生硬的陈列。过渡，是基本元素之间的连接、对比组成关系，是要对基本元素有了理解之后，才能加以利用的。

简单的设计能传达统一的效果

很多画家就善于利用简单相似性的原则来画画

白色统一的画面能给人以圣洁的感觉。

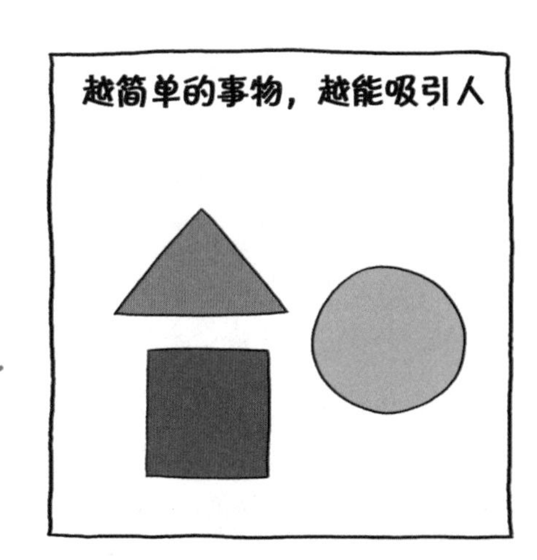
越简单的事物，越能吸引人

绘画中的三角形构图利用了简单图形的统一性。

简单的事物能创造更多变化和动感。

这种复制和过渡，是有机的，有其内在理由的，如果生硬地去做，只会变得简陋。关于过渡，也就是基本元素的结合或组合，这一点在窗棂中也有体现，不管是有意的还是因为卯榫结构的原因，所形成的窗棂之间的嵌合，还有各个图案之间的过渡方式，都使原来刻板的图案富有活力。

☆ 简单设计是一种文化氛围

当代工业设计中，简单已经上升为一种风格，而简洁只是因素。简约表现为对材料的尊重、对心灵的沉淀。有的产品只能说是简洁的，不能说是简单，如塑料表面的仿涂金属掩盖了本质，是虚华追求。

目前得到广泛简约认同的是斯堪的纳维亚设计，它体现了斯堪的纳维亚国家多元化的文化、政治、语言、传统的融合，以及对于形式和装饰的克制，对于传统的尊重，在形式与功能的一致，对于自然材料的欣赏等。斯堪的纳维亚设计是一种现代主义的，但它将现代主义设计思想与传统文化相结合，既注意产品的实用功能，又强调设计中的人文因素，避免过于刻板和严酷的几何形式，从而产生了一种富于“人情味”的现代美学，受到了人们的普遍欢迎。丹麦家具很多都是简约设计的典范，也是斯堪的纳维亚设计的集中体现。

为什么有些产品让人看了总想摸一摸

红木质量较好，材料的差别也比较大。罕见的红木荞麦皮灰红色，边材狭、灰红色；心材浅黄、白色至深入色。裸露于空气中后突变紫白色，略具香气。树龄显然，木射线极细。老红木与紫檀相近，但光泽较暗、色彩较淡。新红木有明显条纹，条纹美妙，似黄花梨。红木材料坚重、持久性强，是初级硬木家具及工艺美术品的感性用料。在琳琅满目的中国古典家具中，红木家具以它壮丽多彩的英姿，备受推崇。这内中虽然有它坚重、持久的缘由，但更主要的是它那华美的颜色更给人以一种雍容豪华、高雅端庄的感想，让人看了总想摸一摸。

这种由质地本身引起的视觉质感，铸就了明代家具的辉煌。

☆ 现代设计讲究视觉质感

视觉质感是靠眼睛的视觉而感知的物体表面特征。视觉质感是触觉质感的综合和补充。一方面，由于人触觉经验的积累，对于已熟悉的物面组织只凭视觉就可以判断它的质感；另一方面，对于手和皮肤难以接触的物面，人只能通过视觉综合触觉经验类比、估量和遥测，成为视觉质感。

在现代工业设计中，利用视觉质感的间接性、经验性、知觉性和遥测性，可以用各种表面装饰工艺手段，以近乎逼真的视觉质感达到触觉质感的错觉，如塑料电镀、纸材仿纹。

触觉是生理性的，视觉质感是心理性的。触觉质感通过视觉质感在人的思维中概括抽象，为另一系列的质感印象，比如：脏、枯、死、粗、贵、俗、陋、厚、朴实等。

☆ 工业设计中的质感设计

质感设计最能及时地体现和运用最新的科技成果，一种新颖的材料，一种独特的面饰工艺在工业设计中运用，往往比一种纯粹的新造型带来更有意义的突破。

质感设计就是对于工业设计的技术性与艺术性的先期规划，是一个合乎设计规范的认材—选材—配材—理材—用材的有机程序。

造型材料与构成产品或物体的形状及外观特征有关，与人们的生活习惯、工作环境以及人们的生活水平、文化修养有关。因此，工业设计师必须先要把握造型材料的性能及产品的服务范围或对象，才能在造型设计中更好地运用各种材料，提高设计效果。

良好的触觉质感设计可以提高整体设计的实用性，如手柄持握位置的处理，可以提高工业产品整体设计的装饰性。良好的质感设计可以替代和补救自然质感，达到工业产品整体设计的多样性和经济性。良好的质感设计，往往决定整体设计的真实性和价值性，如透明外壳、牛皮车顶。

质感设计在产品造型设计中具有重要的地位和作用，良好的质感设计可以决定和提升产品的真实性和价值性，使人充分体会产品的整体美学效果。在产品设计中，良好的触觉质感设计，可以提高产品的适用性。如各种工具的手柄表面有凹凸细纹或覆盖橡胶材料，具有明显的触觉刺激，易于操作使用，有良好的适用性；良好的视觉质感设计，可以提高工业产品整体的装饰性。如材料的色彩配置、肌理配置、光泽配置，都是视觉质感的设计，带有强烈的材质美感；良好的人为质感设计可以替代或弥补自然质感的不足，可以节约大量珍贵的自然材料，达到工业产品整体设计的多样性和经济性。例如，塑料镀膜纸能替代金属及玻璃镜，塑料装饰面板可以替代高级木材、纺织品等，这些材料的人为质感具有普及性、经济性，满足了工业造型设计的需要。大胆地选用各种新材料，充分挖掘材料的表达潜力，并运用一些反常规的手段加工处理材料，出人意料地把差异很大的材料组合在一起，往往能创造出令人惊喜的、全新的产品风格。质感设计是工业产品造型设计中一个重要的方面，它充分发挥了材料在产品设计中的能动作用，是一个合理选择材料、创造性地组合各种材料的过程，是对工业产品造型设计的技术性和艺术性的先期规划，是一个合乎设计规范的“认材、选材、配材、理材、用材”的有机过程，是“造物”与“创新”的过程。

如何设计一个能充分展示内容的封面

封面是一个企业、一种产品、一本书或杂志最吸引人的地方，封面的优劣关系到企业的形象，关系到产品、书或杂志的销量。如果一本讲时尚的杂志，连封面都做得不够时尚，有谁会购买呢？封面设计主要包括：企业封面设计，即从企业自身的性质、文化、理念、地域等方面出发，来体现企业的精神；产品封面设计，即从产品本身的特点出发，分析出产品要表现的属性，运用恰当的表现形式、创意来体现产品的特点，这样才能增加消费者对产品的了解，进而增加产品的销售；企业形象封面设计，即应用恰当的创意和表现形式来展示企业的形象，这样才能给消费者留下深刻的印象，加深对企业的了解；宣传封面设计，即根据用途不同，会采用相应的表现形式来体现此次宣传的目的。

从这些封面设计的类别可以看出，封面设计的精彩度，绝对关系到企业、产品和书籍刊物的命运。那么，如何设计出一个精彩度高的封面呢?

☆ 中心内容是封面设计的灵魂

封面设计首先应该确立表现的形式要为书的内容服务。用最感人、最形象、最易被视觉接受的表现形式，所以封面的构思就显得十分重要，要充分理解书稿的内涵、风格、体裁等，做到构思新颖、切题，有感染力。

当然，无论封面设计的内容和形式是什么，最关键的就是要更好地展示出内页的内容，这是封面设计的灵魂所在。比如讲企业人物的书籍或杂志封面就要突出人物的形象，讲动植物的书籍或杂志封面会突出动植物的形象，讲宇宙的书看杂志封面会突出宇宙的风貌。每一种书籍或杂志都有自己的中心内容，封面的内容就应该突出它。

一般来说，同样的主题，不同的图片，呈现出不同的风格。很多封面设计师在设计封面的时候都会经过几番的否定，最后确定出最好的，最符合主题的。有时人们可能会觉得被否定的封面看起来更好看，但封面设计师总会说明他们之所以做这样的选择，是因为现在的封面更能准确地传达主题。在美与主题之间，封面设计师更看重的是主题。当然能两者兼而得之，是最完美的。

☆ 封面的风格要视内容的风格决定

我们知道，同样的主题，可以用不同的风格形式进行表现，但究竟应该使用怎样的风格，还需要视内容的风格决定。比如一本讲猫咪的书，如果是介绍喂养技巧，就是非常实用的风格，所以在设计封面时，无论图片、字体都要避免过于花哨。但如果是讲“猫眼看生活”的，则是一种略带嬉皮的玩笑风格，可以尝试使用较为卡通的或设计感强的设计。

封面的设计元素还应该注重目标读者和受众，要充分了解这部分人群最想看到什么，再设计出封面所应展示的内容。比如女性时尚杂志所面对的是追求时尚的女性，她们希望看到怎样的装扮才是最时尚的以及当红的明星们又是如何穿着的，所以女性时尚杂志的封面就应该突出明星和时尚两个基本元素。但如果期期都将女星的性感图片作为封面，也不是绝佳之选，它更适合用于吸引男性的杂志。所以，如果要设计一个封面，给居家人群看的，就要突出家庭的温馨；给青年人看的，则要注重新奇与趣味性；给客户看的，则要增加对目标客户的吸引力。

好的封面有助于提升销量
××畅销书
抢啊~
抢啊~

好的封面能美化生活
完美家庭

封面是内容的反映

封面上的图片不能太繁复
××封面

封面上的主要文字要醒目一些
猫祥
日记

在封面上用单一的色彩也很有力量
猫祥

☆ 最稳妥的图片选择是简单

大部分时候，封面都需要图片。图片是书籍封面设计的重要环节，它往往在画面中占很大面积，成为视觉中心，所以图片设计尤为重要。

封面的图片有着直观、明确、视觉冲击力强、易与读者产生共鸣的特点，所以对于图片的选择有一定的要求。其实最稳妥的图片选择就是要简单。所谓的简单，就是画面要单纯，不要期望一张图片能传达多复杂的内容，只要它能够直接反映内容最核心的思想就行了。如一本成功人物的传记，可能是讲述某人成功的一生，就可以选择表现他成就感的图片；如果他经历坎坷，则可以选择他表情复杂的图片；如果他以华贵闻名，图片中的他就应该是极尽奢华的样子。

一般来说，封面的设计只使用一张图片，上面的人物也应尽可能少，如果背景元素过于复杂，则尽可能将背景去掉。好的时尚杂志，都会为明星量身拍摄封面照，其目的不仅在于获得新颖的效果，还在于获得与主题的有机结合，以保证画面的干净纯粹。

此外，不同书籍刊物的封面所选择的图片内容是不同的，最常见的是人物、动物、植物、自然风光，以及一切人类活动的产物。所以，在选择图片时，还需要根据书籍刊物的内容和风格来确定。比如青年杂志、女性杂志均为休闲类书刊，它的标准是大众审美，通常选择当红影视歌星、模特的图片做封面；科普刊物选图的标准是知识性，常选用与大自然有关的、先进科技成果的图片；而体育杂志则选择体坛名将及竞技场面图片；新闻杂志选择新闻人物和有关场面，它的标准既不是年轻美貌，也不是科学知识，而是新闻价值；摄影、美术刊物的封面选择优秀摄影和艺术作品，它的标准是艺术价值。

☆ 色彩的表现力也不可忽视

有时封面不一定要用图片，色彩的表现力也很重要。封面的色彩处理是设计的重要一关。得体的色彩表现和艺术处理，能在读者的视觉中产生夺目的效果。

单一的色彩一般很有表现力。比如红色的热烈、黑色的沉思、褐色的文艺、绿色的环保、黄色的明快、白色的纯洁，每种颜色都各具表现力，其单纯的色调有极为突出的效果。使用能突出色调的图案，也具有很好的视觉吸引力。即使使用图片，也应该注意颜色的表现力。最好选择颜色方面有所偏向的图片，这不仅能让封面看起来和谐，也能借助颜色的一致性来增强视觉吸引。

封面色彩的运用要考虑内容的需要，用不同色彩对比的效果来表达不同的内容和思想。在对比中求统一协调，以间色互相配置为宜，使对比色统一于协调之中。比如书名的色彩运用在封面上要有一定的分量，纯度如不够，就不能产生显著夺目的效果。另外除了绘画色彩用于封面外，还可用装饰性的色彩表现。

封面设计的色彩配置上除了协调外，还要注意色彩的对比关系，包括色相、纯度、明度对比。封面上没有色相冷暖对比，就会感到缺乏生气；封面上没有明度深浅对比，就会感到沉闷而透不过气来；封面上没有纯度鲜明对比，就会感到古旧和平俗。我们要在封面色彩设计中掌握住明度、纯度、色相的关系，同时用这三者关系去认识和寻找封面上产生弊端的缘由，以便提高色彩修养。

一般来说设计女性书刊的色调可以根据女性的特征，选择温柔、妩媚、典雅的色彩系列；幼儿刊物的色彩，往往要针对幼儿娇嫩、单纯、天真、可爱的特点，色调往往处理成高调，减弱各种对比的力度，强调柔和的感觉；体育杂志的色彩则强调刺激、对比，追求色彩的冲击力；而艺术类杂志的色彩就要求具有丰富的内涵，要有深度，切忌轻浮、媚俗；科普书刊的色彩可以强调神秘感；时装杂志的色彩要新潮，富有个性；专业性学术杂志的色彩要端庄、严肃、高雅，体现权威感，不宜强调高纯度的色相对比。

总之，文艺书封面的色彩不一定适用教科书，教科书、理论著作的封面色彩就不适合儿童读物。要辩证地看待色彩的含义，不能形而上学地使用。

平面设计中的字体如何选择排放才好看

我们每天都在阅读文字，却不一定注意印刷品或屏幕上的字体。不少人以为，字体只是书法家们关心的事。其实，作为平面设计的脊梁，字体凸显着基本设计要素的重要性。

平面设计作为视觉传达设计，除在视觉上给人美的享受外，更重要的是向广大的消费者传达种信息和理念。因此，在平面设计中不仅仅要注重表面视觉上的美观，更应该考虑信息的传达。文字、图形、色彩是平面设计信息传达的三大要素，而文字设计，即字体设计则是这三大要素中的重要因素之一。字体设计的功能是信息传递与视觉审美，也就是表现其应用性和艺术性，特别体现在现代字体设计的实际应用中。同时，设计出的字体既要符合视觉审美规律，又应具有鲜明的视觉形象，以便在传递文字信息时获得最佳效果。所以人们说平面设计中文字设计是集传播功能、情感意象于一体的视觉表现符号，是平面设计中最直接、最明了、最迅速的信息载体。

那么，在设计中，如何选择和排放字体才能达到预期的效果呢？

☆ 字体的风格要和内容相统一

20 世纪中后期，计算机技术将文字印刷提高到一个崭新的阶段，直接在电脑中进行文字设计与编排，进入了数字化字库时代。印刷技术的进步，带动了字体设计的发展，仿宋体、黑体、综艺体、浮云体、变体等字体都相继诞生，在专业的设计的字库中，有将近上百种字体。另外，通过对字体进行变形、加阴影、加粗等处理方式，获得更多种类的形式。

每一种字体就代表着一种风格。中国早有“字如其人”的说法，其实每个时代，也有体现着时代风格的字体。汉代隶书的方正与唐代楷书的法度整严，分别折射着不同的时代特征，爱好古籍收藏的人，不会对宋刻本中清丽隽秀的宋体字陌生，而民国年间西方现代文明对中国文化的强烈影响，反映在印刷品的字体上就是新潮且带些书生意气。所以，在平面设计中，字体风格的选择要与内容的风格相统一。

比如宋体。宋体也称印刷体，一般出现在报纸、杂志、小说的正文中。比较权威、正统的杂志用宋体较多。在商业设计中，宋体运用得是非常少的。因为宋体笔画比较细，难以识别，所以在海报、画册类中运用得也比较少。

楷体。楷体一般用于书籍的前言与图片的注解部分。楷体的传统韵律比较强，所以在传统类的设计对象中运用得非常广，但是楷体不会作为主标题的文字选择，在副标题和广告（产品）解说（说明）部分运用得比较多。

黑体。黑体笔画很均匀并且撇捺笔画不尖，使人易于阅读。由于其醒目的特点，常用于标题、导语、标志，等等。当然常见的标题、导语采用的多是粗黑、大黑、中黑，而不是我们 Windows 里自带的黑体，如果从设计的纯角度来讲，黑体运用得也是非常少的。

方正报宋。方正报宋的外形比宋体要“方”、端正，不失时代气息也极具传统味道。所以方正报宋和方正宋一简体也常用出现在一些时尚杂志的正文中。以上两种字体比较适合和铜版纸、哑粉纸、道林纸配合使用。

微软雅黑。微软雅黑是美国微软公司委托中国方正集团设计的一款全面支持 ClearType 技术的字体。微软雅黑是随着简体中文版 Windows Vista 一起发布的字体。微软雅黑的审美要比黑体的高雅很多，在海报与网站图标中运用比较多，不适合做正文和标题的选择，比较适合副标题文字的选择。

此外，对于设计师的创作来说，每种字体都有其各自的特点与风格。什么情况下采用什么字体、哪类文字适合哪种风格的设计，这也是值得思考的！比如无衬线的文字比较适合现代时尚、儿童产品的设计，粗体比较适合嘻哈画面设计，有衬线的文字一般运用在传统类、高端类、庄重类设计中，等等。

☆ 花哨和简单，各有千秋

曾有一段时间，杂志、报纸都喜欢把标题做得繁复花哨，仿佛这样才能将文字的意思传达得淋漓尽致，但实际效果却不是这样。

大量的广告市场调查证明，文字的式样并非越复杂越美。文字所承载的主要还是

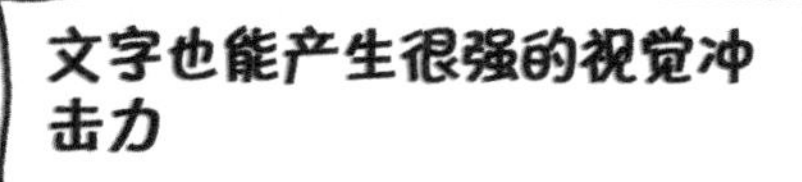
文字也能产生很强的视觉冲击力

CDEFGHIJKLMNHAB
EWKJWFG

每种字体都有它独特的风格
黑体黑体黑体
宋体宋体宋体宋体
楷体楷体楷体

文字设计不应该太过花哨
花哨

空白也很有表现力

文字尽量不要压图
猫

过于讲究形式，文字就会变成图片

其含义，它能清晰明了地传达含义最为重要，所以，我们在找寻合适的字体的时候，更应该注意的是字体对本意的传达作用而非其他。过多的修饰无异于画蛇添足。

简单的设计现在越来越流行，现在的标题、广告文字设计，大多选用简单的方式。用得最多的字体是黑体、宋体、楷体、隶书、幼圆和它们的变体，绝少修饰。这样的模式让文字本来的含义更鲜明。

如果需要对文字进行修饰，那么一般来说会选择突出某些字的方法，如标题的首字扩大，或者尾字的末笔延长，或对某些字的弯曲笔画进行夸张。如为了制造浪漫的效果，也可以对某个字进行图案化设计，如“心”字中心的点就可以变成一个心形，这样适当的点睛效果就足够了。

当然，花哨的效果也不是完全不可取的，乱而有序的花哨风格也能产生别样的效果。

☆ 文字排放要讲原则

通常，一幅平面设计是由文字和图片共同组成的。所以在设计和排放文字时要遵循一定的原则才能达到预期的审美效果。

文字在排放方式上不像图片那样有很大的限制，横排、竖排，甚至斜排都可以，几乎版式中的任何地方都可以排放，但是其设计就必须以文字和图片的关系来设定，这是原则之一。

虽然文字的排放没有那么大的限制，但是不论怎样排都最好不要将文字过于靠边，在文字和边框之间，应该有一定的空白才能让视觉感觉舒服。尤其是标题字体，因为它具有一定的面积，所以如果周围没有空白就与边框、图、文字相接，就会显得过于紧凑，令人窒息。这是原则之二。

如果需要把文字排在图片中时，就要尽量避免将文字压在图片上面，这是原则之三。

把文字排在图片中时要选择图片中空旷且颜色统一的区域，这样能让文字看起来清晰，也不容易影响图片的整体质量，这是原则之四。

即使必须压图的时候，也要注意不能压住图片的最重要部分。如以人为主的图片，不能压着人脸；以房屋为主的图片，不能压着其主体；以花朵为主的图片，不能将主要的花朵遮盖了，这是原则之五。

最后，字的颜色应该尽量与图片的颜色相融合，如果想要突出字的效果，可以为其勾边或者加浅阴影。

为什么“城中好高髻，四方高一尺”

《乐府诗集》中有一首《城中谣》：

城中好高髻，四方高一尺。城中好广眉，四方且半额。城中好大袖，四方全匹帛。

讲的是由于京城里风行“高髻”，于是各地便竞相仿效，甚至要比京城里风行的“高髻”还要高上一尺；由于都城里时兴“广眉”，各地争先模仿，把眉毛描画得能盖住半拉脑门那么宽大！由于京都中流行“大袖”，各地都争先恐后地比着做，那衣袖就得用整匹的绸缎才能做成。这首歌谣讽刺了上行下效而造成的追求时髦的不良社会风气。却也反映了一个社会话题，那就是“流行”。为什么在我们的社会生活中会经常出现这种流行蔓延？而且，为什么大多数流行从形成到消失的时间较短，但在消失之后的若干时期，又会周而复始地以新面目出现呢？

☆ 新奇感与模仿

时尚是在大众内部产生的一种非常规的行为方式的流行现象。具体地说，时尚是指一个时期内相当多的人对特定的趣味、语言、思想和行为等各种模型或标本的随从和追求。

所以当一个新潮事物出现时，人们在最开始是因为感到新奇而尝试，而随着尝试的人逐渐增多，模仿的因素就更加鲜明将这样流行物推广开去了。

流行的心理因素是动机，具体表现为：要求提高自己的社会地位；获得异性的注目与关心；显示自己的独特性以减轻社会压力；寻求新事物的刺激，以及自我防御等。

传播媒介的发达、商业网络的健全及权威人士的参与，能扩大流行范围并加快传播速度。喜欢华丽的人，对流行更敏感；虚荣心、好胜心强的人，易追求时尚。流行的实现能给参加者以一种刺激，此种刺激可以满足他们的某些心理需要。

法国社会学家塔德提出了以暗示、模仿为核心范畴来解释社会流行蔓延的现象，他认为，社会就是模仿、效法，模仿是人类行为的基本方式，模仿遍布于整个社会之中，渗透到人类生活的各个领域，扩展到解释时髦的社会现象上依然也是成立的，模仿几乎是人的天性之一。

☆ 流行与习惯

流行的产生毫无疑问是一个个性美的开端，但是渐渐地成为全城，甚至整个时代的审美标签，毫无疑问这其中有一个因素在作怪，那就是习惯。

如美国社会心理学家阿希指出：“一旦一个人处于群体之中时，就与该群体融为

城中好高髻
京 城

一件新潮事物出现时，人们在最开始会因为新奇而尝试
真难看！
京城就流行
这样的打扮。

尝试的人逐渐增多就成了流行

融入群体久了，追求流行就会成为一种习惯

复古也可以成为一种流行

一切过往的东西都会是一个新的开始
不觉得很
有新意吗？
你怎么又
这样打扮
起来了？

一体了。当他独自一人时，他可能以十分冷静和明朗的态度看待某一事物，但是一旦置身于某一群体而且该群体表现出自己的倾向时，他就不会再单独依靠自己的判断看待事物了。他可能以不同的方式对待该群体：或采取与群体一致的倾向；或与之抗衡；再或根本无视群体的倾向。”

所以当人在融入一个群体中时，会不自觉地放弃自己的选择，而渐渐习惯那个群体的取向，也会用那个群体的审美来要求自己，渐渐地，追求流行也就成了一种习惯。

☆ 复古与创新

“一切过往的东西都会是一个新的开始。”这句经典老话代表了当今的时尚潮流。看看近几季的T台吧，复古风真的是无处不在。不论是高级时装品牌，还是高街品牌，都在不遗余力地推崇复古时尚，为消费者提供华丽、鲜亮之外的另一种选择。

2011春夏T台更是被称为“平民时尚”的20世纪70年代复古风所占据，设计师向过去的嬉皮士精神致敬，追求自由和解放的感觉。无论是波希米亚风格的大长裙，还是潇洒的阔腿裤，都成为这一季的大热款式，受到潮人们的追捧。

针对这种现象，经常有人会嘲讽地评价当今的时尚界：“当设计师没有灵感时就复古吧。当他们把一切经典都做完之后，便会显得创造力匮乏了。”无论质疑正确与否，可以肯定的是，每当设计师才思枯竭、迷茫而找不到方向的时候，他们的确会到记忆中的某一个节点，去那里获取力量。

人类的想象力和创造力是有局限的，这就是为什么设计师们要经常回顾过去，拾起一个旧时代的时尚元素然后赋予它新的活力。设计是需要经过文化沉淀的，所以在过去美好的事物中找灵感可能是一种规律。设计师们并不是完全照搬过去的款式，而是在经典的基础上加以进化、重塑，进而产生新的创意。从Dior以前的设计师约翰·加利亚诺到Celine现任的设计师菲比·费洛，大多知名的设计师都是从改造经典中获益而成名的。如果这样说来，参考古旧的服饰，并不是没有创意的表现，而是设计师创作的基础和源泉。

第四章 每天学点影视美学

为什么电影里的主角比电视剧中的少

无论电影还是电视，我们都会发现最核心的人物可能最多就是1~6个而已，如果要加上对剧情有推波助澜作用的配角，电视剧的主要人物就可能会大大增加，而电影则仍然保持在较低的数量上，这是因为电影的长度和故事的容纳量都比较小。

这种人物数量的设置，使我们有时觉得电影非常精练，电视剧过于拉杂；但有时又会感觉电影无法表现更丰富的内容，而电视剧则能完成更完美的刻画。

这种差别感，源自影视不同的特性。当你意识到这一点的时候，其实你就已经清楚地感觉到了这两种艺术形式的区别了。那么，除此之外，导致电影的主角人物比电视剧中的少的缘故还有哪些呢？

☆ 因为制作成本的限制

电影的制作所需的成本比电视剧耗费得更多。

从工具上讲，电影拍摄所使用的机器和道具的成本大大高于一般的电视剧。有一些小成本电影在拍摄时，为了应付高昂的成本费用都不得不去租借拍摄器材。

而且电影拍摄还需要耗费大量的胶片，而电视剧的承载工具是可以循环使用的磁带，这一点也大大不同。从目前的科技水平来看，电影的成本很大程度上是放在制作成本上，所以不得不在其他成本上控制。

另外电影拍摄的时间通常很长，从半年到几年不等，王家卫拍一部电影很可能要跨度几年，其间剧组的开销用度都要从成本中开支。有些电影为了保障票房，不得不花重金请大牌演员，因此在创作上会受限制。

因为这种种因素，所以为了让资金得到有效利用，资金较少的电影就只能减少主要演员人数。

电影的制作成本制约着主要人物的数量

电影在制作过程中需要很多项目的开支
租借器材是笔不小的开支

一部电影要养一大票人
演员
编剧
道具
化装

明星片酬太高了，减人！
减人
制片人

电影的时间太短了！
所以人物不能太多！

主要人物少，观众更容易接受
Tom Hanks
Forrest Gump

☆ 电视剧和电影播放时间的不同

电影主要人物较少的原因还在于电影的时间局限。因为一般来说一部电影播放的时间通常在 1 ~ 3 小时之间，在这样短的时间内能够将故事或者几个主人公充分刻画出来就不容易了，如果再增添情节，只会对电影效果有所阻碍。所以我们在电视剧中会看见一堆三姑六婆，但是在电影里，我们只会见到有亮点的配角三两个而已。

但是也有例外，像《20、30、40》这样平均展现三个人物的电影也有，但这样的电影对人物的刻画能力就弱了很多，这部电影基本上来说就是为展现细节而进行对比，这样的描画手段是对三个人物并存的故事情节的极限展示。

而电视剧总是要比电影时间长，所以编剧有足够长的时间来一一展开剧情。一集没有交代清楚的人物，可以留待下一集交代。每一个出场的人物，都不会被浪费掉，可以尽情开展故事，为主题服务。

☆ 观众对两种艺术形式的接受度不同

观众对片中人物的接受程度，也会受到不同艺术形式的影响，

首先，电影播放的时间总是要远远短于电视剧，所以要想让观众在短短的时间内记住片中人物，是一件很难的事。设想一下，如果你看了一部人数众多但故事情节走马观花的电影，对所有主要情节都不甚了了，试问这样的电影观感怎么会好呢？

很多电影在播放完之后，观众甚至不记得片中主角的名字，只会用男主角、女主角、教练、父亲、姐姐等代表身份的词来代替，这已经说明了，短暂的电影篇幅中，如果剧情设置不够紧凑，观众的印象是很不深刻的。所以，要让电影人物在观众的头脑中留下深刻的印象，就必须减少人物的数量，以给观众足够的时间和精力来认识和理解主角，唯有如此才能出彩。

但是电视剧不同，它不用急着让观众对它所要介绍的所有人物都印象深刻，它有足够多的时间来培养观众和剧中人物的感情，甚至人物的情绪和性格转变都可以来个起承转合的大铺垫和大改写，因为篇幅够长，观众就可以持续性地品味剧中人物，当感觉腻味了，就换一个人物来品味。所以足够多的人物对于剧情来说反而是个好的推进。

演员是如何把自己变成剧中人物的

中国戏曲是近年来北京国际音乐节的重头演出，自白先勇青春版《牡丹亭》在音乐节上演后，第九届北京国际音乐节再次邀请青春版昆曲《桃花扇》入围。北京大学百年讲堂座无虚席，江苏昆剧院在这里演出《桃花扇》。在优雅的南北宫十二调旋律

唱响时，偌大的百年讲堂，观众席鸦雀无声，观众静静地欣赏着被誉为中国艺术兰花的昆曲声腔艺术。年纪不过20岁的侯方域、李香君们以他们对昆曲的执着一招一式地表演着，迷醉了现场的大学生。

当演到“题画”一折，侯方域“倾盃序·玉鞭蓉”的成套大段唱腔，诉说李香君血溅桃花扇的情景时，饰演侯方域的青年演员因入戏太深，禁不住潸然泪下，引得现场观众报以热烈掌声。

我们经常可以见到这种场景，演员因为太投入戏剧而把自己当作剧中人，有时就会“听评弹掉泪，替古人担心”。那么，演员究竟是怎样把自己变成剧中人的呢？

☆ 入戏有诀窍

演员演戏入门有两种，一种是从台词入手，另一种是从动作入手，相对来说前者更好把握一些。表演系专门开设了台词课和形体课就是这个道理。

如果让一个没受过任何专业训练的人来演戏，而角色又与自己相差甚远，甚至都不是一个时代的人物，怎么能演得很好呢？演员的类型有两种，一种是感性表演，一种是理性表演。有的演员表演时很会找感觉，特别地生活化，特别自然，然而最高境界的表演却是由感性上升为理性的，很多没受过专业训练的演员经过多年的磨炼就可以上升到一个新层次，成为真正的演技派。

有些演员很有经验，会因角色而寻找技巧，一个表情，一个小动作，一个小细节，都可以使这个角色更贴近生活。演员体验生活也很重要，如果你没有体会到角色的内心，就无法想象角色应怎样来演，也无法演得传神。

至于什么样才算是演技高的演员，他的表演首先一定是真实可信的，同时演员必须在外形、动作、语言、心理状态等方面最大限度地接近自己扮演的角色，通过外在的动作传达人物内心思想情感，必须具有高度的艺术敏感，而且表演极富个性。

重要的是有感情，如果呆板的话是没办法完成任务的。

至于哭戏。如果允许酝酿感情的话，在安静的情况下最容易伤感。慢慢安静下来，看自己喜欢的明星或者电影，一定要感人的，看过的就不用看了，让别人推荐也不错。看电影的时候一定要看进去，那样看到高潮时会有很大的情感波动，再去演戏时，用替代法代进去就可以了。

☆ 阅历为演技添砖加瓦

稍加留意你就会发现，演技派演员大多不年轻，或者说他们的从影时间都不短。生活比较坎坷的人，他们往往表现得就比其他人要好，这是因为他们不仅有表演经验的积累，但更重要的是生活阅历的增加，使得他们在理解人物上更胜一筹。

我们在身处社会交际时和在家中的状态不同，对待朋友和敌人的状态不同，地位和名望发生变化后的状态不同，甚至在不同情绪下也会有状态不同。当我们随着年龄增长，对很多事都一一经历过之后，我们的情感和大脑自然替我们记录下来这样的状况，当我们在戏中遇到差不多的情况，我们就会有共鸣和回应。

年轻人经历的事情较少，当他们无法从自身的经验中找到与剧中人物相匹配的情感时，就难以把握这个人物，使出演的角色变成没有灵魂的躯壳。不是他们自身条件有多薄弱，而恰恰是因为太年少，反而不能够理解，所以不能做到形神兼备。

☆ 勤奋的力量促使演技加强

演员要想在镜头前变成剧中人物，就要揣摩和学习一系列符合剧中人物的心理行动、形体行动和语言行动来表现，可以说勤奋是演员创造角色的最重要技巧。

梅兰芳是一代京剧宗师，是梅派创始人，我国四大名旦之首。这样一位名高盖世的京剧大师，他的戏得到中国乃至全世界戏剧界的尊崇，即使我们这些不懂京剧的人，也为他的演技所倾倒，特别是他那优美的姿势、悦耳的唱腔和活灵活现的眼神都给人以美的享受，使人为之倾倒。梅兰芳小时候，家庭多灾多难，父母早亡，家道早衰，而他自己也资质不高。第一位启蒙老师看到那时 8 岁的梅兰芳，小小的圆脸，相貌平常，而且眼皮下垂，两眼无神，呆滞近视，就觉得这孩子不像是个唱戏的料。在教戏时，一个上午只教四句，教了一遍又一遍，可是这个学生对这四句唱腔不是忘了词儿，就是唱错了腔，一次也没有唱好。这位先生一气之下，拂袖而去，赌气再也不教他了。梅兰芳后来发奋学戏，博采众家之长，融为一体，形成自己的风格，发展为梅派。梅兰芳的成功完全是勤学苦练的结果，他在舞台生涯四十年时说："我是个拙笨的学艺者，没有充分的天才，全凭苦学。"

以前北京有许多人爱养鸽子，梅兰芳先生小时候也非常爱养鸽子。养鸽子的人每天把自家的鸽子放出去，鸽子在天空飞翔，养鸽者在地面观察指挥，用一杆长竹竿，上面拴一条红绸子，指挥鸽子起飞，如换成绿绸子，就是要鸽子下降的信号。附近有许多家的鸽子放向天空，而鸽子也有个有趣的习性，爱相互串飞，如果自家的鸽子训练得不熟练，很可能被人家鸽子拐走。梅兰芳要手举高竿，不断摇动，给鸽子发出信号，同时还要仰着头，抬着眼，极目注视着高空中的鸽群，要极力分辨出里面有没有混入别家的鸽子。天长日久地练下来，梅兰芳先生的眼皮下垂竟然治好了，呆滞的眼神变成灵活传神了，视力也得到了极大地提高，臂力腰劲也被练得发达了，注意力也更加容易集中了，学戏的效率提高了，思考能力增强了，这就是他通过勤奋促使成功的生动案例。

演员在演习前都需要进行训练
啊～
我的太阳～
5号

演员在演戏前需要研究剧本
剧本

阅历为演员的演技添砖加压

用替代法把对方想成自己会更容易入戏
将军

演员的演技还在于演员自身的勤奋程度
挡我者死!

导演是演员演技的引导者
你要死得很壮烈

没有音效的电影会有艺术感吗

对电影的欣赏已经日渐成为现代人们生活中的一部分。人们在欣赏电影的过程中会发现，很多电影之所以能给人非常震撼的视听效果，音效是功不可没的。尤其是在一些动作大片或是恐怖片里，音效起到的作用更是不可或缺的。很多时候，人们会发现，看恐怖片时，如果关掉声音，那种恐怖气氛就比开着声音时要淡了很多。《猎杀U-571》就可以说是一部无论在画质、音效还是内容上都绝对值得收藏的电影。尤其是在音效方面，比如在《猎杀U-571》中的深水炸弹爆炸威力就是前所未有的，枪声也都具有很强的能量与重量感，当然还有坚实感。片中的潜艇内部的各种声音，包括机器运行的声音以及潜航时水压压挤艇身的各种细微杂音总能给人一种环绕包围感。该片有许多上方音场的声音，包括深水炸弹爆炸、艇身挤压等，假若你的环境够安静，一定就会听到很多潜艇里的细微声音，这些细微声音让我们恍若置身狭小的潜艇空间中，感受到窒息的紧张。可见，音效对于电影的重要作用。那么，没有音效的电影还会有艺术感吗？

☆ 音效制作是一个有趣又充满创造性的过程

音效分为自然音效和模拟音效两种，其中，自然音效指的是自然界赋予的声音，如风声、雨声、水声、雷声、鸟叫声，同时也包括机器的运转声、车声、飞机声、汽笛声、碰撞声、摩擦声等物理现象所发出的声音，以及人自身发出的声音，如话语、叹息、梦呓、哭声、笑声，等等。影视作品中很多音效因为无法模拟，所以音效录制师需要去采集动物真实的吼叫，去真实的自然中收集声音元素。音效录制师可能会在一个环境中的不同位置摆放多个麦克风，以获得多方位的声音元素，为制造多种音效和环绕音效做准备。他们也可能去采集一些特殊的声音元素，用来制造现实中没有的声音。不做特殊的修饰和表现的音效，能够给人以真实自然的感受，并增强空间的真实感。

模拟音效主要指人的主观世界对声音的感受。它与自然声有所不同，是导演为了获得这种主观的具有表现性的声音，而不得不对自然声加以改造、修饰、提炼，甚至用某种工具对自然声进行模拟，采用夸张、扭曲、变形等手法，从而创造出来的声音。在有声电影的初期出现了一位先锋派的音效大师——杰克·弗雷。当时电影中的声音只有对白，为了模拟真实的声音环境，弗雷制造了一个拟音室，在这里有各种道具，用来制造电影中可能出现的大部分声音，雷电、风雨、脚步、刀枪、衣物等发出的各种声音都可以在这里模拟出来。这种模拟的音效主要是出于导演的主观需要，以达到阐释某种事物或思想的目的。有时对模拟音效的运用，还出于获得某种情绪、气氛、意境、理性或者某种特殊感情的需要。拟音的工作，就是一边看着画面，一边拿出各种道具在麦克风前制造接近的声响。看音效师的工作，就仿佛在看一场有趣的表演。

☆ 完美的音效是一部电影成功的必备要素

音响效果、音乐和对白，这些声音可以单独使用，但通常以组合的方法使用。有时，声音与我们看到的画面是同步的，两个人在对话，观众听到他们说话的内容。有时，声音与我们看到的不同步，声音脱离其来源，往往与形象起对照作用，或者作为意义完全独立的来源而存在。

我们知道最早的电影是无声的。那时的放映现场，为了防止人声鼎沸而使观众无法专心看片，也会找个乐队或者钢琴在现场演奏。然而在默片的时代，导演只能用演员的表演、画面，实在不行就用字幕——来传递信息。因此我们看到那时的表演不免有些夸张和幼稚，演员不得不进行非现实主义的表演，通过他的肢体语言来表现出人物的心理活动。而到了有声片，这种表演就不行了，在有声片中，即使是最细微的耳语，也可以通过话筒让观众听得一清二楚。于是一大批默片时代的演员失了业——包括最伟大的默片艺术家查理·卓别林。

声音缩短了这位喜剧艺术家的职业生涯，在有声片革命九年后，他拍摄了《摩登时代》，这是这位流浪汉最后一次在观众面前露面。在其后的电影生涯中，他再也没有拍出默片时代那样伟大的作品。

音响效果主要是用来产生出某种气氛，使观众入戏，有时也能成为影片含义的确切来源。声音会形成一个“场”，通过声音观众可以在不知不觉中被暗示他在进入一个怎样的场景中：庄严的？戏谑的？紧张的？平静的？

画面以外的声音，可以使画面以外的空间发生作用，在开放性的镜头中，观众的注意力不仅仅被限定在画面以内。在恐怖片和悬疑片中。声音往往被用于恐怖源而不让我们看见。好的音效对电影有不可忽视的诠释、导引、融入功效，蹩脚的音效则很难让观众融入。所以在有声电影发明之初，卓别林等电影导演仍然倾向于拍摄默片，就是不想让蹩脚的声音影响了情节的表述和情绪的表达。实际上音效的使用远在戏剧中就已经出现，为了表现风暴雷雨等场景，音效师会在后台制造声响。而默片时代，也会通过现场的音乐演奏来吸引观众。

当我们实际去观看一部影片时，形象往往支配着声音，所以许多音响效果在下意识地起作用。如观众在被破门而入的人吓到的同时，不会注意到此时的斧劈声比现实的声音大了若干分贝。

现场无法采集的声音要在拟音室模拟
嘎吱~

影视作品中很多音效因为无法模拟，所以音效录制师要去采集动物真实的叫声

还要录制自然的声音

经编辑和混音才能获得完美的电影音响

好的音响效果可以产生出某种气氛，紧紧抓住观众

音响效果也可以用来起象征性的作用，这种作用通常是由剧情决定的。在伯格曼的《野草莓》中，主人公——一位年老的教授做了一个噩梦。这个超现实主义的场景实际上是无声的，除了不停的心跳声——那是“死的警告”，告诉我们，老人去日无多了。

虽然我们很容易忽略音效在电影中的作用，可真正成功的影片，必须有完美的音效。我们在《魔戒》《角斗士》《黑客帝国》《拯救大兵瑞恩》《侏罗纪公园》《终结者》《拆弹部队》等影片中，都能感受完美的视听效果，所以它们都获得了奥斯卡音效大奖。

电影画面的艺术感源自什么

由美国导演伍迪·艾伦执导，法国第一夫人卡拉·布鲁尼参演的影片《午夜巴黎》成为第64届戛纳国际电影节开幕电影。作为“午夜”系列的续作，他将镜头对准巴黎，通过文艺怀旧的画面为全世界影迷展现了一个梦幻迷醉的穿越故事。

在电影开始的三分钟内，伍迪·艾伦的镜头对着巴黎的美景，用画面美为整部电影营造了一种浪漫的花都氛围，这种艺术感深刻的打动观众，并告诉他们：注意，你们是在巴黎的街头。

我们经常被这样的画面打动，会被其中的艺术氛围深深吸引。那么，电影的这种画面的艺术感源自什么呢?

☆ 凸显视觉审美的黄金分割率画面形式

从格里菲斯早期拍摄的影片《走向东方》的，可以看到20世纪50年代以前电影画面的基本形式，那时电影画面构图大量采用的都是基本符合黄金分割律的画面形式，说明当时电影拓荒者们早就注意到了人类几千年来形成的视觉审美经验。

“黄金分割律”原为数学名词，指几何与数学中的严格比例关系。如果一个整体中较大部分与较小部分的比例等于整体与较大部分的比例，这个整体就是和谐的。欧洲中世纪和文艺复兴时代的画家、雕塑家、建筑师和艺术理论家在总结人类艺术创作经验的基础上，提示黄金分割是最恰当不过的分割比例，并把它作为艺术创作的基本创作准则之一。例如希腊的一些神殿，被严整的大理石柱廊分割为若干空间，就是根据黄金分割律设计的。

在电影艺术中，也曾广泛采用过黄金分割律的原则。例如无声电影时期银幕和画格比例的设计，就是符合黄金分割律的“规则性构图”。格里菲斯的早期影片大都采用这种“顶天立地”式的全景镜头，用以表现庄严肃穆或宁静平稳的生活情调。

☆ 渲染情调气氛的规则性构图

规则性构图，就是电影画面的构图是对称的均衡、和谐稳定的平行透视图。在影片中，影像的线条和方位与银幕边缘之间保持着明显的平衡关系。这种构图既能表现庄严神圣，又能表现呆板呆滞；既能表现热烈欢快，又能表现安宁温馨；既能在暂时的稳定平衡中暗示新的危机，又能使一些光怪陆离的场面显得更加神秘莫测。规则性构图，则打破了黄金分割律的规则，以渲染某种情调气氛，或表现特定的含义。

瑞典影片《处女泉》就因大量运用了这种构图，而获了好几项奖。影片叙述的是瓦格农场主托列夫妇有个养女叫英格丽，还有个独生女叫卡琳。星期五早晨，托列让妻子叫醒女儿，卡琳换上漂亮的连衣裙，带着饰有玛丽亚像的蜡烛，骑马去教堂参加清晨祈祷。卡琳带着处女的天真，带着美好的愿望，骑马前往几里外的教堂。在暂时的宁静和均衡之后，随着黑乌鸦几声凄厉的尖叫，画面上出现了三个行踪可疑的牧羊人，其中两个是逍遥法外的歹徒，一个是未成年的男孩。这时银幕上出现了疏影横叙的构图，正好预示着危机。

☆ 静态镜头最具艺术效果

有的导演为了获得绘画般的画面效果，喜欢使用定点拍摄的模式。就是在一段镜头中，将摄影机固定在一个地方进行拍摄，这样的镜头往往效果特别好。英国导演格林那威就是这样的导演，他是绘画专业出身，先天对绘画充满了热忱，所以他喜欢使用大景别的镜头，其画面构图也极为讲究。

静态镜头确实可以制造绘画感超强的艺术画面，所有成功的影片中最美的画面，几乎都是静态的。我们从极为崇尚艺术感的王家卫电影中，可以看到大量的这种镜头。这样的镜头几乎成了艺术片的代名词。

☆ 景深和前后景构图增添了电影技术的丰富性

电影技术丰富的表现手段，使电影艺术可以大量采用景深和前后景构图。它可以让观众同时清晰地看到前后景的人物，并表达某种象征性含义。

1953 年，由日本导演沟口健二拍摄的影片《雨月物语》中就运用了前后景构图。影片的故事发生在日本战国时代末期的 1583 年，当时的羽柴和柴田两军在琵琶湖畔展开激战。陶瓷工源十郎和妻子宫木、妹妹阿浜、妹夫藤兵卫一起苦干，烧制瓷器，想利用战乱之机运到外地赚钱。藤兵卫一心向往从戎征战，他买了一套铠甲，参加了羽柴的部队。妻子阿浜闻讯追赶，竭力劝阻。没想到途中被一群士兵轮奸，最后沦为娼妓。源十郎远走他乡，虽然十分怀念结发妻子，但是有一次却被一个美貌女子迷

绘画以黄金分割为美

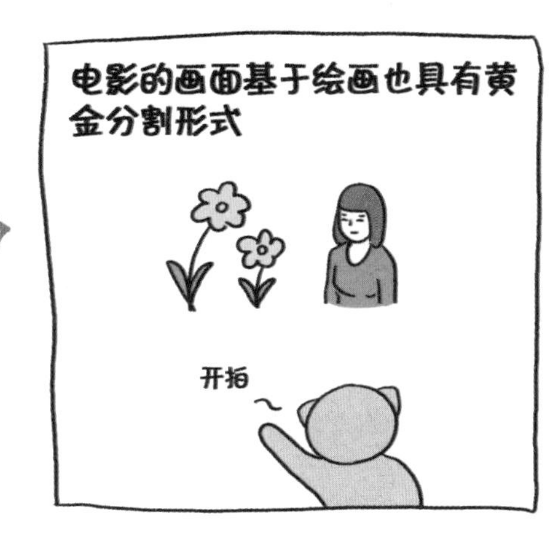
电影的画面基于绘画也具有黄金分割形式
开拍

透视线条形成的规则性构图也是镜头的艺术化手法

静态镜头最具艺术效果

当然运动也是电影艺术感的重要来源

电影的各种构图必须经过精心的设计才有较强的艺术感

住。殊不知，这原来是一个家破人亡的女鬼，而源十郎却和她如胶似漆。宫木和孩子在江边为源十郎送别后，回家途中被两名散兵夺走食物，并被扎伤。士兵疲惫不堪地拄着枪，在画面深处的田野上向左走去；银幕上靠近画面高出一块的地方是一条小路，被扎伤的宫木背着孩子，步履蹒跚地也向左走去。影片中的画面，有两名士兵和宫木一远一近，一上一下，都处于奄奄一息的状态，也都未意识到对方的存在。这种构图使观众似乎能够感受到，宫木大概会走向死亡，而两名士兵则生死未卜。

色彩对电影的艺术感有何作用

1935 年，彩色摄影技术首次在美国马莫利安执导的电影《浮华世界》中运用，使电影由黑白两色到彩色，不但给观众带来了全新的视觉享受，更为电影艺术增添了新的魅力。这部根据萨克雷的小说《名利场》改编的影片，由于用了颜色来表现一些戏剧性的场面（例如用红色来表现滑铁卢战役前夕军中的舞会），因此显得有些不落俗套。《浮华世界》的导演说："我认为必须把色彩作为一个情绪因素来运用。如果你把彩色直接用来表达你在戏里所要表达的情绪，它会独立发挥其美学功能。它会增加美感，正确地表达情绪。"他还谈到，"色彩对人有一定的冲击力。有的起安抚作用，有些则使人兴奋。当然，最使人兴奋的还是红色。高居于彩色顶峰的职能是红色，而不是蓝色或是黄色。为了使彩色的效果走向高潮，应当从黑色开始，然后是白色、深蓝色、深绿色，然后是黄色、浅绿色、橙色，然后是红色。"他的见解带有很强的经验性。虽然当年的技术还颇为粗糙，但是从此后我们的电影就进入了彩色时代。

色彩对电影的艺术感有何作用呢？

☆ 色彩有助于电影人物的刻画

影片《黄土地》中的"庄院迎亲"这场戏，以黑、白、红为主要色彩，导演陈凯歌就是将其作为情绪因素来使用的。他说："红，包括轿帘门脸，新娘衣衫。婚礼的悲哀已不言而明。此时再见红色，其意已转。封建式婚姻多时喜在外边，悲在里边；虽整场戏没有一个人说这个意思，却有颜色替咱们说了。黑白专属男人。黑棉袄，白羊肚子手巾。"又如，影片《黑炮事件》中，红色及相近的橘红色是全片的色彩基调，其中"歌舞阿里巴巴"的满银幕的红色，使人感到一种昂奋、狂放的不稳定的情绪。因此，全片不用蓝绿色（即使出现也会采取措施，改变其鲜亮程度），表现出一种红色的烦躁和危机的暗示，给观众一种焦灼感。其结尾连续剪辑了七个夕阳的特写，象征一种与主人公相似的情绪。

☆ 色彩也是一种主观情绪的表达

苏联影片《这里的黎明静悄悄》中，女兵丽达的回忆场景是单色高调的背景铺满银幕，现实环境消失了，而此时此刻，观众从具体复杂的环境中解脱出来，沉浸于一种单一的情绪因素之中。

色彩，在影片中有极强的主观因素。在银幕上，可以用色彩来表示主观视点。意大利导演安东尼奥在拍摄自己的第一部彩色片《红色沙漠》时，就采用了一种“大胆的、反现实主义的颜色适用方法”，他主观地改变了他在自然界看到的色彩，房屋、水果、草和树都按照他的设计全部重新上色；并且根据人的心理状态变换房间的颜色。影片主人翁是一个工程师的妻子，她在一次车祸中受到刺激而失去心理平衡，对周围世界产生病态的恐惧反应，表现出一种恐惧感的主题。影片完完全全是在一种灰白色的、烟雾弥漫的气氛中开始的，然后从中呈现出如同突然休克时产生的幻觉：灰黑色的船桅的形体、刺目的金黄火焰、一堵红色的木板墙或没有光泽的褐色泥墙。安东尼奥就是这样出色地通过颜色表现出感觉和情感的。

色彩还可以用来强调细节。如影片《被爱情遗忘的角落》中的一件鲜红毛衣，那是荒妹妈年轻时收下的定情物，后来存妮自杀时把它挂在树上，最后是荒妹穿着它，但色彩已经老旧……它使荒妹妈恍然自己竟走上二十年前的老路，这件毛衣颜色的变化，成为几个女性不同命运的见证。

☆ 色彩是电影有力的表现语言

随着色彩在电影中运用技巧的日益成熟，色彩让电影的表现变得更加丰富。王家卫的《花样年华》有一层淡淡的黄色，使画面有一种年代久远的感觉，让人不自觉就陷入怀旧的旧上海氛围中去；而周星驰的《大话西游》采用了近红的暖色调，突出了它的解构性，让观者不自觉的情绪被电影带动；而《午夜凶铃》等恐怖片，则使用了大量的冷色调，让影片看起来更为阴森恐怖。

可以这样说，色彩对于现代电影来说，绝对是大功臣。张艺谋执导的电影就特别讲究形色之美，他在《英雄》《红高粱》《大红灯笼高高挂》中对色彩的运用是十分吸引人的。2002 年，张艺谋执导的影片《英雄》在电影界激起了千层浪，获得了较高的赞誉。该剧以剧中人物无名在宫殿上被秦王接见为这部作品的基本结构框架，再以无名和秦王讲述的两个版本三个故事为整个框架的内部要素，使得一个简单的刺客刺秦的故事变得扑朔迷离，情节跌宕起伏。其中，最让观众念念不忘的是导演在该部电影中所采用的一个创新性的叙事手法，即对色彩修辞的运用。他大胆地采用黑、白、红、蓝、黄五种不同的色调来表现故事情节，刺激观众的视觉思维，激发他们的审美

最早的电影是黑白的

色彩让电影画面更美

彩色电影的初衷是还原真实的世界

色彩有助于电影人物的刻画
这里的红色不代表喜庆，而凸显了婚礼的悲哀

色彩在电影中是情绪的一种表达
Michelangelo Antonioni's
RED DESERT
《红色沙漠》就采用了一种大胆的、反现实主义的颜色适用方法

所以说色彩是电影重要的表现语言
哇

意识。一句话，观众在这部电影中获得了一次真正意义上的视觉盛宴。

现在，我们几乎能一看到电影画面的颜色，就判断出电影的类型。色彩柔和的影片，大多温情而细腻；色彩感尖锐的影片，更倾向于文艺；饱和度高的明亮影片，大多是时尚片或者喜剧；有暗淡阴森色彩的影片，则具有魔幻或恐怖的特色。在现代电影中，色彩已不仅仅是吸引人的手段，更是电影重要的表现语言。

立体影像将如何改变我们的生活

自《阿凡达》开始，只要有足够高的关注度，只要是备受瞩目的热门电影，不管是国产还是好莱坞，似乎都“争先恐后”地冠以3D的名头，3D电影越来越多，3D掀起的热潮一浪高过一浪。不管在哪个城市的电影院，各种电影的海报都铺天盖地，3D字眼更是醒目。3D技术目前还在高速发展阶段，不少业内人士认为，裸眼3D一定是未来的发展趋势，“说不定以后就会出现一个大的类似眼镜功能的东西放在屏幕前，观众就可裸眼看3D电影了”。

☆ 立体影像能够让人们看到最真实的立体影像世界

电影的出现可以说是20世纪最伟大的发明之一，它以现代科技为手段，通过画面与声音的媒介，在运动着的时间和空间里创造银幕形象，是一种反映和表现现实生活和思想感情的艺术。一般而言，电影是一种综合了艺术和科技的艺术，不仅如此，电影还是一种由纯视觉艺术发展而成的视听艺术。所以，随着科技的不断发展，电影的科技成分扮演了越来越重要的角色，其中立体电影就是影视科技发展的典型产物。

立体电影就是一种将两个影像重合，产生三维立体效果的电影。当观众戴上立体眼镜观看时，有身临其境的感觉。亦称“3D立体电影”。

立体电影是利用人双眼的视角差和会聚功能制作的可产生立体效果的电影，最早出现于1922年。这种电影放映时，两幅画面重叠在银幕上，通过观众的特制眼镜或幕前辐射状半锥形透镜光栅，使观众左眼看到从左视角拍摄的画面，右眼看到从右视角拍摄的画面，通过双眼的会聚功能，合成为立体视觉影像。

立体电影就是用两个镜头如人眼那样，拍摄下景物的双视点图像，再通过两台放映机，把两个视点的图像同步放映，使略有差别的两幅图像显示在银幕上，这时如果用眼睛直接观看，看到的画面是重叠的，有些模糊不清。要看到立体影像，就要采取措施，使左眼只看到左图像，右眼只看到右图像，如在每架放映机前各装一块方向相反的偏振片，它的作用相当于起偏器，从放映机射出的光通过偏振片后，就成了偏振光。

立体影像将成为电影的发展趋势
这么多3D电影啊？
电影院
阿凡达
3D电影

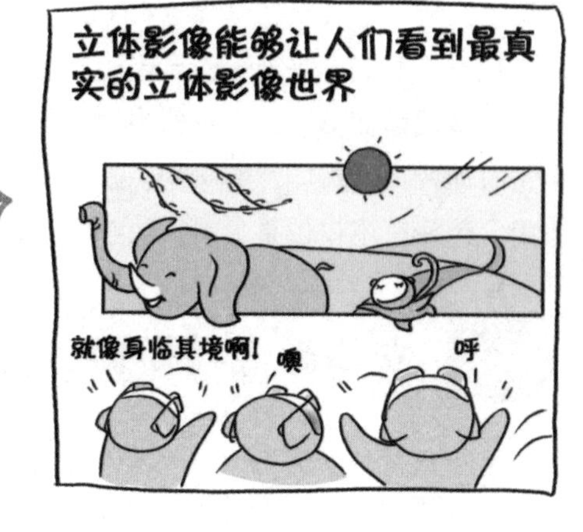
立体影像能够让人们看到最真实的立体影像世界
就像身临其境啊！
噢
呼

立体影像将带领人们进入全新的立体时代
3D电视
3D电视
3D电视
全是3D电视啊！

三维电影必须借助特殊的眼镜才能欣赏

3D的介入，标志着电影工业进入一个新的时代

裸眼3D一定是未来的发展趋势

这两束偏振光投射到银幕上再反射到观众处，偏振光方向不改变，观众使用对应上述的偏振光的偏振眼镜观看，即左眼只能看到左机映出的画面，右眼只能看到右机映出的画面，这样就会看到立体映像，这就是立体电影的原理。

互补色、开关、柱镜、狭缝光栅等都是在保证左眼看左图，右眼看右图这一基本原理的基础上的几种屏幕观看立体的不同方式。随着科技的进步，人们在屏幕上看立体影像的方式会更多。

☆ 立体影像促进电影新时代的到来

3D 的介入，标志着电影工业进入一个新的时代。3D 技术对电影工业的意义重大，使电影的发展日趋完善。

早在 1962 年，中国天马电影制片厂就拍摄了国内第一部 3D 立体电影《魔术师的奇遇》。随着技术的不断更新，3D 技术也在高速发展中。现在国产 3D 电影发展很快，但也存在不足。包括对于 3D 的应用和认识还不太一致，不少导演在拍摄 3D 影片时，对于景别（指摄影机在距被摄对象的不同距离或用变焦镜头摄成的不同范围的画面，如特写、远景、全景等）、人物与摄像机的距离等细节的把控还不够娴熟。

拍摄 3D 影片的成本很高，但其带来的收益也相对丰厚，因此就有不少电影公司、导演看重了 3D 影片的“吸金”能力，纷纷把影片贴上 3D 标签。一部好的影片，3D 技术的加盟会使人们彻底沉浸在影片中，但技术是要为内容服务的。

3D 技术会使电影的艺术性更好地表现出来，会让更多人感受到电影的乐趣，但却不会让糟糕的电影变好。如果忽略了电影本身的内容，而是为了技术而技术，就好比“削足适履”，很显然是行不通的。

没有剪辑的电影会有美感吗

电影导演亚历山大洛夫回忆说，《波将金号》的摄制是“以极其紧张的速度和在很大程度上用即兴创作的方法进行的”。亚历山大洛夫还回答道，在电影剧本《一九〇五年》中“波将金”起义的一段只有 45 个镜头（影片却由 1280 个镜头组成），亚历山大洛夫还描述了影片的几个著名的段落是怎样诞生的。“爱杜瓦尔德·吉赛碰运气地开始拍摄……清晨的美景。而拍好了的镜头实际上却意外地成了这场戏超越诗意的序曲。”那么奥德萨阶梯呢？也许这场戏例外呢？亚历山大洛夫不容对此有丝毫疑惑：“奥德萨阶梯这一著名的重场戏无论在剧本中还是在准备草案中都不存在。”

无可争议，年轻的爱森斯坦对时间有了清晰的看法。他草拟出细节和各种剪辑方案，但时间又是那么催命似的紧迫。要说爱森斯坦在如何着手拍摄之前就已事先构思好了这段戏的话，那么，未必会去拍摄那么多的镜头甚至场面，而它们后来却被扔进了废纸篓里。维克多·施克罗夫斯基谈到在那遥远年代看完奥德萨这段戏的素材后的印象时说："许多东西将不会摆进影片里去。"

最终的蒙太奇剪辑手法才使得这部天才作品横空出世。我们平日看的每一部作品都是经过剪辑的，如果没有这道工序，我们电影会是怎样的呢？

☆ 剪辑是对拍摄的一次再创造

剪辑是对拍摄的一次再创造。剪辑与剪接不同，后者指对胶片的具体工艺处理。

蒙太奇剪辑是电影最基本最独特的艺术表现方法，又称为蒙太奇。蒙太奇就是制作者将一系列在不同地点，从不同距离和角度，以不同方法拍摄的镜头排列组合起来，以此叙述情节，刻画人物。但当不同的镜头组接在一起时，往往又会产生各个镜头单独存在时所不具有的含义。例如在卓别林的经典剧作中，有这样一幕，就是卓别林把工人群众进厂门的镜头，与被驱赶的羊群的镜头组接在一起，这就使原来的镜头表现出了新的含义。

早期电影只是将拍摄到的自然景物、舞台表演原封不动地放映到银幕上。从美国导演 D.W. 格里菲斯开始，采用了分镜头拍摄的方法，然后再把这些镜头组接起来，因而产生了剪辑艺术。在很长一段时间里，剪辑是导演的工作。但随着有声电影的出现，声音和音乐素材的剪辑也进入了影片的制作过程，剪辑工艺越来越复杂，剪辑设备也越来越进步，于是出现了专门的电影剪辑师。剪辑师是导演重要的合作者，参加与导演有关的一切创作活动，如分镜头剧本的拟定、排戏、摄制、录音等。对剪辑的依赖程度，因导演的不同工作习惯而异，但剪辑师除了应完全地体现导演创作意图外，还可以提出新的剪辑构思，建议导演增删某些镜头，调整和补充原来的分镜头设计，改变原来的节奏，突出某些内容或使影片的某一段落含义更为深刻、明确。

苏联著名电影导演爱森斯坦认为，将镜头组接在一起时，其效果"不是两数之和，而是两数之乘积"。凭借蒙太奇的作用，电影享有时空的极大自由，甚至可以构成与实际生活中的时间空间并不一致的电影时间和电影空间。

电影剪辑一般有两种分类：传统剪辑和创造剪辑。传统剪辑主要作用有两个：一是保证镜头转换的流畅，使观众感到整部影片是一气呵成的；二是使影片段落、脉络清晰，使观众不至于把不同时间、地点的内容误认为是同一场面。而创造性剪辑主要有以下几种：一是戏剧性效果剪辑。运用调整重点、关键性镜头出现的时机和顺序；选择最佳剪辑点，使每一个镜头都在剧情展开的最恰当时间出现。二是表现性效果剪辑。这是在保证叙事连贯流畅的同时，大胆简化或跳跃，有选择地集中类比镜头，突

电影的拍摄是一个个片段

通过剪辑片段才能给人一气呵成的感觉

剪辑后的电影往往与拍摄过程中的片段相差很大
这段明明有我演出，怎么没有了？

甚至与原剧本也有很大出入
剧本上明明是顺叙，为什么电影是倒叙呢？
剧本

但是剪辑后的影片与艺术家的初衷是相符的
这样表现更妙了！
剧本

剪辑后的电影更精彩
太精彩了！

出某种情绪或意念，将一些对比和类似的镜头并列，取得揭示内在含义、渲染气氛的效果。

☆ 剪辑能够帮电影达成流动而明确的画面

剪辑的意义一言以蔽之，是镜头与镜头之间的光和声的相对时空关系，或简称镜头与镜头之间的时空关系。

电影镜头纪录生活，所以一个镜头不像符号那样可以形成一个含义单位。心理学说，生活中的每一个事物或现象都是有含义的，但是对你来说，只有当你注意某件事物时，它才是有含义的。电影镜头是记录，凡是能感光的东西它全都记录下来了。对于观众来说，当他在看这个镜头的时候，他爱看什么就看什么。有人被红颜色所吸引了，有人被一个跑动的人吸引了，有人注意到一个女人穿的高跟鞋，等等。可是电影是运动的，所以它的含义是在运动的流程中产生的。具体地说就是，随后出现的镜头会制约前面的一个镜头的含义。唯有剪辑能够帮电影达成这样流动而明确的画面。

无论最初的剧本构思同剪辑好了的影片差距多么悬殊，无论在影片创作过程中变化多么显著，作品的思想、它那形象的统一、它的内容都和艺术家——影片的摄制者的世界观和世界感有着不可分割的联系。世界观和世界感仍然是在电影制作者急风暴雨的海洋上历时数月的漫游中的一座永不消逝的灯塔，它们引导着坐在放映厅后面剪辑台前的导演的眼和手。记录在文学剧本中的最初构思——是整个错综复杂的电影过程的发展和组织中的及其重要的推动力。它的进程首先取决于艺术家个性，取决于他的立场、他心灵的丰富，需要善于利用一切生动的电影表现力的能力，取决于创作劳动者们的创作首创性。

跟随电影评论家还是自己的直觉

在《山楂树之恋》播出之后，中国电影评论家学会举办了“《山楂树之恋》专家主创自由谈”座谈会。各评论家坐在一起一边观影一边评论。

整部影片清新淡雅，画面温馨，节奏流畅，故事感人。影片放映过程中，很多媒体和专家朋友为影片中“静秋”与“老三”的痴恋，流下了感动的泪水，放映厅不时响起啜泣声。有专家评论说，“完全沉浸在一种充满才情和才华的氛围中，没有花里胡哨的特技，却有刻骨铭心的爱情，让人感动，是难得的爱情题材佳作。”

有人则拿该片与《唐山大地震》作比较，“《唐山大地震》能看出好多明显的疙瘩和瑕疵，而《山楂树之恋》却很难看出有错误的地方，影片很沉稳，在一些垃圾片之后，能在电影史留下位置的《山楂树之恋》，成了温馨版的《活着》。”

这是主流电影评论者对于几部电影的评价。

有时候我们会发现，我们的审美和一些所谓的专家们大相径庭，这时候我们该怎么办，是相信自己的直觉还是相信这些专业人士？

☆ 观赏电影是一种非常个人化的审美体验

观赏电影是一种非常个人化的审美体验，即所谓“仁者见仁，智者见智”，但又不是在“真空”中进行的。事实上，观众在观看某一部影片之前会受到外界各种讯息的干扰影响，难免先入为主，在一定程度上修正其个人的价值判断。正如苏联美学家斯托洛维奇所指出的：“评价不创造价值，但是价值必定要通过评价才能被掌握。价值之所以在社会生活中起重要作用，是因为它能够引导人们的价值定向。同时，评价当然不是价值的消极的派生物。在社会的历史发展中形成的评价活动的‘机制’，具有一定的独立性。”

不管怎么说，观赏电影要注意电影本身与自己心灵的契合。票房高不一定就是好电影，影评人都说好也不一定就是好。关键要打动自己的心灵，从中看到电影的内涵。在电影中与你心灵契合的那一刻，才是鉴赏电影的关键。

☆ 电影的评价因素是多重的

电影是一种高成本高投入的大众化艺术，投资方、制片方追求功利性可谓天经地义。业内人士曾概括出“叫好又叫座”“叫好不叫座”“叫座不叫好”“不叫座不叫好”的说法，任何一部影片面世以后，必然会从上述四种结局中找到自己的归宿。广义地说，“叫好”与“叫座”构成电影评价系统的两大基准。但电影作为一种大众传播活动，实际上并不存在评价影片的划一的、静态的标准，而是非常庞杂的互动系统，包含了意识形态、艺术审美、市场运作、媒体导向、受众趣味、评奖激励等错综复杂的合力因素。

鉴赏电影就像同时在鉴赏一幅名画，读一本好的小说，听一曲交响乐，但是要把这些艺术综合起来欣赏，因为电影是一门综合的时空艺术。

☆ 观众的口碑比奖项更重要

电影评奖是具有权威性、荣誉性、商机性的评价方式，对获奖影片能带来“锦上添花”或“雪中送炭”的效应，对电影人的激励亦非同小可。例如查理兹・塞隆荣获第 76 届奥斯卡影后，南非总统姆贝基特致电祝贺：“继诺贝尔和平奖、诺贝尔文学奖后，南非又诞生了奥斯卡最佳女演员。塞隆的胜利证明了南非是一个可以培育出最佳

《阿凡达》成为难以超越的票房神话
阿凡达
《阿凡达》是全球电影票房历史排名第一啊！

但是有专家却说它是垃圾片
《阿凡达》就是一个垃圾片

观赏电影是一种非常个人化的审美体验
阿凡达
我还是喜欢《阿凡达》

电影的评价因素是多重的、互动的，包括了：
意识形态
艺术审美
市场运作
媒体导向
受众需求
评奖激励

观众的口碑比奖项更重要
阿凡达

《后天》就是凭借观众的口碑成为2004年度最卖座的好莱坞大片的
THE DAY AFTER TOMORROW

人才的国家。”总统的自豪之情溢于言表。

中国电影评奖历来喜欢“多多益善”，评出的最佳影片通常不是“唯一”而是多部并列，激励作用随之大打折扣。按理说，凡评奖必有一套规则，但前些年曾发生过这样的怪事：某些获得某电影奖最佳故事片的影片，实际上是观众很少、票房很低的片子，更有甚者系尚未公映的“样片”，完全背离了奖励广大观众最喜爱影片的初衷。难怪有人拍案而起，批评影坛上上下下一年四季都在忙评奖，结果“离评委近了，离观众远了；离奖杯近了，离市场远了”。

长期以来，我们对依靠人际传播的口碑评价缺乏跟踪研究。事实上，正如海外学者戴安娜·克兰所言：“一部影片的成功，在很大程度上取决于它在一座城市公映之后马上出现的口耳相传的荐举。”

观众的口碑好像看不见、摸不着，但最终结果是会体现出来的，而且力度大、底气足，是可遇而不可求的。比如好莱坞大片《后天》，上映之时档期并不理想，媒体也没留出多少版面给这部具有科幻色彩的灾难片。岂料此匹黑马后劲十足，倚仗观众的口碑成为年度最卖座的好莱坞大片。

在电视剧领域，由于电视深入千家万户的收视特点，观众的口碑效应比起电影更容易辐射放大。例如曾经在央视八套创出收视率第一的家庭伦理剧《错爱一生》，在首播前几乎没经过什么炒作，完全依靠观众自发的欣赏热情，收视率节节攀升，促使央视八套破例在新剧播出后仅一个月便安排重播，可见老百姓口碑的威力！